"985 工程"
现代冶金与材料过程工程科技创新平台资助

"十二五"国家重点图书出版规划项目
现代冶金与材料过程工程丛书

烧结余热高效回收关键理论及应用

董　辉　冯军胜　张　晟　著

科学出版社

北　京

内 容 简 介

本书凝练了著者及其团队 10 余年的研究成果，是一本系统阐述烧结过程余热资源回收与利用的专著。全书围绕竖罐/环冷机-余热锅炉等环节，重点阐述了烧结矿内气体流动与气固传热的关键科学问题，进而剖析了基于竖罐和环冷机模式烧结余热回收与利用的关键技术问题。

本书可供动力工程及工程热物理、冶金工程、环境科学与工程等专业的科研、生产、设计人员以及高等院校相关专业的师生阅读和参考。

图书在版编目（CIP）数据

烧结余热高效回收关键理论及应用 / 董辉，冯军胜，张晟著. —北京：科学出版社，2018.5

（现代冶金与材料过程工程丛书）

"十二五"国家重点图书出版规划项目

ISBN 978-7-03-056825-0

Ⅰ. 烧⋯　Ⅱ. ①董⋯　②冯⋯　③张⋯　Ⅲ. ①冶金-废热回收　②冶金-余热利用　Ⅳ. ①X756　②TK115

中国版本图书馆 CIP 数据核字（2018）第 048351 号

责任编辑：张淑晓　孙静惠 / 责任校对：樊雅琼　杜子昂
责任印制：肖　兴 / 封面设计：东方人华

科 学 出 版 社 出版
北京东黄城根北街 16 号
邮政编码：100717
http://www.sciencep.com
中国科学院印刷厂印刷
科学出版社发行　各地新华书店经销
*
2018 年 5 月第 一 版　开本：720×1000　1/16
2018 年 5 月第一次印刷　印张：23 1/4
字数：440 000
定价：138.00 元
（如有印装质量问题，我社负责调换）

作者简介

董　辉　1969 年 6 月出生，工学博士，东北大学冶金学院热能工程系、国家环境保护生态工业重点实验室教授，博士生导师。主要从事冶金余热资源回收利用、竖式炉窑热工、液化天然气冷能利用、工业废盐资源化等研究。主持国家高技术研究发展计划（863 计划）、国家科技支撑计划、国家自然科学基金、环境保护部科技计划、省级科技计划等项目10 余项。在研究团队的支持下，借鉴干熄焦工艺技术，提出了烧结矿余热竖罐式回收工艺，获得国内首个相关专利，借助国家自然科学基金项目（烧结余热罐式回收系统的基础研究，51274065）和辽宁省科学技术计划项目开展基础理论研究、关键技术与设备研发；提出并开展了烧结余热分级回收与梯级利用关键技术研发，借助 863 计划项目（烧结过程余热资源分级回收与梯级利用示范工程，2009AA05Z215）构建分级回收与梯级利用可行性实施方案，并将其部分应用；将钢铁领域球团竖炉引入钒钛磁铁矿和石煤氧化焙烧过程中，借助国家科技支撑计划项目（辽西地区新型钒钛磁铁矿资源高效综合利用技术及示范，2015BAB18B00），研制钒钛磁铁矿和石煤氧化焙烧竖炉；开展了球团竖炉高效化生产技术攻关，澄清了喷火口面积与料层内气流分布的模糊认识，提出球团竖炉高效化生产可行性实施方案，并借助技术改造之机将其实施。

《现代冶金与材料过程工程丛书》编委会

《现代冶金与材料过程工程丛书》序

21 世纪世界冶金与材料工业主要面临两大任务：一是开发新一代钢铁材料、高性能有色金属材料及高效低成本的生产工艺技术，以满足新时期相关产业对金属材料性能的要求；二是要最大限度地降低冶金生产过程的资源和能源消耗，减少环境负荷，实现冶金工业的可持续发展。冶金与材料工业是我国发展最迅速的基础工业，钢铁和有色金属冶金工业承载着我国节能减排的重要任务。当前，世界冶金工业正向着高效、低耗、优质和生态化的方向发展。超级钢和超级铝等更高性能的金属材料产品不断涌现，传统的工艺技术不断被完善和更新，铁水炉外处理、连铸技术已经普及，直接还原、近终形连铸、电磁冶金、高温高压溶出、新型阴极结构电解槽等已经开始在工业生产上获得不同程度的应用。工业生态化的客观要求，特别是信息和控制理论与技术的发展及其与过程工业的不断融合，促使冶金与材料过程工程的理论、技术与装备迅速发展。

《现代冶金与材料过程工程丛书》是东北大学在国家"985 工程"科技创新平台的支持下，在冶金与材料领域科学前沿探索和工程技术研发成果的积累和结晶。丛书围绕冶金过程工程，以节能减排为导向，内容涉及钢铁冶金、有色金属冶金、材料加工、冶金工业生态和冶金材料等学科和领域，提出了计算冶金、自蔓延冶金、特殊冶金、电磁冶金等新概念、新方法和新技术。丛书的大部分研究得到了科学技术部"973"、"863"项目，国家自然科学基金重点和面上项目的资助（仅国家自然科学基金项目就达近百项）。特别是在"985 工程"二期建设过程中，得到 1.3 亿元人民币的重点支持，科研经费逾 5 亿元人民币。获得省部级科技成果奖 70 多项，其中国家级奖励 9 项；取得国家发明专利 100 多项。这些科研成果成为丛书编撰和出版的学术思想之源和基本素材之库。

以研发新一代钢铁材料及高效低成本的生产工艺技术为中心任务，王国栋院士率领的创新团队在普碳超级钢、高等级汽车板材以及大型轧机控轧控冷技术等方面取得突破，成果令世人瞩目，为宝钢、首钢和攀钢的技术进步做出了积极的贡献。例如，在低碳铁素体/珠光体钢的超细晶强韧化与控制技术研究过程中，提出适度细晶化（$3\sim5\mu m$）与相变强化相结合的强化方式，开辟了新一代钢铁材料生产的新途径。首次在现有工业条件下用 200MPa 级普碳钢生产出 400MPa 级超级钢，在保证韧性前提下实现了屈服强度翻番。在研究奥氏体再结晶行为时，引入时间轴概念，明确提出低碳钢在变形后短时间内存在奥氏体未在结晶区的现象，为低碳钢的控制轧制提供了理论依据；建立了有关低碳钢应变诱导相变研究的系统而严密的实验方法，解决了低碳钢高温变形后的组织固定问题。适当控制终轧温度和压下量分配，通过控制轧后冷却和卷取温度，利用普通低碳钢生产出铁素体晶粒为 3～5μm、屈服强度大于 400MPa，具有良好综合性能的超级钢，并成功地应用于汽车工业，该成果获得 2004 年国家科学技术进步奖一等奖。

宝钢高等级汽车板品种、生产及使用技术的研究形成了系列关键技术（如超低碳、氮和氧的冶炼控制等），取得专利 43 项（含发明专利 13 项）。自主开发了 183 个牌号的新产品，在国内首次实现高强度 IF 钢、各向同性钢、热镀锌双相钢和冷轧相变诱发塑性钢的生产。编制了我国汽车板标准体系框架和一批相关的技术标准，引领了我国汽车板业的发展。通过对用户使用技术的研究，与下游汽车厂形成了紧密合作和快速响应的技术链。项目运行期间，替代了至少 50% 的进口材料，年均创利润近 15 亿元人民币，年创外汇 600 余万美元。该技术改善了我国冶金行业的产品结构并结束了国外汽车板对国内市场的垄断，获得 2005 年国家科学技术进步奖一等奖。

提高 C-Mn 钢综合性能的微观组织控制与制造技术的研究以普碳钢和碳锰钢为对象，基于晶粒适度细化和复合强化的技术思路，开发出综合性能优良的 400～500MPa 级节约型钢材。解决了过去采用低温轧制路线生产细晶粒钢时，生产节奏慢、事故率高、产品屈强比高以及厚规格产品组织不均匀等技术难题，获得 10 项发明专利授权，形成工艺、设备、产品一体化的成套技术。该成果在钢铁生产企业得到大规模推广应用，采用该技术生产的节约型钢材产量到 2005 年年底超过 400 万 t，到 2006 年年底，国内采用该技术生产低成本高性能钢材累计产量超过 500 万 t。开发的产品用于制造卡车车轮、大梁、横臂及建筑和桥梁等结构件。由于节省了合金元素、降低了成本、减少了能源资源消耗，其社会效益巨大。该成果获 2007 年国家技术发明奖二等奖。

首钢 3500mm 中厚板轧机核心轧制技术和关键设备研制，以首钢 3500mm 中厚板轧机工程为对象，开发和集成了中厚板生产急需的高精度厚度控制技术、TMCP 技术、控制冷却技术、平面形状控制技术、板凸度和板形控制技术、组织性能预测与控制技术、人工智能应用技术、中厚板厂全厂自动化与计算机控制技术等一系列具有自主知识产权的关键技术，建立了以 3500mm 强力中厚板轧机和加速冷却设备为核心的整条国产化的中厚板生产线，实现了中厚板轧制技术和重大装备的集成和集成基础上的创新，从而实现了我国轧制技术各个品种之间的全面、协调、可持续发展以及我国中厚板轧机的全面现代化。该成果已经推广到国内 20 余家中厚板企业，为我国中厚板轧机的改造和现代化做出了贡献，创造了巨大的经济效益和社会效益。该成果获 2005 年国家科学技术进步奖二等奖。

在国产 1450mm 热连轧关键技术及设备的研究与应用过程中，独立自主开发的热连轧自动化控制系统集成技术，实现了热连轧各子系统多种控制器的无隙衔接。特别是在层流冷却控制方面，利用有限元素流分析方法，研发出带钢宽度方向温度均匀的层冷装置。利用自主开发的冷却过程仿真软件包，确定了多种冷却工艺制度。在终轧和卷取温度控制的基础之上，增加了冷却路径控制方法，提高了控冷能力，生产出了×75 管线钢和具有世界先进水平的厚规格超细晶粒钢。经过多年的潜心研究和持续不断的工程实践，将攀钢国产第一代 1450mm 热连轧机组改造成具有当代国际先进水平的热连轧生产线，经济效益极其显著，提高了国内热连轧技术与装备研发水平和能力，是传统产业技术改造的成功典范。该成果获 2006 年国家科学技术进步奖二等奖。

以铁水为主原料生产不锈钢的新技术的研发也是值得一提的技术闪光点。该成果建立了 K-OBM-S 冶炼不锈钢的数学模型，提出了铁素体不锈钢脱碳、脱氮的机理和方法，开发了等轴晶控制技术。同时，开发了 K-OBM-S 转炉长寿命技术、高质量超纯铁素体不锈钢的生产技术、无氩冶炼工艺技术和连铸机快速转换技术等关键技术。实现了原料结构、生产效率、品种质量和生产成本的重大突破。主要技术经济指标国际领先，整体技术达到国际先进水平。K-OBM-S 平均冶炼周期为 53min，炉龄最高达到 703 次，铬钢比例达到 58.9%，不锈钢的生产成本降低 10%~15%。该生产线成功地解决了我国不锈钢快速发展的关键问题——不锈钢废钢和镍资源短缺，开发了以碳氮含量小于 120ppm 的 409L 为代表的一系列超纯铁素体不锈钢品种，产品进入我国车辆、家电、造币领域，并打入欧美市场。该成果获得 2006 年国家科学技术进步奖二等奖。

以生产高性能有色金属材料和研发高效低成本生产工艺技术为中心任务，先后研发了高合金化铝合金预拉伸板技术、大尺寸泡沫铝生产技术等，并取得显著进展。高合金化铝合金预拉伸板是我国大飞机等重大发展计划的关键材料，由于合金含量高，液固相线温度宽，铸锭尺寸大，铸造内应力高，所以极易开裂，这是制约该类合金发展的瓶颈，也是世界铝合金发展的前沿问题。与发达国家采用的技术方案不同，该高合金化铝合金预拉伸板技术利用低频电磁场的强贯穿能力，改变了结晶器内熔体的流场，显著地改变了温度场，使液穴深度明显变浅，铸造内应力大幅度降低，同时凝固组织显著细化，合金元素宏观偏析得到改善，铸锭抵抗裂纹的能力显著增强。为我国高合金化大尺寸铸锭的制备提供了高效、经济的新技术，已投入工业生产，为国防某工程提供了高质量的铸锭。该成果作为"铝资源高效利用与高性能铝材制备的理论与技术"的一部分获得了 2007 年的国家科学技术进步奖一等奖。大尺寸泡沫铝板材制备工艺技术是以共晶铝硅合金（含硅 12.5%）为原料制造大尺寸泡沫铝材料，以 A356 铝合金（含硅 7%）为原料制造泡沫铝材料，以工业纯铝为原料制造高韧性泡沫铝材料的工艺和技术。研究了泡沫铝材料制造过程中泡沫体的凝固机制以及生产气孔均匀、孔壁完整光滑、无裂纹泡沫铝产品的工艺条件；研究了控制泡沫铝材料密度和孔径的方法；研究了无泡层形成原因和抑制措施；研究了泡沫铝大块体中裂纹与大空腔产生原因和控制方法；研究了泡沫铝材料的性能及其影响因素等。泡沫铝材料在国防军工、轨道车辆、航空航天和城市基础建设方面具有十分重要的作用，预计国内市场年需求量在 20 万 t 以上，产值 100 亿元人民币，该成果获 2008 年辽宁省技术发明奖一等奖。

围绕最大限度地降低冶金生产过程中资源和能源的消耗，减少环境负荷，实现冶金工业的可持续发展的任务，先后研发了新型阴极结构电解槽技术、惰性阳极和低温铝电解技术和大规模低成本消纳赤泥技术。例如，冯乃祥教授的新型阴极结构电解槽的技术发明于 2008 年 9 月在重庆天泰铝业公司试验成功，并通过中国有色工业协会鉴定，节能效果显著，达到国际领先水平，被业内誉为"革命性的技术进步"。该技术已广泛应用于国内 80%以上的电解铝厂，并获得"国家自然科学基金重点项目"和"国家高技术研究发展计划（'863'计划）重点项目"支持，该技术作为国家发展和改革委员会"高技术产业化重大专项示范工程"已在华东铝业实施 3 年，实现了系列化生产，槽平均电压为 3.72V，直流电耗 12082kW·h/t Al，吨铝平均节电 1123kW·h。目前，新型阴极结构电解槽的国际推广工作正在进行中。初步估计，在 4～5 年内，全国所有电解铝厂都能将现有电解槽改为新型电解槽，届时全国电解铝厂一年的节电量将超过我国大型水电站——葛洲坝水电站一年的发电量。

在工业生态学研究方面，陆钟武院士是我国最早开始研究的著名学者之一，因其在工业生态学领域的突出贡献获得国家光华工程大奖。他的著作《穿越"环境高山"——工业生态学研究》和《工业生态学概论》，集中反映了这些年来陆钟武院士及其科研团队在工业生态学方面的研究成果。在煤与废塑料共焦化、工业物质循环理论等方面取得长足发展；在废塑料焦化处理、新型球团竖炉与煤高温气化、高温贫氧燃烧一体化系统等方面获多项国家发明专利。

依据热力学第一、第二定律，提出钢铁企业燃料（气）系统结构优化，以及"按质用气、热值对口、梯级利用"的科学用能策略，最大限度地提高了煤气资源的能源效率、环境效率及其对企业节能减排的贡献率；确定了宝钢焦炉、高炉、转炉三种煤气资源的最佳回收利用方式和优先使用顺序，对煤气、氧气、蒸气、水等能源介质实施无人化操作、集中管控和经济运行；研究并计算了转炉煤气回收的极限值，转炉煤气的热值、回收量和转炉工序能耗均达到国际先进水平；在国内首先利用低热值纯高炉煤气进行燃气-蒸气联合循环发电。高炉煤气、焦炉煤气实现近"零"排放，为宝钢创建国家环境友好企业做出重要贡献。作为主要参与单位开发的钢铁企业副产煤气利用与减排综合技术获得了 2008 年国家科学技术进步奖二等奖。

另外，围绕冶金材料和新技术的研发及节能减排两大中心任务，在电渣冶金、电磁冶金、自蔓延冶金、新型炉外原位脱硫等方面都取得了不同程度的突破和进展。基于钙化-碳化的大规模消纳拜耳赤泥的技术，有望攻克拜耳赤泥这一世界性难题；

钢焖渣水除疤循环及吸收二氧化碳技术及装备，使用钢渣循环水吸收多余二氧化碳，大大降低了钢铁工业二氧化碳的排放量。这些研究工作所取得的新方法、新工艺和新技术都会不同程度地体现在丛书中。

总体来讲，《现代冶金与材料过程工程丛书》集中展现了东北大学冶金与材料学科群体多年的学术研究成果，反映了冶金与材料工程最新的研究成果和学术思想。尤其是在"985工程"二期建设过程中，东北大学材料与冶金学院承担了国家Ⅰ类"现代冶金与材料过程工程科技创新平台"的建设任务，平台依托冶金工程和材料科学与工程两个国家一级重点学科、连轧过程与控制国家重点实验室、材料电磁过程教育部重点实验室、材料微结构控制教育部重点实验室、多金属共生矿生态化利用教育部重点实验室、材料先进制备技术教育部工程研究中心、特殊钢工艺与设备教育部工程研究中心、有色金属冶金过程教育部工程研究中心、国家环境与生态工业重点实验室等国家和省部级基地，通过学科方向汇聚了学科与基地的优秀人才，同时也为丛书的编撰提供了人力资源。丛书聘请中国工程院陆钟武院士和王国栋院士担任编委会学术顾问，国内知名学者担任编委，汇聚了优秀的作者队伍，其中有中国工程院院士、国务院学科评议组成员、国家杰出青年科学基金获得者、学科学术带头人等。在此，衷心感谢丛书的编委会成员、各位作者以及所有关心、支持和帮助编辑出版的同志们。

希望丛书的出版能起到积极的交流作用，能为广大冶金和材料科技工作者提供帮助。欢迎读者对丛书提出宝贵的意见和建议。

赫冀成　张廷安

2011 年 5 月

前　言

　　烧结过程余热资源高效回收与利用是降低我国钢铁企业烧结工序能耗的重要方向与途径之一。本人及所在团队，在蔡九菊教授带领下，自 2005 年以来，一直致力于烧结余热回收的研究。其中，2005 年，提出了烧结余热分级回收与梯级利用技术，开展了相关的理论和技术攻关，并借助企业技术改造之机将其逐步实施。2007 年，提出了烧结矿余热竖罐式回收技术，并于 2010 年获得国内首个相关专利；借助国家自然科学基金项目和辽宁省科学技术计划项目，提出了一整套确定余热回收竖罐以及余热锅炉的结构和操作参数基础理论，探索了强化竖罐内气固换热与锅炉内气汽、气水换热及降低竖罐内料层阻力的关键技术。

　　本人将 10 余年来的研究成果有机结合，以图书的形式呈现给大家，供学术界和工程界人士参考，真诚希望得到相关领域专家的共鸣和支持，因为一项技术从理论到形成技术再到工程化推广，必须依赖大批理论研究人员、技术研发人员几年、十几年的共同努力；也真诚希望本书起到抛砖引玉的作用，以促进我国烧结余热回收与利用的大力发展。

　　本书中的绝大部分工作，历经整十届硕士或博士研究生共同努力，最后才形成了一套系统内容。本书主要由本人及研究团队成员共同撰写。其中，第 1 章由本人执笔，第 2 章由储满生和柳政根执笔，第 3 章由高建业和冯军胜执笔，第 4章、第 5 章由冯军胜和高建业执笔，第 6 章由张晟和常弘执笔，第 7 章由贾冯睿和李含竹执笔，第 8 章由桂智勇和李慧梅执笔，第 9 章由高建业执笔。

　　在此真诚感谢我的导师蔡九菊教授，是恩师把我带上了这条丰富多彩而又充满挑战的探索之路。同时真诚感谢张琦、王爱华、韩宗伟、李国军等同事，是他们给予了我莫大支持。

　　十年磨一剑，本书得以出版，离不开研究团队内一届又一届学生孜孜不倦的付出与努力。非常感谢我的研究生们，科研道路上的每一步都是新的挑战与磨炼，是他们给了我莫大的支持，给予我充满活力的科研环境、真诚的帮助及富有创造力的启示，有他们的陪伴，我就有了无穷前行探索的动力。

　　由于本人水平有限，疏漏之处在所难免，望同行和读者批评、指正。

董　辉

2018 年 3 月

目　　录

第1章 概 述

现代钢铁联合企业的烧结工序能耗仅次于炼铁而居第二位。2015 年中国钢铁工业协会会员企业烧结工序能耗为 48.66kgce/t 左右，与国际先进水平的 47kgce/t 有一定差距。烧结过程余热资源包括烧结矿显热和烧结烟气显热，它们分别为从烧结矿环冷机上部排出的冷却废气和烧结机下部抽出的烧结烟气所携带，分别占烧结工序热量收入的 40%～45% 和 15%～20%。据统计，我国大中型钢铁企业每生产 1t 烧结矿产生的余热资源量约为 1.44GJ；这一余热资源回收率（即回收的余热占余热总量的百分比）为 35%～45%。以 2015 年计（烧结矿产量为 8.874 亿 t），我国尚有约 7.03 亿～8.31 亿 GJ 的烧结余热资源没有得到回收利用。因此，烧结过程余热资源的高效回收与利用是目前我国降低钢铁企业烧结工序能耗乃至炼铁工序能耗的重要方向与途径之一。

1.1 烧结矿余热资源的组成及特点

热工测试是弄清烧结矿余热资源组成与特点的主要手段。基于此，本研究团队借助国家高技术研究发展计划（863 计划）项目，以国内某 360m² 烧结机为对象，采用在线测试仪器，对余热产生、转换、回收与利用等环节进行了摸底性热工测试，借此确定烧结余热资源的组成及特点。该测试是进入 21 世纪烧结机实施大型化以后的首次全方位测试。同以往的测试相比，本测试具有以下特点：基于余热资源产生、转换、回收与利用各环节，涵盖烧结系统、冷却系统和余热利用系统；首次对烧结机运行方向上烧结台车内的气氛以及抽风箱内烧结烟气的气氛、温度进行了在线测试；综合了不同的气候工况。

1.1.1 测试对象、体系内容与方法

1. 测试对象

该烧结机由烧结、冷却和余热回收利用系统组成，利用系数为 1.0～1.2t/(m²·h)。其中，烧结采用抽风烧结，烧结有效面积为 360m²，料层厚度为 700mm，24 对抽风箱，引风风量为 150 万～180 万 m³/h；冷却采用环形 5 段鼓风冷却，自

冷却开始依次为冷却一段、二段，一直到五段；余热回收利用系统中，冷却一段、二段的出口热载体（即冷却废气）通入余热锅炉生产过热蒸汽，而后发电；每段冷却废气流量为 33 万～40 万 m³/h。

2. 测试体系与内容

测试体系与内容确定主要取决于测试目的。测试基于余热资源产生、转换、回收与利用整个链条。整个余热回收与利用系统包括两大部分：一是余热资源产生与回收系统，这一系统主要指烧结冷却系统，主要包括烧结机、抽风箱及其管路系统、点火装置等；二是余热利用系统，主要包括余热锅炉、汽轮机、发电机和相关管路系统等装置。根据以上分析，确定如下测试项目：

（1）燃料燃烧的化学热，主要包括点火燃料与烧结料中燃料产生的化学热，这一部分热量是余热资源产生的根源。

（2）烧结烟气显热，主要包括烧结台车内烧结烟气显热（量与质）、进入主排烟管道的烧结烟气显热（量与质）；烧结烟气由烧结台车进入抽风箱这一过程可纳入余热回收过程。

（3）冷却废气显热，主要包括冷却机上冷却废气显热（量与质）、进入余热锅炉的冷却废气显热（量与质）（针对余热资源回收系统）；将冷却空气通入冷却机料层被加热而后通入余热锅炉这一过程充分体现了余热回收过程。

（4）烧结烟气气氛，主要指 SO_2，CO，CO_2，NO，O_2 分布。烧结烟气温度与气氛决定烧结烟气显热回收与利用。

3. 测试方法

（1）烧结台车内 SO_2，CO，CO_2，NO，O_2 检测：在烧结台车侧壁插耐热钢取样管，采用烟气分析仪实时测量；

（2）烧结抽风风箱立管内烧结烟气 SO_2，CO，CO_2，NO，O_2 及温度、压力：在抽风立管开孔，分别采用烟气分析仪、抽气热电偶、皮托管分别对烟气成分、温度、压力进行测量；

（3）烧结及冷却散热损失：利用热成像仪进行测量；

（4）助燃空气量、烧结台车首尾除尘管道内烟气温度及压力、冷却废气温度及流量、大烟道内烟气流量及温度、烧结矿温度、余热锅炉烟气温度及流量等测试同立管内部烟气测量；

（5）高炉煤气量、烧结矿产量、原料消耗量等数据源于生产运行记录；

（6）锅炉蒸汽量及其压力、温度来自于设计数据或根据设计数据的估算数据（当运行工况偏离设计工况时）。

1.1.2　热工测试结果与分析

1. 烧结烟气气氛、温度与烧结台车内气氛的检测及其分析

烧结抽风风箱立管内烧结烟气的气氛以及温度如图 1-1、图 1-2 所示,其中,$2^{\#}$ 风箱为烧结起始一侧,$24^{\#}$ 风箱为烧结终了一侧。烧结台车内的气氛如图 1-3 所示,图中的风箱号代表了烧结台车沿其运行方向上(即烧结台车长度方向上)的不同位置。

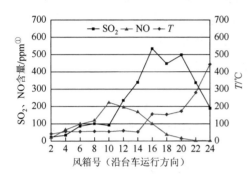

图 1-1　各风箱立管内烧结烟气 SO_2、NO、T 分布曲线

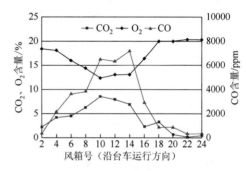

图 1-2　各风箱立管内烧结烟气 CO_2、O_2、CO 分布曲线

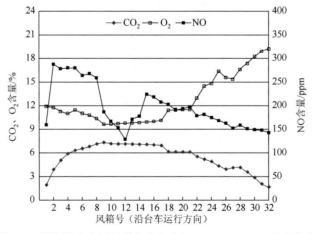

图 1-3　沿烧结台车运行方向台车内部 CO_2、O_2、NO 分布曲线

烟气中 SO_2 浓度等影响烧结烟气余热回收利用与脱硫。从图 1-1 可知,从烧结开始至 $8^{\#}$ 风箱内 SO_2 的浓度在 70ppm 左右,从 $10^{\#}$ 风箱以后,SO_2 浓度逐渐增

---

① ppm 为 10^{-6}。

加，在 $16^{\#}\sim20^{\#}$ 达到了最大值，约为 500ppm，而后又逐渐降低。根据《钢铁烧结、球团工业大气污染物排放标准》（GB 28662—2012）的规定，除"GB 28662—2012 修改单"规定的"2 + 26"城市外，SO_2 的排放限值为 200mg/m³，折算为 70ppm，因此，$1^{\#}\sim8^{\#}$ 风箱内的烧结烟气无须脱硫，或者直接外排，或者进入热风烧结系统。

从图 1-1 中还可知，前 14 对风箱内烧结烟气温度均在 80℃以下，从 $16^{\#}$ 风箱开始逐渐提高，当达到 $24^{\#}$ 风箱时，温度达到了最高。对比分析文献可知，本测试所得的烧结烟气温度整体偏低；此外，温度最高区域明显后移。经过初步分析，国内烧结系统漏风要高于国外，使得烧结烟气温度整体偏低；烧结存在一定程度的欠烧，使得温度最高区域后移。因此，从目前余热利用水平来看，$21^{\#}$ 风箱以后的烧结烟气余热（230℃以上）才有可能被回收利用。

从图 1-2 中还可以看出，$18^{\#}\sim24^{\#}$ 风箱内烧结烟气的氧浓度在 20%以上；单从余热回收利用对氧含量要求来看，这部分烟气可直接用于点火助燃、热风烧结等直接热回收；而其余部分，则需与冷却废气等气体混合后才能用于直接回收。

从图 1-2 和图 1-3 还可以计算出烧结机沿其运行方向上各个位置的漏风率，其检测原理就是漏风前后烟气气氛发生变化，根据氮、氧、碳等气氛平衡，即可得到漏风率。这里，图 1-3 中的数据可视为漏风前的气氛，图 1-2 可视为漏风后的气氛（即忽略抽风立管以后的漏风）。综合 CO_2、O_2、CO 的测试结果，求得烧结机沿其运行方向上的漏风率，见图 1-4。经计算，此烧结机漏风率平均为 48.9%。这一漏风率反映出此烧结机漏风控制水平在全国处于中等水平。另外，漏风率在烧结机头尾两侧偏高，这是由于烧结机弹性活动密封板频繁受到冲击作用，密封盖板与两侧滑道之间缝隙变大，漏风量较大。

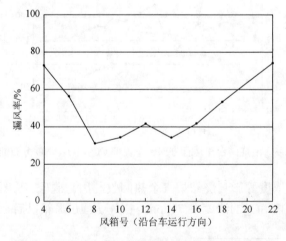

图 1-4　沿烧结台车运行方向烧结机漏风率分布曲线

2. 各系统热平衡表、㶲流表及其分析

根据对烧结机、冷却机和余热锅炉等单元设备，围绕余热的产生、转换、回收与利用环节，对各相关参数进行检测和调研，然后绘制各系统的热平衡表和㶲流表，借此分析各单元设备的能量利用情况。计算中，以 1t 成品烧结矿为计算基准，结果参见表 1-1～表 1-6。其中，表 1-1～表 1-3 是基于热力学第一定律来分析的，其较好地体现了烧结、冷却、余热回收与利用等子系统的热收入和热支出，但其分析余热的产生、回收与利用过程却具有一定的局限性。这时，可采用基于热力学第二定律的能级分析方法，具体参见表 1-4～表 1-6。

表 1-1 烧结机热平衡表

烧结机热收入项			烧结机热支出项		
项目	热量/(MJ/t)	占比/%	项目	热量/(MJ/t)	占比/%
点火煤气化学热	131.58	6.22	混合料水蒸发热	241.15	11.41
点火煤气物理热	0.97	0.05	碳酸盐分解热	179.95	8.51
点火助燃空气物理热	1.20	0.06	烧结矿显热	1020.10	48.26
固体燃料化学热	1480.55	70.04	烧结烟气显热	419.26	19.83
混合料物理热	3.87	0.18	化学不完全燃烧损失	155.37	7.35
烧结过程化学反应热	455.54	21.55	烧结矿残炭化学热损失	36.72	1.74
空气带入物理热	40.14	1.90	其他热损失	61.30	2.90
合计	2113.85	100.00	合计	2113.85	100.00

表 1-2 冷却机热平衡表

冷却机热收入项			冷却机热支出项		
项目	热量/(MJ/t)	占比/%	项目	热量/(MJ/t)	占比/%
烧结矿显热	991.76	79.49	一段冷却废气显热	417.12	33.43
一、二段鼓入空气物理热	197.04	15.79	二段冷却废气显热	359.85	28.84
三～五段鼓入空气物理热	58.88	4.72	三段冷却废气显热	216.64	17.36
			四段冷却废气显热	148.95	11.94
			五段冷却废气显热	78.82	6.32
			冷烧结矿显热	10.82	0.87
			热损失	15.47	1.24
合计	1247.68	100.00	合计	1247.68	100.00

注：冷却机热收入项中，鼓入空气的物理热受到冷却废气再循环的影响，即将锅炉的尾气部分或全部引入冷却一段和二段进口，以提高一、二段冷却废气的温度；这里忽略了冷却废气再循环技术对冷却三～五段冷却废气的影响。

表 1-3　锅炉热平衡表

锅炉热收入项			锅炉热支出项		
项目	热量/(MJ/t)	占比/%	项目	热量/(MJ/t)	占比/%
一段冷却废气显热	375.41	53.61	蒸汽物理热	411.30	58.74
二段冷却废气显热	323.90	46.25	出口烟气物理热	276.95	39.55
补充水物理热	0.33	0.05	热损失	12.01	1.71
凝结水物理热	0.64	0.09			
总计	700.26	100.00	总计	700.26	100.00

表 1-4　烧结机㶲流表

烧结机㶲收入项			烧结机㶲支出项		
项目	热量/(MJ/t)	占比/%	项目	热量/(MJ/t)	占比/%
点火煤气化学㶲	125.00	7.14	混合料水蒸发热㶲	71.54	4.09
固体燃料化学㶲	1575.05	90.01	碳酸盐分解热㶲	2.38	0.14
烧结过程化学反应㶲	49.68	2.85	烧结矿温度㶲	520.65	29.75
			烧结烟气温度㶲	54.68	3.12
			烧结矿残炭化学㶲	34.10	1.95
合计	1749.73	100.00	合计	683.35	39.05

表 1-5　冷却机㶲流表

冷却机㶲收入项			冷却机㶲支出项		
项目	热量/(MJ/t)	占比/%	项目	热量/(MJ/t)	占比/%
烧结矿温度㶲	515.06	29.43	一段冷却废气温度㶲	137.57	7.86
风机鼓入空气温度㶲	27.52	1.57	二段冷却废气温度㶲	109.32	6.25
			三段冷却废气温度㶲	45.79	2.62
			四段冷却废气温度㶲	22.22	1.27
			五段冷却废气温度㶲	5.34	0.31
			冷烧结矿温度㶲	2.75	0.16
合计	542.59	31.00	合计	322.99	18.47

表 1-6　锅炉㶲流表

锅炉㶲收入项			锅炉㶲支出项		
项目	热量/(MJ/t)	占比/%	项目	热量/(MJ/t)	占比/%
一段热风温度㶲	123.81	7.08	高压蒸汽㶲值	135.93	7.77
二段热风温度㶲	98.39	5.62	低压蒸汽㶲值	3.18	0.18
输入水温度㶲	0.42	0.02	出口烟气㶲值	38.25	2.19
总计	222.62	12.72	总计	177.36	10.14

分析表 1-1~表 1-3，可得：

（1）1t 烧结矿燃料消耗 1612.13MJ，占烧结机热收入的 76.26%，其中，固体燃料消耗占 70.04%，点火燃料消耗占 6.22%；其余热收入项中烧结过程化学反应热占 21.55%。

（2）烧结机热支出中，烧结矿和烧结烟气所携带显热分别为 48.26%、19.83%，两者合计 68.09%；其余热支出项中，碳酸盐分解热和化学不完全燃烧热损失分别占 8.51%、7.35%。

（3）冷却机热收入为 1247.68MJ，占烧结机热收入的 59.02%，其中，烧结矿显热占冷却机热收入的 79.49%；冷却机热支出中，一~五段冷却废气所携带的显热占热支出的 97.89%，其中，一、二段冷却废气占 62.27%，其余三段冷却废气占 35.62%。

（4）余热锅炉热收入为 700.26MJ，占烧结机热收入的 33.13%，其中一、二段冷却废气显热占锅炉热收入的 99.86%；热支出中，蒸汽物理热占 58.74%，出口烟气物理热占 39.55%。

根据以上数据，并结合所测试烧结机和国内大型烧结机的实际运行情况，推算出：生产 1t 烧结矿产生的余热资源量为 1439.36MJ，其中，烧结矿与烧结烟气的余热资源量分别占 70.87% 和 29.13%。以上烧结烟气显热计算基于烧结平均漏风率为 48.9%，这是一个代表全国平均水平的漏风数据，因此，该测试烧结机具有一定的代表性。可见，我国烧结烟气余热尚未回收利用，即余热资源总量的 29.13% 未得以回收利用。

此外，烧结矿余热资源中，目前我国只回收温度较高的一、二段冷却废气，其余的尚未进行回收。这里，采用冷却废气再循环技术，使得冷却一、二段冷却废气温度有所提高；对于冷却余热总量，仅回收了一、二段冷却废气所占的 40.29%，放散掉了三~五段冷却废气所占的 30.58%。此外，经推算，烟气再循环技术使一、二段冷却废气所携带的显热比实施前增加了 49.11%。

如果忽略烧结机-冷却机-锅炉之间的热损失，则目前仅回收了余热资源总量的 40.29%（高温段冷却废气显热），而其余的 59.71% 则放散（烧结烟气占 29.13%，其余为低温段冷却废气显热）掉了。

分析表 1-4~表 1-6（同表 1-1~表 1-3 相比），可得：

（1）烧结余热资源能级平均为 0.41，其中，烧结矿和烧结烟气显热的能级分别为 0.51 和 0.13；烧结矿显热的能级主要取决于烧结生产过程工艺参数，如烧结有效风量、烧结料层厚度等，烧结烟气显热的能级即㶲值主要受烧结机漏风率的影响，漏风率越小，能级越高，㶲越大，可用性就越大。

（2）烧结机中，若忽略烧结过程化学反应㶲（占烧结机总收入㶲量的 2.85%），则将燃料化学㶲作为烧结机总收入㶲量，后续的㶲损以此为参考对象。由表 1-4 可知，烧结过程中，燃料化学㶲中，有 29.75% 转化为烧结矿温度㶲，3.12% 转化为烧结烟气温度㶲，剩余的 67.13%为这一过程的㶲损。这一㶲损，主要受到烧结工艺条件、烧结机漏风率的影响，减小烧结机漏风率是减小㶲损的主要途径。

（3）炽热烧结矿由烧结尾部进入到冷却机伊始的过程中，产生的㶲损为0.32%，这一过程㶲损较小。若忽略风机鼓入冷却机的空气温度㶲和出冷却机冷烧结矿温度㶲，则由表 1-5 可以看出，余热资源从烧结矿温度㶲转化为冷却废气温度㶲时，㶲损为 11.13%（以烧结机总收入㶲为参考），或者说，余热资源从烧结矿温度㶲转化为冷却废气温度㶲时，烧结矿温度㶲损失了 37.20%。这一过程的㶲损，主要取决于冷却机内烧结矿层内气固传热，而影响气固传热过程的主要因素有料层厚度和冷却风量。

（4）一、二段冷却废气由冷却机出口进入余热锅炉时，产生的㶲损失为1.41%，这一过程的㶲损主要受到冷却机的漏风率的影响，确切而言是冷却废气由冷却机进入余热锅炉的漏风率的影响。漏风率越小，㶲损失就越小。因此，减少冷却机漏风率是降低㶲损的途径之一。

（5）将温度较高的一、二段冷却废气引入余热锅炉生产蒸汽的过程中，即余热资源从冷却废气温度㶲转化为蒸汽㶲时，㶲损为 4.75%（以烧结机总收入㶲为参考），或者说，热资源从冷却废气温度㶲转化为蒸汽㶲时，冷却废气㶲损失了 37.39%。这一㶲损失过程，主要取决于余热锅炉的技术水平，主要体现在结构和操作参数上。

（6）余热资源产生、转换、回收与利用过程中，㶲损失由大到小的过程依次是：由燃料化学㶲转换为烧结矿和烧结烟气温度㶲过程中的㶲损失最大，这一过程主要受到烧结机漏风率的影响；其次是由烧结矿温度㶲转换冷却废气温度㶲时的㶲损失，这一过程主要受到冷却机内料层厚度和各段冷却风量的影响，是具有最大潜力的一个环节；最后是由冷却废气温度㶲转化为蒸汽㶲的过程，目前尚有一定的潜力可挖。

（7）目前，仅回收总㶲收入量的 14.09%；未回收的温度㶲有：烧结烟气温度㶲，占总㶲收入量的 3.12%；三～五段冷却废气温度㶲，占 4.20%；其余的 78.59%为㶲损。减小㶲损的主要途径如下：减少烧结机和冷却机漏风率；设置适宜冷却废气流量和冷却机内料层厚度。

1.2　烧结过程余热资源回收利用技术进步与展望

自 21 世纪以来，伴随着我国钢铁工业的飞速发展，我国烧结余热回收迎来了发展的春天。自 2005 年 9 月国内第一套烧结余热发电系统在马钢（集团）控股有限公司（以下简称马钢）投产以来，我国烧结余热回收与利用技术迅速发展。"十一五"期间，在产业政策和经济杠杆的驱动下，我国大中型钢铁企业相继上马烧结余热发电系统。进入"十二五"中期，由于我国钢铁工业受到了全球经济格局的困

扰, 烧结余热发电整体发展也放慢了脚步。总体而言, 通过引进、消化、吸收, 我
国在烧结余热回收利用, 特别是烧结余热发电方面取得了长足进步。然而, 我国烧
结余热回收利用技术还相对滞后, 尚缺少标杆性的示范工程, 亟待发展。因此, 我
国烧结余热回收利用技术下一步如何发展, 值得思考; 研发和推广新型烧结余热高
效回收与利用技术, 迫在眉睫。本节从技术层面, 剖析国外烧结余热技术的发展历
程, 分析各项技术的特点; 然后, 总结我国烧结余热回收各项技术及其特点, 分析
目前我国烧结余热回收利用存在的制约环节; 最后, 提出了我国烧结余热回收与利
用技术发展的三种途径, 为我国烧结余热回收的良性发展奠定理论基础。

1.2.1 国外烧结余热回收利用技术发展状况

根据文献跟踪检索, 国外烧结余热回收与利用始于 20 世纪 60~70 年代, 发
展于 70~80 年代, 于 80 年代末、90 年代初达到了顶峰, 进入 21 世纪, 随着国
外钢产量缓步增长而缓慢发展甚至停滞。纵观烧结余热的整个发展历程, 余热回
收利用目的与意义均在转变, 从最开始的单纯基于能源节约、基于环境保护, 发
展到基于能源节约与环境保护并重。代表性烧结余热回收利用技术如下。

1. 动力回收及烟气再循环回收利用技术

20 世纪 70 年代末期, 日本住友金属工业公司在和歌山 $4^{\#} 360m^2$ 烧结机系
统上开始尝试烧结矿显热的回收 (图 1-5)。该烧结机系统将冷却机与烧结机一体
化, 将烧结矿冷却废气和烧结烟气通入余热锅炉生产蒸汽, 且采用完全循环双通

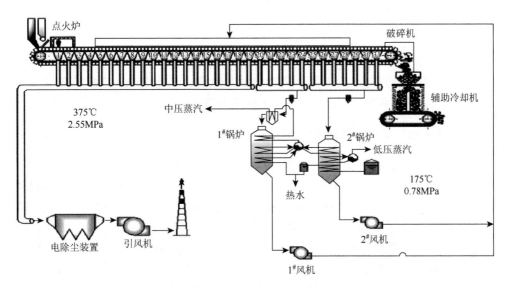

图 1-5 和歌山 $4^{\#} 360m^2$ 烧结机余热回收与利用系统示意图

道方式即烟气再循环方式，使得最终进入余热锅炉的废气温度提高。可生产蒸汽2.55MPa，375℃，120kg/t 矿，余热回收量可达烧结工序能源总投入的 30%。

2. EPOSINT 工艺

奥地利 Voes-Stahl 公司开发了 EPOSINT（environmentally process optimized sintering）工艺（图 1-6）并于 2005 年在 5#烧结机上开始应用。其关键技术为：在保持原废气排放量不变的情况下，将烧结机延长 18m，一方面，将 11#～16#风箱的高温烧结废气返回到烧结机台面循环使用；另一方面，将来自烧结矿环冷机的部分冷却废气与通向烧结机台面的烧结废气混合，以补充循环废气中氧气含量的不足。

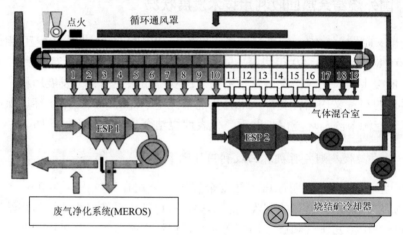

图 1-6　奥地利 Voes-Stahl 公司的节能减排系统示意图

ESP-电除尘

该工艺实施效果为：烧结机日产量提高 30.7%，点火炉煤气减少 20%，固体燃料消耗降低 2～5kg/t 烧结矿，粉尘排放量减少 30%～35%，SO_2 排放量减少 25%～30%，NO_x 减少 25%～30%，CO 减少 30%。

3. 烧结烟气分区选择性再循环工艺

日本新日铁公司开发了烧结烟气分区选择性再循环工艺（图 1-7），并于 1992 年在 3# 480m² 烧结机上开始运行。其主要工艺路线为：将烧结机分为 4 个不同区域，其中低硫区——烧结机头部（①区）和尾部部分区域（④区）的烧结烟气循环进行热风烧结，而高硫区——烧结机中间区域（②、③区）和尾部部分区域（②区）经脱硫后直接排放掉。同时，根据所含硫分不同分别治理，降低了投资和运行成本。其节能环保效果为：废气排放量减少 28%，粉尘排放量减少 56%，SO_2 排放量减少 63%，NO_x 减少 3%，固体燃料消耗降低 6%。

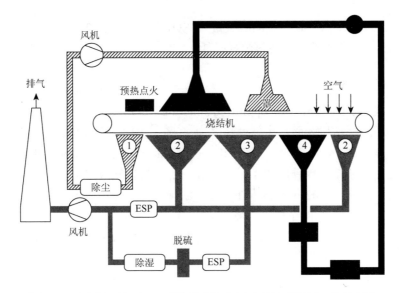

图 1-7　日本新日铁 $3^{\#}$ 480m² 烧结烟气分区选择性再循环工艺示意图

4. LEEP 工艺

德国克虏伯·曼内斯曼钢铁公司开发了 LEEP（low emission and energy optimized sintering process）工艺并于 2001 年在 420m² 烧结机上开始应用（图 1-8）。其工艺原理为：来自烧结机前半段的烧结烟气和来自后半段的烟气在进入除尘器之前，先通过气/气换热器（由 200/65℃ 到 150/110℃），换热后的温度水平使得在传统烧结工艺中现存的排风机仍能使用。另外，使得前半段低温烟气低于露点的区域限制于换热器之前的管道，而所有其他的管道都超过了露点。同时，后半段热烟气冷却后 150℃ 仍能保证烧结的质量性质。当废气通过除尘器和排风机后，再循环的气体通过速度可控的风机被返回到烧结机内。

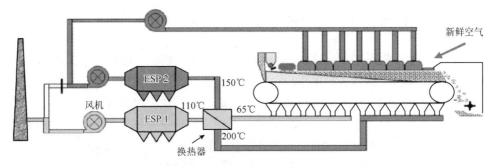

图 1-8　德国克虏伯·曼内斯曼钢铁公司 LEEP 工艺示意图

该工艺实施效果为：烧结机的废气排放量减少 50%，粉尘排放量减少 50%～

55%（经旋风除尘器回收粉尘的减少量），SO_2 排放量减少 27%～35%，NO_x 减少 25%～50%，烧结机的固体燃料消耗降低 12.5%。

5. EOS 技术

排放优先烧结（emission optimized sintering，EOS）技术是取出一部分烧结主排烟气循环到烧结机表面，废气循环率为 40%～50%，使烟罩中烟气和空气混合后的氧浓度达到 14%～15%，最终的废气外排量减少 40%～50%。1994 年，此技术于荷兰克鲁斯艾默伊登厂的 $31^#$（$132m^2$）烧结机首次应用，之后推广到该厂的另外两台烧结机，2002 年此技术在安赛乐法国敦刻尔克厂应用。艾默伊登厂采用 EOS 技术后，与传统操作相比，烧结矿 FeO 含量提高 1.5%，还原性提高，冷强度稍降低，平均粒度约 17mm，烧结机焦粉消耗从 60kg/t 降低到 48kg/t。艾默伊登厂 $132m^2$ 烧结机采用的 EOS 工艺见图 1-9。

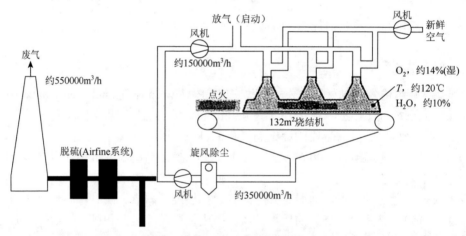

图 1-9　艾默伊登厂采用的 EOS 工艺

1.2.2　国内烧结余热回收利用技术发展状况

相比之下，我国烧结余热资源的回收与利用起步较晚。1987 年，上海宝山钢铁总厂首次从日本新日铁公司引进余热回收的全套技术和装备，在 1 台 $450m^2$ 烧结机上建成我国第一台大型现代化的烧结余热回收装置。2004 年，马钢再次引进日本川崎技术及设备，在 2 台 $328m^2$ 烧结机组上建成了国内第一套烧结余热发电系统。而后，济南钢铁股份有限公司在消化吸收国外先进技术的基础上，依靠国产化设备，于 2007 年在 1 台 $300m^2$ 烧结机上建成了国内第二套烧结余热发电系统。2009 年 12 月，国家工业和信息化部推出《钢铁企业烧结余热发电技术推广实施方案》，拟在全国 37 家大中型钢铁企业的 80 余台烧结机上推广烧结余热发电技术，计划将钢铁行业的烧结余热发电比例提高到 20%。在此计划推动下，国内各大钢铁企业纷纷签订烧结发电合同，烧结发电发展势头强劲。

2011 年 7 月，宝钢集团有限公司（以下简称宝钢）在行业内率先启动了与国家发展和改革委员会首批资助的"钢铁行业低碳技术创新及产业化专项"配套的科研大项目"烧结废气循环及深度净化低碳排放工艺技术创新及工程化"。经过近 2 年的开发、设计和建设，示范工程于 2013 年 5 月在宁波钢铁有限公司 486m^2 烧结机建成投运。宝钢成功开发国内首套具有自主知识产权的烧结废气余热循环及深度净化工艺和装备，率先在国内钢铁企业烧结行业的节能减排和清洁生产领域开辟出一条新路。

宁波钢铁有限公司示范工程生产实践表明，在不同级别上料量工况下（650～850t/h），废气循环可使煤耗下降 2.0～4.0kg/t，节能量达 3%～5%，外排烟气量减少 15%～30%，节约标煤 5000～7000t/a，减排烟尘 20～50t/a，二噁英减排 35% 以上，并实现了烧结废气中的 VOCs，PAHs 等多种污染物同步脱除。宁波钢铁有限公司烧结废气余热循环利用流程图如图 1-10 所示。

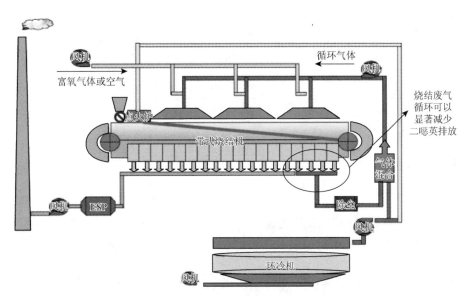

图 1-10 宁波钢铁有限公司烧结废气余热循环利用流程图

截至 2012 年，我国钢铁行业有烧结机 1200 余台，总烧结面积约 12.6 万 m^2，余热回收设备配备比例约 30%～40%，余热回收利用率为 20%～30%，吨矿发电量为 10～13kW·h。目前，我国烧结余热回收利用几乎都针对温度较高的烧结矿显热冷却废气进行回收利用，且主要用于发电，即动力回收；鞍钢集团等较少数的钢铁企业将余热用于热风烧结与点火助燃等直接热回收，更有少者用于烧结混合料干燥的尝试。

1. 动力回收（烧结余热发电）

动力回收是指将烧结余热资源转换为蒸汽进而发电。余热发电方式按循环介质的种类，有余热锅炉法、加压热水法和有机媒体法三种。目前，主要采用余热锅炉法（图 1-11）。来自带冷机/环冷机高温段的冷却烟气通入锅炉进行热交换，然后利用其中的水作为载体转换产生蒸汽，再通过蒸汽推动汽轮机带动发电机实现发电。按余热锅炉形式划分，我国烧结矿显热余热发电机组可分为：单压余热发电技术、双压余热发电技术、闪蒸余热发电技术和补燃余热发电技术。其中，双压和闪蒸余热发电技术是国家工业和信息化部重点推广的烧结余热发电技术。

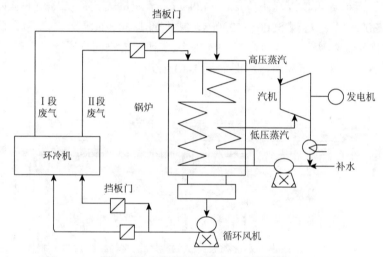

图 1-11　余热锅炉法发电工艺流程图

据不完全统计，到 2013 年底我国已经建设烧结余热发电机组 138 台（套），从目前运行情况看，吨矿发电量最高可以达到 21.0kW·h／t，在较高水平运行情况下基本能满足烧结厂 45%～47% 的用电量，但目前国内绝大多数机组的作业率未达到设计指标，普遍在设计指标的 80% 以下，个别机组甚至在 30% 左右运行。

2. 直接热回收利用技术

烧结余热资源的直接热回收利用主要用于热风烧结、热风点火助燃和烧结混合料干燥三种形式。

1）热风烧结

将 200～300℃ 的环冷机冷却废气引入烧结机热风烧结保温罩，作为热风烧结的空气源，以热风的物理热代替部分固体燃料的燃烧热，从而节省大量的固体燃料，使烧结料层上、下部热量和温度的分布趋向均匀，克服了表层热量不足的缺点，同时提高烧结矿的强度，改善烧结矿的还原性。以某 360m² 烧结机为例，热风烧结面积约为 80m²，若采用 250℃、约 21 万 m³/h 的环冷废气（取自于环冷三段）经过引风机加压后引入烧结机台面，并假设环冷废气到达烧结机台面时的温度为 200℃，则可节约 3.40kgce/t 烧结矿。实际生产中，鞍钢集团等我国部分大中型钢铁企业的部分烧结机实施了热风烧结，具体实施方法是：将环冷机二段尾部的小部分环冷废气通过管道未经任何加压装置直接引入烧结机台面进行热风烧结，热风烧结面积约为 10～20m²，引入的风量、温度未加以监测，热风烧结的效果一概不知。这种情况代表了我国热风烧结的大部分情况。国外热风烧结技术中，可采温度较高且二氧化硫含量较低的烧结烟气返回到烧结机的前半区，作为热风烧结的热源。例如，德国克虏伯·曼内斯曼钢铁公司自 2001 年 12 月开始在杜伊斯堡的 Huckingen 工厂某烧结机上实施该方法，降低固体燃料消耗 5～7kg/t 烧结矿；日本新日铁公司于 1992 年在某 480m² 烧结机上实施了烧结烟气分区选择性循环工艺，固体燃料消耗降低 6%；奥地利 Voes-Stahl 公司于 2005 年在某烧结机上实施了 EPOSINT 工艺，固体燃料消耗降低 2～5kg/t 烧结矿。此外，热风烧结还可采用冷却机的废气作为热源。例如，日本住友金属工业公司在和歌山 4# 360m² 烧结系统中，将一部分冷却废气作为热风烧结的热源。对比而言，以烧结烟气作为热风烧结热源在国外热风烧结中较为常见，且大部分集中于 20 世纪，其要严格控制烧结烟气中 SO_2 的含量，以避免露点腐蚀；而以冷却废气作为热风烧结热源在国外较为少见，但其没有露点腐蚀的危险。

　　2）热风点火助燃

　　将 200～300℃的环冷机冷却废气引入烧结机点火装置，作为点火助燃空气或预热点火助燃空气，不但能提高点火煤气燃烧速度和温度，使得助燃空气与点火煤气混合物的着火更容易、更迅速，从而节约点火煤气，而且能改善点火质量，使表层烧结矿烧结质量提高，减少表层返矿量。以某 360m² 烧结机为例，点火采用热值为 3140kJ/m³ 的高炉煤气（引燃采用焦炉煤气），若采用 250℃、4.0 万 m³/h 的环冷废气（取自环冷三段）经过除尘和引风机加压后作为点火助燃空气，并假设环冷废气到达点火助燃装置时的温度为 200℃，则可使点火燃料消耗量降低8.20%，折合节约 1.11kgce/t 烧结矿。但生产实际中，将温度居中或较低的环冷废气作为点火助燃空气鲜有实施，最主要的原因有：环冷废气若直接作为助燃空气，必须经过除尘，否则有可能对点火烧嘴造成堵塞；若通过换热预热助燃空气，则必须对环冷废气进行加压，布置换热器，但换热效果难以保证，且由于现有位置有限，换热器的布置十分困难；另外，基于经济等原因，对作为助燃空气的环冷废气未进行加压，也没有对其流量与温度进行监控，因此，助燃效果无法得知。因此，点火助燃技术在国内几乎没有得到推行。国外的文献中，将部分冷却废气作为点火助燃空气。

3）烧结混合料干燥

将 200～300℃的环冷机冷却废气引入烧结机前布料处，对烧结混合料进行干燥，既可明显提高混合料温度，减轻料层过湿现象，又可使得料层的空隙率增加，减小气流流经料层的阻力，改善料层透气性，提高混合料温度，为料层内热交换创造有利条件，同时减少燃料消耗。以某 360m² 烧结机为例，干燥带长度为 2.3m，干燥时间 51s，若以 250℃、18.0 万 m³/h 的环冷废气（取自环冷三段）经过引风机加压后作为干燥热源，并假设环冷废气到烧结机台面时的温度为 200℃，可使烧结混合料的初始含水率降低 0.6%（假设含水率由 7.5%降到 6.9%），节约 0.77kgce/t 烧结矿。但生产实际中，将温度较低的环冷废气作为烧结混合料干燥热源却鲜有实施，最主要的原因有：由于现场烧结布料位置有限，烧结混合料干燥装置的布置十分困难；另外，基于经济等原因，对作为干燥热源的环冷废气未进行加压，也没有对其流量与温度进行监控，因此，干燥效果无法得知。因此，烧结混合料干燥在国内也几乎没有得到推行！在国外，尚未有相关信息。

3. 我国烧结余热回收利用中存在的不足

两种烧结过程余热资源中，烧结烟气显热仅处于研发阶段，烧结矿显热是目前得以回收利用的烧结余热资源。自 2005 年我国第一套烧结余热发电装置在马钢投入运行以来，烧结余热发电如雨后春笋般地发展起来。从最初的成套引进技术和设备，到马钢等企业和科研院所的自主研发，我国烧结余热回收从理论研究到技术攻关上均取得了一定的进展。尽管如此，目前我国烧结余热回收的理论研究与技术攻关仍滞后于烧结余热工程的发展，烧结余热回收利用尚存在一定的不足。

（1）仅对 300℃以上温度较高的冷却废气所携带显热加以回收利用，而对 200～300℃温度居中的冷却废气和烧结烟气所携带的显热未加以回收利用。目前，我国大部分钢铁企业仅对烧结矿所携带显热的 50%（环冷二段终了烧结矿温度约为 320℃，仅回收 650～320℃区间的显热）加以回收利用，弃置了剩余烧结矿显热以及烧结烟气显热。其主要原因是：①300℃以下冷却废气用于直接热回收的理论研究和技术攻关滞后，目前仅在个别企业实施的热风烧结效果明显，使得冷却废气用于直接热回收的技术和经济可行性无从求证，致使其在钢铁企业难以实施与推广。②烧结机靠中后部位置的 250℃以上含二氧化硫较低的烧结烟气，其显热回收一直受到传统观念的限制，即温度较高的烧结烟气显热得以回收，剩余的烧结烟气可能会产生露点腐蚀，致使目前我国烧结烟气实施全脱硫，从而放弃了烧结烟气余热回收。在目前我国很多脱硫工艺过程中，为了保证脱硫效率，往往需要在脱硫前对烟气进行降温，使得烧结烟气余热回收与烟气脱硫脱硝割裂，实施烟气完全脱硫脱硝，放弃了烟气的余热回收，这一做法值得商榷。

（2）温度较高的冷却废气用于发电过程中，如何把烧结矿的显热转换为一定焓值和能级的热空气，即烧结矿"取热"问题，尚未得到根本性解决。目前，环冷机或带冷机的设计与运行主要是基于烧结矿的冷却，而不是基于烧结矿显热回收，从而造成冷却机在余热回收方面存在先天不足。冷却机内料层厚度和冷却风量基本上按照《烧结设计手册》进行，致使烧结矿的显热难以高效全部"取出"。

1.2.3 烧结余热回收与利用技术发展途径

烧结余热回收与利用主要有两类技术，一类是就目前烧结机存在余热部分回收、回收得到余热品质较低等难以克服的弊端，提出的一种变革性技术——烧结矿余热竖罐式回收发电工艺；一类是基于环冷机模式的余热回收，其典型工艺是分级回收与梯级利用技术。此外，还有一种基于余热回收与环境治理一体化的技术——烧结烟气余热回收与脱硫脱硝一体化技术。

1. 烧结矿余热竖罐式回收发电工艺

目前，环冷机原始设计基于烧结矿冷却，而非余热回收，因此，其存在烧结矿余热部分回收、漏风率较高、热载体品质较低等难以克服的弊端。本研究团队借鉴干熄焦中干熄炉结构与工艺，参考炼铁高炉的结构形式，以辽宁省科技创新重大专项为依托，提出了烧结矿余热竖罐式回收发电工艺。

竖罐式回收发电系统主要由冷却罐体、余热锅炉、汽轮机-发电机等三大部分组成，如图 1-12 所示。

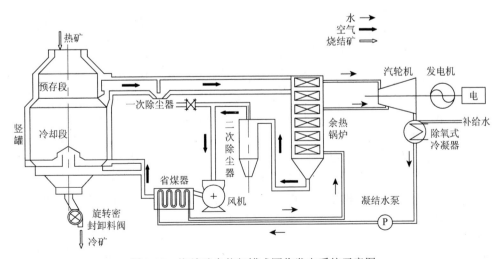

图 1-12 烧结矿余热竖罐式回收发电系统示意图

来自烧结台车的炽热烧结矿，进入冷却罐体内在预存段预存一段时间后，随着冷矿的不断排出下降到冷却段，在冷却段与循环气体进行热交换而冷却，再经旋转密封卸料阀等，最后经由专用皮带排出。

冷却的循环气体，在罐体内与烧结矿进行热交换后温度升高至 500～550℃，经环形烟道排出，经过一次除尘后进入双压余热锅炉，依次经过高压过热器、高压蒸发器、低压过热器、高压省煤器、低压蒸发器、低压省煤器加热工质水，使冷却废气温度降低到 110～150℃，排出的废气经二次除尘后由循环风机送入省煤器，然后重新循环至竖罐中。汽轮机排汽经除氧式冷凝器后进入省煤器，预热之后进入余热锅炉的低压省煤器，低压省煤器出口的水分为两部分，一部分进入低压汽包，经低压蒸发器、汽包汽水分离后，蒸汽经低压过热器过热后作为补汽（200～260℃，0.3～1.1MPa）进入汽轮机；另一部分水经高压省煤器进入高压汽包，经高压蒸发器、汽包汽水分离后，蒸汽经高压过热器过热后作为主蒸汽（460～510℃，5～8MPa）进入汽轮机做功推动发电机发电。

与现行的烧结矿余热回收相比，竖罐式回收发电工艺具有如下优点：

1）冷却设备漏风率较低，粉尘排放量明显减少

冷却罐体采用密闭的腔室对物料进行冷却，冷却气体在罐体内循环流动，罐体顶部设有水封槽等密封装置，罐体底部采用旋转密封阀等装置，良好的气密性使其漏风率接近零。同时，由于冷却气体在密封罐内对物料进行冷却，罐体采用定位接矿，粉尘易得到控制。

2）气固换热效率、热废气品位高，有利于提高余热利用率

竖罐内冷却废气与烧结矿之间的逆向换热方式使得出口废气温度趋于稳定，且保持在较高的水平。罐式冷却由于预存段的存在，可以保证进入余热锅炉的烟气量处于一个稳定范围。热废气参数的稳定使得与之匹配的余热锅炉运行稳定，余热利用率大大提高。

3）冷却物料品质得到明显提高

冷却竖罐中预存段的保温作用使烧结矿的转鼓强度、成品率、烧结矿冶金性能方面比传统冷却机有所提高。同时，经热风烧结后，烧结液相冷却速度变缓，玻璃相相应减少，内应力得到释放，烧结矿质量更加均匀。

4）余热回收效果显著

该工艺技术的吨矿发电量有望达到 35kW·h，稳定于 30kW·h。以国内某 360m² 大型烧结机为例，进行节能效益概算分析可知，竖罐式余热回收方式的热回收率可达 80%，比传统环冷机或带冷机热回收率高 40%，多回收热量 1.34×10^8 kJ/h，折合 4591.0kgce/h。

近几年来，笔者及其研究团队围绕竖罐内料层阻力特性、气固传热等关键问题开展了一系列基础研究，初步形成了一套基本理论，目前正进行关键技术研发，

为后续的工程化技术实施奠定基础。然而，作为一种新工艺的开发与实施，需要
理论上的多次论证与工程上的长期考验，亟待学术界、工程界同仁的大力支持与
共同参与，以加快工艺技术开发进程。

2. 烧结过程余热资源分级回收与梯级利用技术

针对目前我国烧结余热回收存在的回收区域过窄、利用形式单一、回收利用
率低等问题，依据吴仲华院士"分配得当、各得其所、温度对口、梯级利用"原
则，以国家高技术研究发展计划和重大产业技术开发专项为依托，本研究团队开
发了烧结过程余热资源分级回收与梯级利用技术。

烧结过程余热资源分级回收与梯级利用技术，是对冷却废气和烧结烟气进
行分级回收，在优先用于改善烧结工艺条件的前提下，梯级利用不同品质的余
热：对温度较高的余热实施动力回收，即生产高品质蒸汽而后发电；对温度居
中的余热，或实施动力回收，或实施直接热回收；对温度较低的余热实施直接
热回收，即热风烧结、热风点火助燃及烧结混合料干燥。烧结过程余热资源分
级回收与梯级利用技术的工艺流程如图 1-13 所示。该技术包括三级余热回收与
利用系统。

1）一级余热回收与利用系统

该系统设置在第 1 余热回收区，主要回收温度较高的冷却废气（如一、二级
冷却废气）。将一级冷却废气连同大部分烧结烟气经除尘后通入余热锅炉，产生的
蒸汽用于发电；锅炉采用烟气再循环方式，使得锅炉入口的热废气温度提高 50℃。

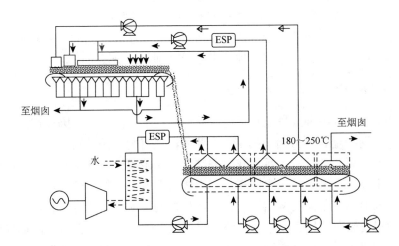

图 1-13　烧结过程余热资源分级回收与梯级利用技术的工艺流程图

箭头表示气体流向，➤表示用于发电；⇢表示用于助燃空气；➤表示用于烧结机表面热风烧结

2）二级余热回收与利用系统

该系统设置在第 2 余热回收区，主要回收温度居中的冷却废气（如三级冷却废气）和烧结烟气。温度居中的冷却废气连同烧结烟气可被用于：经除尘后通入点火炉，作为助燃空气；返回烧结机台面，进行热风烧结；通入点火炉前，进行烧结料预热干燥。实质上，这部分冷却废气取的是冷却机中部靠前位置的废气。冷却废气各段的划分和流量的设置主要取决于梯级利用情况。

3）三级余热回收与利用系统

该系统设置在第 3 余热回收区，主要回收冷却机尾部温度较低的冷却废气（如四级冷却废气、烧结烟气等），其主要用于干燥和预热烧结原料，为烧结工艺低能耗高质量创造条件。

烧结过程余热资源分级回收与梯级利用技术遵循了温度对口、按质用能的原则，集成了烧结矿“取热”技术（烧结矿显热高效回收技术）、烧结烟气高效利用技术、烧结混合料干燥、点火助燃与热风烧结技术等先进单体技术，实现余热回收端与利用端“量”与“质”的匹配，最大限度地回收烧结余热，降低工序能耗。该技术应用于国内某大型烧结机，余热回收与利用指标处于国内领先水平：吨矿发电量为 18kW·h，烧结工序能耗降低 5kgce，废气减排 20%。鉴于此，烧结过程余热资源分级回收与梯级利用技术应尽快在我国大中型钢铁企业加以推广应用。

此外，笔者提出了热电冷、热电热联产技术。以五段式环冷机为例，将温度较高的环冷一、二段冷却废气用于余热锅炉发电，将温度居中的环冷三段冷却废气用于热风烧结、点火助燃等直接热回收。在此基础上，如果将直接热回收价值不大的 $200 \sim 250℃$ 的环冷四段冷却废气作为溴化锂制冷的补充能量，即为热电冷联产技术；如果将环冷四段废气热量作为有机朗肯循环（ORC）的补充能量，即为热电热联产技术。目前，这两种技术处于刚刚起步研发阶段。

3. 烧结烟气余热回收与脱硫脱硝一体化工艺

烧结工序烟气中 SO_2 排放总量约占整个钢铁工业的 60%，因此烧结烟气脱硫治理是我国钢铁企业 SO_2 治理的重点。此外，烟气脱硝是我国“十二五”期间的环境治理的主要任务之一。目前我国烧结烟气脱硫脱硝还处于起步阶段，在脱硫脱硝过程中存在很多不足：未能充分利用烧结烟气的余热，使得烧结烟气所携带的余热全部浪费；未能对烧结烟气进行选择性的脱硫，几乎对所有烟气进行脱硫处理，使得脱硫负荷较大，同时，还使得烟气中的 SO_2 浓度偏低（同选择性脱硫相比）而脱离了经济适宜浓度，造成脱硫的费用增加；此外，处理过程中还产生一定的外排废水，添加了废水治理环节。

目前，我国烧结烟气余热回收利用与烧结烟气脱硫脱硝等治理相互孤立，甚至矛盾。主要表现为：脱硫时，不管烧结烟气温度水平如何，只是对其进行盲目的降温，极大限度地降低烧结烟气的绝热饱和温差（烟气温度与相同状态下烟气绝热饱和温度之差）以确保较高的脱硫效率；余热回收时，只考虑烟气中 SO_2 和 O_2 对直接热回收的影响，而几乎不考虑 SO_2 前置或后续的去除；造成烧结烟气余热大量浪费、烟气脱硫负荷大、成本高、效率低下。

　　基于此，笔者通过分析烟气温度与含水率两个主要因素对脱硫效率的影响，找到余热回收利用与烟气脱硫的结合点，提出烧结烟气余热回收与脱硫脱硝一体化工艺的初步想法。其基本思路为：将烧结烟气余热回收利用与烟气脱硫脱硝有机结合起来，对烧结烟气按照 SO_2 浓度、温度和湿含量进行选择性处理，即较低温低硫烟气部分外排，部分用于热风烧结；较高硫烟气引入点火炉前预热点火助燃空气和煤气，然后，对其进行脱硫脱硝；较高温低硫部分用于热风烧结。目前，烧结烟气余热回收与脱硫一体化工艺还处于方法与机理性研究阶段，笔者在此提出这一工艺，目的是抛砖引玉，引起钢铁界同仁对烧结烟气余热回收与脱硫一体化这一理念的重视，进而开展相关研发工作。

1.3　烧结余热回收关键科学问题与技术问题的凝练

　　目前，烧结余热回收的两种主流技术有烧结矿余热竖罐式回收利用、基于环冷机模式的余热回收，其可分为余热回收与余热利用技术。其中，余热回收技术即烧结矿"取热"技术，其基本科学问题是大颗粒填充床内气固传热与气体流动问题，其技术问题是强化气固换热、降低料层阻力，进而确定"取热"装置的结构形式、结构参数和操作参数。具体参见图1-14。其中，有关竖罐内流动阻力特性和气流分布问题的基本框架可参见图1-15；有关罐体内气固传热问题的基本框架参见图1-16。后续的章节即围绕图1-14、图1-15和图1-16，详细论述烧结余热回收与利用的关键科学与技术问题。

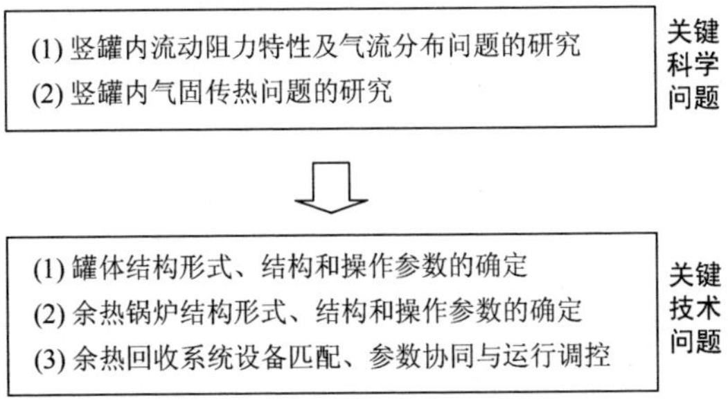

```
┌─────────────────────────────────────────────┐  关键
│ (1) 竖罐内流动阻力特性及气流分布问题的研究      │  科学
│ (2) 竖罐内气固传热问题的研究                    │  问题
└─────────────────────────────────────────────┘
                      ⇩
┌─────────────────────────────────────────────┐  关键
│ (1) 罐体结构形式、结构和操作参数的确定          │  技术
│ (2) 余热锅炉结构形式、结构和操作参数的确定       │  问题
│ (3) 余热回收系统设备匹配、参数协同与运行调控     │
└─────────────────────────────────────────────┘
```

图1-14　烧结余热回收利用关键科学和技术问题

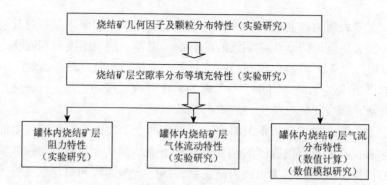

图 1-15　竖罐内流动阻力特性和气流分布问题

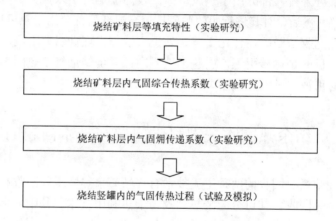

图 1-16　竖罐内气固传热问题

第 2 章 烧结基本原理

烧结是利用粉状和细粒含铁物料生产具有良好冶金性能的人造块矿的过程，是含铁粉料造块的主要方法之一。烧结料通常由铁精矿粉、富矿粉、烧结返矿以及其他含铁二次资源（如高炉炉尘、转炉炉尘、轧钢皮、硫酸渣等）组成，并根据烧结过程热量和碱度的要求配加适量燃料（焦粉、无烟煤粉等）和熔剂（石灰石、生石灰、消石灰等）。将所有烧结料混匀后铺在烧结设备上或置于其内，然后点火和烧结。在燃料燃烧产生的高温作用下，料层内产生一定量的液相（不是全部烧结料都熔化），将那些尚未熔化的粉料黏结成块，冷却后最终得到成品烧结矿。

烧结是钢铁生产工艺中的一个重要环节，铁矿烧结对于高炉炼铁有重要的意义。首先，烧结是利用贫铁矿资源生产人造富矿的有效途径，烧结生产使铁矿资源得到充分利用，有力地推动了钢铁工业的发展。其次，烧结过程可适当使用高炉炉尘、转炉炉尘、轧钢皮、铁屑、硫酸渣等二次资源，从而提高资源的有效利用率。再次，与天然矿相比，烧结矿成分稳定，粒度合适，还原和熔滴性能好，造渣性能良好，使用后可保证高炉的稳定运行。最后，烧结过程可以不同程度地去除 S、F、As 等有害杂质，明显减轻高炉冶炼的脱硫任务，提高生铁质量。

2.1 铁矿烧结发展状况

烧结生产起源于资本主义发展较早的英国、瑞典和法国，至今已有一个半世纪的历史。在 1870 年前后，这些国家就开始使用烧结锅。1892 年，英国出现烧结锅，1905 年，E. J. 萨夫尔斯白瑞（E. J. Savelsbery）首次将大型烧结锅用于铁矿粉造块。世界钢铁工业第一台带式烧结机于 1910 年在美国投入生产，烧结面积为 8.325m²，当时主要处理高炉炉尘，每天生产烧结矿约 140t。带式烧结机的出现带来了烧结生产的重大革命，从此带式烧结机得到了广泛应用。但在 20 世纪 50 年代以前，世界钢铁工业发展较为缓慢，天然富矿入炉率仍占很大比例，故烧结生产的发展不是很快。在随后的几十年间，随着钢铁工业的发展，烧结生产获得了突飞猛进的发展。目前，日本烧结工艺完善，设备先进，技术可靠，自动化水平高，是世界上烧结技术发展最快的国家，单机平均烧结面积达 218m²，400m² 以上的烧结机有 11 台；法国单机平均烧结面积为 154m²，400m² 以上的烧结机有

4 台；英国单机平均烧结面积为 165m²；德国和意大利分别有 3 台和 2 台 400m² 以上的烧结机。目前，最大的带式烧结机单机平均烧结面积为 600m²（俄罗斯），最大的机上冷却带式烧结机单机平均烧结面积为 700m²（巴西）。

我国第一台烧结机于 1926 年在鞍钢建成投产，烧结面积为 21.8m²。新中国成立以前，全国共有烧结机 10 台，总面积仅 330m²，且工艺设备水平落后，生产能力很低，最高年产量仅 10 多万 t，主要生产酸性热烧结矿入炉。新中国成立后，经过三年恢复时期，烧结矿产量增至 138 万 t。

新中国成立六十多年来，我国铁矿石烧结生产发生了翻天覆地的变化，烧结生产设备和产量都获得了历史性的进步。目前我国拥有 400m² 及以上的特大型烧结机十几台，烧结机总台数达 500 多台，烧结机平均面积已提高到 2015 年的 240m² 以上，烧结机总面积近 10 万 m²，年产烧结矿近 9 亿 t，我国已成为世界上烧结矿的生产大国。

新投产的大中型烧结机都采用现代化的工艺技术，装备水平高，主要技术经济指标和环境保护、节能减排方面大为改观，自动化水平先进，无论是烧结矿的产量还是质量都已经进入世界强国之列。取得这些成就主要是由于技术进步的支撑，我国工程技术人员走出了一条"引进—消化—吸收—改进—创新"的道路，开拓了诸多的新工艺、新设备、新技术，硕果累累，整体技术水平已进入国际先进行列，有些项目还处于国际领先水平。

2.2　烧　结　过　程

烧结生产主要由烧结料的预处理、配料、烧结料混匀和制粒、铺底料、布料、点火、烧结、烧结矿破碎筛分、烧结矿冷却和整粒等环节组成。

烧结生产时，将铁矿粉、熔剂、燃料、矿粉代用品及返矿按一定比例组成混合料，配以一定的水分，经混合和造球后，铺于带式烧结机的台车上，在一定负压下点火，混合料中的燃料被点着而燃烧放出热量，使混合料层的温度升高，创造了在固相下反应形成低熔点矿物，在高温下发展产生液相，在之后的冷却过程中，液相冷凝成为溶入液相颗粒和未熔化颗粒的坚固连接桥，成为多孔的烧结矿。

带式抽风烧结是目前生产烧结矿的主要方法，其工艺流程如图 2-1 所示。其他烧结方法有回转窑烧结、悬浮烧结等，其烧结基本原理大致相同。

抽风烧结过程是将铁矿粉、熔剂和燃料经适当处理，按一定比例加水混合，铺在烧结机上，然后从上部点火，下部抽风，自上而下进行烧结，得到烧结矿（图 2-2）。

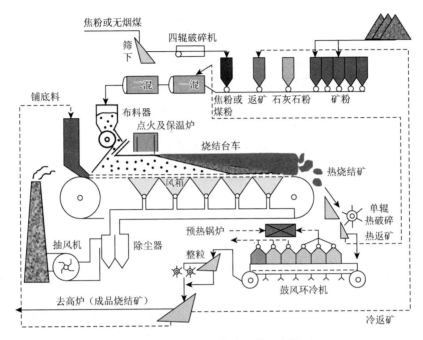

图 2-1　带式抽风烧结工艺示意图

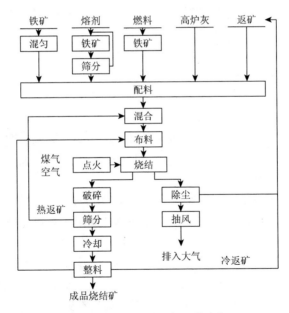

图 2-2　抽风烧结一般工艺流程

取一台车剖面分析可知，抽风烧结过程大致可分为五层（图 2-3），即烧结矿层、燃烧层、预热层、干燥层和过湿层。

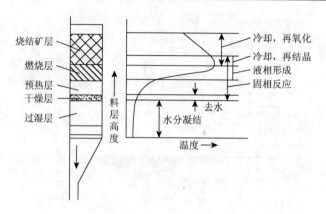

图 2-3   抽风烧结过程各层反应及温度分布示意图

从点火烧结开始，这五层依次出现，一定时间后，又依次消失，最终剩下烧结矿层。

（1）烧结矿层。主要反应是液相凝固、矿物析晶。随着烧结过程的进行，该层逐渐增厚。抽入的空气通过烧结矿层被预热，而烧结矿层则被冷却。在与燃烧层接近处，液相冷却结晶（1000～1100℃）并固结形成多孔的烧结矿。

（2）燃烧层。主要反应是燃料燃烧，温度可达 1100～1500℃，混合料在固相反应下软化并进一步发展产生液相。从燃料着火开始到燃烧完毕，需要一定时间。故燃烧层有一定厚度，约 15～50mm。燃烧层过厚导致料层透气性差，烧结产量降低，过薄则烧结温度低，液相不足，烧结矿固结不好。

燃烧层沿着高度下移的速度称为垂直烧结速度，一般为 10～40mm/min。这一速度决定烧结机的生产率。

（3）预热层。混合料被燃烧层的高温气体迅速加热到燃料的着火点（一般为700℃左右，但在烧结层中实际为 1050～1150℃），并进行氧化、还原、分解和固相反应，出现少量液相。

（4）干燥层。同预热层交界处温度约 120～150℃，烧结料中的游离水大量蒸发，使粉料干燥。同时，料中热稳定性差的一些球形颗粒可能破裂，使料层透气性变差。

（5）过湿层，即原始的烧结混合料层。由于上层来的废气中含有大量的水蒸气，当其被湿料层冷却到露点温度以下时，水汽便重新凝结，造成过湿现象，使料层透气性恶化。为避免过湿，应确保湿料层温度在露点以上。

1. 含铁原料、燃料和熔剂接收及储存

含铁原料主要通过火车运输，经翻车机卸入仓内后，由皮带运输到堆取料机，按规定存放到一次料场。目前，中国首钢集团（以下简称首钢集团）第二烧结厂有 2 台翻车机、4 台堆取料机，日卸车量最高为 320 车。焦粉和熔剂主要是通过火车运输到大仓内，经抓斗送入皮带上。其中焦粉经四辊机和对辊机破碎后运输到配料仓。熔剂在厂外已破碎好，可直接运输到配料仓直接使用。

2. 烧结配料

由于烧结处理的原料种类繁多，且物理化学性质差异甚大，因此，为使烧结矿的物理性能和化学成分稳定，符合冶炼要求，同时使烧结料具有良好透气性以获得较高的烧结生产率，必须把不同成分的含铁原料、熔剂和燃料等按一定的比例进行配料。配料系统分为预配料系统和烧结配料系统，预配料系统在中和场车间完成，烧结配料系统在烧结车间完成。目前，主要的配料方法有质量配料法、容积配料法和按成分配料法。混合作业有两个作用：一是将配合料中的各组分混匀；二是加水润湿和制粒，得到粒度适宜，具有良好透气性能的烧结混合料。首钢集团第二烧结厂采用的是二段混合。第一段混合的主要作用是混匀，第二段混合的主要作用是制粒。

3. 混合料烧结

烧结作业是烧结生产工艺的中心环节，是烧结生产最终产品的工序。带式烧结机抽风烧结工作过程如下：当空台车运行到烧结机头部的布料机下面时，底料和烧结混合料依次装在台车上，经过点火器时混合料中固体燃料被点燃；台车下部的真空室开始抽风，使烧结过程自上而下进行；控制台车速度，保证台车到达机尾时，全部料都已烧结完毕，粉状物料变成块状烧结矿；当台车从机尾进入弯道时，烧结矿被卸下来；空台车靠自重或尾部星轮驱动，沿下轨道回到烧结机头部，在头部星轮作用下，空台车被提升到上部轨道，又重复布料、点火、烧结、卸矿等工艺环节。

4. 烧结矿的破碎筛分

从烧结机上卸下的烧结饼，都夹带未烧好的矿粉，且烧结饼块度大，部分大块甚至超过 200mm，不符合高炉冶炼要求，而且给烧结矿的运输、储存带来不少问题。因此，卸下的大块烧结矿（一般温度在 600～800℃）必须通过破碎机进行破碎、筛分以及冷却，最终提供给高炉粒度均匀的烧结矿。

5. 烧结矿冷却

在我国，烧结矿的冷却方式主要有鼓风冷却、抽风冷却和机上冷却。多数采用环冷机鼓风冷却，冷却后的温度要求低于 150℃，以便于下一步的烧结矿运输。

6. 烧结矿的整粒

随着高炉的现代化、大型化和节能需要，烧结过程对烧结矿的质量要求越来越高。烧结矿整粒技术就是随技术发展而逐步发展完善的一项技术，近年来国内新建的烧结厂大都设有整粒系统，一些老厂的改造也增设了较完善的整粒系统。一般的烧结厂烧结矿整粒采用一、二、三次筛分。小于 5mm 粒度的返回配料仓重新烧结。

7. 烧结除尘

烧结过程产生的粉尘量大，影响面广，危害严重，治理困难。烧结生产过程中的主要尘源包括：烧结机主烟道排气中的粉尘；烧结机和冷却机卸料尾部产生的粉尘；烧结矿筛分时产生的粉尘等。

2.3　烧结过程主要反应及固结机理

2.3.1　燃烧反应

烧结料中固体碳的燃烧为形成黏结所必需的液相和进行各种反应提供了必要的条件（温度、气氛）。烧结过程所需要的热量的 80%～90% 为燃料燃烧供给。然而燃料在烧结混合料中所占比例很小，按质量计仅 3%～5%，要使燃料迅速而充分地燃烧，必须供给过量的空气，空气过剩系数达 1.4～1.5 或更高。

混合料中的碳在温度达到 700℃ 以上即着火燃烧，发生以下反应：

$$C_{焦} + O_2 \Longrightarrow CO_2 \tag{2-1}$$

$$C_{焦} + \frac{1}{2} O_2 \Longrightarrow CO \tag{2-2}$$

$$2CO + O_2 \Longrightarrow 2CO_2 \tag{2-3}$$

$$CO_2 + C \Longrightarrow 2CO \tag{2-4}$$

在烧结过程中，反应（2-1）易发生，在高温区有利于反应（2-2）和反应（2-3）进行。因此，烧结废气中含有 CO_2、CO，以及过剩的 O_2 和不参与反应的 N_2。图 2-4 为烧结过程中废气成分变化的一般规律。

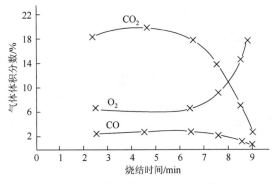

图 2-4　烧结过程废气成分变化趋势

虽然燃料燃烧是烧结过程的主要热源，但仅靠它并不能把燃烧层温度提高到 1300～1500℃。相当部分的热量是靠上部灼热的燃烧矿层将抽入的空气预热提供的。热烧结矿层相当于一个"蓄热室"，热平衡分析表明，蓄热作用提供的热量约占供热总量的 40%。

随着烧结料层增厚，烧结自动蓄热量将增加，有利于降低燃料消耗。但进一步增厚料层，烧结矿层形成稳定的蓄热层后，则蓄热量将不再增加，燃耗也不再降低。料层高度的增加受透气性的限制。

随着烧结过程的进行，燃烧层向下移动，烧结矿层增厚，自动蓄热作用显著，越到下层燃烧温度越高。上层温度不足（一般为 1150℃左右），液相不多，强度较低；而下层温度过高，液相多，强度高但还原性差，导致烧结矿质量不均。

烧结过程的总速度取决于燃料燃烧速度和传热速度两者之间的最慢者。在低燃料条件下，氧量充足，燃料着火点低，燃烧速度较快，烧结速度取决于传热速度。在燃料量正常或较高条件下，烧结速度取决于燃烧速度。

烧结过程主要是对流传热。传热速度主要取决于气流速度、气体和物料的热容量。根据热平衡推导可得传热速度（W）如下：

$$W = \frac{c_{气} \times \omega_0}{c_{料} \times (1-\varepsilon)} \qquad (2\text{-}5)$$

式中，$c_{料}$、$c_{气}$ 分别为气体和物料的定容比热容，$c_{料}$、$c_{气}$ 同物料特性有关；ω_0 为气体的假定流速，$\omega_0 = \varepsilon_\omega$；$\varepsilon$ 为料层孔隙度。

由式（2-5）可见，增加气流速度，改善料层透气性，可使传热速度增加，高温区下移加速，产量增加。

燃料燃烧速度主要取决于燃料的反应性、粒度、气体含氧量和流速（料层透气性）以及温度等因素。粒度小，使透气性变坏，不利于燃烧和传热。一般认为，烧结用的燃料粒度以 1～3mm 为最佳。在实际生产中，燃料经破碎必然产生小于 1mm 的粒度，一般要求小于 3mm 粒度的占 70%～85%。

2.3.2　水分的蒸发和凝结

为了混料造球，常外加一定量的水，精矿粉加水约 7%～8%，富矿粉加水约 4%～5%。这种水称为游离水或吸附水。在 100℃下即可大量蒸发除去。

如用褐铁矿烧结，则还含有较多结晶水（化合水），需要在 200～300℃才开始分解放出，脉石中含有黏土质高岭土矿物（$Al_2O_3 \cdot 2SiO_2 \cdot 2H_2O$），需要在 400～600℃才能分解，甚至 900～1000℃才能去尽。因此，用褐铁矿烧结时需要更多的燃料，配量一般高达 8%～9%。

此外，分解出的水会与炭发生如下反应，使得烧结过程或高炉冶炼过程的燃耗增加。

$$500～1000℃：\quad 2H_2O + C \Longrightarrow CO_2 + 2H_2 \quad \Delta H = 99600J/mol \quad (2\text{-}6)$$
$$1000℃以上：\quad H_2O + C \Longrightarrow CO + H_2 \quad \Delta H = 133100J/mol \quad (2\text{-}7)$$

烧结料中水分蒸发的条件是气相中水蒸气分压（P_{H_2O}）低于该料温条件下水的饱和蒸汽压（P'_{H_2O}）。在烧结干燥层中，由于水分不断蒸发，P_{H_2O} 不断升高。相反，由于温度不断降低，P'_{H_2O} 则不断下降，当 $P_{H_2O} = P'_{H_2O}$ 时，蒸发和凝结处于动态平衡状态，干燥过程也就结束。废气离开干燥层后，继续将热传给下面的湿料层，温度继续下降，P'_{H_2O} 继续降低，当 $P_{H_2O} > P'_{H_2O}$ 时，废气温度低于该条件下的露点温度，便产生水汽凝结，产生过湿现象，致使料层透气性恶化。如果采取预热措施，使得烧结混合料层的温度超过露点温度（一般在 50～60℃），则可避免或减轻过湿现象，提高烧结矿产量和质量。

2.3.3　碳酸盐分解

在使用菱铁矿和菱锰矿烧结时，烧结料中含 $FeCO_3$ 和 $MnCO_3$。菱铁矿在烧结过程中比较容易分解。生产熔剂性或高碱度烧结矿时，需配入一定量的石灰石或白云石。$CaCO_3$ 的分解温度较其他碳酸盐高，其分解反应为

$$CaCO_3 \xrightarrow[\text{880℃剧烈}]{\text{720℃开始}} CaO+CO_2 \quad \Delta H = 178000J/mol \quad (2\text{-}8)$$

其分解速度同温度、粒度、外界气流速度和气相中 CO_2 浓度等相关，温度升高，粒度减小，气流速度加快，气相中 CO_2 浓度降低，则分解加速。在使用精矿粉生产熔剂性或高碱度烧结矿条件下，石灰石粒度起决定作用。若石灰石粒度过大，则可能来不及完全分解，分解出的 CaO 不能充分进行矿化作用而以自由 CaO 形式残存于烧结矿中（俗称白点），当其吸收大气水分时便发生消化反应：

$$CaO + H_2O \Longrightarrow Ca(OH)_2 \quad (2\text{-}9)$$

结果使体积膨胀，造成烧结矿粉化。为保证石灰石在烧结过程中完全分解，必须严格控制其粒度小于 3mm。

在高炉冶炼过程中，石灰石开始分解温度约 740℃，激烈分解温度为 960℃。由反应（2-8）看出，其分解消耗大量的热，使焦比升高；在高温区则使碳素发生气化反应：

$$CO_2 + C_{焦} \Longrightarrow 2CO \quad \Delta H = 166000J/mol \tag{2-10}$$

因此，石灰石直接入高炉不仅吸收大量的热，还多消耗碳素，使焦比升高。

2.3.4　铁氧化物的分解还原和氧化

总体而言，烧结过程是氧化性气氛，但烧结料中碳分布的偏析和气体组成分布的不均匀性，使得在燃烧颗粒表面附近或燃料集中处，CO 浓度较高，存在局部还原性气氛。从微观来看，在料层中既有氧化区也有还原区，因此对铁矿物同时存在着氧化、还原、分解等反应。

在同一温度下，分解压越大的物质越易分解，并易为还原剂所还原。赤铁矿（Fe_2O_3）具有较大的分解压。在 1300～1350℃或更高温度的实际料层中，完全可进行热分解：

$$3Fe_2O_3 \xrightarrow{\ 1350℃\ } 2Fe_3O_4 + \frac{1}{2}O_2 \tag{2-11}$$

在 CO 存在的区域，只要 300℃左右，Fe_2O_3 就很容易被还原：

$$3Fe_2O_3 + CO \Longrightarrow 2Fe_3O_4 + CO_2 \tag{2-12}$$

此反应所需的 CO 平衡浓度很低，所以一般烧结矿中自由 Fe_2O_3 很少。在有固相反应生成 $CaO \cdot Fe_2O_3$ 的条件下，Fe_2O_3 较难还原，烧结矿中 FeO 含量较低。

磁铁矿（Fe_3O_4）分解压很低，较难分解。但有 SiO_2 存在时，Fe_3O_4 的分解压接近 Fe_2O_3 分解压，故在 1300～1350℃以上也可进行热分解：

$$2Fe_3O_4 + 3SiO_2 \Longrightarrow 3(2FeO \cdot SiO_2) + O_2 \tag{2-13}$$

在 900℃以上，Fe_3O_4 可被 CO 还原：

$$Fe_3O_4 + CO \Longrightarrow 3FeO + CO_2 \tag{2-14}$$

SiO_2 存在时，还原反应更易进行：

$$2Fe_3O_4 + 3SiO_2 + 2CO \Longrightarrow 3(2FeO \cdot SiO_2) + 2CO_2 \tag{2-15}$$

当有 CaO 存在时，不易生成 $2FeO \cdot SiO_2$，故不利于反应（2-15）的进行。因此，烧结矿碱度提高后，FeO 含量有所降低。

FeO 分解压力很小，在一般烧结条件下，FeO 很难被 CO 还原为 Fe。即使还原得到少量金属铁，其也很容易被抽入的空气氧化。烧结矿中金属铁量很低，一般在 0.5%以下。

在燃烧层中距碳粒较远的区域，氧化性气氛较强，可以使 Fe_3O_4 和 FeO 氧化：

$$2Fe_3O_4 + \frac{1}{2}O_2 =\!=\!= 3Fe_2O_3 \tag{2-16}$$

$$3FeO + \frac{1}{2}O_2 =\!=\!= Fe_3O_4 \tag{2-17}$$

烧结过程同时存在氧化、还原反应，可根据烧结前含铁原料和烧结后烧结矿的氧化度来分析两种反应进行的程度。

氧化度（Ω）是烧结矿或铁矿粉中与铁结合的实际氧量同全部铁以 Fe_2O_3 形态结合时的氧量之比：

$$\Omega = \left[1 - \frac{w(Fe_{FeO})}{3w(Fe_{全})}\right] \times 100\% \tag{2-18}$$

式中，$w(Fe_{FeO})$ 为烧结矿或铁矿粉中以 FeO 形态存在的铁量，%；$w(Fe_{全})$ 为烧结矿或铁矿粉的全铁量，%。

可将烧结用铁矿粉的氧化度（$\Omega_{原}$）和烧结矿的氧化度（$\Omega_{烧}$）按上式分别计算出来后加以比较，若 $\Omega_{原} > \Omega_{烧}$，表明烧结过程氧化反应占优势；若 $\Omega_{原} < \Omega_{烧}$，表明还原反应占主导地位。

由上式可见，在烧结矿品位相同的情况下，烧结矿中 $w(Fe_{FeO})$ 越低，其氧化度越高，还原性越好。

燃料用量是影响烧结过程氧势的主要因素。燃料量增加，气相中 O_2 减少。因此，减少燃料用量是降低烧结矿中 FeO 量、保证强度的主要条件。

2.3.5　有害杂质的去除

烧结过程可部分去除矿石中硫、铅、锌、砷、氟、钾、钠等对高炉有害的物质，从而改善烧结矿的质量，有利于高炉冶炼顺行。

烧结可以去除大部分的硫。对于以硫化物形式存在的硫，主要反应为：

$$2FeS_2 + 5\frac{1}{2}O_2 \xrightarrow{>366℃} Fe_2O_3 + 4SO_2 \tag{2-19}$$

$$2FeS + 3\frac{1}{2}O_2 =\!=\!= Fe_2O_3 + 2SO_2 \tag{2-20}$$

铁矿石中的硫有时以硫酸盐（$CaSO_4$、$BaSO_4$ 等）的形式存在。硫酸盐的分解压很小，开始分解的温度相当高，如 $CaSO_4$ 开始分解的温度大于 975℃，$BaSO_4$ 开始分解的温度高于 1185℃。因此其去硫比较困难。但当有 Fe_2O_3 和 SiO_2 存在时，可改善其去硫热力学条件。

$$CaSO_4 + Fe_2O_3 =\!=\!= CaO·Fe_2O_3 + SO_2 + \frac{1}{2}O_2 \tag{2-21}$$

$$BaSO_4 + SiO_2 \Longrightarrow BaO \cdot SiO_2 + SO_2 + \frac{1}{2} O_2 \qquad (2-22)$$

硫化物烧结去硫主要是氧化反应。高温、氧化性气氛有利于去硫。两者都直接与燃料量有关。硫化物的去硫反应为放热反应，而硫酸盐的去硫反应为吸热反应。因此，提高烧结温度对硫酸盐矿石去硫有利。而在烧结硫化物矿石时，为稳定烧结温度、促进脱硫，应相应降低燃耗。

在生产熔剂烧结矿时，生成的 SO_2 在过湿层溶于水，与 CaO、石灰石、铁酸钙等发生硫酸化反应，形成难于分解的亚硫酸钙：

$$CaCO_3 + SO_2 + \frac{1}{2} H_2O \xrightarrow{60℃} CaSO_3 \cdot \frac{1}{2} H_2O + CO_2 \qquad (2-23)$$

亚硫酸钙脱水：

$$CaSO_3 \cdot \frac{1}{2} H_2O \xrightarrow{113℃} CaSO_3 + \frac{1}{2} H_2O \qquad (2-24)$$

更高温度下有氧存在时，

$$CaSO_3 + \frac{1}{2} O_2 \xrightarrow{>900℃} CaSO_4 \qquad (2-25)$$

烧结料中石灰物质的硫酸化使去硫效率平均降低 5%～7%。熔剂性烧结矿中以 CaS 形态存在的硫较多，表明 CaO 吸硫降低了烧结过程的去硫效率。因此，不宜使用高硫铁矿生产高碱度烧结矿。

砷的脱除需要适当氧化气氛。砷氧化成为 As_2O_3，容易挥发。但过氧化生成 As_2O_5 则不能气化。因此，烧结去砷率一般不超过 50%。若加入少量 $CaCl_2$，可使去砷率达 60%～70%。

烧结去氟率一般只有 10%～15%，有时可达 40%，若在烧结料层中通入水汽，可使其生成 HF，大大提高去氟率。硫、砷、氟，以其有毒气体 SO_2、As_2O_3、HF 等形式随废气排出，严重污染空气，危害生物和人体健康。因此，许多国家对烧结废气制定了严格的排放标准。

对一些含有碱金属钾、钠和铅、锌的矿石，可在烧结料中加入 $CaCl_2$，使其在烧结过程中相应生成易挥发的氯化物而去除和回收。例如，加入 2%～3% $CaCl_2$，可除去铅 90%，锌 65%，加 0.7% $CaCl_2$ 去除钾、钠的效率可达 70%。但采用氯化烧结应注意设备腐蚀和环境污染问题。

2.3.6　固相反应

烧结料的固结经历了固相反应、液相生成和冷却固结。液相黏结是关键环节。颗粒之间的固相反应是在未生成液相的低温条件下（500～700℃），烧结料中的组分在固态下进行反应并生成新的化合物。固态反应的机理是离子扩散。烧结料中各种矿物颗粒紧密接触，在晶格中各结点上的离子可以围绕它们的平衡位置振动。温度升高，振动加剧，当温度升高到使质点获得的能量（活化能）足以克服其周围质点对它的作用能时，便失去平衡而产生位移（扩散）。这种位移可在晶格内进行，也可扩散到表面并进而扩散到相邻接的其他晶体的晶格内进行化学反应。相邻颗粒表面电荷相反的离子互相吸引，进行扩散，遂形成新的化合物，使之连接成一整体。

固相反应产物往往是低熔点化合物。它们开始发生固相反应的温度如表 2-1 所示。

表 2-1　　烧结过程中可能产生的固相反应及开始反应温度

反应物	固相反应	开始反应温度/℃	反应物	固相反应	开始反应温度/℃
$SiO_2 + Fe_2O_3$	Fe_2O_3 在 SiO_2 中的固溶体	575	$MgO + Fe_2O_3$	含镁浮氏体	700
$SiO_2 + 2CaO$	$2CaO \cdot SiO_2$	500，610，690	$FeO + Al_2O_3$	$FeO \cdot Al_2O_3$	1100
$2MgO + SiO_2$	$2MgO \cdot SiO_2$	680	$CaO + MgCO_3$	$CaCO_3 + MgO$	525
$MgO + Fe_2O_3$	$MgO \cdot Fe_2O_3$	600	$CaO + MgSiO_3$	$CaSiO_3 + MgO$	60
$CaO + Fe_2O_3$	$CaO \cdot Fe_2O_3$	500，600，610，650	$CaO + MnSiO_3$	$CaSiO_3 + MnO$	565
$CaCO_3 + Fe_2O_3$	$CaO \cdot Fe_2O_3$	590	$CaO + Al_2O_3 \cdot SiO_2$	$CaSiO_3 + Al_2O_3$	530
$MgO + Al_2O_3$	$MgO \cdot Al_2O_3$	920，1000	$Fe_3O_4 + SiO_2$	$2FeO \cdot SiO_2$	990

在铁矿粉烧结料中添加石灰时，主要矿物成分为 Fe_2O_3、Fe_3O_4、CaO、SiO_2 等。这些矿物颗粒间互相接触，在加热过程中发生固相化学反应。

固相反应在温度较低的固体颗粒状态下进行，只局限于颗粒间的接触面发生位移，反应一般较慢，所以固相反应不可能得到充分发展，但固相反应生成的低熔点化合物为形成液相打下了基础。

2.3.7　液相黏结及基本液相体系

烧结矿的固结主要依靠发展液相来完成。固相反应形成的低熔点化合物足以在烧结温度下生成液相。随着燃料层的移动，温度升高，各种互相接触的矿物又形成一系列的易熔化合物，在燃烧温度下形成新的液相。液滴浸润并溶解周围的矿物颗粒而将它们黏结在一起；相邻液滴可能聚合，冷却时产生收缩；往下抽入的空气和反应的气体产物可能穿透熔化物而流过，冷却后便形成多孔、坚硬的烧结矿。由此可见，烧结过程中产生的液相及其数量，直接影响烧结矿的质量和产量。表 2-2 列出了烧结原料特有的化合物和混合物熔化温度。

表 2-2　烧结原料特有的化合物和混合物熔化温度

系统	液相特性	熔化温度 / ℃
FeO-SiO$_2$	2FeO·SiO$_2$	1205
	2FeO·SiO$_2$-SiO$_2$ 共熔混合物	1178
	2FeO·SiO$_2$-FeO 共熔混合物	1177
Fe$_3$O$_4$-2FeO·SiO$_2$	2FeO·SiO$_2$-Fe$_3$O$_4$ 共熔混合物	1142
MnO-SiO$_2$	2MnO·SiO$_2$ 异分熔化	1323
MnO-Mn$_2$O$_3$-SiO$_2$	MnO-Mn$_3$O$_4$-2MnO·SiO$_2$ 共熔混合物	1303
2FeO·SiO$_2$-2CaO·SiO$_2$	(CaO)$_x$·(FeO)$_{2-x}$·SiO$_2$（$x = 0.19$）	1150
2CaO·SiO$_2$-FeO	2CaO·SiO$_2$-FeO 共熔混合物	1280
CaO-Fe$_2$O$_3$	CaO·Fe$_2$O$_3$ ⟶ 液相 + 2CaO·Fe$_2$O$_3$ 异分熔化	1216
	CaO·Fe$_2$O$_3$-CaO·2Fe$_2$O$_3$ 共熔混合物	1200
FeO-Fe$_2$O$_3$-CaO	（18%CaO + 82%FeO）-2CaO·Fe$_2$O$_3$ 固溶体的共熔混合物	1140
Fe$_3$O$_4$-Fe$_2$O$_3$-CaO·Fe$_2$O$_3$	Fe$_3$O$_4$-CaO·Fe$_2$O$_3$ Fe$_2$O$_3$-2CaO·Fe$_2$O$_3$ 共熔混合物	1180
Fe$_2$O$_3$-CaO-SiO$_2$	2CaO·SiO$_2$-CaO·Fe$_2$O$_3$-2CaO·Fe$_2$O$_3$ 共熔混合物	1192

表中所列化合物在烧结所能达到的温度范围内都能形成液相，其中有四种典型物系。

1. FeO-SiO$_2$ 液相体系

铁矿粉中的 FeO 和 SiO$_2$ 接触紧密，在烧结过程中易化合成 2FeO·SiO$_2$（铁橄榄石），其熔点为 1205℃。2FeO·SiO$_2$ 还可同 SiO$_2$ 或 FeO 组成低熔点共晶混合物（图 2-5），其熔点为 1178℃或 1177℃；2FeO·SiO$_2$ 又可同 Fe$_3$O$_4$ 组成熔点更低的混合体（1142℃）。

这个体系是生产低碱度酸性烧结矿的主要黏结相。其生成条件是必须有足够数量的 FeO 和 SiO$_2$。FeO 的形成需要较高的温度和还原性气氛。SiO$_2$ 则主要取决于精矿品位和矿石类型。酸性脉石矿品位提高，则 SiO$_2$ 降低，但总含有一定量的 SiO$_2$。2FeO·SiO$_2$ 是难还原物质，以它为主要黏结相的烧结矿强度好，但还原性差。

2. CaO-SiO$_2$ 液相体系

当生产自熔性烧结矿时，外加 CaO 与矿粉中的 SiO$_2$ 作用，在烧结过程中，

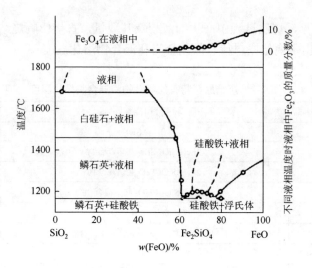

图 2-5   FeO-SiO₂ 体系状态图

生成两种可熔的硅酸钙液相，即硅灰石 CaO·SiO₂（CS），熔点为 1544℃，它与 SiO₂ 在 1486℃时形成最低共熔点；硅钙石 3CaO·2SiO₂（C₃S₂），熔点为 1475℃，它与 CaO·SiO₂ 在 1460℃时形成最低共熔点。其他尚有正硅酸钙 2CaO·SiO₂（C₂S）等，但其熔点为 2130℃，在烧结中不能熔化为液相，见图 2-6。

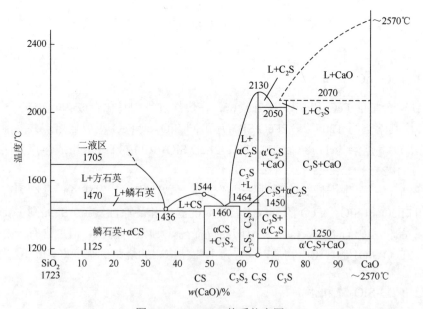

图 2-6   CaO-SiO₂ 体系状态图

由于硅酸钙液相体系的化合物和固溶体熔化温度较高，在 1430℃ 以上，在烧结的温度条件下此液相不会产生很多。

3. CaO-Fe₂O₃ 液相体系

在生产熔剂性烧结矿时，需要加入大量 CaO。CaO 同矿粉中的 Fe_2O_3 在 500～600℃ 即可进行固相反应生成铁酸钙 $CaO \cdot Fe_2O_3$，其熔点为 1216℃。由图 2-7 可以看到这个体系还有几种化合物，如 $2CaO \cdot Fe_2O_3$（1449℃）、$CaO \cdot 2Fe_2O_3$（1226℃）、$CaO \cdot Fe_2O_3$-$CaO \cdot 2Fe_2O_3$ 共晶（1205℃）。这个体系化合物熔点比较低，生成速度快，对生产熔剂性烧结矿具有重要意义。

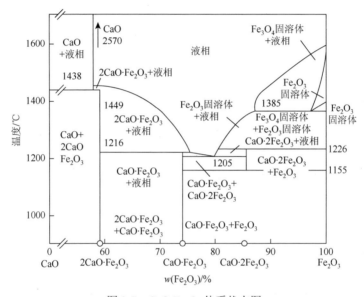

图 2-7　CaO-Fe₂O₃ 体系状态图

形成铁酸钙液相体系的条件是 CaO 与 Fe_2O_3 同时存在。当温度达到 1300℃ 左右时，烧结料中出现熔体，熔体中 CaO 与 SiO_2（或 FeO）的亲和力较 CaO 与 Fe_2O_3 的亲和力大得多，所以 $CaO \cdot Fe_2O_3$ 中的 Fe_2O_3 将被 SiO_2 置换出来，甚至被还原为 FeO。只有当 CaO 大量存在，在与 SiO_2 和 FeO 结合后还有多余的 CaO 时，才会出现较多的铁酸钙。因此，只有碱度高时，铁酸钙液相才能起到主要的黏结作用。

提高精矿品位，降低 SiO_2 含量，对形成铁酸钙液相是有利的。Fe_2O_3 在 1300℃ 以上的高温下不稳定，为保证其存在，必须保持较低的烧结温度和较强的氧化性气氛。因此，生产熔剂性或高碱度烧结矿，发展 CaO-Fe₂O₃ 液相体系，是以低配碳量、低温烧结操作为特征。这既可以节省大量燃料，又能获得 FeO 低、还原性好、强度适宜的产品，使烧结矿强度和还原性之间的矛盾得到妥善解决。

4. CaO-FeO-SiO₂ 液相体系

在生产自熔性烧结矿时，若温度高，还原性气氛强，则大量存在的 CaO、FeO 和 SiO₂ 便可能结合生成钙铁硅酸盐低熔点化合物，如钙铁橄榄石[$(CaO)_x·(FeO)_{2-x}·SiO_2$，$x=0.25\sim1$]、钙铁辉石[$CaO·FeO·2SiO_2$]、铁黄长石[$2CaO·FeO·2SiO_2$]。这些化合物能形成一系列的固溶体（图 2-8），并在固相中产生复杂的化学变化和分解作用。提高碱度，增加烧结料中的 CaO 量可降低液相生成温度。在 w（CaO）为 10%～20%的范围内，这个体系化合物的熔化温度大部分在 1150℃之内。钙铁橄榄石与铁橄榄石同属一个晶系，构造相似，还原性较差，易在高温和还原性气氛下生成。钙铁硅酸盐的熔化温度较铁橄榄石低，液相黏度小，故烧结时透气性较好，但易形成大气孔烧结矿。

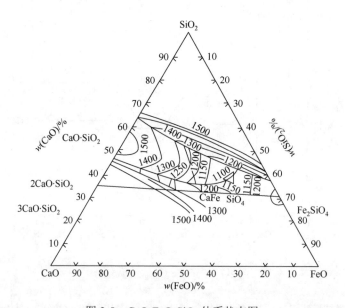

图 2-8　CaO-FeO-SiO₂ 体系状态图

在烧结过程中，液相太少则黏结不够，烧结矿强度不好，液相过多则产生过熔，使烧结矿致密，气孔率降低，还原性变差。无论靠何种液相黏结，液相量都应适当。

2.3.8　烧结矿冷凝固结

烧结矿的冷凝固结实际上是再结晶过程。燃烧层移过后，烧结矿的冷却过程随即开始。随着温度的降低，液相黏结着周围的矿物颗粒而凝固。各种低熔点化合物（液相）开始结晶。首先是晶核的形成，凡是未熔化的矿物颗粒和随空气带来的粉尘都可充当晶核。晶粒围绕晶核逐渐长大。冷却快时，结晶发展不完整，因此裂纹较多，强度较差；冷却慢时，晶粒发展较完整，强度较好。上层烧结矿容易受空气急冷，强度较差；下层烧结矿的强度则较好。

在液相冷凝结晶时，由于各种矿物的膨胀系数不同，因而在晶粒之间产生内应力，使烧结矿内部产生许多微细裂纹，导致强度降低。

烧结矿冷凝固结中，$2CaO \cdot SiO_2$ 虽不能形成液相，但在冷却过程中发生 α、α'、β、γ 晶型间的转变。当温度下降到 850℃时，α'-$2CaO \cdot SiO_2$ 转变为 γ-$2CaO \cdot SiO_2$，体积增大约 12%。当冷却至 675℃时，β-$2CaO \cdot SiO_2$ 转变为 γ-$2CaO \cdot SiO_2$，体积又增大 10%。这种相变产生很大的内应力和体积膨胀，使得已固结成型的烧结矿发生粉碎，强度大减，因此烧结过程中要尽量避免正硅酸钙的生成，严格掌握冷却温度，有效控制其晶型转变。

烧结料的脉石中 Al_2O_3 含量高时，固结过程中会出现钙铝黄长石（$2CaO \cdot Al_2O_3 \cdot SiO_2$）、铁铝酸四钙（$4CaO \cdot Al_2O_3 \cdot Fe_2O_3$）、$2CaO \cdot FeO \cdot 2SiO_2$ 等。MgO 含量较多时，会出现钙镁橄榄石（$CaO \cdot MgO \cdot SiO_2$）、镁黄长石（$2CaO \cdot MgO \cdot 2SiO_2$）及镁蔷薇石（$3CaO \cdot MgO \cdot 2SiO_2$）等。

2.3.9 烧结矿的矿物组成及结构

从烧结矿的固结过程可以看出，烧结矿是一种由多种矿物组成的复合体，液相成分是决定烧结矿矿物组成的重要因素。液相的成分和数量首先取决于原料性质，如矿物类型、化学成分、粒度组成等，其次取决于烧结工艺条件，如配碳量、碱度、温度、气氛、料层透气性等。因此，受原料条件和烧结工艺条件影响，各种烧结矿的矿物组成不尽相同。熔剂性烧结矿和自熔性烧结矿的主要矿物组成为：磁铁矿、铁酸钙、钙铁橄榄石，其他还有少量的浮氏体、石英、玻璃相等。

烧结矿的结构一般指在显微镜下矿物组成的形状、大小和它们相互结合排列的关系。随着生产工艺条件的变化，不同烧结矿在显微结构上也有明显的差异。以下是常见的烧结矿显微结构。

（1）粒状结构。它是由烧结矿中先晶出的自形晶、半自形晶或他形晶的磁铁矿与黏结相矿物晶粒相互组成的。

（2）斑状结构。它是由磁铁矿斑状晶体与较细粒的黏结相矿物相互结合而成的。

（3）骸状结构。它指的是烧结矿中早期结晶的磁铁矿晶体中，有黏结矿物充填于内，而仍大致保持磁铁矿原来的结晶外形和边缘部分的骸晶状结构。

（4）单点状的共晶结构。它指的是烧结矿中磁铁矿呈圆点状存在于橄榄石晶体中和赤铁矿圆点状晶体分布在硅酸盐晶体中的结构，因为前者是 $Fe_3O_4\text{-}Ca_x \cdot Fe_{2-x} \cdot SiO_4$ 系共晶形成的，而后者是该系统共晶体被氧化而形成的。

（5）熔蚀结构。它常在高碱度烧结矿中出现，磁铁矿被铁酸钙熔蚀，是晶粒细小、浑圆形状的磁铁矿，与铁酸钙紧紧相连而形成熔蚀结构。两者之间有较大的接触面和摩擦力，因此镶嵌牢固，烧结矿有较好的强度。熔蚀结构是高碱度烧结矿的主要矿物结构。

由于液相冷却析晶时，浓度及温度的不均匀性以及矿物晶体本身的特点不同，各种集合体可以树枝状、针状、柱状、片状、板状等形式凝固组成。

烧结矿的矿物组成及其结构是影响烧结矿质量（主要是强度及还原性）的重要因素。研究表明，烧结矿强度具有加和性，即其强度由各矿物强度与该矿物所占份额的乘积的总和表示。烧结矿中常见矿物对强度与还原性的影响如下：

赤铁矿→磁铁矿→铁酸钙→钙铁橄榄石→玻璃相　　强度由高到低

赤铁矿→磁铁矿→铁酸钙→钙铁橄榄石→铁橄榄石　　还原性由强变弱

另外，烧结矿的还原是还原性气体扩散到反应界面进行的，因此还原性好坏与矿物晶体大小、分布情况及气孔率等有关。大块或者被硅酸盐包裹着的难还原，晶粒细小密集、黏结相少的易还原，气孔率高（大孔和微孔）、晶体嵌布松弛以及裂纹多的易还原。

2.4　烧结矿质量指标

烧结矿质量对高炉生产起着非常重要的作用。对烧结矿质量的要求为：品位高，强度好，成分稳定，还原性好，粒度均匀，粉末少，碱度适宜，有害杂质少。

2.4.1　烧结矿强度和粒度

烧结矿强度好，粒度均匀，可减少运输过程中和炉内产生的粉末，改善高炉料柱透气性，保证炉况顺行。同时，烧结矿强度提高意味着烧结机产量（成品率）增加。

国内外多采用标准转鼓的方法来评价烧结矿强度。转鼓有冷转鼓和热转鼓两种，常用的是冷转鼓。经转鼓实验所得到的转鼓指数是衡量烧结矿在常温下抗磨剥和抗冲击能力的指标，用标准转鼓测定。取粒度 25～150mm 的烧结矿试样 20kg，置于直径 1.0m，宽 0.65m 的转鼓中（鼓内焊有高 100mm，厚 10mm，互成 120° 布置的钢板三块）。转鼓以 25r/min 的转速旋转 4min。然后用 5mm 的方孔筛往复摆动 10 次进行筛分，取其中大于 5mm 的质量分数作为烧结矿的转鼓指数（DI）

$$\text{烧结矿的转鼓指数} = \frac{20-A}{20} \times 100\% \tag{2-26}$$

式中，A 为试样中不大于 5mm 部分的质量，kg。

一般要求烧结矿的转鼓指数大于 75%。其他还有一些强度试验和表示法，如美国材料试验协会的 ASTM 转鼓指数用大于 6.4mm 的质量分数表示，ASTM 转鼓指数越大，烧结矿强度越好，一般要求达到 60%～80%。

冷态强度不能完全反映烧结矿在炉内高温还原条件下的行为，因此，低温还原粉化、还原性等热态强度指标也应重视。

2.4.2　烧结矿冶金性能

1. 低温还原粉化

铁矿石在 400～600℃区间的还原过程中，Fe_2O_3 还原为 Fe_3O_4 引起的晶格变化，导致铁矿石出现裂缝而容易粉化。在高炉上部低温区域，矿石粉化现象越严重，高炉上部的透气性就越差；粉化的矿石及焦炭粉末具有较高活性，易与周围的物料黏结，从而引起高炉结瘤等问题。因此，低温还原粉化性能是评价矿石质量（特别是烧结矿）的重要指标之一，通常使用 RDI 指数表征。

烧结矿低温还原粉化性能按国家标准 GB/T 13242-91 进行测定。筛分粒度范围为 10.0～12.5mm 的铁矿石试样 500g，在（105±5）℃下烘干 2h 处理。将试样放入还原管中加热至 500℃，恒温 30min 后通入一定流量还原气体，连续还原 1h 后取出，冷却到 100℃以下。将还原后的样品放入转鼓内，以（30±1）r/min 的转速共转 300r，用 6.30mm、3.15mm 和 0.5mm 的筛子手工筛分，记录各粒级筛上的试样质量。其中，以粒度大于 3.15mm 部分所占比例为该矿石的低温还原粉化指数，记为 $RDI_{+3.15}$。该值越大，表示还原后的铁矿石经过转鼓试验后粉化程度越小，冶金性能越好。

实际生产中，也有企业习惯使用 $RDI_{-3.15}$ 指标，其表示转鼓后粒度小于 3.15mm 部分所占比例。

2. 还原性

烧结矿还原性好，有利于强化冶炼并相应减少还原剂消耗。由于模拟高炉条件进行还原试验非常困难，生产中习惯采用烧结矿的 FeO 含量表示还原性。一般认为 $w(FeO)$ 高，表明烧结矿中难还原的硅酸铁 $2FeO·SiO_2$（还有钙铁橄榄石）多，烧结矿过熔而使结构致密，气孔率低，故还原性差。反之，若 $w(FeO)$ 低，则还原性好。一般要求 $w(FeO)$ 应低于 10%。

烧结矿强度和 FeO 含量有一定相关关系，即 $w(FeO)$ 高，强度也高，但还原性变差。烧结生产的重要任务之一就是使烧结矿既获得足够的强度，又有良好的还原性。烧结矿还原性实验方法参照 GB/T 13242-91。

3. 软熔滴落性能

高炉内软熔带的形成及其位置，主要取决于高炉操作条件和炉料的高温性能。而软熔带的特性对炉料还原过程和炉料透气性将产生明显的影响。为此，许多国家对铁矿石软化性的实验方法进行了广泛深入的研究。但是，目前试验装置、操作方法和评价指标都不尽相同。一般以软化温度及温度区间、滴落开始温度和终了温度、软熔带透气性、滴落物性状作为评价指标。

目前，我国矿石荷重还原软化熔滴性能的测定方法还未标准化。一般规定，在荷重还原过程中试样收缩率达 4% 时的温度作为软化开始温度（T_4），而收缩率到 40% 时的温度作为软化终了温度（T_{40}），两者温度差（$T_{40}-T_4$）就定义为软化区间。高炉冶炼要求软化开始温度高，软化区间窄，以保持炉况稳定，有利于气-固相还原反应的进行。

烧结矿在高炉内软化后，继续往下运动，进一步被加热和还原后，熔融转变为熔渣和铁水，自由流动并积聚成液滴，从软熔带滴落进入滴落带的焦柱。在滴落开始前，软熔层被软熔物填充，透气性变得很差，煤气通过的压降增大。生产实践和实测结果表明，高炉软熔带的煤气压降占总压降的 60%。一般在实验室内模拟高炉冶炼条件下的炉料软熔和滴落过程，测定矿石熔化开始温度（T_s）、滴落温度（T_d）以及熔滴过程中压降（ΔP）变化情况。以最高压降（ΔP_{max}）来判断软熔带的透气性，并用 T_s、T_d、ΔP_{max}、熔化区间（T_d-T_s）等作为评价矿石熔滴性能的指标。高炉操作要求 T_s 高一些，T_d-T_s 小一些，ΔP_{max} 低一些。大量研究认为，在今后一定时期内，铁矿石的高温性能应努力达到：900℃还原 3h 的还原度应大于或等于 65%；还原低温粉化率 $RDL_{-3.15}$ 应低于 30%；烧结矿、球团矿的开始软化温度高于 1100℃，开始熔化和滴落温度分别高于 1350℃和低于 1500℃。

2.4.3　碱度

烧结矿碱度一般用 $w(CaO)/w(SiO_2)$ 表示。按照碱度的不同，烧结矿可分为三类：

1. 酸性（或普通）烧结矿

酸性（或普通）烧结矿指碱度低于炉渣碱度的烧结矿（$R<1.0$）。高炉使用这种烧结矿，须加入一定量的石灰石以达到预定炉渣碱度。

2. 自熔性烧结矿

自熔性烧结矿指碱度等于或接近炉渣碱度的烧结矿（$R=1.0\sim1.4$）。一般高炉使用自熔性烧结矿可不加或少加石灰石。

3. 熔剂性烧结矿

熔剂性烧结矿指碱度明显高于炉渣碱度的烧结矿（2.0＞R＞1.4）。此外，还有高碱度（R＝2.0～3.0）、超高碱度（R＝3.0～4.0）烧结矿。由于这种烧结矿 CaO 含量高，使用时无须加石灰石，往往与酸性矿配合冶炼，以获得碱度合适的炉渣。

为了改善炉渣的流动性和稳定性，烧结矿中常含有一定量的 MgO（如 2%～3%或更高），使渣中 $w(MgO)$ 达到 7%～8%或更高，烧结矿和炉渣的碱度可按 $[w(CaO) + w(MgO)]/w(SiO_2)$ 来考虑。表 2-3 列出了我国烧结矿行业标准铁烧结矿技术要求。

表 2-3　我国铁烧结矿行业标准铁烧结矿技术要求

类别		品级	化学成分/%				物理性能/%			冶金性能/%	
			TFe	碱度	FeO	S	DI$_{+6.3}$	抗磨指数（−0.5mm）	筛分指数（−5mm）	RDI$_{+3.15}$	还原度 RI
			允许波动范围		不大于						
碱度	1.50～2.50	一级	±0.50	±0.08	11.00	0.06	≥68.00	＜7.00	＜7.00	≥72.00	≥78.00
		二级	±1.00	±0.12	12.00	0.08	≥65.00	＜8.00	＜9.00	≥70.00	≥75.00
	1.00～＜1.50	一级	±0.50	±0.05	12.00	0.04	≥64.00	＜8.00	＜9.00	≥74.00	≥74.00
		二级	±1.00	±0.10	13.00	0.06	≥61.00	＜9.00	＜11.00	≥72.00	≥72.00

2.5　成熟应用的烧结工艺技术

国内外成熟应用的烧结工艺主要有低硅高还原性烧结矿技术、低碳厚料层烧结技术、小球团烧结法和烧结机偏析布料技术等。

2.5.1　低硅高还原性烧结矿技术

高铁低硅烧结是指降低烧结矿中 SiO$_2$ 含量（一般降至 5%以下），该工艺已成为烧结技术发展的一大进步。低硅烧结矿具有以下优点：①使入炉品位提高，渣量减少。②还原性好。由于降低了烧结矿的 SiO$_2$，烧结矿含铁品位高，烧结矿还原性得到改善。③软熔性能好。软熔温度升高，软熔区间变窄，可使高炉的软熔带位置下降，厚度变薄，有利于高炉内间接还原发展和料柱透气性和透液性的改善。④渣量少。低 SiO$_2$ 烧结矿渣量低，可改善高炉的透气性，有利于高炉顺行，提高高炉产量。⑤有利于增加喷煤量。喷煤后，未燃煤粉会造成高炉压差增高，不利于高炉顺行，采用低 SiO$_2$ 烧结矿对高炉的高喷煤比操作有重要的意义。

根据烧结机理可知，烧结矿是液相固结的产物，单纯降低烧结矿的 $w(SiO_2)$，有可能导致烧结矿的液相量不足，从而引发烧结矿强度变差的问题。因为在二元碱度不变时，SiO_2 的减少也意味着 CaO 减少，而 SiO_2 和 CaO 都是构成烧结矿液相的主要组元。因此，如何在低温烧结的工艺条件下，在降低烧结矿 SiO_2 含量的同时，确保烧结过程中产生在质量及数量上均适宜的"有效黏结相"，是这一工艺能否在生产上成功的关键。为此，必须采取相应的对策。

1. 提高烧结矿碱度

为弥补因 SiO_2 含量减少而使黏结相量减少的问题，需要适当提高烧结矿二元碱度以增加烧结矿中 CaO 含量，也就增加了烧结矿中的铁酸钙量，这对维持必要的黏结相量以及改善烧结矿的还原性都有利。

2. 适当提高烧结原料的粉粒比例

这是因为黏结相起源于粒度较细的粉粒，粒度细的粉粒能促进固相反应的快速进行，易生成液相。

3. 采用厚料层操作

在允许条件下，采用厚料层烧结的操作，不但可以相对减少烧结机表层低质烧结矿的数量，而且可以增强料层的自动蓄热能力，降低烧结矿固体燃耗。同时，由于料层提高，高温保持时间延长，对铁酸钙的发育有利，可促进黏结相的发展，提高烧结矿的强度和成品率。因此，随着料层高度的增加，烧结矿产量和质量升高，FeO 含量降低，烧结矿还原性能得到改善。厚料层烧结所具有的这些优点，也为强化高铁低硅烧结创造了良好条件。推行厚料层烧结，必须严格控制烧结机机速，确保烧好、烧透，使高温固结时间延长，液相充分形成、发展，矿物结晶完善，从而达到改善烧结矿内部结构和提高烧结矿质量的目的。

4. 优化配矿结构

铁矿粉的种类和自身特性对烧结矿中铁酸钙相的生成和烧结体的固结状况有重要影响。在把握铁矿粉烧结特性的基础上，通过配矿设计，形成合适的烧结相，既满足低 SiO_2 烧结矿对黏结相量的要求，也满足高还原性的要求。

自 1986 年瑞典皇家工学院的 Edstrom 等开始研究低 SiO_2 烧结矿以来，一些国家相继开展了降低烧结矿中 $w(SiO_2)$ 的实践。80 年代中后期，日本的烧结矿的 $w(SiO_2)$ 已降到 4.8%，90 年代降到 4.5%左右。我国各钢铁厂对高铁低硅烧结技术日益重视，不少烧结厂都在尽可能提高烧结矿的铁品位，如宝钢、安阳钢铁集团有限责任公司等烧结矿全铁品位都达 58%～59%，$w(SiO_2)$ 降到 5%以下。

宝钢很早就开始开发低 SiO_2 烧结技术。2000 年,宝钢烧结矿 SiO_2 含量由 1992 年的 5.47%下降到 4.49%,烧结矿品位由原来的 56.93%上升到 59.0%,高炉渣量从原来的 320kg/tHM 下降到 259kg/tHM。1999 年,宝钢烧结 SiO_2 含量比 1998 年下降约 0.4%,就此一项不仅使高炉燃料比降低 4.2kg/tHM,而且使高炉渣量降低 28kg/tHM,全年减少渣量 28 万 t。上海梅山钢铁股份有限公司(以下简称梅钢公司)低 SiO_2 烧结矿的生产实践证明,烧结矿 SiO_2 含量由 7.35%下降到 5.90%时,则 TFe 由 54.59%上升到 55.98%(即烧结矿 SiO_2 含量每降低 1.0%,烧结矿品位升高 1.4%),为高炉冶炼创造了较好的原料条件。其高炉在限风减产的条件下,利用系数仍提高 2%,综合焦比降低 4.0kg/tHM。

日本户佃烧结厂早在 1980 年就进行过低硅烧结试验,当时 SiO_2 含量降到了 5.55%,而高炉利用系数增加,燃耗降低,焦比降至 470kg/tHM。后来,为改善烧结矿质量,在日本全国范围内 SiO_2 含量已由 1988 年的 5.6%降至 1996 年的 5.1%。住友金属工业公司也同样降低了 SiO_2 含量(由 5.33%降至 4.89%),其能耗降低了 3.3%。日本川崎制钢公司(现 JFE 集团公司)千叶第四烧结厂采用了厚料层和低 SiO_2(5.0%)操作,使烧结矿成品率提高,燃耗及电耗降低,烧结成本降低,实现了高产[烧结机利用系数 1.8t/(m^2·h)]、低成本的目标。瑞典的研究表明,高碱度和高 MgO 烧结矿品位高达 65.4%和 64.9%,成品矿的 SiO_2 含量低至 1.0%~2.3%,转鼓指数仍可达到 62%。比利时国立冶金研究中心通过以粗粒矿为核心、细粒精矿为黏附粉,在实验室生产出了含 TFe 为 63%、SiO_2 含量为 2.7%的烧结矿。印度塔塔钢铁公司也进行过类似的实验。

国外高铁低硅烧结所采取的措施包括低温低碳操作,添加细粒蛇纹石,使用以低 SiO_2 褐铁矿作球核、以低 SiO_2 和低 Al_2O_3 精矿粉作黏附粉的球团烧结工艺,分级制粒强化烧结工艺等。国内进行低硅烧结的主要措施有低温烧结、高碱度烧结、厚料层烧结、改进原料及熔剂的粒度组成。

2.5.2　低碳厚料层烧结技术

20 世纪 80 年代,以烧结精矿为主的中国企业,料层厚度普遍在 300mm 左右。研究和生产实践发现,厚料层烧结能改善烧结矿质量,提高成品率,有利于降低固体燃料消耗和总热耗;同时,还可降低烧结矿中 FeO 含量并提高还原性。因此,近二十年来,厚料层烧结技术在我国得到了广泛应用。目前,国内烧结行业的料层厚度逐步提高到 600mm 左右,部分已提高到 700~800mm。采用低碳厚料层烧结技术不仅能降低烧结过程中的工序能耗,还能为高炉提供强度好、还原性好的优质炉料,既保证了烧结过程的优质、高产、低耗,又使高炉生产增铁节能,效益显著,是一项应用成功的烧结技术。

　　然而，在烧结原料和抽风机等设备条件一定的情况下，提高料层厚度将导致料层阻力增加，垂直烧结速度降低，从而影响烧结矿产量。因此，分析厚料层对烧结产量的影响，必须综合考虑二者的作用。当烧结速度降低的负面影响等于或小于成品率提高的正面影响时，产量才会提高，否则产量会降低。

　　混合料层的厚度是改善烧结产量和节能降耗的基础。生产实践证明，烧结料层每提高 100mm，能降低煤气消耗 $0.64m^3/t$，降低配碳 1.04kg/t，降低成品矿 FeO 含量 0.6%，提高成品矿转鼓指数 2.3 个百分点。厚料层烧结对改善烧结产量和节能降耗具有以下作用：①厚料层烧结降低了机速和垂直烧结速度，延长了烧结料层在高温下的保温时间，有利于针状复合铁酸钙相（SFCA）的生成，从而有利于提高成品矿的强度和成品率，改善成品矿的质量；②厚料层烧结降低了配碳，抑制了烧结料层的过烧和欠烧等不均匀烧结现象，促进了低温烧结技术的发展，提高了烧结料层的均匀性；③厚料层烧结由于配碳低，提高了烧结料层的氧化气氛，有利于降低成品矿的 FeO 含量和还原性的提高；④厚料层烧结使强度低的表层和质量优的铺底料数量相对减少，有利于提高烧结成品率和入炉烧结矿的比例；⑤厚料层烧结由于料层的自动蓄热作用，有利于提高烧结下层的余热作用，降低固体燃耗、煤气消耗和烧结烟气的净化。

　　正因为厚料层烧结具有上述作用和效果，故烧结生产应千方百计强化制粒、偏析布料，改善烧结料层的透气性，实现低碳厚料层烧结。我国烧结生产在低碳厚料层方面取得了显著进步，2000 年全国重点企业烧结料层平均厚度为 482.8mm，2015 年提高到 710.4mm，年平均提高接近 15mm，目前我国大多数企业的烧结料层超过 700mm，部分企业已超过 750mm。随着烧结料层的加厚，烧结固体燃耗由 2000 年的 58.00kg/t 降低到 2015 年的 44kg/t，年平均降低约 1kg/t。近几年，全国烧结矿年产量约 9 亿 t，每年固体燃耗约降低 9 万 t，CO_2 排放约降低 33 万 m^3，这对节能降耗和环境保护都是一项巨大的贡献。

2.5.3　小球团烧结法

　　小球团烧结法解决了我国细铁矿烧结料层薄、透气性差、产量低、质量差等难题，可以生产出能耗低、产量高、质量好的优质烧结矿。小球团烧结是将铁矿粉、返矿、熔剂和燃料加水混合造球，制成粒径大于 3mm 的小球，并在小球表层包裹一定量的石灰和固体燃料，然后在台车上连续焙烧，球体表面产生的液相与固体颗粒之间的毛细力使小球互相熔结，最终得到的产品为类似葡萄状的小球结合体，见图 2-9。

　　图 2-10 所示为小球团烧结的工艺流程，其主要包括原料的混合、造球、外滚焦粉、布料干燥及点火焙烧等环节。与传统烧结相比，小球团烧结工艺具备以下特点：①原料适应性强，从普通烧结原料到全铁精矿烧结，从低碱度到高碱度，

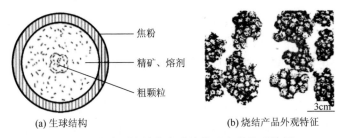

图 2-9 小球团烧结的生球结构及产品外观特征

燃料采用无烟煤或焦粉，均能适用；②制粒流程比传统烧结复杂，从小球烧结工艺流程图可以看出，相比传统烧结流程，小球团烧结增加了强化制粒及外滚焦粉等工艺环节；③通过强化制粒使外滚煤包裹在生球表面，改变烧结过程中燃料的燃烧条件，改善了料层透气性，使生产能力提高，燃料消耗降低；④产品为小球粘连在一起形成的团粒状烧结块，矿相结构由扩散型赤铁矿和细粒铁酸钙组成，还原和粉化性能得到改善。

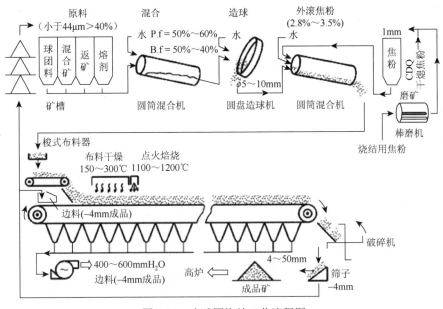

图 2-10 小球团烧结工艺流程图

$1mmH_2O = 9.80665Pa$

该技术已在武汉钢铁（集团）公司 1 台 435m² 烧结机和 1 台 360m² 烧结机，马钢 300m² 烧结机，重庆钢铁（集团）有限责任公司 2 台 105m² 烧结机，梅钢公司 1 台 135m² 烧结机，湖南华菱涟源钢铁有限公司 2 台 40m² 烧结机和 1 台 130m² 烧结机，湖南华菱湘潭钢铁有限公司 2 台 90m² 烧结机，凌源钢铁集团有限责任公司 1 台 52m^2 烧结机，莱芜钢铁集团有限公司 105m^2 烧结机等国内多台大、中、小型烧结机上应用。采用该技术后，混合料温度可提高到 70℃以上，一般烧结料层高度可提高 50～100mm，烧结矿产量可提高 5%～15%，烧结固体燃耗可减少 2.5kg/t，烧结矿 FeO 可减少 0.5%～1.0%，烧结矿质量得到显著的改善。

　　从国内外小球团烧结技术的投产及高炉冶炼的实际情况来看，小球团烧结可以降低烧结成品的 SiO$_2$ 含量，提高烧结成品的还原度，降低高炉冶炼燃料比，减少渣量，提高高炉利用系数，在提高产量的同时降低炼铁生产能耗。

2.5.4　烧结机偏析布料技术

　　由于传统布料器在烧结机台车上布料层，在烧结过程中其下部透气性比上部的差；又因为下部烧结过程的自动蓄热作用比上部的要多，因此，这种粒度和配碳量相对均一的布料方式是不适宜的。国外一些厂做了大量研究，开发出多种偏析布料装置，投入实际生产后，取得了良好的效果。这些偏析布料装置的共同特点是，烧结台车上产生上部小颗粒多、下部大颗粒多的粒度偏析和料层含碳量上多下少的燃料量偏析。

　　日本 JFE 公司开发出烧结机偏析布料技术，偏析布料装置如图 2-11 所示。传统的布料装置使用圆辊给料机把混合料经溜槽铺到位于布料装置下方的台车上，这样做会导致混合料颗粒在料层中分布不均，造成料层上部透气性恶化，降低烧结生产率，返矿量增多。改进后的偏析布料装置采用滚筒溜槽代替传统溜槽，在布料过程中使用偏析光隙金属丝（SSW），滚筒溜槽的作用是缩小下料落差，而 SSW 的作用则是控制粒度分布。采用烧结机偏析布料技术具有以下优点：烧结生产率提高约 5%；焦粉单耗降低约 95.61%。烧结机偏析布料技术已在日本的烧结厂广泛采用，韩国钢铁企业也引进了此项技术。

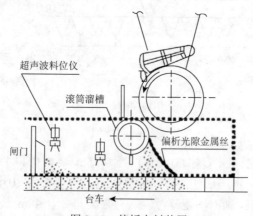

图 2-11　偏析布料装置

我国攀钢集团有限公司在 1994 年从日本引进了一套偏析布料装置（ISF 布料器），使用后烧结台车上混合料粒度和含碳量出现较使用前更为合理的偏析，混合料底层与顶层的平均粒径差由原来的 0.4mm 提高到 0.83～2.59mm；含碳量由原来的上层比下层仅高 0.089%，提高到上层比下层高 0.33%～0.47%，从而改善了料层的透气性和烧结热工状态，产量提高 6.1%，工序能耗下降，每吨烧结矿节约标准煤用量 6.22kg。

首钢集团矿业公司烧结厂根据自身工艺及原料条件进行了磁性泥辊偏析布料、宽布带＋九辊、泥辊＋反射板＋九辊偏析料等技术研究与应用，并进行了不同的偏析布料的工业生产。烧结利用系数由 1.389t/(m^2·h) 提高到 1.408t/(m^2·h)，提高了 0.019t/(m^2·h)，台时产量由 500.04t 提高到 506.88t，提高了 6.84t；点火消耗从 28.21m^3/t 降至 28.17m^3/t，降低了 0.04m^3/t；改善了烧结矿质量，烧结矿粒度明显改善，平均粒径从 20.3mm 上升至 20.76mm，提高了 0.46mm，达到了偏析布料预期效果。

2.6　烧结新技术进展及应用

近年来，随着铁矿资源的劣质化，烧结所用铁矿来源结构发生了较大的变化，铁矿粉的自身特性以及铁矿粉在烧结中的规律也在一定程度上有所改变。同时，各国对烧结生产过程的节能减排和绿色化提出了更高的要求。针对此背景，诸多烧结新技术被提出和应用。

2.6.1　镶嵌式烧结法

马赛克镶嵌铁矿烧结法由日本 JFE 公司、住友金属钢铁公司等提出，将某些物料通过制粒制成密度球团（dense pellet），然后通过控制布料使其按适当的方式布置于烧结料层中，形成在正常烧结条件下的理想空隙网络。其中，对形成空隙的位置和大小的设计及控制是关键技术，住友金属工业公司利用烧结杯研究了返矿分加-镶嵌式烧结生产工艺，该工艺将返矿干料在混合料成球前后分次加入，省去了球团的干燥过程。该工艺在住友金属工业公司的鹿岛厂、和歌山厂、小仓厂的烧结生产线上进行了生产实践，应用实践表明，由于使用了该工艺，每条生产线的生产率都得到了提高。返矿分加-镶嵌式烧结工艺不仅能够提高烧结生产率，而且是解决细矿粉烧结的有效措施。图 2-12 所示为马赛克镶嵌铁矿烧结法工艺示意图。马赛克镶嵌铁矿烧结法可以有效控制烧结矿的粒度组成，改善烧结过程料层透气性，降低烧结过程的燃料比。此外，通过镶嵌式烧结（MEBIOS）工艺生产出低渣比的优质烧结矿用于高炉，可以降低还原剂用量，既降低生产成本，又符合 CO$_2$ 减排的要求。

镶嵌式烧结流程为：先将粉矿制成小球，烧结机上布料时将小球置于烧结料层

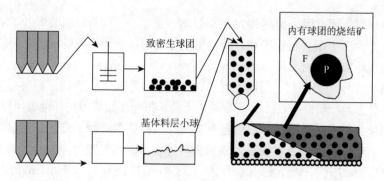

图 2-12　镶嵌式烧结工艺示意图

F-基体材料；P-球团矿

中间层，采用常规的烧结制度就能烧出合适的空隙结构。这种烧结的原理是，利用小球四周的空隙，提高料层的透气性，且小球不会过熔；小球烧结时的热源主要来自上层混匀料烧结所产生的热量，所以上层混匀料的碱度可适当提高，而小球层的碱度则可降低。在此基础上，研究出小球的合适尺寸、布料球间距离、在烧结层中的布料方式、布料厚度等参数。Kawaguchi 提出将大颗粒烧结球置于中间层烧结的方法，其原理是大颗粒烧结球附近物料的密度会因为边缘间隙而下降，透气性会提高；同时，大颗粒烧结球不会过熔，从而能够支撑上面料层的负荷，限制了上层烧结饼的过度收缩，也对烧结透气性有利。图 2-13 为镶嵌式烧结法和大颗粒矿置于料层中进行烧结示意图。

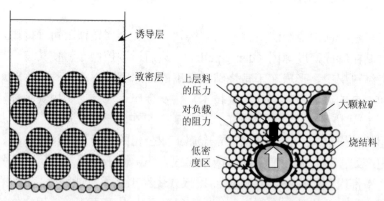

图 2-13　镶嵌式烧结法（左）和大颗粒矿置于料层中进行烧结（右）示意图

2.6.2　复合造块法

中南大学开发了一种不同于传统铁矿粉造球方法的复合造块技术。该方法将造块原料分为造球料和基体料，其中基体料主要为粒度较粗的铁矿粉、熔剂、燃料及返矿。首先将造球料制备成粒度为 8～16mm 的酸性球团矿，基体料置于圆筒混合机中混匀并制成 3～8mm 的高碱度颗粒料，然后将这两种颗粒料混合并置于烧结机上，通过点火和抽风烧结，焙烧制成由酸性球团矿嵌入高碱度基体组成的人造复合块矿，具体流程见图 2-14。在成矿机理上，混合料中的酸性球团以固相固结获得强度，而基体料则以熔融的液相黏结获得强度。

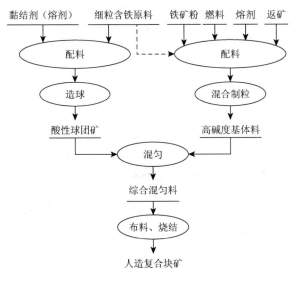

图 2-14　复合造块工艺流程

复合造块法于 2008 年在我国包头钢铁公司率先投入工业使用，取得了良好效果。包头钢铁公司在超细精矿配比相同的情况下采用不同工艺的指标对比结果见表 2-4。相较于传统烧结及球团过程，复合造块法可大幅提高烧结机生产率，相同烧结速度条件下，复合造块可实现超高料层烧结，降低烧结过程固体燃料消耗，提高产品质量。同时，在高炉冶炼过程中，复合造块可有效解决炉料偏析，提高利用系数，降低焦比和渣比，实现节能降耗。

表 2-4　常规烧结和复合造块烧结主要工艺指标对比

工艺	台时产量/(t/h)	利用系数/[t/(m³·h)]	品位 $w(TFe)$/%	$w(SiO_2)$/%	$w(F)$/%	碱度	转鼓指数/%	燃耗/(kg/t)
常规	292.99	1.106	56.90	4.89	0.221	1.93	75.97	56.63
复合	313.24	1.182	57.28	5.53	0.208	1.57	74.41	54.30
I 阶段	310.77	1.173	57.04	5.39	0.208	1.67	74.94	54.29
II 阶段	316.58	1.195	57.46	5.53	0.210	1.54	74.25	54.30

2.6.3　涂层制粒技术

JFE 公司为了增加低价矿配比，降低烧结燃料消耗、高炉还原剂比而开发出涂层制粒技术。该技术是将焦粉、石灰石粉混匀后涂于已成型颗粒的表面，物料在烧结过程中会形成铁酸钙来改善烧结矿还原性。生产工艺是先将各烧结原料装入一次混匀设备内混匀制粒，再将焦粉和石灰石粉从二次混匀设备后段喷入，对输送至二次混匀设备内的已制粒物料进行喷涂。其生产工艺流程如图 2-15 和图 2-16 所示。

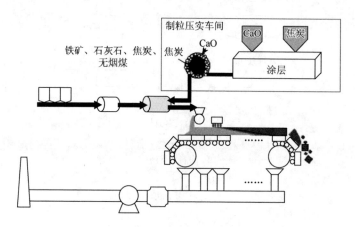

图 2-15　石灰石粉与焦粉涂层制粒技术工艺流程图

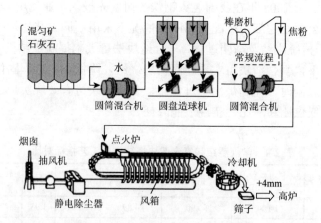

图 2-16　JFE 公司福山 5#烧结机改进后涂层制粒工艺流程图

JFE 公司西日本钢铁厂的 4 台烧结机均采用此技术进行生产。生产实践表明，采用涂层制粒技术进行烧结生产后，烧结矿还原率提高约 7.3%，还原粉化指数大约提高了 5%，烧结利用系数提高约 18.75%，烧结矿产量提高约 0.69%。该烧结矿投入高炉生产使用后，铁矿还原率提高 1%，焦炭消耗下降 7kg/t。

但是，采用涂层制粒技术时，喷涂时间和喷涂的均匀程度不易控制是最大的问题。如果喷涂时间过长，颗粒外表面的焦炭及石灰石粉过多，烧结时不易与铁矿原料进行反应生成合格的烧结矿，这些外表面的原料粉化率增加使得烧结料层的透气性变差、烧结矿产率下降；如果喷涂时间过短，铁矿粉表面的焦粉与石灰石粉涂层厚度不够且不均匀，铁矿原料不能得到足够的熔剂和燃料参与反应，将使烧结矿的强度下降。JFE 公司经过研究、生产摸索，确定出较适宜的喷涂时间大约为 40s。通过 JFE 公司的生产实践可以看到，涂层制粒工艺简单，不需要对原有的制粒工序进行大的改动，不需要增加设备，根据来料情况，精准控制喷涂时间，就可实现平稳操作。

韩国浦项钢铁公司新近通过改善焦粉在烧结混合料堆颗粒内部的分布，来大幅度降低固体燃料消耗，实现降本增效。该技术综合了燃料涂层制粒技术与燃料分加技术的优点，将两项技术共同应用于烧结制粒工艺。焦粉分加涂层制粒技术是将铁矿粉、石灰石与一部分细粒级焦粉预先进行混合，待混合料在制粒机内经加水、制成粒核后，再将另一部分粗粒级焦粉喷涂于制粒料的表面。其技术要点如下：①作为涂层的粗粒级焦粉粒度大于 1mm，否则，烧结过程中焦粉的燃烧速度过快，以致无法为烧结料熔融提供足够的热量，并影响烧结料层的透气性；②粗粒级与细粒级焦粉所占比例各为 50%。浦项钢铁公司焦粉分加涂层制粒与常规制粒各项烧结指标的对比技术优势如下：采用焦粉分加涂层制粒技术，可使烧结矿强度提高约 2%，成品率提高约 1%，烧结机利用系数提高 12%，焦粉消耗降低 14% 左右，烧结时间缩短 14.18%。浦项钢铁公司的焦粉分加涂层制粒技术已结束了实验室试验，目前还处于工业化试验阶段。从工业化试验结果来看，新技术优于 JFE 公司的焦粉加熔剂涂层制粒技术。此项技术工艺简单，无须对现有的烧结制粒工艺进行大的改动，没有新增设备投入，只要根据来料条件，准确控制好喷涂时间，就完全可以实现平稳操作，技术优势较为明显。

2.6.4 烧结喷吹氢系气体燃料技术

为了大幅度降低烧结生产过程中产生的 CO_2 排放量，日本 JFE 公司开发出在烧结机上喷吹天然气烧结技术（Super-SINTER）。

众所周知，烧结原料的主要成分为赤铁矿，其他原料如复合铁酸钙，其组织结构与还原性均较好，而玻璃相硅酸钙结构较差，这些矿物影响烧结矿的成分和强度。当温度高于 1200℃时，会形成铁酸钙；超过 1400℃时，会分解成玻璃相硅酸盐，烧结工艺中矿物成分形成如图 2-17 所示。

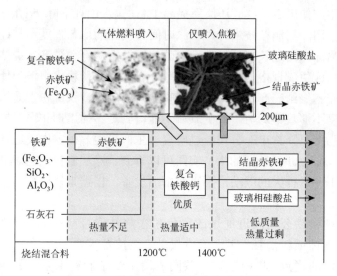

图 2-17　烧结工艺中矿物成分形成图解

　　经研究发现，在 1200～1400℃可以控制铁酸钙的形成。为了延长 1200℃的持续时间，传统的方法是增加燃料（焦粉和煤粉）比例，但会导致料层过热（超过 1400℃），强度和还原性将会降低。气体燃料燃烧位置不同于固体燃料，控制得当可以延长 1200～1400℃温度的持续时间。

　　Super-SINTER 通过从烧结机台车侧上方喷吹天然气（LNG），能够长时间地保持烧结温度在 1200～1400℃，在提高烧结矿质量的同时还能够节省焦粉用量，极大地提高烧结机生产效率。其喷吹装置如图 2-18 所示。

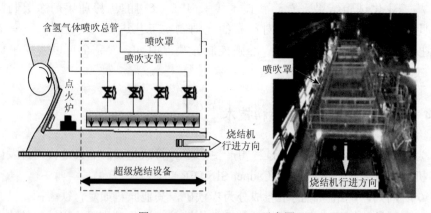

图 2-18　Super-SINTER 示意图

Super-SINTER 的原理是，避免烧结峰值温度过高，延长有利烧结温度（1200～1400℃）持续时间，促进石灰与铁矿石两种原料的反应及烧结矿内孔隙的增长。在常规烧结生产中，通常是增加焦粉用量以延长上述有利时间段，但是若添加量过多，不仅会增加焦粉用量，也会引起峰值温度过高而使铁酸钙分解，产生玻璃状熔渣及再生赤铁矿等不利组分。采用 Super-SINTER 时，在点火段之后往烧结料层表面喷射液态天然气来代替添加的部分焦粉，喷入的天然气从烧结料层中逐次穿过并在烧结料层中燃烧。与常规烧结制度相比，Super-SINTER 能有效提高烧结料层中不同料层的内部燃后温度和有利温度持续时间，从而提高烧结矿强度，减小返矿率，减小焦粉配比，提高烧结矿还原度，进而使高炉生产时的焦比降低。高强度、高还原性的烧结矿可有效降低整个生产工序中 CO_2 的排放量。

日本 JFE 钢铁公司京滨厂烧结机从 2009 年 1 月采用 Super-SINTER 技术以来节能减排效果明显。经计算，以含氢的城市煤气代替部分焦粉可每年减排 1 万 t CO_2；采用这种技术生产可减少焦粉用量，每年可减排 3 万 t CO_2；生产出的高强度、高还原性烧结矿使高炉块焦用量减少，可每年减排 2 万 t CO_2，采用 Super-SINTER 进行烧结生产后，每年合计减排 6 万 t CO_2，减排效果显著。因此，JFE 钢铁公司又在千叶和仓敷的烧结厂推广该技术，2010 年的 CO_2 减排量达到 26 万 t。

此项技术能够在减少焦粉用量的同时提高烧结矿质量，主要技术要求包括：①LNG 浓度不宜过高，在 0.4%左右比较合适，否则，在吹入烧结料层之前就已经开始燃烧；②LNG 吹入量为 250m³/h，在烧结机机头 1/3 处料层顶部喷吹，在料层表面点火；③此设施所用设备包括天然气喷嘴系列及特殊构型的气罩，气罩用于保证天然气含量均匀及防止发生意外燃烧及爆炸；④烧结混合料配比要保持稳定，控制台车速度，使终点温度恒定；⑤LNG 喷入方法对温度分布的影响在烧结工艺中可以量化；⑥采用 LNG 喷吹法的温度分布属于低温烧结工艺，最高温度没有明显升高，超过 1200℃的停留时间得到了延长。

与传统烧结技术相比，该技术具有较为明显的优势（表 2-5）：①喷入气体燃料，可扩大烧结温度区间（1200～1400℃），料层液相中的复合铁酸钙比例提高，玻璃相硅酸盐比例下降，烧结矿强度与还原性提高，低温还原粉化性能改善；②增大 5mm 孔隙烧结矿比例，改善料层透气性；③喷入气体燃料，减少烧结料中的燃料量；④热量降低量约 4 倍于喷入的 LNG 热量；⑤克服了传统技术难以同时实现烧结矿强度和还原性的提高；⑥在相同的生产条件下，较之全焦法，LNG 喷吹法降低了单位热量消耗，将烧结矿的转鼓强度指数提高了 1%，将 JIS-RI 改善了 5.9%。

表 2-5　传统方法与喷入 LNG 方法中的料层燃烧反应、产量与烧结矿质量比较

比较项目	焦炭质量分数为 5.0%（传统方法）	焦炭质量分数为 4.8%，LNG 体积分数为 0.4%（LNG 喷入方法）
石英玻璃锅红热区域微观成像	红热区 宽度 = 60mm	红热区 宽度 = 150mm
烧结时间/min	16.0	16.7
烧结产率/%	69.0	72.8（+3.8）
生产率/[t/(h·m²)]	1.56	1.64（+0.8）
粉碎指数/%	70.7	72.9（+2.2）
JIS-RDI/%	36.1	28.3（−7.8）
JIS-RI/%	64.5	70.4（+5.9）

2.7　铁矿烧结的发展趋势

　　《2016—2021 年烧结矿行业深度分析及"十三五"发展规划指导报告》指出，工序节能仍然是钢铁工业技术节能的重点。加强对钢铁企业烧结（球团）、焦化、炼铁、炼钢和轧钢等全工序的管理，增加了对二噁英、苯并（a）芘、酸雾和苯等特征污染物的控制。钢铁行业系列新标准中将烧结（球团）二氧化硫排放限值由 2000mg/m³（新源、二类区）收严为 200mg/m³（新建企业），大大推动了烧结脱硫工程的实施。

　　钢铁行业系列新标准中烧结二噁英和氮氧化物排放限值的提出，推动烧结烟气活性炭（焦）等协同治理技术的发展。"十三五"期间将会进一步提高各工序的余热资源回收，虽然相较于"十二五"时期此部分的节能潜力较小，但是仍然存在一定的节能潜力；烧结工序重点方向是降低固体燃料比，同时提高烧结余热回收；炼铁工序重点方向将是降低高炉燃料比；此外，烧结烟气循环技术等新技术的示范也具有一定的节能潜力。预计"十三五"期间技术节能潜力相较于"十一五"和"十二五"会有所下降，但是仍然是稳定的节能潜力源，和结构节能相比较，其可靠性和稳定性更强，是确保"十三五"节能目标完成的重要手段。

　　我国烧结技术的发展主要包括以下几个方面：

（1）开发强力型混合与制粒设备，是大幅度提高烧结料层透气性，强化烧结过程的主要措施之一。

（2）开拓烟气循环烧结法，可减少烧结烟气排放量 50%以上（如需脱 SO_x，烟气量也可减少 50%以上），并可节约固体燃耗 10%～15%。

（3）烧结机大型化。大烧结机易实现厚料层烧结，蓄热性好，热量散失少。

（4）推行低碳烧结法。包括综合采用各种节能的技术，如采用燃料分加、铺底料、偏析布料、热风烧结、烟气循环烧结和超厚料层（>750mm）烧结、低温烧结、低硅烧结，大力降低烧结机的漏风率和混合料的水分，提高烧结机的作业率和利用系数等，实现烧结机产量高、质量好、成本低、燃耗少并大量减少温室气体排放。

（5）加强烧结矿显热的高效利用。推广和改造现有的鼓风环式冷却机为新型液密封的鼓风环式冷却机，有条件的企业鼓励推行竖罐式冷却换热新技术，该技术经天津天丰钢铁有限公司运行实测，吨矿可实现余热发电 27kW·h，年余热回收效益达 4134 万元，年节约标煤达 2.11 万 t，年减少二氧化碳排放 5.26 万 t。

（6）开拓干式布袋除尘器与干式电除尘器的联合装置和新型电除尘器，以适应我国环境保护越来越严格的要求。发达国家烟气含尘排放标准已提到 20～30mg/m^3，我国有些厂也已提到 50mg/m^3。

（7）提高余热回收的效率。我国采用余热锅炉回收的蒸汽量高，而采用热管和翅片管回收的蒸汽量则较低，有条件的厂应优先考虑余热锅炉。

（8）烧结烟气脱 SO_x 和脱 NO_x。国内脱 SO_x 设施少，没有脱 NO_x 设施，目前的问题是无论采用哪种方法脱 SO_x，成本都相当高，采用湿法还严重腐蚀设备和管道，采用干法和半干法又存在副产品再利用的问题，都应该开展研究解决。也应该研究实施烟气脱 NO_x 和烧结厂产生最多的二噁英的去除问题。

（9）开发和应用烧结智能化控制系统。通过烧结智能化控制系统，自动控制返矿仓槽位、混合料水分、烧结点火、布料、机速、烧结终点等，实现人工操作很难或根本无法达到的操作水平，从而大幅度提升了烧结过程控制水平，进而明显改善烧结生产的各项技术经济指标。

第 3 章　烧结矿床层内填充特性及气体流动的实验研究

从炉窑热工角度来看，余热回收竖罐和环冷机是气固逆流式和交叉错流式热交换设备。从流体力学角度来看，余热回收竖罐是一种竖式颗粒移动床层，环冷机是一种交叉错流式固定床，二者均属于非均匀大颗粒散料床。竖罐和环冷机内气体流态属于非流态化气固两相流，其特征是竖罐内每个烧结矿颗粒都与其周围的烧结矿颗粒相互接触，气体则在烧结矿颗粒之间的空隙中流动。气体流经烧结矿层产生阻力损失；这一阻力损失直接影响罐体和环冷机内料层高度设计、风机的选择、风机耗电量等一系列的问题，并极大程度地影响着床层内的气固传热过程。竖罐内气流阻力特性问题是影响余热竖罐式回收可行性的关键问题之一。基于此，本章设计并建立了气体流动阻力特性实验台，实验研究了影响烧结矿床层内气流阻力的主要因素及其影响规律，提出了烧结矿床层内气体流动状态的判定方法，并拟合出描述床层内气流阻力特性的实验关联式，为后续的数值计算以及竖罐和环冷机结构与操作参数的设计计算提供依据。

3.1　烧结矿层填充特性的研究

3.1.1　烧结矿形状因子的研究

颗粒形状因子为颗粒偏离球形的程度，也称颗粒的球形度，指的是与固体颗粒相同体积的球体的表面积和物体的表面积的比，其值在 $0 \leqslant \Phi_S \leqslant 1$。

填充床内固体颗粒尺寸、形状、大小通常是多种多样的，因此准确地确定固体颗粒尺寸是相当困难的。在工程应用中，往往通过实际测量确定。因此，颗粒尺寸又取决于所采用的测量方法。目前主要有两种计算方法：一种是比重计分析法，就是将与颗粒在水中的下降速度相同的同种材料圆球尺寸加以测量去确定，这种方法适用于较小颗粒直径的测量；另一种是筛选法，即利用不同尺寸方形孔网筛过筛，其所测量的是能够通过筛网的一批颗粒，但这种方法只能大致上确定颗粒尺寸的一个范围，最后以网眼尺寸为当量直径表述颗粒尺寸。总之，无论采用何种测量方法，都是将颗粒直径折算成圆球的当量直径来表述。

烧结矿属于不规则颗粒，其颗粒形状因子对于求解烧结矿料层的阻力损失和热烧结矿在冷却过程中的对流换热面积（烧结矿料层的比面积）至关重要，但目前针对烧结矿颗粒形状因子的研究还鲜有报道。因此，本节在前人实验研究固体颗粒形状因子的基础上，通过实验的手段对不同颗粒直径烧结矿的颗粒形状因子进行研究，得到烧结矿颗粒形状因子与其三维长度之间的内在关系。

1. 实验原理及过程

单一颗粒被放置在水平面上，并处于稳定状态时，夹住颗粒投影像的相距最近两平行线的距离为宽（b）；与宽垂直能夹住颗粒投影像的两平行线的距离为长（a）；颗粒最高点到颗粒投影像的距离为高（c），如图 3-1 所示。

对烧结矿进行筛分，采用方形孔网筛分别筛分出直径为 10～20mm，20～30mm，30～40mm 的烧结矿。用游标卡尺测量出烧结矿的三维长度，再用烧结矿的三维长度求出扁平度和长短度，最后根据这两个值来表征烧结矿的形状因子。定义烧结矿的扁平度 $f = b/c$，长短度 $h = a/b$。

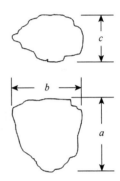

图 3-1　单一颗粒投影图像

在计算不同组烧结矿颗粒形状因子时，首先通过浸水法求出颗粒的体积 V_1，通过称量法求出烧结矿的质量 m，通过烧结矿的平均密度 ρ 求得烧结矿的体积 V_2，对烧结矿的体积做校正：$V = (V_1 + V_2)/2$。然后对烧结矿颗粒进行染色，用坐标纸包裹后，计算出坐标纸上有颜色的部分，即烧结矿的表面积 S。最后通过式（3-1）和式（3-2）求出一组烧结矿的颗粒形状因子。

$$\varepsilon = \frac{V_{空隙}}{V_{多孔}} \times 100\% \qquad (3\text{-}1)$$

$$\Phi_S = \frac{S_d}{S} \qquad (3\text{-}2)$$

式中，V 为烧结矿体积，m^3；S_d 为与烧结炉颗粒相同体积的球体的表面积，m^2；S 为烧结矿颗粒的表面积，m^2。

2. 实验结果分析

根据前人对非均匀颗粒形状因子的研究，烧结矿颗粒形状因子的公式定义如下：

$$\Phi_S = \left(\frac{b}{a}\right)^x \left(\frac{c}{b}\right)^y \qquad (3\text{-}3)$$

将式（3-3）变形，可得

$$\ln \Phi_S = x \ln \left(\frac{b}{a}\right) + y \ln \left(\frac{c}{b}\right) \qquad (3\text{-}4)$$

烧结矿三维长度与形状因子的关系如表 3-1 所示。

表 3-1　烧结矿三维长度与形状因子的关系

编号	a/mm	b/mm	c/mm	b/a	c/b	S_d/mm^2	S/mm^2	Φ_S
1	52	35	33	0.673	0.943	49.204	55	0.895
2	53	41	35	0.774	0.854	48.442	58.5	0.828
3	54.5	35	34.5	0.642	0.986	45.223	58.4	0.774
4	51.5	43	35.5	0.835	0.826	46.948	53.3	0.881
5	47	43	37	0.915	0.860	58.699	63.7	0.921
6	51	38	33	0.745	0.868	42.819	51.1	0.838
7	50	46	34	0.920	0.739	37.221	47.1	0.790
8	45	32	28	0.711	0.875	37.330	40	0.933
9	37	34	27	0.919	0.794	28.642	34.2	0.837
10	32	27	25	0.844	0.926	22.387	30.5	0.734
11	34	33	23	0.971	0.697	24.309	38.6	0.630
12	30.5	23.5	21	0.770	0.894	14.212	19.2	0.740
13	35	26.5	22	0.757	0.830	21.118	30.6	0.690
14	43	28	21	0.651	0.750	21.590	30.9	0.699
15	30	24.5	14	0.817	0.571	13.421	17	0.789
16	32	24	22	0.750	0.917	16.782	25.7	0.653
17	25	19.5	19	0.780	0.974	13.262	17.6	0.753
18	40	37	20	0.925	0.541	26.443	39.9	0.663
19	23	17	15	0.739	0.882	8.389	11.3	0.742
20	20.5	19	14.5	0.927	0.763	8.616	12.3	0.700
21	27.5	20	17	0.727	0.850	10.047	15.4	0.652
22	22.5	20.5	16	0.911	0.780	9.545	14	0.682
23	24	19.5	16	0.813	0.821	11.149	16.4	0.680
24	24	21.5	16	0.896	0.744	9.504	16.7	0.569
25	20	19.5	12	0.975	0.615	8.284	10.5	0.789
26	24.5	21.5	17	0.878	0.791	10.630	16.7	0.637
27	23.5	15	14.5	0.638	0.967	8.341	12.9	0.647
28	23.5	19	16.5	0.809	0.868	10.658	16.4	0.650

对于式（3-4），将实验数据代入公式进行回归计算，得到的计算结果见表 3-2。

表 3-2　形状因子线性回归计算结果

系数	数值	标准误差
x	0.655702	0.135763
y	0.677057	0.132136

所以，

$$\Phi_S = \left(\frac{b}{a}\right)^{0.6557} \left(\frac{c}{b}\right)^{0.6771} \tag{3-5}$$

在烧结矿三维长度确定后，就可通过式（3-5）求出烧结矿的颗粒形状因子。

3.1.2　烧结矿床层内空隙率分布的研究

就本质而言，烧结余热回收罐体是一种散料床式气固逆流热交换装置，罐体内料层阻力特性和气固传热特性是决定烧结余热罐式回收可行性的两个关键问题，而料层空隙率分布是影响料层内气体流动，进而影响料层阻力特性和气固传热特性的核心因素。随着料层内空隙率的变化，罐体内气体流动规律、气体阻力特性、传热传质过程等都会受到影响而改变，从而影响整个余热回收工艺过程。

烧结余热竖罐内料层空隙率分布受多种因素的影响，如布料方式、颗粒形状因子、床层直径、颗粒直径等。一般情况下，烧结矿是随机地填充在床层中，其颗粒往往呈现十分不规则的分布状态，所以床层内空隙率分布的数学描述是很难得到的。一般的工程计算中常把床层空隙率作为定值来考虑，但是由于床层内存在边缘效应，这种方式在计算流体和传热过程时往往是不精确的。因此，急需一种切实可行的方法来实验研究烧结矿床层内的空隙率分布规律，这对研究烧结矿床层内的气固传热特性、气流阻力特性和布风布料方式均具有十分重要的意义。

在前人实验研究床层内均匀颗粒或非均匀颗粒空隙率分布的基础上，本节采用注水法，并结合断层图像分析法实验研究烧结矿床层内的空隙率分布规律，为后续罐体料层内气流阻力和气固传热的数值计算奠定理论基础。

1. 实验方法及过程

本实验采用注水法，并结合断层图像分析法研究罐体内料层平均空隙率和径向空隙率分布规律。实验中将烧结矿分为筛分料和未筛分料。根据烧结矿粒径分布特点，将实验用的烧结矿粒径范围取为 0～10mm、10～20mm、20～30mm、未筛分料。根据烧结矿平均粒径大小，结合实验条件，模拟床层的管道采用 6 种不同管径，即310mm、348mm、450mm、470mm、510mm、600mm，管子高度为 200～300mm。

本次实验与前期实验相比最大的改进之处在于通过料层截面平均空隙率与采用称重法得到的料层整体空隙率相比较来确定淀粉溶液的高度，而不是简单地取最上层颗粒的中间位置。称重法的基本原理是，将已浸泡至饱和状态的烧结矿随机落入不同直径的圆管中，加入清水使之达到溢出的临界状态。通过称量加水前后的质量差，求得烧结矿之间的空隙体积，再根据圆管直径和烧结矿料层高度，计算出料层体积，空隙体积与料层体积之比即料层整体平均空隙率。由于采用称重法得到的实验结果与实际情况相差无几，因此，可以将采用断层图像分析法所得到的料层截面平均空隙率与采用称重法得到的料层整体平均空隙率进行对比，确定淀粉溶液的实际高度。

待淀粉溶液的实际高度确定后，再用相机对每组截面进行拍照，然后利用图片裁剪和 ImageJ 软件中的 Threshold 工具对图片进行处理。处理后的图片如图 3-2 所示，图中黑色部分为烧结矿，白色部分为淀粉溶液。通过 Analyze Particles 工具对图片进行分析计算，得出黑色部分面积占整个图片面积的百分比，再计算得到白色部分占整个部分的百分比，即料层截面平均空隙率。最后，对每组实验所对应的图片沿径向进行分段剖分，获得径向不同位置的空隙率值，进而得到料层截面径向空隙率分布规律，径向剖分如图 3-3 所示。

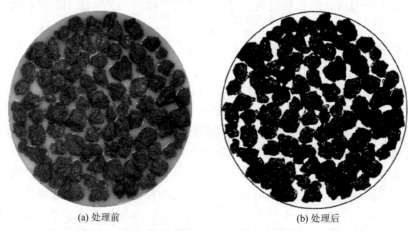

(a) 处理前　　　　　　　　　　　　　(b) 处理后

图 3-2　料层断面图片处理对比图

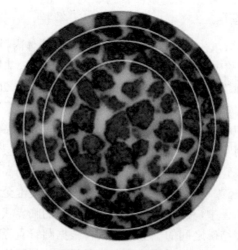

图 3-3　径向剖分示意图

2. 实验结果及分析

1）料层空隙率随床层几何因子的变化规律

实验设定的床层几何因子 D/d 范围为 12～120，图 3-4 为料层平均空隙率随床层几何因子变化的拟合结果。

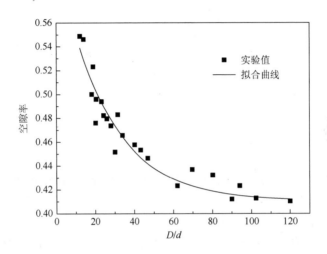

图 3-4   料层平均空隙率随床层几何因子变化拟合曲线

由图 3-4 可知，料层平均空隙率随床层几何因子的增大而减小，最终趋于定值。这是由于随着床层几何因子的增大，边缘效应对料层空隙率的影响逐渐减弱，同时布料方式的影响也会逐渐减小。在相同颗粒粒径条件下，随着管径的不断增加，与管壁接触的颗粒数目也会不断增加，由于烧结矿颗粒的不均匀性，烧结矿与管壁进行面接触的比例会越来越大，从而造成管壁边缘处的空隙率不断减小，边缘空隙率随床层几何因子的变化如图 3-5 所示。

当床层几何因子大于某一数值后，边缘处的空隙率几乎不会发生变化，由于料层空隙率受边缘效应的影响很大，因此，料层平均空隙率也会随着床层几何因子的不断增加而最终趋于定值。根据实验数据，拟合函数如下：

$$\varepsilon = 0.411 + \frac{253207}{1 + e^{0.04(D/d + 23517)}} \tag{3-6}$$

式中，ε 为烧结矿层平均空隙率；D 为床层直径，mm；d 为烧结矿颗粒平均直径，mm；D/d 为床层几何因子。

拟合所得的函数基本符合实验数据的总体规律，但具有一定的局限性。由于

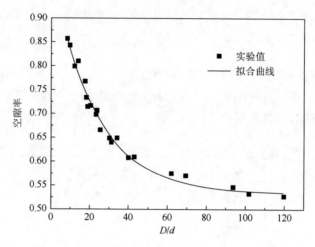

图 3-5　边缘空隙率随床层几何因子变化拟合曲线

函数表达式中 D/d 的最小值为 12，因此，床层几何因子小于 12 的情况不能通过本实验的数据分析得出。但基于本实验所围绕的烧结余热竖罐的结构特点，较小床层几何因子可不作考虑。

2）料层径向空隙率分布规律

本部分实验的目的是得到料层空隙率在半径方向上的分布规律。以环形区域边缘到管子中心的距离与圆管半径之比为横坐标，以该环形区域的空隙率为纵坐标，分别得到不同颗粒粒径条件下不同管径的空隙率分布情况，如图 3-6 所示。

由图 3-6 可知，料层空隙率在管壁附近存在峰值，并向料层中心衰减，到料层中心处达到最小值。由于图 3-6（b）和图（c）中所使用的烧结矿颗粒在筛分时较均匀，并没有混杂颗粒较小的烧结矿，因此空隙率在料层中心处波动较小，并且在料层中心到管壁的一段距离内空隙率呈线性增长趋势，到管壁处由于边缘效应的存在而达到最大值。图 3-6（a）和图（d）的料层径向空隙率分布规律较为相似，在料层中心处存在较大的波动，并且在料层中心到管壁的一段距离内空隙率波动很小，到管壁处由于边缘效应的存在而达到最大值，这与实际生产中罐体料层内径向空隙率分布规律较为相似。因为在实际生产中，由于布料方式的影响，在布料时，颗粒大的烧结矿一般会集中在罐体内壁处，而较小的烧结矿包括粉料会集中在罐体中心处。同时，烧结矿在罐体内下移的过程中，由于竖罐是中心处排料，造成了中心处烧结矿的下移速度大于内壁处烧结矿的下移速度，这也为在下移过程中由于摩擦、碰撞等因素产生的粉矿向料层中心处偏移创造了条件。这两种情况造成了中心处的空隙率要远小于料层的平均空隙率，从而会造成竖罐内气流的严重偏析，在实际生产中要避免这种情况的发生。

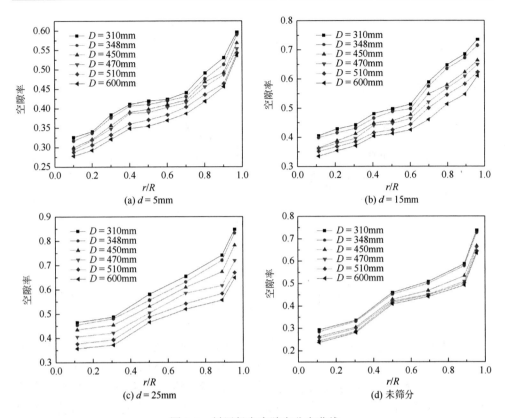

图 3-6　料层径向空隙率分布曲线

图 3-6（a）中所使用的烧结矿粒径范围为 0～10mm，相比于 10～20mm 和 20～30mm 的粒径范围，这其中混杂着很多粒径较小的颗粒，与实验中所使用的未筛分料没有太大区别，图 3-6（a）和图（d）的料层径向空隙率分布规律已经说明了这一点。因此，可以将粒径范围为 0～10mm 的烧结矿当作未筛分料处理。由图 3-4 可知，在较大的床层几何因子条件下，料层空隙率趋于定值，因此，可以用图 3-6（a）中 D 为 470mm、510mm、600mm 条件下的料层径向空隙率分布规律替代实际生产中较大床层几何因子（D/d＞120）条件的料层径向空隙率分布规律，结果如图 3-7 所示。

根据实验数据，拟合函数如下：

$$\varepsilon_r = 0.232 + 0.7409\left(\frac{r}{R}\right) - 1.2352\left(\frac{r}{R}\right)^2 + 0.8494\left(\frac{r}{R}\right)^3 \qquad (3\text{-}7)$$

式中，ε_r 为烧结矿层径向空隙率；R 为竖罐半径，m；r 为竖罐内环形料层区域距罐体中心的距离，m。

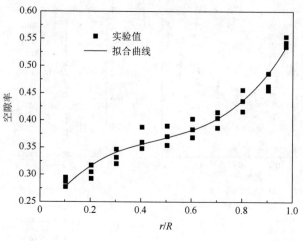

图 3-7　未筛分料拟合函数曲线

3.2　烧结矿床层内流动过程分析

流体流过烧结矿颗粒堆积形成的填充床时，流通通道为散料堆积形成的空隙以及散料与壁面之间的空隙。流体流经这些空隙时，一方面会和外界（壁面以及烧结矿表面）产生黏性摩擦，另一方面流体通过狭窄流动面积后突然膨胀产生了惯性损失。这些能量损失经由压力损失表现出来，通过设置不同料层高度位置的压力测点获取测点之间的压力损失。床层高度、床层径向尺寸、冷却空气流量和颗粒直径等因素均会对烧结矿床层内气体的流动过程产生影响。

1. 床层高度和径向尺寸变化对气流压降的影响

烧结矿床层高度越高，空气穿透床层时遇到的黏性阻力和惯性阻力越大，整个床层的气流压降也就越大。由于烧结矿颗粒的非规则性和不均匀性，床层内不同高度和径向不同位置处颗粒的填充特性有所不同。对于一定的测量高度，靠近壁面处的气流压降比床层中心处的气流压降小，这是由于壁面处的空隙率大于床层中心处的空隙率，气体遇到的黏性阻力和惯性阻力相对较小。

2. 冷却空气流量对气流压降的影响

冷却空气流量对烧结矿床层内气流压降的影响主要表现在冷却空气流速对气流压降的影响上，实验中气体的流速为进口冷却空气的表观流速。当其他实验工况参数不变时，进口气体流速发生变化，会造成气体流经床层的气流压降发生变化，同时气体在烧结矿床层内的流动状态也会随之改变，可能是层流，可能是过渡流，也可能是湍流。根据前人的研究结果，进口气体流速越大，气体流经床层时遇到的惯性阻力增加趋势就越大，床层内气流压降也就越大。

3. 颗粒直径对气流压降的影响

根据之前的研究结果可知，烧结矿床层内颗粒直径的变化将引起床层空隙率的变化，进而对床层内气流压降产生影响。同时，颗粒直径的变化也会造成床层内颗粒雷诺数发生改变，从而影响床层内气体的流动状态。

20 世纪 50 年代末，陆钟武等运用地下水动力学原理，结合竖式炉散料层的特点，定性分析了竖式炉散料层内的气体流动，提出了著名的竖式炉气体流动的势流理论。该理论的核心是：气流通过散料床层的动力是气流的降压差，而不是气流所具有的动能。在计算颗粒散料床层内气流压降的关联式中，Ergun 方程和颗粒摩擦因子是计算气固填料床气流阻力损失比较常用的公式，揭示了不同流态下的单位料层静压损失与气体流动的本质。因此，在实验研究烧结矿床层内气体流动阻力特性时，需要先确定烧结矿床层内的气体流动状态，然后得出描述床层内气流压降的实验关联式。

3.3　烧结矿床层内气体流动状态的判定

3.3.1　颗粒床层内的雷诺数

不同流态下的流体通过填料床的阻力特性不尽相同，因此，研究气流通过填料床阻力特性时，必须判断通过填料床流体的流态。气固填料床的雷诺数是判断流经填料床气流流态的重要判据，气固填料床的雷诺数通常有以下表达式：

$$Re_p = \frac{d_p v \rho_f}{\mu} \tag{3-8}$$

$$Re_p' = \frac{d_e v_f \rho_f}{\mu} \tag{3-9}$$

$$Re_b = \frac{D v \rho_f}{\mu} \tag{3-10}$$

式中，d_p 为颗粒平均直径，m；d_e 为气流通道的水力直径，m；D 为料层当量直径，m；v 为气流通过料层的平均表观流速（表观流速也称空塔流速），m/s；v_f 为气流通过颗粒空隙的真实流速，m/s；ρ_f 为气流密度，kg/m³；μ 为气流动力黏度，Pa·s。

以上雷诺数分别称为颗粒表观流速雷诺数、颗粒实际流速雷诺数和床层表观流速雷诺数。实际应用中，一般指颗粒表观流速雷诺数，如 Ergun 方程和颗粒摩擦因子的计算公式中。本书均指颗粒表观流速雷诺数，并简称颗粒雷诺数。

3.3.2　实验原理

目前，颗粒填充床层内流体流态区间确定的方法可分为以下四种：

（1）电化学探针技术与直接可视化方法相结合测量不同流速工况下的流体波动特征，根据不同的波动特征确定流态的分区；

（2）根据核磁共振成像中速度测量的方法分析颗粒床层内不同流速工况下的流体流动特征，来确定流态的转变区间；

（3）根据粒子图像测速的方法分析颗粒床层内不同流速工况下的流体流动特征，来确定流态的转变区间；

（4）根据颗粒床层内流体流动压降的变化情况来确定不同流态区间的划分，其中最具有代表性的是 Fand 等的研究，Fand 等基于对 Ergun 型方程进行无量纲化的方法，根据颗粒床层内流体流动的无量纲压降随颗粒雷诺数变化趋势的不同，得到了不同流体流态划分的情况，认为流体通过颗粒床层时流态大致可分为：前达西流区、达西流区、福希海默流区和湍流区，如图 3-8 所示。

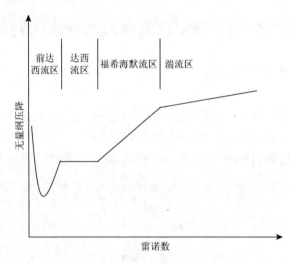

图 3-8　流体流经颗粒床层的流态分区

Ergun 型方程的一般表达式如式（3-11）所示。

$$\frac{\Delta P}{H} = k_1 \frac{\mu(1-\varepsilon)^2}{\varepsilon^3 d_p^{~2}} u + k_2 \frac{\rho_f(1-\varepsilon)}{\varepsilon^3 d_p} u^2 \tag{3-11}$$

式中，$\Delta P/H$ 为单位床层高压降，Pa/m；k_1，k_2 为 Ergun 型方程系数；ε 为床层空隙率；μ 为气流动力黏度，kg/(m·s)；ρ_f 为气体密度，kg/m；d_p 为颗粒当量直径，

m；u 为气体表观流速，m/s。

Ergun 型方程经无量纲化处理后，如式（3-12）所示。

$$f_v = k_1 + k_2 \frac{Re_p}{1-\varepsilon} \qquad (3\text{-}12)$$

式中，

$$f_v = \frac{\Delta P}{H} \frac{\varepsilon^3 d_p{}^2}{\mu(1-\varepsilon)^2 u} \qquad (3\text{-}13)$$

$$Re_p = \frac{\rho_f u d_p}{\mu} \qquad (3\text{-}14)$$

式中，f_v 为无量纲压降；Re_p 为颗粒雷诺数。

从式（3-12）可以看出，对于某一特定的颗粒填充床，当填充床内流体的流态处于达西流区时，也就是此时流体处于低雷诺数时，公式右边第二项的值很小，可以忽略不计，即 f_v 的值为一恒定值 C，此时，式（3-12）可改写为

$$f_v = \frac{\Delta P}{H} \frac{\varepsilon^3 d_p{}^2}{\mu(1-\varepsilon)^2 u} = C \qquad (3\text{-}15)$$

因此，可以根据达西流区无量纲压降恒定不变这一特点，确定达西流区的分区范围。当雷诺数逐渐增加时，由式（3-12）可以看出，无量纲压降随着雷诺数的增加而线性增加，因此可基于 Fand 等学者的研究，根据曲线斜率的变化来确定非达西区中福希海默区和湍流区的区域范围。

综合以上分析，本节将基于颗粒床层内流体流动压降的变化情况来确定不同流态区间的划分，具体实验内容可分为以下两个部分：

（1）实验测量出不同实验工况条件下气体穿过烧结矿床层的压力损失，考察气体表观流速和烧结矿颗粒直径对床层内气流压降的影响；

（2）采用对 Ergun 型方程无量纲化的方法确定不同流态区域间的临界颗粒雷诺数，探讨床层内临界颗粒雷诺数随颗粒直径的变化规律。

3.3.3 实验装置

气体流动实验装置由实验竖罐、鼓风机、调节阀和流量计等部件组成，实验装置如图 3-9 所示。为了避免壁面效应对实验测量结果的影响，同时考虑现场的实验条件，实验竖罐的内径设置为 430mm，竖罐的高度为 1400mm，装料高度可达到 1300mm，在竖罐的一侧设有 3 个测压孔，测量不同实验工况条件下床层内的气体压力值，测压孔的间距分别为 300mm，500mm 和 800mm。竖罐的底部安装有布风的栅板和方格铁丝网，铁丝网的孔径为 2mm，一方面支撑烧结矿床层，另一方面保证冷却空气能够均匀地进入竖罐内。

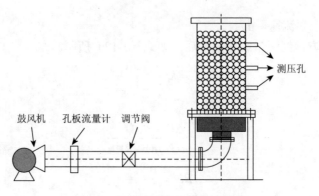

图 3-9　气体流动实验装置示意图

　　实验装置采用竖罐底部垂直进风的方式，进入实验竖罐的冷却风由鼓风机提供，鼓风机全压为 5864Pa，额定流量为 1950m³/h，这一流量参数可使得实验竖罐内的最大气体表观流速达到 3.5m/s，实验条件下气体流速的测量范围包含了实际生产条件下竖罐内的气体流速。由鼓风机鼓入的冷却空气先后通过调节阀和孔板流量计，最后进入实验竖罐内。调节阀可控制进入竖罐内的空气流量，得到不同实验工况条件下的床层压力损失。带有数显表的孔板流量计可测量进入竖罐内的空气流量，空气流量的具体值将会在数显表上显示，孔板流量计的最大测量值为 2000m³/h。实验竖罐床层内不同高度的气流压降则是通过数显压差计测量，压差计有两个，一个量程是 0~1000Pa，精度 ±0.1Pa，另一个量程是 0~5000Pa，精度 ±1Pa。通过测量不同进口冷风流量和颗粒直径条件下不同高度处的气流压降，并对 3 个压力测量点的实验数据进行整理就可以得出不同实验工况下单位床层高气流压力损失随气体表观流速和颗粒直径的变化关系。

3.3.4　实验过程

1. 烧结矿颗粒的筛分

　　实验所用烧结矿是经烧结厂环冷机冷却后的成品烧结矿，颗粒直径为 0~50mm。为了分析烧结矿颗粒直径对床层内气流压力损失的影响，同时获得描述烧结矿颗粒床层内气流阻力特性的实验关联式，需要对大小不均的烧结矿颗粒进行筛分处理。选取边长分别为 2mm，10mm，18mm，30mm 和 40mm 的方孔形铁丝网对烧结矿颗粒进行筛分，筛分的次序一般从大到小：选取一堆未筛分的烧结矿颗粒，利用边长为 40mm 的方孔网将其筛分成 0~40mm 的料堆，然后再将 0~40mm 的堆料通过边长 30mm 的方孔网将其筛分成 0~30mm 的料堆和 30~40mm 的料堆，依此类推将烧结矿颗粒筛分出粒径不同的料堆，最后通过边长 2mm 的方孔网将烧结矿料堆中的粉料去除。筛分处理后，2～10mm、10～18mm、18～30mm、30～40mm 和未筛分这 5 种粒径大小的烧结矿用来实验研究烧结矿床层内的气流阻力特性。在实验分析和计算中，粒径范围为 2～10mm、10～18mm、18～30mm和 30～40mm 的烧结矿分别以平均粒径 6mm、14mm、24mm 和 35mm 表示。筛分后的烧结矿颗粒直径 d 和形状因子 Φ，以及床层空隙率 ε 和颗粒当量直径 d_p 的变化范围如表 3-3 所示。

表 3-3 烧结矿颗粒几何特性参数

d/mm	Φ	ε	d_p/mm
6	0.63	0.423	3.78
14	0.69	0.44	9.66
24	0.72	0.49	17.28
35	0.89	0.53	31.15

2. 对不同实验工况进行测量

待烧结矿筛分完成后，对不同实验工况下床层内气流压力损失进行测量。针对某一特定的烧结矿粒径，进口冷却风流量从小到大逐渐增加。当烧结矿粒径和进口冷却风流量一定时，采用压差计对不同床层高度处的气流压力损失进行测量，并在这一床层高度处，沿床层径向设置若干个测量点，重复测量多次，以此来消除边界效应对床层内气流压力损失的影响。然后将不同测量点测得的实验数据取平均值，求得该床层高度条件下单位床层高气流压力损失。然后将 3 个不同床层高度下求得的单位床层高气流压力损失进行汇总并取平均值，得出在烧结矿粒径和进口冷却风流量一定时的单位床层高气流压力损失。当烧结矿粒径和进口冷却风流量改变时，重复以上实验过程，最后得出不同实验工况条件下的单位床层高气流压力损失。以上实验过程均在常温下（20℃）进行。

3.3.5 实验结果与讨论

1. 床层内气流压降的影响因素分析

影响烧结矿竖罐内气体流动阻力特性的因素可分为两个：一个是床层因素，另一个是流动介质因素。本节综合考虑了烧结矿颗粒直径和气体表观流速对床层内气体流动阻力特性的影响。

　　1）气体表观流速对床层内气流压降的影响

　　实验过程中自小到大调节实验竖罐进口空气流量，测定不同烧结矿颗粒直径条件下不同床层高度处的气流压降，然后取其平均值，得出床层内空气单位高度压降随气体表观流速变化示意图（图3-10）。

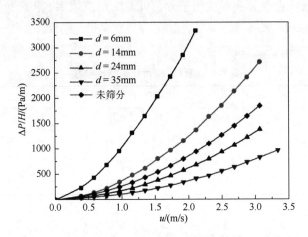

图 3-10　单位床层高压降随气体表观流速变化示意图

　　由图 3-10 可知，床层内气流单位高度压降与气体表观流速呈非线性关系。对于某一特定烧结矿颗粒直径填充床，气体表观流速越大，空气穿过床层的单位高度压降变化就越大。以未筛分的颗粒填充床为例，通过实验数据拟合，得出气体压降随表观流速的变化关系式如下所示。

$$\frac{\Delta P}{H} = 111.6u + 161u^2 \tag{3-16}$$

　　由式（3-16）可知，单位料层高压降与气体表观流速呈二次方关系，符合 Ergun 提出的颗粒填充床内单相流压降为流体表观速度的一次项和二次项之和的观点。其他颗粒直径填充床内空气压降也符合这一观点，其中未筛分颗粒填充床层内单位床层高气流压降的实验测量值介于筛分颗粒直径 14mm 和 24mm，实验结果相对较大，说明粉料或小颗粒的烧结矿对床层内单位高气流压降影响较大，原因是粉料或小颗粒的存在一定程度上填补了较大颗粒之间的空隙，造成了床层空隙率变小，使得空气通过烧结矿床层的黏性阻力和惯性阻力均变大，导致床层内单位高气流压降也随之变大。

　　2）颗粒直径对床层内气流压降的影响

　　为了更清晰地表述烧结矿颗粒直径对床层内气流压降的影响，选取气体表观流速为 1.1482m/s、1.531m/s 和 1.9138m/s 条件下的实验数据作为参考值，得出床层内单位床层高气流压降随颗粒直径变化示意图，如图 3-11 所示。

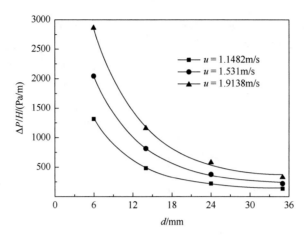

图 3-11　单位床层高压降随颗粒直径变化示意图

由图 3-11 可知，对于特定气体表观流速，烧结矿颗粒直径越小，床层内单位床层高气流压降增加趋势就越大。以 $u = 1.531\text{m/s}$ 的气体表观流速为例，通过实验数据拟合，得出单位床层高气流压降随颗粒直径的变化关系式如下所示。

$$\frac{\Delta P}{H} = 208.34 + 4161.23\exp(-0.137d) \qquad (3\text{-}17)$$

由式（3-17）可知，床层内单位床层高气流压降随颗粒直径的增大而呈指数关系衰减。这是由于当竖罐内径一定时，颗粒直径的增大会导致床层空隙率增大，而描述空气压降的 Ergun 型关联式中气体表观速度的一次项和二次项系数均随颗粒直径和床层空隙率的增大而急剧减小。因此，当气体表观流速不变时，颗粒直径越大，单位床层高气流压降减小得就越快。

2. 床层内颗粒临界雷诺数的确定

根据 Fand 等学者的研究结果，流体通过颗粒填充床层时，床层内流体的流动状态大致可分为以下 4 种：前达西流状态、达西流状态、福希海默流状态和湍流状态，而床层内的雷诺数（Re_p）是判断流体流动状态的依据。下面将采用对 Ergun 型方程进行无量纲化的方法得出不同颗粒直径填充床层内不同流态区域之间的临界雷诺数。

对于某一特定的颗粒填充床，当填充床内流体的流态处于达西流区时，也就是床层内流体流动处于低雷诺数时，式（3-12）右边第二项的值很小，可以忽略不计，此时 f_v 的值为一恒定值。因此，可根据达西流区无量纲压降恒定不变这一特点，确定出达西流区的分区范围。当雷诺数逐渐增加时，由式（3-12）可以看出，无量纲压降随着雷诺数的增加而线性增加，此时可根据 $f_\text{v}\text{-}Re_\text{p}$ 曲线斜率的变化来确定床层内非达西流区中福希海默流区和湍流区的区域范围。

　　根据图3-10中不同气体表观流速和颗粒直径条件下床层内单位床层高气流压降的实验数据，依据式（3-13）和式（3-14），可得出不同烧结矿颗粒直径填充床内空气无量纲压降 f_v 随颗粒雷诺数 Re_p 变化的关系示意图，如图 3-12～图 3-15 所示。

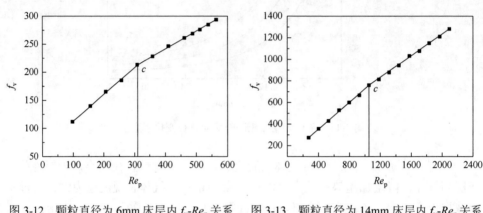

图 3-12　颗粒直径为 6mm 床层内 f_v-Re_p 关系　　图 3-13　颗粒直径为 14mm 床层内 f_v-Re_p 关系
曲线　　　　　　　　　　　　　　　　　曲线

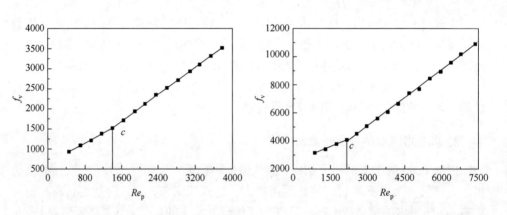

图 3-14　颗粒直径为 24mm 床层内 f_v-Re_p 关系　　图 3-15　颗粒直径为 35mm 床层内 f_v-Re_p 关系
曲线　　　　　　　　　　　　　　　　　曲线

　　由图 3-12～图 3-15 可知，不同颗粒直径床层内气流无量纲压降 f_v 随颗粒雷诺数 Re_p 变化的关系曲线均以 c 点为分界点呈现不同的变化规律，也就是说在 c 点 f_v-Re_p 曲线斜率发生变化。当颗粒床层内气体流动处于低雷诺数区域，气流无量纲压降 f_v 并没有出现趋近平缓的现象，即无量纲压降 f_v 随颗粒雷诺数的增加缓慢增加。由此可以说明，当气体表观流速 u 大于 0.383m/s，烧结矿颗粒填充床内气体流态已处于非达西流状态。在实际生产操作过程中，考虑到烧结矿显热回收和冷却性能等问题，并结合已有实验结果和解析分析，烧结矿床层内不会出现气体表观流速低于 0.383m/s 的情况。因此，在本实验条件下，根据文献得出的结论，烧结矿颗粒床层内非达西流区可划分为两个区域：福希海默流动区域和湍流流动区域。根据图 3-12～图 3-15 中 f_v-Re_p 曲线斜率的变化，6mm、14mm、24mm 和 35mm 这 4 种颗粒直径填充床内福希海默流区和湍流区转折点 c 所对应的临界雷诺数 $Re_{p,c}$ 分别为 307.5、1047.9、1405.8、2111.9。通过实验可以得出，床层内的临界颗粒雷诺数 $Re_{p,c}$ 随着烧结矿颗粒当量直径的增加而增加，如图 3-16 所示。由于烧结矿颗粒床层内颗粒雷诺数 Re_p 的变化主要与气体表观流速和颗粒直径有关，通过对临界颗粒雷诺数 $Re_{p,c}$ 的实验值进行数据拟合，可得出临界颗粒雷诺数 $Re_{p,c}$ 随颗粒当量直径 d_p 变化的实验关联式：

$$Re_{p,c} = -520.86 + 2.64 \times 10^5 d_p - 1.26 \times 10^7 d_p^2 + 2.2 \times 10^8 d_p^3 \qquad (3\text{-}18)$$

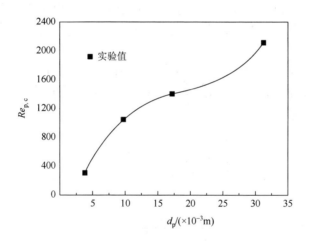

图 3-16　临界颗粒雷诺数随颗粒当量直径变化示意图

由式（3-18）可知，床层内临界颗粒雷诺数 $Re_{p,c}$ 随颗粒当量直径 d_p 的增加呈三次方关系增加。这是因为，随着颗粒直径的增加，床层空隙率增加，这将导致床层内气体达到湍流状态所需的气体表观流速也会增加，因此，床层内临界颗粒雷诺数 $Re_{p,c}$ 也增加。由于本实验中烧结填充床内颗粒当量直径的最小值为 3.78mm，因此，颗粒当量直径小于 3.78mm 的床层内临界颗粒雷诺数不能通过本实验的数据分析得出。但基于本实验所围绕的烧结余热竖罐内颗粒的填充特点，较小的颗粒当量直径可不作考虑。

3.4　烧结矿床层内气流压降实验关联式的确定

3.4.1　修正 Ergun 方程

Ergun 方程是由土耳其化学工程师 Sabri Ergun 于 1952 年总结前人的研究结果后经推导得到的，用于计算颗粒填充床层内气流阻力损失的经验关联式，具体表达式如下：

$$\frac{\Delta P}{H} = 150\frac{\mu(1-\varepsilon)^2}{\varepsilon^3(\Phi d)^2}u + 1.75\frac{\rho_f(1-\varepsilon)}{\varepsilon^3(\Phi d)}u^2 \qquad (3\text{-}19)$$

式中，ΔP 为流体流经颗粒床层的阻力损失，Pa；H 为床层高度，m；d 为颗粒直径，m；ε 为床层空隙率；μ 为流体动力黏度，kg/(m·s)；ρ_f 为流体密度，kg/m³；Φ 为颗粒形状因子；u 为流体表观流速，即流体体积流量与床层横截面积的比值，m/s。

Ergun 方程右侧第一项是黏性力项，代表由黏性力引起的黏性损失，即层流时的阻力损失；第二项是惯性力项，代表由惯性力引起的动能损失，即紊流时的动能损失。

对于惯性损失的成因主要有两种观点：一种是传统观点，认为气流由层流转变为湍流而产生了惯性损失；另一种是 Blick 观点，认为气流通过狭窄流动面积后突然膨胀产生了惯性损失。

实践证明，Ergun 公式适用于较大范围雷诺数区段的流动式，它既适用于层流流动，又适用于紊流流动，还可适用于过渡流流动。

当雷诺数 $Re_p < 20$ 时，气流通过填料床的压力损失以黏性力项为主，Ergun 方程简化为

$$\frac{\Delta P}{H} = 150\frac{\mu(1-\varepsilon)^2}{\varepsilon^3(\Phi d)^2}u \qquad (3\text{-}20)$$

当雷诺数 $Re_p > 1000$ 时，气流通过填料床的压力损失以惯性力项为主，Ergun 方程简化为

$$\frac{\Delta P}{H} = 1.75\frac{\rho_f(1-\varepsilon)}{\varepsilon^3(\Phi d)}u^2 \qquad (3\text{-}21)$$

在应用 Ergun 方程过程中，人们发现了它的诸多弊端，特别是对 150，1.75 这两个 Ergun 阻力系数表示质疑，后来大量学者对 Ergun 方程的阻力系数进行了修正。

目前，一些学者已提出不同的修正 Ergun 方程并对颗粒填充床内流体流动的压降进行预测，其中，Irmay、Macdonald 等和 Comiti 等用实验数据对 Ergun 方程中的两个系数进行了回归，得出 Ergun 关系式的一次项和二次项系数分别为 180

和 0.6，180 和 1.8，以及 141 和 1.63。蔡九菊等采用实验方法研究了填充球蓄热
室的阻力特性，得出 Ergun 方程中的两个常数分别为 229 和 1.96。Tan 等则认为
Ergun 关系式中一次项系数应取 172.8。以上研究均是将球体颗粒或均匀颗粒作为
研究对象，并没有考虑颗粒的非均匀性对床层内流体流动压降的影响。同时，不
同流体介质和颗粒几何特性所对应的颗粒填充床内流体的阻力特性也不一样。

根据式(3-12)中气流无量纲压降 f_v 与颗粒雷诺数 Re_p 之间的关系，对图 3-12～
图 3-15 中的实验数据进行线性拟合，可确定不同烧结矿颗粒填充床层内修正 Ergun
方程阻力系数 k_1 和 k_2 的具体数值，如表 3-4 所示。

表 3-4　拟合所得修正 Ergun 方程阻力系数

系数	不同颗粒直径（d）下的系数数值			
	$d = 6\text{mm}$	$d = 14\text{mm}$	$d = 24\text{mm}$	$d = 35\text{mm}$
k_1	76.766	159.884	490.636	1625.831
k_2	0.2298	0.3048	0.403	0.5795

由表 3-4 可以看出，由于床层内烧结矿颗粒直径不同，所得到的修正 Ergun
方程阻力系数 k_1 和 k_2 的值也不相同，并且 k_1 和 k_2 的值随着颗粒直径的增大而增
大。考虑到床层空隙率与床层几何因子之间的关系，认为阻力系数 k_1 和 k_2 是床层
空隙率的函数，并随床层空隙率的增加而增大。烧结矿颗粒床层内修正 Ergun 方
程系数 k_1、k_2 与床层空隙率 ε 之间的关系如图 3-17 和图 3-18 所示。

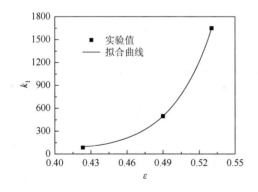

图 3-17　k_1 与 ε 关系拟合曲线

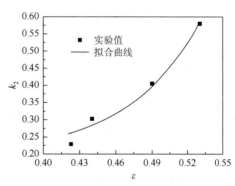

图 3-18　k_2 与 ε 关系拟合曲线

通过对图 3-17 和图 3-18 中的实验数据进行拟合，得到如下烧结矿颗粒床内
修正 Ergun 方程系数 k_1 和 k_2 与床层空隙率 ε 之间的具体关系式。

$$k_1 = 29.21 + e^{31.216\varepsilon - 8.76} \qquad (3\text{-}22)$$

$$k_2 = 0.1936 + \mathrm{e}^{16.162\varepsilon - 9.51} \tag{3-23}$$

由式（3-22）和式（3-23）可知，阻力系数 k_1 和 k_2 随床层空隙率 ε 的增加呈指数关系增加。将 k_1 和 k_2 的具体表达式代入式（3-11）中，就可得到如下描述烧结矿床内气流压降的修正 Ergun 方程。

$$\frac{\Delta P}{H} = \left(29.21 + \mathrm{e}^{31.216\varepsilon - 8.76}\right)\frac{\mu(1-\varepsilon)^2}{\varepsilon^3 d_\mathrm{p}^2}u + \left(0.1936 + \mathrm{e}^{16.162\varepsilon - 9.51}\right)\frac{\rho(1-\varepsilon)}{\varepsilon^3 d_\mathrm{p}}u^2 \tag{3-24}$$

式中，$48 \leqslant Re_\mathrm{p} \leqslant 6905$。

采用式（3-24）所得不同工况下床层内气流压降的计算值与图 3-10 中的实验值之间的对比来验证所求修正 Ergun 方程的适用性。在不同颗粒直径和气体表观流速条件下，烧结矿床层内气流压降的计算值 $\Delta P_\mathrm{cal}/H$ 和实验值 $\Delta P_\mathrm{exp}/H$ 之间的对比如图 3-19 所示。由图 3-19 可知，采用拟合实验关联式计算所得单位床层高气流压降与实验值能较好地吻合，对于整个实验工况，式（3-24）的平均计算误差为 7.22%，最大计算误差为 19.42%，能够很好地预测烧结矿颗粒床内的气流压降。

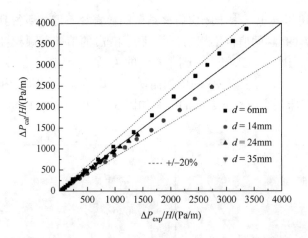

图 3-19　式（3-24）所得计算值与实验值之间的对比

当床层内气体温度发生变化时，气体的密度和动力黏度都会随之变化。为此，针对式（3-24）引入气体状态方程 $P = \rho R T$，将热态工况中各参数转换成本实验工况下的参数值。首先，无论以何种状态作为基准，气体通过颗粒床层的质量流量保持不变，所以

$$\rho_0 u_0 = \rho u \tag{3-25}$$

式中，ρ_0 为热态工况气体密度，kg/m³；u_0 为热态工况气体表观流速，m/s；ρ 为本实验工况下气体密度，kg/m³；u 为本实验工况下气体表观流速，m/s。

根据气体状态方程，热态工况下与本实验工况下气体状态参数之间关系为

$$u_0 = \frac{P}{P_0}\frac{T_0}{T}u \tag{3-26}$$

式中，P 为本实验工况下床层内的平均压强，Pa；P_0 为热态工况条件下测量压强，Pa；T 为本实验工况下大气温度，K；T_0 为热态工况下气体温度，K。

将式（3-26）代入式（3-24）中，可得热态工况下描述烧结矿床内气体压降的修正 Ergun 方程。

$$\frac{\Delta P}{H} = \left(29.21 + e^{31.216\varepsilon - 8.76}\right)\frac{\mu(1-\varepsilon)^2}{\varepsilon^3 d_p^{\ 2}}\frac{P}{P_0}\frac{T_0}{T}u + \left(0.1936 + e^{16.162\varepsilon - 9.51}\right)\frac{\rho(1-\varepsilon)}{\varepsilon^3 d_p}\left(\frac{P}{P_0}\frac{T_0}{T}u\right)^2$$

$$\tag{3-27}$$

3.4.2　颗粒摩擦因子

除了 Ergun 方程外，还有一种计算颗粒床层内气流阻力特性的公式，就是颗粒摩擦因子，它突破了 Ergun 公式的核心框架，采用无量纲方程的形式来描述颗粒床层内的气流阻力特性。迄今为止，一些学者已提出了不同颗粒填充床内描述流体流动压降的颗粒摩擦因子，在实验研究中将球体颗粒或均匀颗粒作为研究对象，因此这些公式用于计算烧结矿颗粒床层内气流压降有诸多不适用性。原因是烧结矿颗粒的形状不规则性和大小不均匀性造成了烧结矿颗粒床层内填充结构复杂。根据前人研究结果，不同流体介质和颗粒几何特性所对应的颗粒填充床内流体流动的颗粒摩擦因子也不一样。因此，需要根据不同气体表观流速和颗粒直径条件下的实验数据，通过量纲分析的方法重新确定烧结矿床层内颗粒摩擦因子的具体表达式。

量纲分析通常采用两种方法：一种称为瑞利（Rayle）分析法，它适用于影响因素较少（≤3）的物理过程；另一种是具有普遍性和实用性的方法，称为 π 定理，它们都是以量纲一致性原则作基础的。本节采用 π 定理来分析烧结矿颗粒床层内气体流动阻力。

白金汉的 π 定理的分析过程是：首先要说明研究问题由多少个独立的无量纲参数组成，然后再说明如何确定每一个无量纲参数。

（1）若一个方程包含了 n 个物理量，每个物理量的量纲均由 r 个独立的基本量纲组成，则这些物理量可以并只可以组成 r–n 个独立的无量纲参数，称为 π 数。

（2）选择 r 个独立的物理量为基本量，将其余 r–n 个物理量作为导出量，分别同基本量做组合量纲分析，可求得相互独立的 r–n 个 π 数。

通过对颗粒床层内流体流动过程进行分析可知，影响床层内流体流动阻力特

性的相关物理量如表 3-5 所示，因此可确定描述床层内气流阻力特性的一般函数关系式为

$$f(\Delta P, H, u, \mu, \rho_{\text{f}}, d_{\text{p}}, D) = 0 \tag{3-28}$$

表 3-5　相关物理量

物理量名称	符号	量纲
床层压降	ΔP	$\text{ML}^{-1}\text{T}^{-2}$
床层高度	H	L
空气速度	u	LT^{-1}
空气黏度	μ	$\text{ML}^{-1}\text{T}^{-1}$
空气密度	ρ_{f}	ML^{-3}
颗粒直径	d_{p}	L
床层直径	D	L

从表 3-5 中可以看出，7 个物理量均由 3 个独立的基本量纲组成，即质量（M）、长度（L）和时间（T），通过 π 定理可整理出 4 个相互独立的 π 数。从上述 7 个物理量中选取 ρ_{f}、u 和 d_{p} 作为基本量纲，与剩下的物理量分别组成 π 数，如下所示。

$$\pi_1 = \rho_{\text{f}}^a u^b d_{\text{p}}^c \Delta P = [\text{ML}^{-3}]^a [\text{LT}^{-1}]^b [\text{L}]^c [\text{ML}^{-1}\text{T}^{-2}] \tag{3-29}$$

$$\pi_2 = \rho_{\text{f}}^a u^b d_{\text{p}}^c H = [\text{ML}^{-3}]^a [\text{LT}^{-1}]^b [\text{L}]^c [\text{L}] \tag{3-30}$$

$$\pi_3 = \rho_{\text{f}}^a u^b d_{\text{p}}^c \mu = [\text{ML}^{-3}]^a [\text{LT}^{-1}]^b [\text{L}]^c [\text{ML}^{-1}\text{T}^{-1}] \tag{3-31}$$

$$\pi_4 = \rho_{\text{f}}^a u^b d_{\text{p}}^c D = [\text{ML}^{-3}]^a [\text{LT}^{-1}]^b [\text{L}]^c [\text{L}] \tag{3-32}$$

由于 π_1、π_2、π_3 和 π_4 都是无因次准数，故有

$$\pi_1: \begin{cases} \text{M}: a+1=0 \\ \text{L}: -3a+b+c-1=0 \\ \text{T}: -b-2=0 \end{cases} \Rightarrow \begin{cases} a=-1 \\ b=-2 \\ c=0 \end{cases} \Rightarrow \pi_1 = \rho_{\text{f}}^{-1} u^{-2} \Delta P = \frac{\Delta P}{\rho_{\text{f}} u^2} \tag{3-33}$$

$$\pi_2: \begin{cases} \text{M}: a=0 \\ \text{L}: -3a+b+c+1=0 \\ \text{T}: -b=0 \end{cases} \Rightarrow \begin{cases} a=0 \\ b=0 \\ c=-1 \end{cases} \Rightarrow \pi_2 = \rho_{\text{f}}^0 u^0 d_{\text{p}}^{-1} H = \frac{H}{d_{\text{p}}} \tag{3-34}$$

$$\pi_3: \begin{cases} \text{M}: a+1=0 \\ \text{L}: -3a+b+c-1=0 \\ \text{T}: -b-1=0 \end{cases} \Rightarrow \begin{cases} a=-1 \\ b=-1 \\ c=-1 \end{cases} \Rightarrow \pi_3 = \rho_{\text{f}}^{-1} u^{-1} d_{\text{p}}^{-1} \mu = \frac{\mu}{\rho_{\text{f}} u d_{\text{p}}} = \frac{1}{Re_{\text{p}}} \tag{3-35}$$

$$\pi_4 : \begin{cases} M : a = 0 \\ L : -3a + b + c + 1 = 0 \\ T : -b = 0 \end{cases} \Rightarrow \begin{cases} a = 0 \\ b = 0 \\ c = -1 \end{cases} \Rightarrow \pi_3 = \rho_f^0 u^0 d_p^{-1} D = \frac{D}{d_p} \qquad (3\text{-}36)$$

于是，所求的 π 数方程为

$$f\left(\frac{\Delta P}{\rho_f u^2}, \frac{H}{d_p}, Re_p, \frac{D}{d_p} \right) = 0 \qquad (3\text{-}37)$$

$$\frac{\Delta P}{\rho_f u^2} = k Re_p^\alpha \left(\frac{D}{d_p} \right)^\beta \left(\frac{H}{d_p} \right)^\gamma \qquad (3\text{-}38)$$

由于本节研究的问题是颗粒床层内单位床层高气流压降与相关影响参数之间的关系，故 γ 的取值为 1，式（3-38）可转变为如下形式。

$$f_p = \frac{\Delta P d_p}{\rho_f u^2 H} = k Re_p^\alpha \left(\frac{D}{d_p} \right)^\beta \qquad (3\text{-}39)$$

式（3-39）就是采用量纲分析法得出的用来计算烧结矿颗粒床层内气流压降的颗粒摩擦因子关联式，其中，k、α 和 β 为实验常数，需要通过实验数据拟合得到。由于式（3-39）是多元非线性方程，将其两边取对数，转变为线性方程：

$$\ln f_p = \ln k + \alpha \ln Re_p + \beta \ln \left(\frac{D}{d_p} \right) \qquad (3\text{-}40)$$

利用最小二乘法，将图 3-10 中实验数据代入式（3-40）中，采用 Excel 软件进行线性回归计算，拟合所得的实验关联式如下所示。

$$f_p = 72.56 Re_p^{-0.32} \left(\frac{D}{d_p} \right)^{-0.29} \qquad (3\text{-}41)$$

式中，$48 \leqslant Re_p \leqslant 6905$。

图 3-20 为采用实验数据拟合所得颗粒摩擦因子关联式的计算值 $f_{p,\,cal}$ 与实验值 $f_{p,\,exp}$ 的对比图。从图 3-20 中可以看出，床层内颗粒摩擦因子的计算值与实验值能较好地吻合，对于整个实验工况，式（3-41）的平均计算误差为 5.53%，最大计算误差为 15.62%。因此，式（3-41）可以用来求解烧结矿颗粒填充床内气体流动压降。

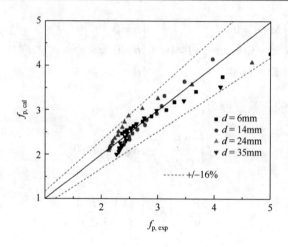

图 3-20　式（3-41）所得计算值与实验值之间的对比

3.4.3　无量纲化床层阻力关联式的建立

1. 量纲分析建立关联式

量纲法则即量纲齐次性原则，其内容是：用数学公式表示一个物理定（规）律时，等式两端必须保持量纲一致，量纲分析法就是在保证量纲一致的原则下，分析和探求物理定（规）律中各物理量之间关系的方法。量纲分析法又称为因次分析法，是一种数学分析方法，通过量纲分析，可以正确地分析各变量之间的关系，简化实验和成果整理，所以量纲分析是研究物理规律的一个有力工具。由于满足相同量纲关系的方程不止一个，所以最后还要由实验检验所导出方程的正确性。

量纲分析法有两种方法，一种是瑞利因次分析，另一种是 π 定理。前者仅适用于变量少的简单问题，因为变量的增加（如 4 个以上）会增加待定指数的数目，从而增加求解难度。这时更普遍、更实用的方法是白金汉（Buckingham）法，它将诸变量编列成更少的无量纲量，使问题处理起来更方便，此即 π（白金汉）定理。这里选用 π 定理来分析料层阻力。

量纲分析为推导某些复杂公式提供线索。在研究一个新的物理现象时（或者前面公式都不适用的时候），人们常常是先从实验中发现几个物理量之间存在着某种关系，但不了解这种关系的确切形式，这种情况下，量纲分析能帮助我们找出这些物理量之间的函数关系。

量纲分析法的关键是，采用分析的方法找出与问题有关的所有物理量和基本常数，如果有遗漏就会导致失误，这主要靠经验和物理知识，尤其是在未知领域，更需要物理上的直觉和洞察力才能恰当处理。另外，基本量纲的选取也很关键，选少了无法表示出各物理量，选多了会使问题复杂化。一般说来，力学问题选质量、长度、时间为基本量纲；热学问题再加上温度量纲；电磁学问题再加上电流量纲。再者，用量纲分析法只能确定相关物理量的幂指数关系，如果涉及比例系数或矢量关系，则其具体形式需要由实验来确定。

　　首先要找出影响该过程的所有的物理量和基本常数，如有遗漏就会导致失误。分析经典填充床阻力计算式，结合先前的研究发现，影响料层阻力的因素有 ΔP，μ，ρ_f，d_p'，D，L，U，其中，μ，ρ_f 分别为气体的动力黏度和密度，L，ΔP 为测点间的间距和压差，U 为气体表观流速即流量与床层面积的比值，D 为罐体直径或者床层宽度，d_p' 为定义的颗粒当量直径。

　　考虑颗粒形状因子（Φ）计算颗粒直径 $d_p' = \Phi d_p$。

　　（1）该过程的一般函数关系为

$$f(\Delta P, \mu, \rho_f, d_p', D, L, U) = 0 \tag{3-42}$$

式中，ΔP 为测点间的压强差值，Pa；μ 为流体动力黏度，Pa·s；ρ_f 为流体密度，kg/m^3；d_p' 为颗粒的计算粒径，$d_p' = \Phi d_p$，m；D 为罐体直径或床层宽度，m；L 为测点间距，m；U 为流体表观流速，m/s。

　　确定这 7 个物理量涉及的基本因次有三个：[M]，[L]，[T]，所以 $n = 7$，$r = 3$。根据 π 定理，上式中的 7 个物理量一定可以转换成 4（$i = n - r = 7 - 3 = 4$）个彼此独立的相似准数。准数方程可以表示为 $f(\pi_1, \pi_2, \pi_3, \pi_4) = 0$。现确定准数为：$\pi_1$，$\pi_2$，$\pi_3$，$\pi_4$。

　　（2）从上述 7 个物理量中选取 ρ，U，D 作为基本量，将它们轮流与剩下的物理量组成相似准数：

$$\begin{cases} \pi_1 = \rho^{\alpha_1} U^{\beta_1} D^{\gamma_1} \Delta P \\ \pi_2 = \rho^{\alpha_2} U^{\beta_2} D^{\gamma_2} \mu \\ \pi_3 = \rho^{\alpha_3} U^{\beta_3} D^{\gamma_3} d_p \\ \pi_4 = \rho^{\alpha_4} U^{\beta_4} D^{\gamma_4} L \end{cases} \tag{3-43}$$

$$\begin{cases} \rho = ML^{-3} \\ U = LT^{-1} \\ D = L \\ \Delta P = ML^{-1}T^{-2} \\ L = L \end{cases} \tag{3-44}$$

$$\begin{cases} \pi_1 = [ML^{-3}]^{\alpha_1}[LT^{-1}]^{\beta_1}[L]^{\gamma_1}[ML^{-1}T^{-2}] \\ \pi_2 = [ML^{-3}]^{\alpha_2}[LT^{-1}]^{\beta_2}[L]^{\gamma_2}[ML^{-1}T^{-1}] \\ \pi_3 = [ML^{-3}]^{\alpha_3}[LT^{-1}]^{\beta_3}[L]^{\gamma_3}[L] \\ \pi_4 = [ML^{-3}]^{\alpha_4}[LT^{-1}]^{\beta_4}[L]^{\gamma_4}[L] \end{cases} \tag{3-45}$$

因为 π_1，π_2，π_3，π_4 是无因次准数，故有

$$\pi_1 : \begin{cases} M : \alpha_1 + 1 = 0 \\ L : -3\alpha_1 + \beta_1 + \gamma_1 - 1 = 0 \Rightarrow \\ T : -\beta_1 - 2 = 0 \end{cases} \begin{cases} \alpha_1 = -1 \\ \beta_1 = -2 \Rightarrow \pi_1 = \rho^{-1}U^{-2}\Delta P = \dfrac{\Delta P}{\rho U^2} = Eu \\ \gamma_1 = 0 \end{cases} \tag{3-46}$$

$$\pi_2 : \begin{cases} M : \alpha_2 + 1 = 0 \\ L : -3\alpha_2 + \beta_2 + \gamma_2 - 1 = 0 \Rightarrow \\ T : -\beta_2 - 1 = 0 \end{cases} \begin{cases} \alpha_2 = -1 \\ \beta_2 = -1 \Rightarrow \pi_2 = \rho^{-1}U^{-1}D^{-1}\mu = \dfrac{\mu}{\rho U D} = \dfrac{1}{Re} \\ \gamma_1 = -1 \end{cases} \tag{3-47}$$

$$\pi_3 : \begin{cases} M : \alpha_3 = 0 \\ L : -3\alpha_3 + \beta_3 + \gamma_3 + 1 = 0 \Rightarrow \\ T : -\beta_3 = 0 \end{cases} \begin{cases} \alpha_3 = 0 \\ \beta_3 = 0 \Rightarrow \pi_3 = \rho^0 U^0 D^{-1} d_p = \dfrac{d_p'}{D} \\ \gamma_3 = -1 \end{cases} \tag{3-48}$$

$$\pi_4 : \begin{cases} M : \alpha_4 = 0 \\ L : -3\alpha_4 + \beta_4 + \gamma_4 + 1 = 0 \Rightarrow \\ T : -\beta_4 = 0 \end{cases} \begin{cases} \alpha_4 = 0 \\ \beta_4 = 0 \Rightarrow \pi_4 = \rho^0 U^0 D^{-1} L = \dfrac{L}{D} \\ \gamma_4 = -1 \end{cases} \tag{3-49}$$

待求的准数方程为

$$f\left(Eu, \frac{1}{Re}, \frac{d_p'}{D}, \frac{L}{D} \right) = 0 \tag{3-50}$$

$$Eu = k \cdot Re^{\alpha} \left(\frac{d_p'}{D} \right)^{\beta} \left(\frac{L}{D} \right)^{\gamma} \tag{3-51}$$

式中，Eu 为压力与惯性力之比；Re 为惯性力与黏性力之比；D/d_p' 为床径比，其中 $d_p' = \Phi d_p$，d_p' 为不同颗粒尺寸分布（PSD）料堆的颗粒计算直径，Φ 为颗粒的球形度（形状因子），d_p 根据不同的 PSD 取不同的值；L/D 为无量纲长度；k 为常数。

以上是根据量纲分析得来的料层阻力损失计算式，式中的 α，β，γ 为相关物理量的幂指数，需要通过实验回归分析得到，式子中的颗粒球形度 Φ 必须通过实验测得。实验过程中将烧结矿颗粒筛分成了不同的颗粒尺寸分布（PSD）以及设置了不同的料层高度（L），因此，在进行回归分析之前需要了解这些基本参量对料层阻力的影响。

2. 关联式系数的确定

1）回归数据选择

对以上量纲分析得出的式子两边取对数后，将多元非线性回归转化为线性回归，利用 Excel 进行多元线性回归并做回归分析。

在进行回归之前仔细观察量纲分析式，发现可以通过分析回归得出的阻力式子中的 γ，α 的数值来校检阻力式子的正确性。

由前面料层高度对单位料层高压力损失的影响可知，单位料层高度的压力损失与料层高度无关，这就要求上式中的 L 的系数 γ 接近或者等于 1；根据经典填充床阻力计算式如福希海默公式或者 Ergun 公式，可知单位料层高度压力损失在整个流速区间（层流区域较小）近似与表观流速成 2 次方关系；对实验数据进行作图分析发现：$\Delta P/L = k \cdot U^{\alpha+2}$ 中表观流速 U 的幂指数应该在 1 与 3 之间。综合以上的分析得出结论：α 满足条件 $|\alpha| < 1$。

对量纲分析式子系数进行多元线性回归过程中使用的是颗粒的计算直径（Φd_p）。大部分填充床阻力计算式是针对球形或者近似球形颗粒提出的，针对非球形颗粒，一般采用颗粒的球形度（Φ）和颗粒的体积当量直径加以修正。非球形颗粒填充床阻力计算的时候，采用的计算直径为 $d'_p = \Phi d_p$，其中当量直径 $d_p = (6V_p/\pi)^{1/3}$。

采用实验的方法测得烧结矿颗粒的 Krumbein 球形度，采用工程上应用的筛分法获得颗粒的当量直径。筛分法即利用不同尺寸方形孔网筛过筛，其所测量的是能够通过筛网的一批颗粒（这种方法只能大致上确定颗粒尺寸的一个范围），最后以网眼尺寸为当量直径表述颗粒尺寸。例如，经过筛分后形成的颗粒尺寸分布 PSD 18～30mm 料层的颗粒平均当量直径 $d_p = 24$mm。

将颗粒尺寸分布的均值作为料层的平均当量直径代入公式进行分析计算，可能会导致回归分析的偏差。为了评估这种偏差，回归过程中料层颗粒平均当量直径分别取颗粒尺寸分布上限值、下限值以及均值，从而分析料层颗粒的计算直径（Φd_p）对回归的式子的影响。

d_p 取值不同时，利用 Excel 进行多元非线性回归以及回归分析。对于 PSD 30～50mm 料层，d_p 先取颗粒尺寸分布的均值 40mm，球形度依据实验取 $\Phi_{30\sim50mm} = 0.61$，做多元非线性回归时计算直径 $d'_p = \Phi \cdot d_p = 0.61 \times 0.04 = 24.4$mm，对回归的结果做显著性检验（$F$ 检验、t 检验），验证关系式的整体线性关系是否成立以及各参量的线性关系是否显著；通过回归检验后，将各系数值代入方程式中得到料层阻力回归式，验证式子中的 α，γ 值是否满足条件。

2）回归及回归分析

（1）d_p 取 PSD 的均值时利用 Excel 进行多元线性回归。

d_p 取 PSD 中间值回归得到先关参量：$R = 0.889$，$R^2 = 0.79$，$F = 35.32$，$t_{\ln Re} =$

-3.97，$t_{\ln(\varphi d_p / D)} = -9.2$，$t_{\ln(L/D)} = 2.72$，设置置信度为 0.05，查 F 分布、t 分布临界值表，有

$$F_{0.05}(3, 28) = 2.95, \ t_{0.05/2}(28) = 2.048, \ t_{0.01/2}(28) = 2.763$$

$F > F_{0.05}$（3, 28），$|t| > t_{0.05/2}$（28）；回归方程满足置信度为 0.05 时的回归方程（F）及回归系数（t）的显著性检验。

回归方程为

$$\ln Eu = 1.068\ln(L / D) - 1.56\ln(\Phi d_p / D) - 0.318\ln Re + 2.008 \tag{3-52}$$

（2）d_p 取 PSD 的上限值时利用 Excel 进行回归分析。

$R = 0.57$，$R^2 = 0.324$，$F = 4.48$，$t_{\ln Re} = -2.51$，$t_{\ln(\Phi d_p / D)} = -2.625$，$t_{\ln(L/D)} = 0.625$，$\ln$（$L/D$）这一项不满足 t 检验。

回归方程为

$$\ln Eu = 0.448\ln(L / D) - 1.048\ln(\Phi d_p / D) - 0.362\ln Re + 4.067 \tag{3-53}$$

可见，其不满足 $\ln$（L/D）前面的系数为 1 的设定。

（3）d_p 取 PSD 的下限值时利用 Excel 进行回归分析。

$R = 0.748$，$R^2 = 0.56$，$F = 11.879$，$t_{\ln Re} = -2.92$，$t_{\ln(\Phi d_p / D)} = -5.06$，$t_{\ln(L/D)} = 1.71$，$F$ 检验通过，$\ln$（L/D）这一项不满足置信度 0.05 的 t 检验。

回归方程为

$$\ln Eu = 1.008\ln(L / D) - 1.6\ln(\Phi d_p / D) - 0.339\ln Re + 1.76 \tag{3-54}$$

综合以上的回归分析得出结论：

（1）采用实验测定的 Krumbein 球形度（Φ），d_p 取颗粒尺寸分布（PSD）均值时回归系数满足条件且通过了回归检测，回归方程为

$$\ln Eu = 1.068\ln(L / D) - 1.56\ln(\Phi d_p / D) - 0.318\ln Re + 2.008$$

可以简化成单位料层高度阻力计算式：

$$\frac{\Delta P}{L} = k \cdot U^{1.681} \tag{3-55}$$

（2）需要注意的是，料层颗粒当量直径 d_p 依据颗粒尺寸分布（PSD）取不同值（颗粒计算直径不同）时，发现尽管有时线性回归的效果不好，但是，回归方程的 $\ln Re$ 项的系数变化并不大，式中的 k 值变动较大。这为后面对实验值进行自定义函数拟合从而求得最优的 k 值提供了一定的依据。

根据回归得出的系数整理公式，将参数值代入公式中得到不同情形下具体料层阻力计算式：

（1）$D = 250\text{mm}$。

PSD 30～50mm，$\Phi = 0.61$，当量直径 $d_1 = \Phi_1 d_{p1} = 0.61 \times 0.04\text{m} = 0.0244\text{m}$；

$$\Delta P / L = 7.448 \times 1.293 U^2 \times \left(\frac{1.293 U D}{17.2 \times 10^{-6}} \right)^{-0.319} \cdot \frac{D^{0.56}}{(\Phi d_p)^{1.56}} = 62.917 U^{1.681} \quad (3\text{-}56)$$

PSD 18～30mm，$\Phi = 0.66$，当量直径 $d_2 = \Phi_2 d_{p2} = 0.66 \times 0.024 \text{m} = 0.01584 \text{m}$；

$$\Delta P / L = 123.447 U^{1.681} \quad\quad\quad (3\text{-}57)$$

PSD 12～18mm，$\Phi = 0.58$，当量直径 $d_3 = \Phi_3 d_{p3} = 0.58 \times 0.015 \text{m} = 0.0087 \text{m}$；

$$\Delta P / L = 314.376 U^{1.681} \quad\quad\quad (3\text{-}58)$$

PSD 颗粒未筛分，$\Phi = 0.45$，当量直径 $d_4 = \Phi_4 d_{p4} = 0.45 \times 0.025 \text{m} = 0.01125 \text{m}$；

$$\Delta P / L = 210.524 U^{1.681} \quad\quad\quad (3\text{-}59)$$

（2）$D = 350 \text{mm}$。

PSD 30～50mm：

$$\Delta P / L = 68.232 U^{1.681} \quad\quad\quad (3\text{-}60)$$

PSD 18～30mm：

$$\Delta P / L = 133.874 U^{1.681} \quad\quad\quad (3\text{-}61)$$

PSD 12～18mm：

$$\Delta P / L = 340.93 U^{1.681} \quad\quad\quad (3\text{-}62)$$

PSD 未筛分：

$$\Delta P / L = 228.306 U^{1.681} \quad\quad\quad (3\text{-}63)$$

将以上整理得到的公式同实验真值进行作图比较，如图 3-21、图 3-22 所示。

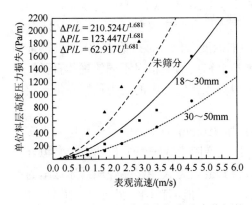

图 3-21　$D250 \text{mm}$，阻力曲线与实验真值间的关系

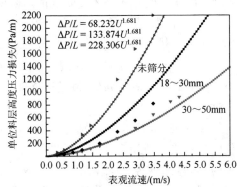

图 3-22　$D350 \text{mm}$，阻力曲线与实验真值间的关系

由图 3-21 和图 3-22 得出结论：

（1）量纲分析结合回归分析得出的阻力式能够很好地描述不同 PSD 情形下料层的阻力趋势。但是，量纲分析得来的式子与实验真值之间还存在着一定的偏差。偏差主要来源于阻力计算式 $\Delta P/L = k \cdot U^{1.681}$ 中的 k 值，造成 k 值偏差的主要原因是计算直径 $d'_p = \Phi d_p$ 的计算取值存在偏差。但是，由于颗粒计算直径的两个直接影响因素［Krumbein 颗粒球形度（Φ）以及颗粒的直径（d_p）］的取值都存在不精确性，所以对于 k 值我们无法精确得出。

（2）颗粒尺寸分布（PSD）相同，罐体内径不同时，罐体内径 350mm 中单位料层压损较内径 250mm 罐体的大。

（3）根据前面的回归分析可知：颗粒直径 d_p 依据 PSD 取不同值使得颗粒的计算直径（Φd_p）发生改变，回归式子 $\Delta P/L = k \cdot U^{1.681}$ 中 k 值变化明显，而表观流速 U 的幂指数变化很小。颗粒的计算直径（Φd_p）取值不同时仅对回归式子中的系数 k 产生影响，而对幂指数没有影响。

（4）由量纲分析式 $Eu = k \cdot Re^{\alpha}(\Phi d_p / D)^{\beta}(L / D)^{\gamma}$ 以及前面的结论［单位料层高度压损与料层高度（L）无关］可知：在罐体直径 D 既定的情形下，如果保持阻力式子中的表观流速的幂指数（1.681）不变，只能通过改变颗粒计算直径的值，来改变 k 值。

综合以上（3）、（4）两点可知，计算直径（Φd_p）改变是已知罐体直径的情形下料层阻力式 $\Delta P/L = k \cdot U^{1.681}$ 中 k 值改变的充要条件。

3. 关联式的优化

分析实验数据并观察图 3-21 和图 3-22，发现阻力模型 $\Delta P/L = k \cdot U^{1.681}$ 在改变 k 值之后能够很好地描述实验真值。依据阻力式 $\Delta P/L = k \cdot U^{1.681}$，对实验测得值进行自定义函数的拟合可得到很好的效果，因为自定义拟合的过程中只对式 $\Delta P/L = k \cdot U^{1.681}$ 中的 k 值进行拟合，而 k 值的改变在保持幂指数 1.681 不变的前提下一定且只能由 Φd_p 改变导致，可以根据拟合得到的 k 值对不同的罐体直径情形下的颗粒计算直径（Φd_p）值进行反推，为以后工程实际中的阻力计算提供一定的依据。

图 3-23 和图 3-24 分别是内径 250mm 和 350mm 的罐体中单位料层阻力实验值的自定义函数拟合曲线。由图得出结论：改变阻力式子中 k 值的自定义拟合曲线与实验真值吻合得非常好。自定义拟合得到的阻力式能够很好地描述这里的单位料层的阻力，进一步说明了合适的颗粒计算直径能够精确地描述料层阻力特性，证明了前面论断的正确性。

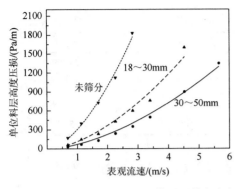

图 3-23　$D250mm$，不同 PSD 情形下的自定义拟合曲线与实验真值间关系

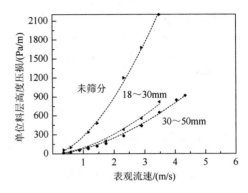

图 3-24　$D350mm$，不同 PSD 情形下的自定义拟合曲线与实验真值间关系

根据自定义函数拟合的料层阻力计算式，反推颗粒的精确计算直径（Φd_p），为以后的阻力研究提供借鉴。

$$(\Phi d_p)^{1.56} = \rho \cdot e^{2.008} \cdot (\rho D / \mu)^{-0.319} \cdot D^{0.56} / k \tag{3-64}$$

内径 D 为 250mm 时，PSD 30～50mm：

$$\Delta P / L = 70.47 U^{1.681}, \quad (\Phi d_p)_1 = 22.7mm \tag{3-65}$$

PSD 18～30mm：

$$\Delta P / L = 114.53 U^{1.681}, \quad (\Phi d_p)_2 = 16.6mm \tag{3-66}$$

PSD 未筛分：

$$\Delta P / L = 307.59 U^{1.681}, \quad (\Phi d_p)_3 = 8.8mm \tag{3-67}$$

内径 D 为 350mm 时，PSD 30～50mm：

$$\Delta P / L = 78.23 U^{1.681}, \quad (\Phi d_p)_4 = 22.4mm \tag{3-68}$$

PSD 18～30mm：

$$\Delta P / L = 96.54 U^{1.681}, \quad (\Phi d_p)_5 = 19.5mm \tag{3-69}$$

PSD 未筛分：

$$\Delta P / L = 277.09 U^{1.681}, \quad (\Phi d_p)_6 = 9.9mm \tag{3-70}$$

建立计算床径比 $[D/(\Phi d_p)]$ 与其他参量间的函数关系十分必要。表 3-6 为不同的罐体直径（D）以及不同颗粒尺寸分布（PSD）下确切颗粒计算直径（Φd_p）及计算床径比 $[D/(\Phi d_p)]$，几者之间并不存在函数关系。

表 3-6　不同条件下的计算床径比

PSD/mm	D/mm	Φd_p/mm	$D/(\Phi d_p)$
30～50	250	22.7	11.013
18～30	250	16.6	15.060

续表

PSD/mm	D/mm	Φd_p/mm	$D/(\Phi d_p)$
未筛分	250	8.8	28.409
30～50	350	22.4	15.625
18～30	350	19.5	17.949
未筛分	350	9.9	35.354

如图 3-25 所示，新的料层阻力计算式在整个流速范围内更加精确。

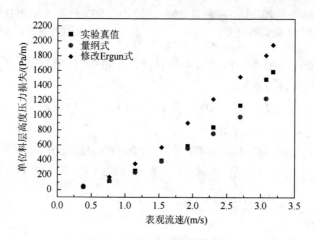

图 3-25　料层阻力计算式比较

第 4 章　烧结矿床层内气固传热实验研究

烧结矿床层内的气固传热特性是影响烧结余热竖罐式回收可行性的另一个热工问题，同时也是影响环冷机模式余热回收效果的主要问题之一。烧结矿床层内的气固传热系数和气固㶲传递系数直接影响余热回收率以及竖罐或环冷机出口冷却空气的温度及品质，进而间接影响后续余热发电系统的吨矿发电量。目前，烧结矿床层内气固传热系数和气固㶲传递系数的研究还鲜有报道，用于床层内气固传热过程的数值计算尚为空白。基于此，本章设计并搭建了烧结矿床层气固传热实验台，实验研究了影响烧结矿床层内气固传热系数的主要因素及其影响规律，并拟合出描述床层内气固传热系数的 Nusselt 数经验关联式，为后续的数值计算过程提供理论依据；另外，将对流换热器中气固㶲传递的概念引入烧结矿竖罐中，并基于热力学第二定律推导出了竖罐床层内气固㶲传递系数的一般表达式，实验研究了影响烧结矿床层内气固㶲传递系数的主要因素及其影响规律，为强化床层内的气固传热过程指明了方向；自行设计并砌筑了处理量分别为 5t/h 和 25t/h 的移动床模式小试装置，研究了典型工况下烧结矿床层内气固传热基本过程及其部分传热规律，为后续的数值计算、模型验证提供了理论依据。

4.1　烧结矿床层内气固传热过程分析

烧结矿竖罐床层属于大颗粒填充床层的范畴，对颗粒填充床层内的传热过程进行分析可知，竖罐内的传热过程一般包括以下三个方面。

4.1.1　烧结矿床层内的导热过程

与一般均质流体内的导热过程相比，烧结矿床层内的导热过程要复杂得多，主要包括：烧结矿颗粒内部的导热；空隙中空气之间及烧结矿与空气之间的导热；烧结矿颗粒之间存在接触而发生的导热。

研究表明，由于固体与流体之间物性的不同，固体和流体对导热过程的贡献也会不相同。一般说来，非金属多孔材料对多孔介质内导热过程的影响并不占主导地位，但烧结矿由于其自身的特性对烧结矿床层内的导热过程会有一定的影响，同时冷却空气对烧结矿床层内的导热过程起着重要的作用。由此可见，烧结矿床层内的导热过程是十分复杂的，有很多因素影响着矿床层内的导热过程。其中既包括烧结矿的物性、形状及分布，也包含冷却空气的物性。

4.1.2 烧结矿床层内的对流传热过程

在烧结矿床层内的气固传热过程中，烧结矿颗粒和冷却空气之间的对流换热对实际气固传热过程的影响十分重要。烧结矿床层内的对流传热过程是指冷却空气流经烧结矿颗粒表面时发生的传热过程，它是依靠冷却空气的流动而进行热量传递的。因此，床层内对流传热的强弱与冷却空气的流动情况密切相关。由于冷却空气在烧结矿床层空隙间的流动是在鼓风机的推动下进行的，因此可将竖罐内烧结矿颗粒与冷却空气间的对流传热称为强制对流传热。

4.1.3 烧结矿床层内的辐射传热过程

与一般辐射传热过程相比，烧结矿床层内的辐射传热过程较为复杂，主要包括烧结矿颗粒之间的辐射传热过程，以及烧结矿床层内空气和烧结矿颗粒之间的辐射传热过程。

由于颗粒填充床层内固体颗粒之间及固体颗粒与流体之间存在温差，所以它们之间必然存在辐射传热过程。对于烧结矿床层内的辐射传热过程，烧结矿颗粒之间的辐射传热只会发生在相互接触的颗粒之间，由于相互接触的烧结矿颗粒之间温差很小，可以忽略烧结矿颗粒之间的辐射传热过程。因此，烧结矿床层内的辐射传热过程主要为冷却空气和烧结矿颗粒之间的辐射传热过程。

综上所述，烧结矿床层内的传热过程主要包括冷却空气之间的导热过程，烧结矿颗粒之间的导热过程，烧结矿与冷却空气间的导热过程，烧结矿与空气之间的对流传热过程，以及冷却空气和烧结矿颗粒之间的辐射传热过程。因此，烧结矿床层内冷却空气与烧结矿之间的传热过程主要包括以下三种：烧结矿与冷却空气间的导热过程，烧结矿与空气之间的对流传热过程，以及冷却空气和烧结矿颗粒之间的辐射传热过程。

4.2 烧结矿床层内气固传热过程实验研究

竖罐内烧结矿床层是一种颗粒移动床层，环冷机内烧结矿床层可近似为固定床层，因此，竖罐内和环冷机内传热过程研究分别以移动床层和固定床层传热过程实验来进行。

4.2.1　床层内气固传热系数公式推导

1. 固定床层气固传热系数

冷却空气穿过烧结矿床层时，在烧结矿颗粒堆积形成的空隙中与颗粒表面进行热量交换，固定床式实验竖罐内烧结矿与冷却气体间的传热过程属于非稳态的传热过程，其间伴随着导热、对流和辐射三种传热过程。因此，烧结矿颗粒床层内的气固传热系数包括以下三个方面：①烧结矿与冷却空气间的传导传热系数；②烧结矿与冷却空气间的对流传热系数；③烧结矿与冷却空气间的辐射传热系数。具体如式（4-1）所示。

$$h = h_{conv} + h_{cond} + h_{radi} \tag{4-1}$$

式中，h_{conv} 为床层内气固传导传热系数，$W/(m^2 \cdot K)$；h_{cond} 为床层内气固对流传热系数，$W/(m^2 \cdot K)$；h_{radi} 为床层内气固辐射传热系数，$W/(m^2 \cdot K)$。

在 Jeffreson 的研究结果中，气固有效传热系数的概念被引入颗粒填充床中，其主要考虑到颗粒内部导热热阻对床层内气固传热过程的影响。烧结矿颗粒床层内气固有效传热系数与气固传热系数的关系如下所示。

$$\frac{1}{h_e} = \frac{1}{h} \left(1 + \frac{Bi}{5} \right) \beta^2 \tag{4-2}$$

其中，

$$Bi = \frac{h d_p}{2 \lambda_s} \tag{4-3}$$

$$\beta = \frac{\rho_s c_s (1-\varepsilon)}{\rho_s c_s (1-\varepsilon) + \rho_g c_g \varepsilon} \tag{4-4}$$

式中，h_e 为床层内气固有效传热系数，$W/(m^2 \cdot K)$；Bi 为毕渥数；β 为床层内气固传热无量纲数；λ_s 为烧结矿导热系数，$W/(m \cdot K)$；ρ_s，ρ_g 分别为烧结矿和空气的密度，kg/m^3；c_s，c_g 分别为烧结矿和空气的比热容，$J/(kg \cdot K)$。

$d\tau$ 时间内，冷却空气在烧结矿床层微元段 dV 内的气固传热量可如下表示。

$$dQ = h_e (T_s - T_g) a_V \cdot dV d\tau \tag{4-5}$$

其中，

$$a_V = \frac{6(1-\varepsilon)}{d_p} \tag{4-6}$$

式中，Q 为床层内气固传热量，J；T_s 为床层内烧结矿温度，K；T_g 为床层内空气温度，K；a_V 为床层内颗粒比面积，m^2/m^3；V 为床层体积，m^3；τ 为气固传热时间，s。

在 $d\tau$ 时间内，微元段内烧结矿和冷却空气的温度变化分别如下。

烧结矿：

$$dT_s = \frac{dQ}{\rho_s(1-\varepsilon)c_s dV} \tag{4-7}$$

冷却空气：

$$dT_g = \frac{dQ}{\rho_g u A c_g d\tau} \tag{4-8}$$

式中，u 为气体表观流速，m/s；A 为床层横截面积，m^2。

式（4-7）与式（4-8）相减，可得

$$d(T_s - T_g) = \left(\frac{1}{\rho_s(1-\varepsilon)c_s dV} - \frac{1}{\rho_g u A c_g d\tau} \right) dQ \tag{4-9}$$

将式（4-5）代入式（4-9），整理得

$$\frac{d(T_s - T_g)}{T_s - T_g} = h_e a_V \left(\frac{1}{\rho_s(1-\varepsilon)c_s} - \frac{1}{\rho_g \varepsilon c_g} \right) d\tau \tag{4-10}$$

对式（4-10）两边同时进行积分，时间从 τ_1 到 τ_2，积分后可得如下关联式。

$$\ln \frac{(T_s - T_g)_{\tau_2}}{(T_s - T_g)_{\tau_1}} = h_e a_V \left(\frac{1}{\rho_s(1-\varepsilon)c_s} - \frac{1}{\rho_g \varepsilon c_g} \right)(\tau_2 - \tau_1) \tag{4-11}$$

式（4-2）和式（4-11）变换后可得床层内气固传热系数的具体表达式。

$$h = \frac{10 h_e \beta^2 \lambda_s}{10 \lambda_s - h_e \beta^2 d_p} \tag{4-12}$$

其中，

$$h_e = \frac{\ln \dfrac{(T_s - T_g)_{\tau_2}}{(T_s - T_g)_{\tau_1}}}{\left(\dfrac{1}{\rho_s(1-\varepsilon)c_s} - \dfrac{1}{\rho_g \varepsilon c_g} \right) a_V (\tau_2 - \tau_1)} \tag{4-13}$$

式中，T_s 为竖罐床层内烧结矿的平均温度；T_g 为竖罐进出口空气温度的平均值。

2. 移动床层气固传热系数

在进行竖罐内气固传热计算时，存在两个基本换热方程式，即传热方程式和热平衡方程式，对于换热段某一微元段 dl，存在传热方程式与热平衡方程式：

$$q = h_V(T_s - T_g)dV \tag{4-14}$$

$$q = c_s m_s dT_s = c_g m_g dT_g \tag{4-15}$$

式中，q 为气固换热过程中的热流量，W；h_V 为气固体积传热系数，W/($m^3 \cdot$K)；

V 为烧结矿的堆积体积，m^3；T_s 为烧结矿温度，K；T_g 为冷却空气的温度，K；c_s 为烧结矿比热容，$J/(kg·K)$；c_g 为冷却空气的定压比热容，$J/(kg·K)$；m_s 为烧结矿质量流量，kg/s；m_g 为冷却空气的质量流量，kg/s。

由式（4-15）变形可得烧结矿与冷却空气在换热段某一微元段的温度变化：

$$dT_s = \frac{1}{c_s m_s} q \tag{4-16}$$

$$dT_g = \frac{1}{c_g m_g} q \tag{4-17}$$

式（4-16）与式（4-17）相减，并代入式（4-14），得

$$d(T_s - T_g) = \left(\frac{1}{c_s m_s} - \frac{1}{c_g m_g} \right) q = \left(\frac{1}{c_s m_s} - \frac{1}{c_g m_g} \right) h_V (T_s - T_g) A dl \tag{4-18}$$

化简，得

$$\frac{d(T_s - T_g)}{T_s - T_g} = \left(\frac{1}{c_s m_s} - \frac{1}{c_g m_g} \right) h_V A dl \tag{4-19}$$

在整个换热段（$0 \leqslant l \leqslant L$）对式（4-6）进行积分，可得

$$\ln \frac{(T_{sL} - T_{gL})}{(T_{s0} - T_{g0})} = \left(\frac{1}{c_s m_s} - \frac{1}{c_g m_g} \right) h_V V \tag{4-20}$$

由此可推导出烧结矿层平均气固体积传热系数为

$$h_V = \frac{\ln \dfrac{(T_{sL} - T_{gL})}{(T_{s0} - T_{g0})}}{\left(\dfrac{1}{c_s m_s} - \dfrac{1}{c_g m_g} \right) V} \tag{4-21}$$

式中，T_{sL} 为烧结矿进口温度，K；T_{s0} 为烧结矿出口温度，K；T_{gL} 为冷却空气出口温度，K；T_{g0} 为冷却空气进口温度，K。

4.2.2　床层内气固㶲传递系数公式推导

1. 固定床层气固㶲传递系数

由线性非平衡热力学理论可知，对流换热的㶲传递方程如下：

$$e_{ex} = h_{ex}(T_f, p) \Delta T \tag{4-22}$$

式中，e_{ex} 为单位㶲量，W/m^2；$h_{ex}(T_f, p)$ 为㶲传递系数，$W/(m·K)$；ΔT 为气固温差，K。

$$e'_{ex} = f(T_f, p) = h' - h'_{env} - T_{env}(s - s_{env}) \tag{4-23}$$

$$de'_{ex} = \left(\frac{\partial e'_{ex}}{\partial T_f}\right)_p dT_f + \left(\frac{\partial e'_{ex}}{\partial p}\right)_T dp \tag{4-24}$$

由热力学理论可得如下关系式：

$$de'_{ex} = c_f\left(1 - \frac{T_0}{T_f}\right)dT_f + \frac{R}{p}T_0 dp \tag{4-25}$$

用式（4-26）定义局部㶲传递系数 $h_{ex,i}$，其表示烧结矿表面与冷却空气之间的温差为 1℃时，单位时间内通过单位面积转移的㶲量。㶲传递系数定量描述了烧结矿表面与冷却空气之间的㶲传递强度。

$$dE_{ex} = h_{ex,i}\Delta T dA_s = G\left[c_f\left(1 - \frac{T_0}{T_f}\right)dT_f + \frac{R}{p}T_0 dp\right] \tag{4-26}$$

所以，

$$h_{ex,i} = \frac{G\left[c_f\left(1 - \frac{T_0}{T_f}\right)dT_f + \frac{R}{p}T_0 dp\right]}{\Delta T dA_s} \tag{4-27}$$

式中，G 为空气质量流量，$G = \rho_f u A_D$，kg/s；dA_s 为竖罐截面有效气固传热面积，$dA_s = 6(1-\varepsilon)A_D dx/d_p$，$m^2$，其中 A_D 为竖罐截面面积，m^2；T_0 为环境温度，K。

式（4-27）可转变为如下形式：

$$h_{ex,i} = \frac{d_p\rho_f u\left[c_f\left(1 - \frac{T_0}{T_f}\right)\dfrac{dT_f}{dx} + \frac{R}{p}T_0\dfrac{dp}{dx}\right]}{6(1-\varepsilon)(T_{s,i} - T_{f,i})} \tag{4-28}$$

用式（4-29）定义平均㶲传递系数 $h_{ex,m}$。

$$h_{ex,m}A_s\Delta T_m = \int_0^H h_{ex,i}(T_{s,i} - T_{f,i})\frac{6(1-\varepsilon)A_D}{d_p}dx \tag{4-29}$$

所以平均㶲传递系数为

$$h_{ex,m} = \frac{c_f d_p\rho_f u\left[\int_{in}^{out}\left(1 - \frac{T_0}{T_f}\right)dT_f + \int_{in}^{out}\frac{R}{c_p p}T_0 dp\right]}{6(1-\varepsilon)\Delta T_m H} \tag{4-30}$$

$$h_{ex,m} = \frac{c_f d_p\rho_f u(T_{f,out} - T_0)\left[1 - \frac{T_0}{T_{f,out} - T_0}\left(\ln\frac{T_{f,out}}{T_0} - \frac{R}{c_f}\ln\left(1 - \frac{\Delta p}{p_{in}}\right)\right)\right]}{6(1-\varepsilon)\Delta T_m H} \tag{4-31}$$

$$h_{ex,m} = h_c\left[1 - \frac{Re_p Pr}{6(1-\varepsilon)N_q N_H}\left(\ln\left(1 + \frac{6(1-\varepsilon)N_q N_H}{Re_p Pr}\right) - N_R\ln(1 - N_H f_p N_p)\right)\right] \tag{4-32}$$

由式（4-32）可知，平均㶲传递 Nu 数为

$$Nu_{ex} = \frac{h_{ex,m}d_p}{\lambda_f} = Nu_e \left[1 - \frac{Re_p Pr}{6(1-\varepsilon)N_q N_H} \left(\ln\left(1 + \frac{6(1-\varepsilon)N_q N_H}{Re_p Pr} \right) - N_R \ln(1 - N_H f_p N_p) \right) \right]$$

（4-33）

式（4-33）中的无量纲量的表达形式如下：

$$Nu_e = \frac{h_e d_p}{\lambda_f}$$

（4-34）

$$N_q = \frac{q d_p}{\lambda_f T_0}$$

（4-35）

$$N_H = \frac{H}{d_p}$$

（4-36）

$$N_R = \frac{R}{c_f}$$

（4-37）

$$N_p = \frac{\rho_f u^2}{p_{in}}$$

（4-38）

$$f_p = \frac{\Delta p d_p}{\rho_f H u^2}$$

（4-39）

$$Re_p = \frac{\rho_f u d_p}{\mu}$$

（4-40）

$$Pr = \frac{c_f \mu}{\lambda_f}$$

（4-41）

式中，q 为热通量，W/m²。具体表达式如下：

$$q = \frac{\rho_f u c_f (T_{f,out} - T_0) d_p}{6(1-\varepsilon)H}$$

（4-42）

2. 移动床层气固㶲传递系数

研究烧结矿移动床层气固㶲传递过程，主要目的在于弄清冷却空气通过烧结矿层进行能量的转换和传递过程中，冷却空气可用能的提高与㶲损的情况，通过计算换热过程中的㶲传递系数的方法，分析气固㶲传递的阻力的影响因素，以对提高用能水平给出理论指导。

对于竖罐换热段某一微元段 dl 而言，存在传热方程式、热平衡方程式：

$$q = h_V(T_s - T_g)A dl$$

（4-43）

$$q = c_s m_s dT_s = c_g m_g dT_g$$

（4-44）

由式（4-43）、式（4-44）可得

$$\frac{\mathrm{d}(T_s - T_g)}{T_s - T_g} = \left(\frac{1}{c_s m_s} - \frac{1}{c_g m_g} \right) h_\mathrm{V} A \mathrm{d}l \tag{4-45}$$

对式（4-45）两侧进行积分，其中边界条件为 $l = 0$，$T_s = T_{s0}$，$T_g = T_{g0}$，得换热段局部气固温差为

$$T_s - T_g = (T_{s0} - T_{g0}) \mathrm{e}^{(\mathrm{st}_s - \mathrm{st}_g) \cdot \left(\frac{l}{d} \right)} \tag{4-46}$$

式中，

$$\mathrm{st} = \frac{h_\mathrm{V} d}{\rho c u} \tag{4-47}$$

将式（4-46）代入式（4-44），可得

$$T_g = T_{g0} + \frac{\mathrm{st}_g}{\mathrm{st}_s - \mathrm{st}_g} \cdot (T_{s0} - T_{g0}) \left(\mathrm{e}^{(\mathrm{st}_s - \mathrm{st}_g) \cdot \left(\frac{l}{d} \right)} - 1 \right) \tag{4-48}$$

由式（4-48）可得气固对数平均温差为

$$\Delta T = \frac{\Delta t_{\max} - \Delta t_{\min}}{\ln \frac{\Delta t_{\max}}{\Delta t_{\min}}} = \frac{(T_{sl} - T_{gl}) - (T_{s0} - T_{g0})}{\ln \frac{T_{sl} - T_{gl}}{T_{s0} - T_{g0}}} = \frac{(T_{s0} - T_{g0}) \left(\mathrm{e}^{(\mathrm{st}_s - \mathrm{st}_g) \cdot \left(\frac{l}{d} \right)} - 1 \right)}{(\mathrm{st}_s - \mathrm{st}_g) \cdot \left(\frac{l}{d} \right)} \tag{4-49}$$

采用稳定流动系统中空气㶲焓方程来描述竖罐换热段中的能量交换，该方程为

$$\mathrm{d}E_{\mathrm{ex}} = c_g \left(1 - \frac{T_0}{T_g} \right) \mathrm{d}T + \frac{R}{p} T_0 \mathrm{d}p \tag{4-50}$$

由式（4-50）可得微元段 $\mathrm{d}l$ 下，冷却空气的焓㶲方程为

$$\mathrm{d}E_{\mathrm{ex}} = m_g \mathrm{d}e_{\mathrm{ex}} = m_g \left[c_g \left(1 - \frac{T_0}{T_g} \right) \mathrm{d}T + \frac{R}{p} T_0 \mathrm{d}p \right] \tag{4-51}$$

由式（4-50）可知，温度场和压力场直接影响烧结余热竖罐内气固换热效果的耦合关系，引入局部㶲传递系数，得㶲传递方程

$$\mathrm{d}E_{\mathrm{ex}} = h_{\mathrm{ex}} (T_s - T_g) A \mathrm{d}l \tag{4-52}$$

结合传热方程式、热平衡方程式，由式（4-51）和式（4-52），可得

$$h_{\mathrm{ex}} = h_\mathrm{V} \left(1 - \frac{T_{g0}}{T_g} \right) + \frac{m_g R_g T_{g0}}{p(T_s - T_g) A} \frac{\mathrm{d}p}{\mathrm{d}l} \tag{4-53}$$

冷却空气流经烧结矿移动床层存在着压降过程，采用 Ergun 公式描述烧结矿床层的阻力特性问题：

$$\frac{\Delta p}{L} = k_\mathrm{a} \frac{(1 - \varepsilon)^2}{\varepsilon^3} \frac{\mu u}{d^2} + k_\mathrm{b} \frac{(1 - \varepsilon)}{\varepsilon^3} \frac{\rho u^2}{d} \tag{4-54}$$

将式（4-46）、式（4-48）、式（4-54）代入式（4-53），得局部㶲传递系数为

$$
\begin{aligned}
h_{\text{ex}} = h_{\text{V}} &\left(1 - \frac{T_{\text{g}0}}{T_{\text{g}0} + \dfrac{\text{st}_{\text{g}}}{\text{st}_{\text{s}} - \text{st}_{\text{g}}} \cdot (T_{\text{s}0} - T_{\text{g}0}) \left(e^{(\text{st}_{\text{s}} - \text{st}_{\text{g}}) \cdot \left(\frac{l}{d}\right)} - 1 \right)} \right) \\
&- \frac{m_{\text{g}} \left(k_{\text{a}} \dfrac{(1-\varepsilon)^2}{\varepsilon^3} \dfrac{\mu u}{d^2} + k_{\text{b}} \dfrac{(1-\varepsilon)}{\varepsilon^3} \dfrac{\rho u^2}{d} \right) T_{\text{g}0} R_{\text{g}}}{p(T_{\text{s}0} - T_{\text{g}0}) e^{(\text{st}_{\text{s}} - \text{st}_{\text{g}}) \cdot \left(\frac{l}{d}\right)} A}
\end{aligned}
\tag{4-55}
$$

令

$$
N_T = \frac{T_{\text{s}0}}{T_{\text{g}0}} \tag{4-56}
$$

$$
N_c = \frac{c_{\text{g}} m_{\text{g}}}{c_{\text{s}} m_{\text{s}}} \tag{4-57}
$$

$$
N_l = \frac{l}{d} \tag{4-58}
$$

$$
N_R = \frac{R_{\text{g}}}{c_{\text{g}}} \tag{4-59}
$$

则局部㶲传递系数可改写为

$$
\begin{aligned}
h_{\text{ex}} = h_{\text{V}} &\left(1 - \frac{1}{1 + \dfrac{1}{N_c - 1}(N_T - 1)\left(e^{(\text{st}_{\text{s}} - \text{st}_{\text{g}})N_l} - 1 \right)} \right) \\
&- \frac{m_{\text{g}} \left(k_{\text{a}} \dfrac{(1-\varepsilon)^2}{\varepsilon^3} \dfrac{\mu u}{d^2} + k_{\text{b}} \dfrac{(1-\varepsilon)}{\varepsilon^3} \dfrac{\rho u^2}{d} \right) R_{\text{g}}}{p(N_T - 1) e^{(\text{st}_{\text{s}} - \text{st}_{\text{g}})N_l} A}
\end{aligned}
\tag{4-60}
$$

气固㶲传递系数由温度㶲传递系数与压力㶲传递系数组成，即

$$
h_{\text{ex}} = h_{\text{ex},T} + h_{\text{ex},p} \tag{4-61}
$$

由气固温差引起温度㶲传递系数 $h_{\text{ex},T}$ 为

$$
h_{\text{ex},T} = h_{\text{V}} \left(1 - \frac{1}{1 + \dfrac{1}{N_c - 1}(N_T - 1)\left(e^{(\text{st}_{\text{s}} - \text{st}_{\text{g}})N_l} - 1 \right)} \right) \tag{4-62}
$$

由冷却空气流经床层引起压差的压力㶲传递系数 $h_{\text{ex},p}$ 为

$$
h_{\text{ex},p} = - \frac{m_{\text{g}} \left(k_{\text{a}} \dfrac{(1-\varepsilon)^2}{\varepsilon^3} \dfrac{\mu u}{d^2} + k_{\text{b}} \dfrac{(1-\varepsilon)}{\varepsilon^3} \dfrac{\rho u^2}{d} \right) R_{\text{g}}}{p(N_T - 1) e^{(\text{st}_{\text{s}} - \text{st}_{\text{g}})N_l} A}
\tag{4-63}
$$

定义对流传热过程中，局部㶲传递 Nusselt 数为

$$Nu_{ex} = \frac{h_{ex}d_p^2}{\lambda} \tag{4-64}$$

由式（4-64）可得烧结矿移动床层气固传热过程局部㶲传递 Nu_{ex} 为

$$Nu_{ex} = Nu_V\left(1 - \frac{1}{1 + \frac{1}{N_c - 1}(N_T - 1)\left(e^{(st_s - st_g)N_l} - 1\right)}\right)$$

$$- \left[\frac{\mu u}{pd} \cdot \frac{R_g}{c}\left(k_a \frac{(1-\varepsilon)^2}{\varepsilon^3} Re + k_b \frac{(1-\varepsilon)}{\varepsilon^3} Re^2\right)Pr\right] \cdot \frac{1}{(N_T - 1) \cdot e^{(st_s - st_g)N_l}} \tag{4-65}$$

令

$$Nu_{ex} = Nu_{ex,T} + Nu_{ex,p} \tag{4-66}$$

由气固温差引起的局部㶲传递 Nusselt 数 $Nu_{ex,T}$ 为

$$Nu_{ex,T} = Nu_V\left(1 - \frac{1}{1 + \frac{1}{N_c - 1}(N_T - 1)\left(e^{(st_s - st_g)N_l} - 1\right)}\right) \tag{4-67}$$

由冷却空气流经床层引起压差的局部㶲传递 Nusselt 数 $Nu_{ex,p}$ 为

$$Nu_{ex,p} = -\frac{\mu u}{pd} \cdot \frac{R_g}{c}\left(k_a \frac{(1-\varepsilon)^2}{\varepsilon^3} Re + k_b \frac{(1-\varepsilon)}{\varepsilon^3} Re^2\right)Pr \cdot \frac{1}{(N_T - 1) \cdot e^{(st_s - st_g)N_l}} \tag{4-68}$$

由式（4-64）局部㶲传递系数，可得平均㶲传递系数

$$h_e V\Delta T = \int_0^l h_{ex}(T_s - T_g)A dl \tag{4-69}$$

将式（4-67）、式（4-68）代入上式，化简得

$$h_e = h_V\left(1 - \frac{1}{\frac{1}{N_c - 1}(N_T - 1)\left(e^{(st_s - st_g)N_l} - 1\right)}\ln\left(1 + \frac{1}{N_c - 1}(N_T - 1)\left(e^{(st_s - st_g)N_l} - 1\right)\right)\right)$$

$$+ \frac{\rho u R_g}{d} \frac{st_s - st_g}{(N_T - 1)\left(e^{(st_s - st_g)N_l} - 1\right)}\ln\frac{p_2}{p_1} \tag{4-70}$$

令

$$h_e = h_{e,T} + h_{e,p} \tag{4-71}$$

由气固温差引起的温度㶲传递系数 $h_{e,T}$ 为

$$h_{e,T} = h_V\left(1 - \frac{1}{\frac{1}{N_c - 1}(N_T - 1)\left(e^{(st_s - st_g)N_l} - 1\right)}\ln\left(1 + \frac{1}{N_c - 1}(N_T - 1)\left(e^{(st_s - st_g)N_l} - 1\right)\right)\right)$$

$$\tag{4-72}$$

由冷却空气流经床层引起压差的压力㶲传递系数 $h_{e,p}$ 为

$$h_{e,p} = \frac{\rho u R_g}{d} \frac{st_s - st_g}{(N_T - 1)\left(e^{(st_s - st_g)N_l} - 1\right)} \ln \frac{p_2}{p_1} \tag{4-73}$$

定义对流传热过程中，平均㶲传递 Nusselt 数为

$$Nu_e = \frac{h_e d_p{}^2}{\lambda} \tag{4-74}$$

由式（4-70），可得烧结矿移动床层气固传热过程平均㶲传递 Nu_e。

$$Nu_e = Nu_V \left(1 - \frac{1}{\dfrac{1}{N_c - 1}(N_T - 1)\left(e^{(st_s - st_g)N_l} - 1\right)} \ln\left(1 + \frac{1}{N_c - 1}(N_T - 1)\left(e^{(st_s - st_g)N_l} - 1\right)\right) \right)$$

$$+ RePr\left(\frac{R_g}{c}\right)\left(\frac{1}{N_l}\right)\frac{st_s - st_g}{(N_T - 1)\left(e^{(st_s - st_g)N_l} - 1\right)} \ln \frac{p_2}{p_1} \tag{4-75}$$

令

$$Nu_e = Nu_{e,T} + Nu_{e,p} \tag{4-76}$$

由气固温差引起的平均㶲传递 Nusselt 数 $Nu_{e,T}$ 为

$$Nu_{e,T} = Nu_V \left(1 - \frac{1}{\dfrac{1}{N_c - 1}(N_T - 1)\left(e^{(st_s - st_g)N_l} - 1\right)} \ln\left(1 + \frac{1}{N_c - 1}(N_T - 1)\left(e^{(st_s - st_g)N_l} - 1\right)\right) \right) \tag{4-77}$$

由冷却空气流经床层引起压差的平均㶲传递 Nusselt 数 $Nu_{e,p}$ 为

$$Nu_{e,p} = RePr\left(\frac{R_g}{c}\right)\left(\frac{1}{N_l}\right)\frac{st_s - st_g}{(N_T - 1)\left(e^{(st_s - st_g)N_l} - 1\right)} \ln \frac{p_2}{p_1} \tag{4-78}$$

4.2.3　实验装置与过程

本节将以固定床实验装置为例，对烧结矿床层内的气固传热过程进行分析。

1. 实验装置

气固传热实验装置由实验竖罐、鼓风机、调节阀和流量计等部件组成，实验装置如图 4-1 所示。实验竖罐的内径为 450mm，竖罐的高度为 1000mm，竖罐内壁周围有保温材料，厚度为 80mm。冷却空气在鼓风机的驱使下，经过调节阀和孔板流量计后进入竖罐料层内，最后从竖罐顶部出口排出。在实验过程中，所有操作工况的料层高度设定为 600mm，在竖罐本体外壁高度 200mm、400mm 和空气出口处各有一个测温孔，用来测量床层内烧结矿温度和出口空气温度。实验通

过调节阀来控制进入竖罐内的空气流量，通过孔板流量计来测量空气流量，空气流量的具体数值显示在流量数显表上，所有实验工况均在常温下（20℃）进行。竖罐的底部安装有布风的栅板和方格铁丝网，铁丝网的孔径为 5mm，一方面支撑烧结矿床层，另一方面保证冷却风能够均匀地进入竖罐内。

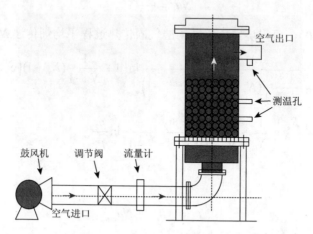

图 4-1　气固传热实验装置示意图

实验装置采用竖罐底部垂直进风的方式，进入实验竖罐的冷却风由鼓风机提供，鼓风机额定流量为 1950m³/h。由鼓风机鼓入的冷却风先后通过调节阀和孔板流量计，最后进入实验竖罐内。调节阀可控制进入竖罐内的空气流量，得到不同实验工况条件下实验竖罐出口的气体温度。带有数显表的孔板流量计可测量进入竖罐内的空气流量，孔板流量计的最大测量值为 2000m³/h。不同实验工况下，实验竖罐内烧结矿的初始温度通过 K 型热电偶对其进行检测，竖罐出口空气温度则是通过裸露式热电偶对其进行检测，烧结矿温度和气体温度的具体数值在温度数显表上显示，温度数显表的量程是 0~1300℃，精度±0.1℃。通过测量不同进口冷风流量和颗粒直径条件下烧结矿初始温度和出口空气温度，并对所得温度的实验数据进行整理，就可以得出不同实验工况下床层内气固传热系数随气体表观流速和颗粒直径的变化关系。

实验过程中采用额定温度为 950℃的电阻炉作为烧结矿的加热设备，实验用电阻炉的可用容积尺寸为 400mm×1400mm×1500mm。除了加热设备外，还选用了 2 个内径为 450mm，高为 350mm 的石墨坩埚作为加热容器，便于将烧结矿送入电阻炉内进行加热。

2. 实验过程

1）烧结矿颗粒的筛分
实验所用烧结矿是经烧结厂环冷机冷却后的成品烧结矿，颗粒直径为 0~

50mm。为了分析烧结矿颗粒直径对床层内气固传热过程的影响，同时获得描述烧结矿颗粒床层内气固传热特性的实验关联式，需要对大小不均的烧结矿颗粒进行筛分处理。在本次实验过程中，同样选用方孔形铁丝网对烧结矿颗粒进行筛分，铁丝网方形孔的边长分别为 14mm，22mm，32mm 和 40mm，筛分的次序从大到小：选取一堆未筛分的烧结矿颗粒，利用边长为 40mm 的方孔网将其筛分成 0~40mm 的料堆，然后再将 0~40mm 的堆料通过边长 32mm 的方孔网将其筛分成 0~32mm 的料堆和 32~40mm 的料堆，依此类推将烧结矿颗粒筛分出粒径不同的料堆，最后通过边长 14mm 的方孔网将烧结矿料堆中的小颗粒及粉料去除。筛分处理后，14~22mm、22~32mm 和 32~40mm 三种粒径的烧结矿用来实验研究烧结矿床层内的气固传热特性。在实验分析和计算中，粒径范围为 14~22mm、22~32mm 和 32~40mm 的烧结矿分别以平均粒径 18mm、27mm 和 36mm 表示。筛分后的烧结矿颗粒直径 d 和形状因子 Φ，以及床层空隙率 ε 和颗粒当量直径 d_p 的变化范围如表 4-1 所示。

表 4-1　烧结矿颗粒几何特性参数

d/mm	Φ	ε	d_p/mm
18	0.68	0.487	12.24
27	0.72	0.518	19.44
36	0.89	0.537	32.04

2）烧结矿的加热和运输

待烧结矿颗粒筛分后，对不同颗粒直径的烧结矿进行加热。首先，将颗粒直径为 14~22mm 的烧结矿装入石墨坩埚中，为了防止在运输过程中烧结矿颗粒溢出，每个石墨坩埚内所装烧结矿的高度为 300mm。然后，利用吊车将固定好的石墨坩埚放到电阻炉加热平台上，并将放有石墨坩埚的加热平台送入电炉内，关闭炉门。最后，打开电阻炉电源开关，对炉内的烧结矿进行加热，将电阻炉操作仪表上炉内的加热温度设定为 900℃，加热时间为 5~6h，加热过程包括炉内升温过程和保温过程，保温的目的是使石墨坩埚内的烧结矿温度能够均匀地达到 900℃。其他颗粒直径的烧结矿也按如上过程进行加热。

待炉内的烧结矿加热保温过程完成后，打开炉门，将电阻炉加热平台移出炉外，用运料架夹住石墨坩埚，插上固定销，防止运料架在运输过程中松动。利用吊车将运料架运送至实验竖罐平台上方，实验操作人员抓住铁架的两个扶手将热烧结矿从石墨坩埚内翻倒入竖罐内，然后运走运料架，将另一个石墨坩埚内的热烧结矿也倒入实验竖罐内，并盖上竖罐顶部密封盖，以防止床层顶部热烧结矿的热量散失。

3）对不同实验工况进行测量

待热烧结矿装料完成后，对不同实验工况下床层内烧结矿温度和出口气体温度进行测量。针对某一特定的烧结矿粒径，将 K 型热电偶插入实验竖罐高度 200mm 和 400mm 处的测量孔内，待热电偶测量的温度稳定后，记录热烧结矿的初始温度。然后打开鼓风机，调节阀门使得孔板流量计数显表的读数到达设定冷风流量，并用裸露式热电偶测量实验竖罐顶部出口空气的温度值，在打开鼓风机时开始计时，之后每 30s 记录一次出口空气的温度值，直至出口空气温度接近常温为止。待实验结束后，关闭风机和各种测量仪表，将烧结矿从实验竖罐中清出，继续下一组实验。当烧结矿颗粒直径和进口冷风流量变化时，测量过程也如上进行。

4.2.4　实验结果与分析

影响烧结矿床层内气固传热过程的因素可分为两个方面：床层因素，如烧结矿颗粒直径 d_p 和床层空隙率 ε 等；流动介质因素，如气体表观流速 u 和气体黏度 μ 等。通过之前的研究结果可知，颗粒直径 d_p 是影响床层空隙率 ε 和颗粒比面积 a_V 的主要因素，而气体表观流速是影响烧结矿平均温度和空气出口温度的主要因素。基于此，本小节拟讨论气体表观流速和烧结矿颗粒直径对实验竖罐内气固传热过程的影响。在实验分析中，床层内颗粒雷诺数和空气物性参数均以颗粒当量直径 d_p 作为特征长度和空气进出口温度的平均值 T_g 作为定性温度来进行计算。

1. 气体表观流速对床层内气固传热系数和㶲传递系数的影响

图 4-2 和图 4-3 分别为床层内颗粒直径为 18mm 条件下出口空气温度和床层内烧结矿温度随气体表观流速的变化示意图。由图 4-2 和图 4-3 可以看出，实验竖罐出口空气温度和床层内烧结矿温度均随操作时间的增加而逐渐降低。另外，随着床层内气体表观流速的增加，热烧结矿被冷却至常温状态的时间减小，并且在同一操作时间时，气体表观流速越大，出口空气温度和床层内烧结矿温度就越低。这是由于冷却空气穿过烧结矿床层不断将烧结矿的热量带走，导致烧结矿温度随时间不断降低。床层内烧结矿温度的降低又会导致随后进入实验竖罐内的冷却空气与烧结矿的换热温差减小，进而导致出口冷却风温度降低。随着气体表观流速的增加，烧结矿床层内气固热交换强度加剧，单位时间内冷却空气从热烧结矿中带走的热量也增加，床层内烧结矿的冷却速度加剧，从而缩短了热烧结矿到达常温状态的时间。

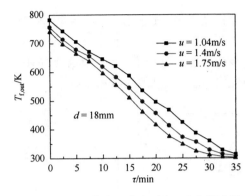

图 4-2　不同气体表观流速下出口空气温度随　图 4-3　不同气体表观流速下床层内烧结矿温
　　　　时间变化　　　　　　　　　　　　　　　　　度随时间变化

通过测定颗粒直径为 18mm 条件下床层内的烧结矿温度和出口空气温度，得出了不同气体表观流速下床层内气固传热系数随烧结矿温度的变化，如图 4-4 所示。

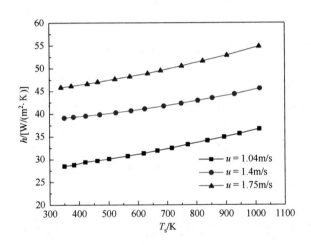

图 4-4　不同气体表观流速下气固传热系数随烧结矿温度的变化

由图 4-4 可知，烧结矿颗粒温度越高，气体表观流速越大，床层内烧结矿与冷却空气之间的综合传热系数就越大。这是由于随着烧结矿温度的增加，烧结矿与冷却空气间的辐射传热大幅增加，导致与烧结矿颗粒进行传热的冷却空气温度增加。空气温度的增加导致空气导热系数增加，从而导致烧结矿颗粒与空气之间传导传热增加，同时空气温度的增加也会导致烧结矿与冷却空气之间的对流换热增强。因此，床层内烧结矿颗粒与冷却空气间的传热系数会随着颗粒温度的增加而增大。

当烧结矿温度一定时，气体表观流速的增加，导致床层内空气的热运动加剧，冷却空气与烧结矿颗粒之间的对流传热增加,从而导致烧结矿颗粒与空气之间传热系数增加。

根据已确定的床层内气固传热系数的变化情况,可得出不同气体表观流速下床层内平均㶲传递系数随空气出口温度的变化示意图,如图 4-5 所示。

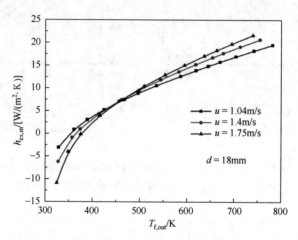

图 4-5　不同气体表观流速下平均㶲传递系数随空气出口温度的变化

由图 4-5 可知,当气体表观流速一定时,平均㶲传递系数随空气出口温度的增加而增大。这是由于空气出口温度的增加将导致床层内空气热运动增强,气固传热系数也会随之增加。同时,空气出口温度的增加还会导致空气热通量增加,故平均㶲传递系数会增加。以气体表观流速 1.4m/s 为例,当空气出口温度低于 373K 时,平均㶲传递系数小于 0,这种情况将对床层内气固传热过程不利,这是由于在低温段时,床层内气固换热温差变小,使得温度㶲传递速度放缓,而压力㶲传递速度占主导地位。

由图 4-5 还可以看出,平均㶲传递系数在高温段($T_{f,out}$>453K)随气体表观流速的增加而增加,在低温段($T_{f,out}$<453K)随气体表观流速的增加而减小。这是由于随着气体表观流速的增加,床层内气固传热过程逐渐增强,这将导致㶲传递过程增强,温度㶲流密度的增加幅度大于压力㶲流密度的增加幅度,故平均㶲传递系数逐渐增加。在低温段时,随着气体表观流速的增加,空气进出口的温差逐渐减小,这将导致温度㶲流密度逐渐减小,而压力㶲流密度逐渐占主导地位。

图 4-6 为不同气体表观流速下平均㶲传 Nu 数随颗粒雷诺数的变化情况。由图 4-6 可知,当气体表观流速一定时,随着颗粒雷诺数的增加,平均㶲传 Nu 数逐渐减小。这是由于随着颗粒雷诺数的增加,气固传热区域逐渐向低温段偏移,此时气固传热温差逐渐减小,热通量也逐渐变小,导致温度㶲流密度逐渐减小,而压力㶲流密度逐渐增加,故平均㶲传 Nu 数逐渐减小。

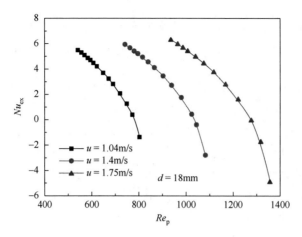

图 4-6　不同气体表观流速下平均㶲传 Nu 数随颗粒雷诺数的变化

2. 烧结矿颗粒直径对床层内气固传热系数和㶲传递系数的影响

通过测量进口气体表观流速 1.04m/s 条件下实验竖罐出口的空气温度，得出了出口空气温度和床层内烧结矿温度随烧结矿颗粒直径的变化示意图，如图 4-7 和图 4-8 所示。

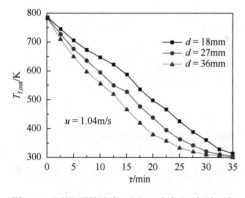 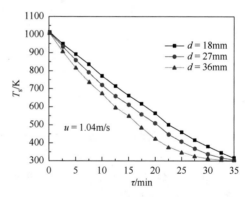

图 4-7　不同颗粒直径下出口空气温度随时间 　　图 4-8　不同颗粒直径下床层内烧结矿温度随
　　　　　变化　　　　　　　　　　　　　　　　　　　　　时间变化

由图 4-7 和图 4-8 可以看出，在同一操作时间时，烧结矿颗粒直径越大，出口空气温度和床层内烧结矿温度就越低，并且随着床层内颗粒直径的增加，热烧结矿被冷却至常温状态的时间减小。这是由于当竖罐内径一定时，随着颗粒直径增加，床层空隙率降低，这会导致床层内烧结矿和冷却空气的传热面积减小。同时，烧结矿颗粒直径的增加也会导致颗粒内部导热热阻增加，床层内气固有效传热系数就会降低，从而导致实验竖罐出口空气温度减低。另外，当床层内烧结矿高度一定时，床层空隙率的增加会导致颗粒堆密度减小，床层内烧结矿的热容量就会减小，烧结矿被冷却的速度就会增加，从而缩短了热烧结矿到达常温状态的时间。

通过测定进口气体表观流速 1.04m/s 条件下床层内的烧结矿温度和出口空气温度，得出了不同颗粒直径下床层内气固传热系数随烧结矿温度的变化，如图 4-9 所示。从图 4-9 中可以看出，烧结矿颗粒温度越大，颗粒直径越小，床层内烧结矿与冷却空气之间的综合传热系数就越大。这是由于颗粒直径越小，床层内烧结矿颗粒的比面积就越大，导致烧结矿颗粒与空气之间的对流传热增加。同时，颗粒直径越小，烧结矿颗粒内部的导热热阻越小，颗粒与空气间的传导传热就会增加。因此，床层内烧结矿颗粒与冷却空气间的综合传热系数会随着颗粒直径的减小而增大。

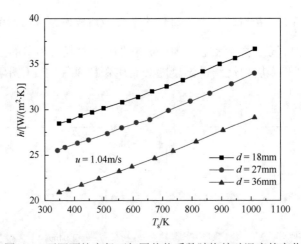

图 4-9　不同颗粒直径下气固传热系数随烧结矿温度的变化

根据图 4-9 中床层内气固传热系数的变化情况，可得出不同烧结矿颗粒直径下床层内平均㶲传递系数随空气出口温度的变化示意图，如图 4-10 所示。

由图 4-10 可知，平均㶲传递系数在高温段（$T_{f,out} > 393K$）随烧结矿颗粒直径的减小而增加，在低温段（$T_{f,out} < 393K$）随烧结矿颗粒直径的减小而减小。这是由于烧结矿颗粒直径的减小不仅会导致床层内气固有效传热面积增加，还会导致床层空隙率减小。当㶲传递过程处于高温段时，热流密度和气流阻力损失均随烧结矿颗粒直径的减小而增加，温度㶲传递的影响由于热流密度的增加而在整个过程中占主导地位。相反，在低温段时，气流阻力损失对㶲传递过程的影响随烧结矿颗粒直径的减小会越来越大。温度㶲传递在整个过程中占主导地位。

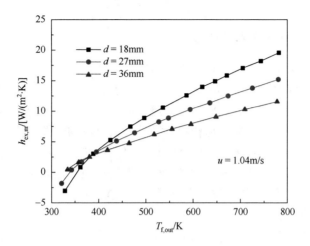

图 4-10 不同烧结矿颗粒直径下平均㶲传递系数随空气出口温度的变化

图 4-11 为不同烧结矿颗粒直径下平均㶲传 Nu 数随颗粒雷诺数的变化情况。由图 4-11 可知，当烧结矿颗粒直径一定时，随着颗粒雷诺数的增加，平均㶲传 Nu 数逐渐减小，并且烧结矿颗粒直径越小，平均㶲传 Nu 数减小的趋势就越大。这是由于烧结矿颗粒直径的减小将导致床层空隙率减小，进而使得气流通过床层的阻力损失增加。此时，颗粒雷诺数的增加又会使得气固传热区域向低温段偏移，从而导致压力㶲流密度的增加幅度要大于温度㶲流密度的增加幅度，所以平均㶲传 Nu 数减小的趋势就增大。

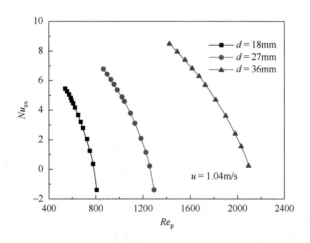

图 4-11 不同烧结矿颗粒直径下平均㶲传 Nu 数随颗粒雷诺数的变化

3. 气固传热 *Nu* 数关联式的确定

通过对颗粒床层内气固传热过程的研究，一些学者已提出了不同颗粒填充床内描述气固传热特性的传热 *Nu* 数关联式，在实验研究中将球体颗粒或均匀颗粒作为研究对象，因此这些公式用于计算烧结矿颗粒床层内气固传热系数有诸多不适用性。原因是烧结矿颗粒的形状不规则性和大小不均匀性造成了烧结矿颗粒床层内填充结构复杂，导致床层内气体流动和气固传热过程也变得较为复杂。根据前人研究结果，不同流体介质和颗粒几何特性所对应的颗粒填充床内流体的传热特性也不一样。因此，需要根据不同气体表观流速和颗粒直径条件下的实验数据，通过量纲分析的方法重新确定烧结矿床层内气固传热 *Nu* 数的具体表达式。

通过对烧结矿颗粒床层内气固传热过程进行分析可知，影响床层内气固传热特性的相关物理量如表 4-2 所示，因此可确定描述床层内气流阻力特性的一般函数关系式为

$$f(h, c_g, u, \mu, \rho_g, \lambda_g, d_p, D) = 0 \tag{4-79}$$

表 4-2　气固传热过程相关物理量

物理量名称	符号	量纲
气固传热系数	h	$MT^{-3}\theta^{-1}$
空气比热容	c_g	$L^2T^{-2}\theta^{-1}$
空气速度	u	LT^{-1}
空气黏度	μ	$ML^{-1}T^{-1}$
空气密度	ρ_g	ML^{-3}
空气导热系数	λ_g	$MLT^{-3}\theta^{-1}$
颗粒直径	d_p	L
床层直径	D	L

从表 4-2 中可以看出，8 个物理量均由 4 个独立的基本量纲组成，即质量（M）、长度（L）、时间（T）和温度（θ），通过 π 定理可整理出 4 个相互独立的 π 数。从上述 8 个物理量中选取 ρ_g、u、λ_g 和 d_p 作为基本量纲，与剩下的物理量分别组成 π 数，如下所示。

$$\pi_1 = \rho_g^a u^b \lambda_g^c d_p^e h = [ML^{-3}]^a[LT^{-1}]^b[MLT^{-3}\theta^{-1}]^c[L]^e[MT^{-3}\theta^{-1}] \tag{4-80}$$

$$\pi_2 = \rho_g^a u^b \lambda_g^c d_p^e c_g = [ML^{-3}]^a[LT^{-1}]^b[MLT^{-3}\theta^{-1}]^c[L]^e[L^2T^{-2}\theta^{-1}] \tag{4-81}$$

$$\pi_3 = \rho_g^a u^b \lambda_g^c d_p^e \mu = [ML^{-3}]^a[LT^{-1}]^b[MLT^{-3}\theta^{-1}]^c[L]^e[ML^{-1}T^{-1}] \tag{4-82}$$

$$\pi_4 = \rho_g^a u^b \lambda_g^c d_p^e D = [ML^{-3}]^a[LT^{-1}]^b[MLT^{-3}\theta^{-1}]^c[L]^e[L] \tag{4-83}$$

由于 π_1，π_2，π_3，π_4 都是无因次准数，故有

$$\pi_1: \begin{cases} M: a+c+1=0 \\ L: -3a+b+c+e=0 \\ T: -b-3c-3=0 \\ \theta: -c-1=0 \end{cases} \Rightarrow \begin{cases} a=0 \\ b=0 \\ c=-1 \\ e=1 \end{cases} \Rightarrow \pi_1 = \lambda_g^{-1} d_p h = \frac{h d_p}{\lambda_g} = Nu \quad (4\text{-}84)$$

$$\pi_2: \begin{cases} M: a+c=0 \\ L: -3a+b+c+e+2=0 \\ T: -b-3c-2=0 \\ \theta: -c-1=0 \end{cases} \Rightarrow \begin{cases} a=1 \\ b=1 \\ c=-1 \\ e=1 \end{cases} \Rightarrow \pi_2 = \rho_g u \lambda_g^{-1} d_p c_g = \frac{\rho_g u d_p}{\mu} \frac{\mu c_g}{\lambda_g} = Re_p Pr$$

$$(4\text{-}85)$$

$$\pi_3: \begin{cases} M: a+c+1=0 \\ L: -3a+b+c+e-1=0 \\ T: -b-3c-1=0 \\ \theta: -c=0 \end{cases} \Rightarrow \begin{cases} a=-1 \\ b=-1 \\ c=0 \\ e=-1 \end{cases} \Rightarrow \pi_3 = \rho_g^{-1} u^{-1} d_p^{-1} \mu = \frac{\mu}{\rho_g u d_p} = \frac{1}{Re_p} \quad (4\text{-}86)$$

$$\pi_4: \begin{cases} M: a+c=0 \\ L: -3a+b+c+e+1=0 \\ T: -b-3c=0 \\ \theta: -c=0 \end{cases} \Rightarrow \begin{cases} a=0 \\ b=0 \\ c=0 \\ e=-1 \end{cases} \Rightarrow \pi_4 = d_p^{-1} D = \frac{D}{d_p} \quad (4\text{-}87)$$

于是，所求的 π 数方程为

$$f\left(Nu, Re_p Pr, \frac{1}{Re_p}, \frac{D}{d_p} \right) = 0 \quad (4\text{-}88)$$

$$Nu = k\left(\frac{D}{d_p} \right)^{\alpha} Re_p^{\beta} Pr^{\gamma} \quad (4\text{-}89)$$

根据前人的研究结果可知，床层空隙率是影响床层内气固传热过程的重要因素之一。考虑到床层空隙率与床层几何因子（D/d_p）之间的关系，可将式（4-89）变换成如下形式。

$$Nu = k\varepsilon^{\alpha_1} Re_p^{\beta} Pr^{\gamma} \quad (4\text{-}90)$$

式（4-90）是采用量纲分析法得出的用来计算烧结矿颗粒床层内气固传热系数的 Nu 数关联式，其中，k、α_1、β 和 γ 为实验常数，需要通过实验数据拟合得到。由于式（4-90）是多元非线性方程，将其两边取对数，转变为线性方程：

$$\ln Nu = \ln k + \alpha_1 \ln \varepsilon + \beta \ln Re_p + \gamma \ln Pr \quad (4\text{-}91)$$

利用最小二乘法，将实验数据代入式（4-91）中，采用 Excel 软件进行线性回归计算，拟合所得的实验关联式如下所示。

$$Nu = 0.198\varepsilon^{0.07} Re_p^{0.66} Pr^{1/3}$$ （4-92）

其中，$537.6 < Re_p < 2233$，$0.674 < Pr < 0.703$。

图 4-12 为拟合实验关联式的计算值 Nu_{cal} 与实验值 Nu_{exp} 之间的对比示意图。从图 4-12 中可以看出，采用拟合实验关联式计算所得床层内气固传热 Nu 数与实验值能较好地吻合，对于整个实验工况，实验关联式的平均计算误差为 4.37%，最大计算误差为 14.78%。因此，式（4-92）可以用来描述烧结矿颗粒床层内的气固传热特性。

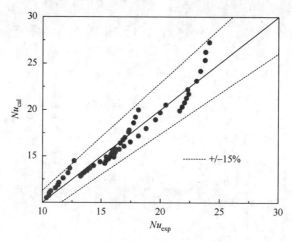

图 4-12　传热 Nu 数实验值与式（4-92）计算所得 Nu 数之间的对比

根据气固传热实验条件，式（4-92）中颗粒雷诺数和普朗特数的使用范围分别为 537.6～2233 和 0.674～0.703。本实验中颗粒雷诺数与实际条件下的相比偏低，如何确定式（4-92）在高雷诺数下的预测能力就显得尤为重要。根据之前的实验结果，通过式（4-92）计算的床层内气固传热系数在较低雷诺数条件下能够与实验值很好地吻合，而且能够很好地遵循颗粒雷诺数的变化趋势，计算工况并没有与实验工况偏差很大。在较高雷诺数条件下，式（4-92）所得床层内气固传热系数的计算值与实验值的对比误差同样也应该在图 4-12 中所示的误差范围内，计算数据也能够和实验数据很好地吻合。因此，式（4-92）也可以用来计算在较高雷诺数条件下烧结矿床层内的气固传热系数。

4.3　烧结矿床层内气固传热过程试验研究

4.3.1　实验内容与目的

由气固传热和能量守恒理论可知，竖罐内烧结矿的下料速度一定时，竖罐进口冷却风流量越大，床层内气固传热过程越剧烈，气固热交换过程也就越充分，竖罐出口烧结矿温度也就越低，单位时间内烧结矿与冷却空气间的传热量就会增加。当竖罐进口冷却风流量一定时，竖罐内烧结矿下移速度的增加，会使得单位时间内供给竖罐的热容量增加。虽然烧结矿与冷却空气的换热温差会增加，但单位时间内冷却空气的冷却效果是一定的，不能全部将额外增加的烧结矿显热全部带走，因而竖罐出口烧结矿的温度会有所增加，导致竖罐余热回收率降低。竖罐出口烧结矿的温度和余热回收率不仅与进口冷却风量有关，还受限于竖罐内烧结矿的下移速度。因此，研究并分析竖罐内气固传热规律就显得尤为重要。

　　本节将基于小试竖罐装置，试验研究并分析不同进口冷却风流量和床层内烧结下移速度情况下竖罐内的气固传热规律，竖罐内气固传热规律的分析将会为后续烧结矿竖罐气固传热模型的验证奠定坚实的理论基础。

4.3.2　实验装置与过程

1. 实验装置

烧结矿处理量为 5t/h 和 25t/h 的小试竖罐如图 4-13 所示，其横截面积分别为

(a) 处理量5t/h　　　　　　　　　　　　　(b) 处理量25t/h

图 4-13　小试试验竖罐装置实物图

$1m^2$ 和 $5.6m^2$。考虑到现实试验条件，无法在横截面积为 $5.6m^2$ 的试验竖罐上进行试验研究。因此，本小节将在横截面积为 $1m^2$ 的小试竖罐上进行烧结矿床层内气固传热规律的试验研究。

　　横截面积为 $1m^2$ 的小试竖罐试验平台高10m，长和宽均为4.3m。试验竖罐由上部加热段和下部冷却段两部分组成，竖罐内部横截面为矩形，加热段高度为3.78m，冷却段高度为1.8m，小试竖罐装置如图4-14所示。小试竖罐加热段和冷却段由不同规格的耐火砖砌筑而成，保温层厚度为0.4m，而后在砌筑完成的竖罐外设置有钢结构，用来保证小试竖罐运行的稳定性和安全性。小试竖罐中部设置双侧加热装置，加热装置的热源为发生炉煤气充分燃烧后产生的热量，在煤气管道上设置有调节阀，用来调节进入燃烧室的发生炉煤气流量。设置加热装置的目的是将存放在加热段的常温烧结矿加热至所需温度，为研究气固传热过程提供热烧结矿。冷却段热空气的出口位置与加热装置在同一高度处，竖罐装置的正反面各设置一个热空气出口，热出口管道内径为0.229m，并在热空气出口管道上设置流量调节阀和测温孔，用来调节热空气的走向和测量热空气出口温度。冷却风进口管道设置在小试竖罐底部，进风管道直径也为0.229m，进入冷却段的冷却风的流量大小分别由调节阀和孔板流量计控制和检测。在小试竖罐最下端安装有下料阀，用来调节竖罐内烧结矿的下移速度。在下料阀上部设置测温孔，用于测量烧结矿的出口温度。在小试竖罐的正反面中间部位设置测温孔，测温孔间距为0.5m，用于测量烧结矿在加热和冷却过程中的温度。

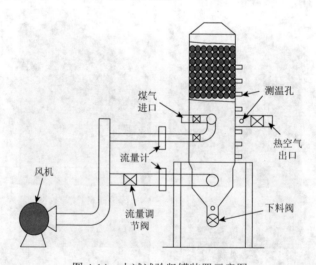

图4-14　小试试验竖罐装置示意图

　　试验所用鼓风机的额定流量为 $3600m^3/h$，全压为5000Pa。由鼓风机鼓出的冷却空气分为两部分，一部分为加热装置内发生炉煤气的燃烧提供氧气，另一部分则通过小试竖罐底部冷却风管道进入竖罐内,在冷却段与热烧结矿进行热量交换。在两部分进风管道上均安装流量调节阀和孔板流量计,用于调节和测量冷却空气的流量大小。与加热装置相连接的进风管道内径为 0.125m,所安装孔板流量计的空气流量检测范围为 0~500m³/h。竖罐底部进风管道的内径为 0.229m,所安装孔板流量计的空气流量检测范围为 0~2000m³/h。不同孔板流量计所检测空气流量的数值均在流量数显表上显示。

在试验过程中,采用铠装型热电偶对小试竖罐内的烧结温度进行测量,冷却段出口热空气温度则是通过裸露式热电偶对其进行检测。铠装型热电偶的最大测量温度为 1300℃,裸露式热电偶的测温范围为 0~800℃。烧结矿温度和热空气温度的具体数值在温度数显表上进行显示,温度数显表的量程是 0~1300℃。

所用发生炉煤气的产生装置的内径为 3m,高为 6m。在试验过程中,发生炉装置每小时用煤 150kg,产气量为 500m³/h。从发生炉装置出来的煤气通过一次沉降除去焦油后,送入小试装置的燃烧室内进行充分燃烧,为竖罐加热段烧结矿的加热提供热量,进入燃烧室内煤气量的大小可通过煤气管道上的调节阀进行控制。

2. 实验过程

1) 装料及加热过程

将未筛分烧结矿用推车运送到小试竖罐平台下,然后装入倒料罐。装料所用料罐内径为 1.6m,高为 0.9m。料钟被固定在料罐中心位置,只能上下移动,保证了料罐在上升过程中的稳定性。为了防止料罐中烧结矿溢出和保证运料安全,每次装料只装至料罐高度的 2/3 处,单次可运送烧结矿 2t。待装料完成后,通过小试竖罐平台顶部的吊机将料罐运送至竖罐上部的卸料位置,然后打开顶部卸料口的盖板,将料罐放在卸料口上,最后放下吊机的吊钩,料罐中部的料钟会因为自身重力和烧结矿压力向下移动,料罐内的烧结矿就会通过料罐下部的出口进入竖罐内。重复以上装料过程,直至将小试竖罐的加热段和冷却段都装满烧结矿。

待小试竖罐内装满料后,将热空气出口管道和底部冷却风进口管道的阀门关闭,打开煤气管道阀门和竖罐顶部的引风机,煤气在燃烧室内被点燃后,再打开鼓风机,然后调节配风管道阀门,使燃烧室内发生炉煤气的温度稳定在 900~1000℃范围内。所用燃烧器的示意图和实物图如图 4-15 所示。燃烧器这种结构的设计保证了煤气进入燃烧器后能够与周围的空气充分混合,从而达到充分燃烧的效果。

在燃烧器旁设置了一个内径为 8cm 的圆孔,目的是方便燃烧室内煤气的点火和时刻测量煤气燃烧后燃烧室内烟气的温度。燃烧室内烟气的温度用铠装型热电

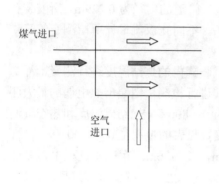

(a) 示意图　　　　　　　　　　　　　　　　(b) 实物图

图 4-15　燃烧器结构示意图和实物图

偶测量，烟气温度的具体数值显示在温度柜的数显表上。为了防止靠近燃烧室一侧的烧结矿过烧结块，竖罐底部的下料阀会定期开启，竖罐冷却段内的冷烧结矿会不断排出，加热段内的热烧结矿会进入冷却段内。从冷却段排出的烧结矿会落入密闭的料筒内，待料筒装满后，将料筒内的烧结矿取出，并运送进料罐内，将料罐内的冷烧结矿重新装入竖罐内。

　　以前下料装置设计使用的是旋转下料阀，但是由于烧结矿颗粒质地比较硬，经常卡住旋转下料阀的叶轮，导致很多次试验被迫终止。因此，本课题组自行设计了可人工控制运转的下料阀，其示意图和实物图如图 4-16 所示。其工作原理是，当操作手柄落下时，下料阀的料钟向上移动，最终将密封下料阀的底部出料口。手柄的上下活动，就会使得竖罐冷却段内的烧结矿不断落入料筒中。下料阀和料筒之间用石棉布进行包裹，采用石棉布包裹的目的有两个，一是达到密封的作用，二是石棉布耐高温，不会因为遇到热矿而被烧穿。

　　2）小试竖罐测试过程

　　待竖罐加热段内热电偶所测量的烧结矿平均温度达到 700℃后，关闭竖罐顶部引风机和鼓风机电源，以及煤气管道和配风管道阀门，然后用石棉将双侧燃烧室的测量孔堵住。将竖罐内的热烧结矿保温 0.5h 后，再开始进行竖罐冷却段内的气固传热测试。具体测试过程如下：

　　（1）在测试开始前，首先记录竖罐加热段内不同高度处的烧结矿起始温度，取其平均值，作为冷却段进口热烧结矿的温度。

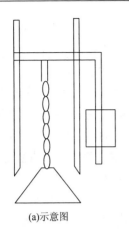
(a)示意图

(b)实物图

图 4-16　下料阀示意图和实物图

（2）打开热空气出口管道阀门和鼓风机电源，将冷却风进口管道阀门调节至某一位置处，记录孔板流量计数显表上冷却风流量的具体数值，冷风流量从大到小进行测试。

（3）打开进风阀门的同时，记录热空气出口温度，20s 记录一次。待热空气出口温度开始降低后，打开下料阀，并设定下料阀的下料频率，记录从此时刻起热空气出口温度和冷却段烧结矿出口温度，以及加热段和冷却段内不同高度处烧结矿温度，20s 记录一次。下料 4～7min 后，关闭冷却风进口阀门，同时也关闭鼓风机电源和热空气出口阀门。

（4）将炉内的热烧结矿保温 0.5h 后，重复（1）～（3）过程进行再次测试。按照过程（3）的操作时间，将加热段内烧结矿加热一次可进行三次冷却段的热工测试。为了方便测试，第 2 次和第 3 次所选取的冷风流量要比前一次小。

4.3.3　实验结果与分析

根据分析可知，竖罐内烧结矿的下料速度和冷却风量是影响床层内气固传热效果的主要因素。当烧结矿下料速度不变时，进口冷却风量的增加会导致烧结矿和冷却空气间换热系数增加，床层内气固换热过程就会更加充分，床层内烧结矿的冷却效果会更好，也会导致烧结矿出口温度降低。当进口冷却风量不变时，烧结矿下料量的增加会导致进入竖罐内烧结矿热流密度增加，单位时间内烧结矿与冷却空气间的换热量就会增加，引起出口冷风温度增加。同时，烧结矿下料量的增加也会导致床层内烧结矿下料速度增加，烧结矿与冷却空气间的换热时间缩短，从而导致烧结矿出口温度增加，引起竖罐余热回收率降低。

但在实际试验操作过程中，采用发生炉煤气燃烧产生的热量对竖罐内的烧结矿进行加热，而发生炉装置在生产过程中所产生的煤气量是不稳定的，导致燃烧室内烟气的温度也会时高时低。这就需要现场操作人员时刻监控进入燃烧室的发生炉煤气量，防止竖罐内烧结矿出现过烧结块现象。但这种监控措施也避免不了在每次加热结束后，竖罐加热段内烧结矿温度出现不一样的情况。当进口冷却风量和烧结矿下料量不变时，烧结矿进口温度的增加也会导致进入竖罐内烧结矿热流密度增加，对竖罐内的传热过程产生影响。因此，竖罐出口冷却空气的温度和余热回收率不仅与进口冷却风量和烧结矿下料量有关，而且还受限于竖罐进口烧结矿的温度。

在实际测试过程中，一些意想不到的情况会时有发生，如烧结矿加热所需时间较为漫长和测试热电偶突然失灵造成数显表不显示读数，同时还会遇到烧结矿由于过烧结块而造成下料阀卡料的现象，这些情况都会造成整个试验过程测试周期增加。在整个测试阶段，对小试竖罐内的烧结矿共加热了6次，完成了12组试验工况数据的记录，记录的数据包括冷却段烧结矿进口温度、冷却风进口流量、冷却段内烧结矿温度，以及冷却风出口温度等，其他未完成工况基本是因为遇到热电偶损坏和下料阀卡料的情况而被迫停止测试。

图4-17为不同烧结矿下料量条件下，测试所得竖罐冷却段内气固综合温度和冷却风出口温度随烧结矿进口温度和气固水当量（质量流量与比热容的乘积）比的变化情况。在图4-17中，由于铠装型热电偶是插进烧结矿床层内测量温度的，同时热电偶测点周围也有热空气流过，故在床层高度为0.5m、1m和1.5m处所测量的温度为气固综合温度，并不是烧结矿的真实温度。床层高度1.8m处所得到的温度为冷却空气的出口温度。

由图4-17可以看出，当烧结矿下料速度一定时，烧结矿进口温度和气固水当量比的变化都会对竖罐床层内气固综合温度和冷空气出口温度产生很大的影响。在图4-17（a）中，工况2（1006K，1.326）和工况5（999K，1.37）的烧结矿进口温度基本相同，但冷风流量的不同导致了测量结果不一样。工况2所得床层内气固综合温度和冷空气出口温度均高于工况5的测量数据，而且冷却空气出口温度之间的温差大于烧结矿进口温度间的温差，说明冷风流量的增加会导致冷却风出口温度降低。同样的结果也出现在图4-17（b）中的工况2（993K，1.203）和工况4（1002K，1.176），以及图4-24（c）中的工况2（1042K，1.302）和工况3（1053K，1.14）之间。

由图4-17（a）中工况2和工况5，以及图4-17（b）中工况2和工况4这四个工况的测试结果还可以得出，当烧结矿进口温度基本相同时，冷却空气水当量与烧结矿水当量的比值越小，也就是气固水当量比越小，冷却风出口温度越大。其中，图4-17（a）中工况5的冷风流量与4-17（b）中工况4的基本相同，流量误差在5%以内，说明当工况其他参数不变时，烧结矿单位时间下料量越大，冷却风出口温度越高。

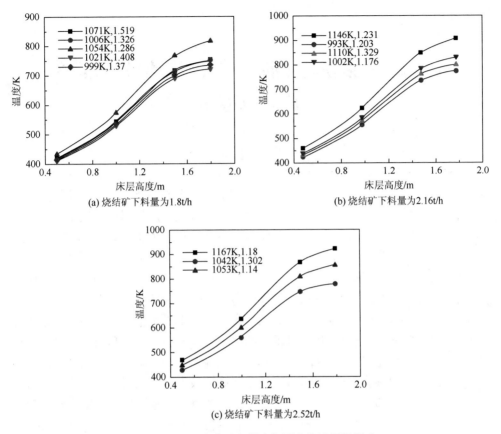

(a) 烧结矿下料量为1.8t/h

(b) 烧结矿下料量为2.16t/h

(c) 烧结矿下料量为2.52t/h

图 4-17　不同参数对竖罐内气固传热过程的影响

　　由图 4-17（b）中工况 1（1146K，1.231）和工况 2（993K，1.203）的测试结果可以看出，在工况 1 的冷风流量大于工况 2 的条件下，工况 1 冷却风出口温度大于工况 2 的冷却风出口温度。同样的结果也出现在图 4-17(c)中的工况 1（1167K，1.18）和工况 3（1053K，1.14）之间。因此可以说明，当气固水当量比一定时，烧结矿进口温度越高，冷风出口温度越高。

第 5 章 烧结余热回收竖罐内流动与传热数值计算及应用

竖罐内烧结矿与冷却空气之间的传热问题是影响烧结矿余热竖罐式回收技术可行性的核心问题之一，属于大颗粒移动床层内的气固传热问题。数值计算是研究颗粒床层内气固传热问题的主要方法之一，而颗粒床层气固传热模型的建立又是数值计算的关键。目前，烧结矿竖罐内稳态气固传热模型的研究还鲜有报道，有限的研究也仅限于本研究团队中。基于此，本章首先依据多孔介质理论和非流态化气固传热理论，推导出气固逆流式移动床层内局部非热力学平衡的气体能量方程和固体能量方程，建立烧结矿竖罐内稳态气固传热模型；其次，以某 $360m^2$ 烧结机配套的余热回收竖罐为研究对象，数值研究 I 类变量（结构和操作参数）和 II 类变量（烧结矿层流动传热过程）的关系，以及 II 类变量和III类变量（出口热载体的量与质）的关系，进而研究 I -III类变量的关系；最后，提出了竖罐"适宜"热工参数的判据——竖罐出口冷却空气焓㶲最大，并采用正交试验的极差分析方法对竖罐内气固传热过程进行优化，得出单罐和双罐条件下竖罐适宜的结构参数和操作参数，为烧结矿竖罐的后续工业化和技术改造提供坚实的理论基础。

5.1 物理模型及其基本假设

来自于烧结机尾部的热烧结矿从竖罐顶部进入竖罐预存段，自上往下缓慢下移，经斜道段进入竖罐冷却段内，并在冷却段与逆流而来的冷却空气进行强烈热交换而得以冷却，最后从竖罐底部经下料阀排出。冷却空气（热载体）分别自风帽口和罐体底部鼓入烧结矿竖罐内，并在冷却段与炽热烧结矿进行逆流式气固热交换，最后从斜道段出风口排出，烧结矿余热回收竖罐如图 5-1 所示。竖罐预存段的设置不仅保证了冷却段气固换热过程的连续性，同时还使得在烧结机上未完成烧结的烧结矿能够继续进行烧结过程，提高了竖罐出口烧结矿的品质。设置竖罐预存段的目的是保证在冷却段经过热交换的热空气能够顺利从斜道段出风口排出，确保了余热回收竖罐不会出现顶部漏风的情况。竖罐冷却段是热烧结矿与冷却空气进行热交换最主要和最强烈的区域，热烧结矿在竖罐冷却段的热交换过程是否充分直接决定了烧结矿余热回收率和后续的余热发电量。由于竖罐顶部采取了密封设置,冷却空气在冷却段与热烧结矿进行热交换后,直接从斜道段出风口排出,而竖罐内气固换热过程也基本集中在竖罐冷却段内。因此,在本章数值模型建立过程中,竖罐冷却段被设定为模拟计算区域,如图 5-2 所示。采用直角坐标系建立竖罐的三维模型,坐标原点位于中心风帽底端,x 轴和 y 轴指向竖罐内壁,z 轴正向指向冷却段顶端。

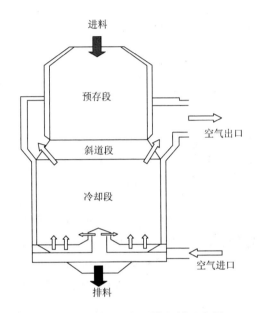

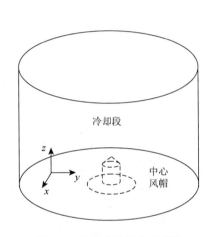

图 5-1　烧结矿余热回收竖罐示意图　　图 5-2　烧结矿竖罐物理模型

　　烧结矿余热回收竖罐属于冶金行业大型的气固换热设备,几何形状呈圆柱体,体积较为庞大,竖罐内所发生的传热过程包含了导热、气固对流换热和辐射三种基本的传热方式,使得竖罐内的传热和流动过程甚为复杂。一般的处理方法是,在保证求解精度和能够反映炉内气固传热和气体流动规律的前提下,对烧结矿竖罐内的传热和流动过程进行必要的简化处理。

　　烧结余热竖罐料层内的空隙数目较多,且烧结矿的形状各异、严重不均匀,导致气体在料层空隙内的流动和传热过程较为复杂,难以对其进行准确的数学描述和数值模拟。由于竖罐内烧结矿颗粒大小远小于竖罐结构尺寸,对罐体内的气体流动和气固换热过程进行平均化和统计处理是比较有效的途径。在这种方式下,竖罐内烧结矿的填充结构类似于多孔介质结构,气体穿过罐体料层内空隙的过程类似于流体通过多孔介质的过程。为此,对烧结竖罐的物理模型进行了以下简化:

　　(1)烧结矿竖罐在稳定工况下运行,各操作参数为定值,没有波动变化;

　　(2)竖罐内的气体流动被视为单相稳态流动;

（3）竖罐内烧结矿为各向同性多孔介质，不考虑烧结矿自身的多孔性以及高温下的形变；

（4）竖罐内的气体被认为是不可压缩流体，气体密度的变化符合理想气体状态方程；

（5）忽略烧结矿颗粒之间的辐射换热及竖罐壁面热损失。

5.2　竖罐内气固传热数学模型

5.2.1　多孔介质模型

1. 多孔介质的定义

多孔介质是指由固体骨架构成的空间中空隙内充满的单相或多相介质。固体骨架遍及多孔介质所占据的体积空间，空隙空间相互连通，空隙内的介质可以是气相流体、液相流体或气液两相流体。多孔介质的主要物理特征是空隙尺寸较小，比面积较大。

物质内部性质均匀一致的某种聚集体称为相。在多孔介质的传热与流动分析和研究过程中，经常需要区别单相系统或多相系统。单相系统是指多孔介质的空隙全部被一种单一流体或几种完全相溶的流体所占据。多相系统是指两种或两种以上的互不相溶的流体占据多孔介质的空隙空间。多孔介质的固体骨架在形式上可以被认为是不参与流动的固相。

如果多孔介质的参数在整个区域范围内所取宏观平均值均相同，则称该多孔介质为均质的，否则为异质的。图 5-3（a）中所示的由粗砂和细砂组成的多孔介质，由于粗砂和细砂有不同的空隙率，因此该多孔介质为异质的。

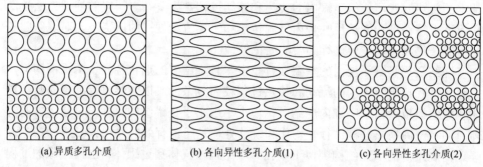

(a) 异质多孔介质　　　　(b) 各向异性多孔介质(1)　　　　(c) 各向异性多孔介质(2)

图 5-3　异质多孔介质及各向异性多孔介质

一些宏观张量的大小可能随着方向变化，这种情况称为各向异性，反之称为各向同性。图 5-3（b）所示的多孔介质中，流体在 y 方向上流动所受到的阻力明显大于在 x 方向上流动受到的阻力，也就是说从渗透率的宏观值来说，该多孔介质是各向异性的。图 5-3（c）所示的多孔介质，其颗粒分布对流体流动所产生的影响与图 5-3（b）相同，因此也是各向异性的。

由以上叙述可知，烧结竖罐内烧结矿的填充结构属于多孔介质的范畴，烧结矿为固体骨架，冷却空气为气相介质，且为单相系统。由于被冷却的烧结矿为未筛分料，且竖罐料层径向和高度方向上的空隙率分布不均，竖罐内的烧结矿属于异质和各向异性多孔介质。但在实际数值模拟计算中，为了简化计算，将竖罐内的烧结矿视为均质和各向同性多孔介质。

2. 多孔介质基本参数

1）孔隙率

孔隙率指多孔介质内空隙的体积与该多孔介质总体积的比值，有些文献中也称空隙率，其表达式为

$$\varepsilon = \frac{V_{空隙}}{V_{多孔}} \times 100\% \tag{5-1}$$

孔隙率可分为两种：多孔介质内相互连通的空隙体积与该多孔介质的总体积之比，称为有效孔隙率，用 ε_e 表示；多孔介质内相通的和不相通的空隙体积与该多孔介质总体积之比，称为绝对孔隙率或总孔隙率，用 ε_T 表示。孔隙率一般指的是有效孔隙率，为了书写方便，用 ε 表示。

孔隙率是影响多孔介质内流体传输性能的重要参数，其大小与多孔介质固体颗粒的形状、结构和排列有关。

2）比面积

比面积（Ω）指固体骨架表面积 A_s 与多孔介质总容积 V 之比，即

$$\Omega = \frac{A_s}{V} \tag{5-2}$$

式中，Ω 为多孔体比面积，m^2/m^3；A_s 为固体骨架表面积，m^2；V 为多孔体外表体积，m^3。

多孔材料的比面积定义也可以理解为多孔介质内部每单位总体积中的空隙隙间表面积。举例说明，由半径为 R 的等圆球按立方体排列所组成的多孔介质，其比面积应为 $\Omega = 8 \times 4\pi R^2 / (4R)^3 = \pi / 2R$。由此可知，$R$ 越小，Ω 越大，即固体颗粒粒径越小，比面积越大，也就是说，多孔体比面积越大，其骨架的分散程度越大，颗粒越细。

比面积 Ω 对于多孔介质的干燥、吸湿、传热过程，都是十分重要的结构参数。它还是影响多孔介质内流体渗透率的一个重要参数。

3）固体颗粒尺寸

多孔介质固体颗粒尺寸、形状通常是多种多样的，因此准确地测量固体颗粒尺寸是相当困难的。在工程应用中，往往要通过实际测量去确定。于是，颗粒尺寸又取决于所采用的测量方法。目前，主要有两种测量方法：一种是比重计分析法，就是将与颗粒在水中下降速度相同的同种材料圆球尺寸加以测量去确定，这种方法适用于较小颗粒尺寸的测量；另一种是筛分法，即利用不同尺寸方形孔网筛过筛，其所测量的是能够通过筛网的一批颗粒，但这种方法只能大致上确定被测量颗粒尺寸的一个范围，最后以网眼尺寸为当量直径来确定颗粒尺寸。总之，无论采用何种测量方法，都是将颗粒折算成圆球的当量直径 d_p 来表示。

5.2.2　竖罐内流动与传热基本方程

根据质量守恒、动量守恒和能量守恒原理，竖罐内气固流动与传热过程三维稳态数学模型控制方程如下。

1. 质量守恒方程

质量守恒方程也称连续性方程，表示任意控制体内的质量增加率与外界进入系统的净质量流率相等，其表达式为

$$\frac{\partial}{\partial x_j}(\rho u_j) = 0 \tag{5-3}$$

式中，ρ 为流体密度，$\mathrm{kg/m^3}$；u_j 为流体在 j（x、y 或 z）方向上的速度，$\mathrm{m/s}$。

2. 动量守恒方程

动量守恒是流体运动时应遵循的另一个普遍定律，描述为：在一给定的流体系统，单位体积流体某方向动量的增加率等于该方向动量的净流入率与作用于它的该方向外力之和，其数学表达式即为动量守恒方程，也称运动方程，或 Navier-Stokes 方程，其表达式为

$$\frac{\partial}{\partial x_j}(u_i u_j) = \left[\frac{\partial}{\partial x_j}\left(\mu \frac{\partial u_i}{\partial x_j}\right) - \frac{\partial P}{\partial x_j} + \frac{\partial}{\partial x_j}\left(\mu \frac{\partial u_j}{\partial x_i}\right) - \frac{2}{3}\frac{\partial}{\partial x_i}\left(\mu \frac{\partial u_j}{\partial x_j}\right) \right] + g_i - f_i + S_i \tag{5-4}$$

式中，g_i 为流体在 i 方向上的体积作用力，$\mathrm{N/m^3}$；f_i 为作用在单位体积流体上的反方向阻力，$\mathrm{N/m^3}$；P 为流体的表面力，$\mathrm{N/m^2}$；S_i 为 i 方向上动量方程中的源项，$\mathrm{N/m^2}$。

考虑到多孔介质对流体黏性和惯性的影响，可以通过在方程右边增加一个源项 S_i 对多孔介质模型中的动量传输方程进行修正。此源项由两部分组成：第一部分为黏性损失项，即式（5-5）右边第一项；第二部分为惯性损失项，即式（5-5）右边第二项。

$$S_i = -\left(\sum_{j=1}^{3} D_{i,j} \mu u_j + \frac{1}{2} \sum_{j=1}^{3} C_{i,j} \rho |u| u_j \right) \tag{5-5}$$

式中，$|u|$ 为流体速度，m/s；D、C 为给定矩阵，其他符号同上。

如果多孔介质是简单均匀的，多孔介质动量方程的源项可用下式表示。

$$S_i = -\left(\frac{\mu}{\alpha} u_i + \frac{1}{2} C_2 \rho |u| u_i \right) \tag{5-6}$$

式中，$1/\alpha$ 为黏性阻力系数；C_2 为惯性阻力系数。

同样，多孔介质动量方程的源项也可以用流体速度的幂函数表示。

$$S_i = -C_0 |u|^{C_1} \tag{5-7}$$

式中，C_0、C_1 为用户自定义的经验系数。

在式（5-7）的幂函数表达式中，多孔介质内各方向的压降是均匀的，C_0 的单位是 SI 国际标准制。

目前，主要有以下四种方法来确定动量方程源项中的黏性阻力系数和惯性阻力系数。

（1）在已知流体压降损失的情况下，基于流体表观速度推导多孔介质的参数。但在模拟软件的计算过程中要注意一点，用户定义的 $1/\alpha$ 和 C_2 都是基于多孔介质是完全浸没在流体中这个假设而得出的。

（2）采用 Ergun 方程的修正关联式计算颗粒填充床的多孔介质参数，Ergun 方程适用的雷诺数范围较广，同时还适用于多种填充物。因此，可以用 Ergun 方程推导烧结竖罐内的多孔介质参数。式（5-8）是在实验条件下，以烧结矿为研究对象得出的描述烧结矿床层内气体流动阻力特性的 Ergun 方程修正关联式。因此，通过式（5-9）可计算出动量方程源项的黏性阻力系数和惯性阻力系数。

$$\frac{1}{\alpha} = \left[29.21 + e^{31.216\varepsilon - 8.76} \right] \frac{(1-\varepsilon)^2}{\varepsilon^3 d_p^2} \tag{5-8}$$

$$C_2 = \left[0.3872 + 2e^{16.162\varepsilon - 9.51} \right] \frac{(1-\varepsilon)}{\varepsilon^3 d_p} \tag{5-9}$$

（3）利用实践中得到的经验公式推导穿过多孔介质空隙的流动参数。采用 Van Winkle 方程计算多孔介质内的流体阻力损失，具体形式如下：

$$m = C A_f \sqrt{\frac{2\rho \Delta P}{1 - (A_f / A_p)^2}} \tag{5-10}$$

式中，m 为质量流量，kg/s；A_f 为孔的总面积，m²；ΔP 为流体阻力损失，Pa；A_p 为板的面积与孔的面积之和，m²；C 为可变系数，随 Re 的变化而变化，其中，Re 以方孔直径为特征长度，以流体在孔内的流速为特征流速。

（4）用流体阻力损失和速度的试验数据计算多孔介质系数。在得出多孔介质的速度与流体压降的实验数据时，可通过插值的方法求出多孔介质系数。

实践证明，Ergun 方程适用于较大范围雷诺数区段内的流体流动，既适用于层流流动，又适用于湍流流动，还适用于过渡流流动。基于此，本章采用方法（2）中的 Ergun 方程修正关联式来计算烧结矿颗粒床层内的黏性阻力系数和惯性阻力系数。

3. 能量守恒方程

1）局部热力学平衡的单能量方程

在多孔介质区域，模拟计算软件仍能够求解标准能量传输方程，只是对扩散项和非稳态项进行了修改，扩散项使用有效导热系数，如式（5-11）所示。

$$(\rho c)_\mathrm{m} \frac{\partial T}{\partial t} + (\rho c)_\mathrm{f} \vec{u} \cdot \nabla T = \nabla \cdot (\lambda_\mathrm{m} \nabla T) + q_\mathrm{m} \qquad (5\text{-}11)$$

其中，
$$(\rho c)_\mathrm{m} = (1-\varepsilon)(\rho c)_\mathrm{s} + \varepsilon(\rho c)_\mathrm{f}$$
$$\lambda_\mathrm{m} = (1-\varepsilon)\lambda_\mathrm{s} + \varepsilon\lambda_\mathrm{f}$$
$$q_\mathrm{m} = (1-\varepsilon)q_\mathrm{s} + \varepsilon q_\mathrm{f}$$

式中，下标 f 和 s 分别为流体相和固体相；λ_m 为导热系数，W/(m·K)；ρ 为密度，kg/m^3；q 为内热源，W/m^3；c 为比热容，J/(kg·K)。

由式（5-11）可知，采用局部热力学平衡的单能量方程来求解多孔介质内的传热过程，则是认为在多孔介质内的任何位置固体和流体都是处于热力学平衡状态，认为固体和流体换热很快，即流体温度和固体温度相等。但在实际生产过程中，烧结竖罐内烧结矿与冷却空气的温差十分明显，在竖罐内的同一位置，烧结矿和冷却空气都处在热力学非平衡状态，而考虑烧结矿和冷却空气之间的气固换热才能合理分析竖罐内的传热过程。因此，局部热力学平衡的单能量方程对于烧结矿竖罐并不适用，必须采用局部非热力学平衡双能量方程来求解竖罐内的气固传热过程。

2）局部非热力学平衡双能量方程

采用局部非热力学平衡双能量方程求解多孔介质内的传热过程，是把多孔介质内的流体和固体分别当作两种不同的连续介质，在其相应的特征体积单元内，定义流体平均温度 T_f 和固体平均温度 T_s，把多孔介质内的传热过程看作流体和固体之间的传热过程，其通用方程组如式（5-12）和式（5-13）所示。

流体能量方程：

$$\varepsilon(\rho c)_\mathrm{f} \frac{\partial T_\mathrm{f}}{\partial \tau} + (\rho c)_\mathrm{f} u \cdot \nabla T_\mathrm{f} = \varepsilon \nabla \cdot (\lambda_\mathrm{f} \nabla T_\mathrm{f}) + \varepsilon q_\mathrm{f} + h_\mathrm{v}(T_\mathrm{s} - T_\mathrm{f}) \qquad (5\text{-}12)$$

固体能量方程：

$$(1-\varepsilon)(\rho c)_{s}\frac{\partial T_{s}}{\partial \tau}=(1-\varepsilon)\nabla \cdot (\lambda_{s}\nabla T_{s})+(1-\varepsilon)q_{s}-h_{v}(T_{s}-T_{f}) \qquad (5\text{-}13)$$

式中，T_f 为流体温度，K；T_s 为固体温度，K；h_v 为固体与流体之间的单位体积对流传热系数，$W/(m^3 \cdot K)$；其他符号同上。

由以上两个方程可知，流体和固体能量方程都增加了气固换热项，将流体和固体之间换热过程的影响增加了进来。但此双能量方程只能求解非稳态传热，即固定床中多孔介质内的传热过程，对于烧结矿竖罐内的稳态传热过程，也就是气固逆流式移动床内的传热过程，还需采用以微元体为研究对象的推导方法得出稳态条件下的局部非热力学平衡双能量方程。

图 5-4 为笛卡儿坐标系中的多孔介质内微元体示意图，它是固定在空间位置的一个控制体，微元体内部是多孔介质材料，其界面上不断有流体和固体进出，因此该控制体属于热力学中的一个开口系统。

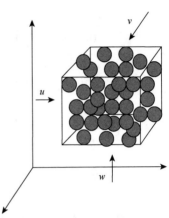

图 5-4　多孔介质的微元体

（1）流体能量方程。

考虑到流体流过微元体时位能及动能的变化均可以略而不计，流体也不对外做功，根据热力学第一定律可得到如下关联式。

$$\Phi + H_{in} + Q = \frac{\partial U}{\partial \tau} + H_{out} \qquad (5\text{-}14)$$

式中，Φ 为流体通过界面由外界导入微元体的热流量，W；H 为单位时间内流体流过微元体时所携带的热量，W；Q 为单位时间内流体和固体之间的对流换热量，W；U 为流体的热力学能，J。

Φ_x、Φ_y、Φ_z 分别为 x、y、z 坐标轴方向的分热流量，通过 $x=dx$、$y=dy$、$z=dz$ 三个微元体表面而导入微元体的热流量可根据傅里叶定律写为

$$\left. \begin{aligned} (\Phi_{x})_{x} &= -\lambda \left(\frac{\partial T}{\partial x}\right)_{x} \varepsilon dydz \\ (\Phi_{y})_{y} &= -\lambda \left(\frac{\partial T}{\partial y}\right)_{y} \varepsilon dxdz \\ (\Phi_{z})_{z} &= -\lambda \left(\frac{\partial T}{\partial z}\right)_{z} \varepsilon dydx \end{aligned} \right\} \qquad (5\text{-}15)$$

式中，$(\Phi_x)_x$ 为热流量在 x 方向的分量 Φ_x 在 x 点的值，W；$\varepsilon dydz$ 为 x 方向流体的流通面积，m^2。

通过 $x=x+\mathrm{d}x$、$y=y+\mathrm{d}y$、$z=z+\mathrm{d}z$ 三个微元体表面而导出微元体的热流量也可根据傅里叶定律得出，如式（5-16）所示。

$$
\left.\begin{aligned}
(\Phi_x)_{x+\mathrm{d}x} &= (\Phi_x)_x + \frac{\partial \Phi_x}{\partial x}\mathrm{d}x = (\Phi_x)_x + \frac{\partial}{\partial x}\left(-\lambda\left(\frac{\partial T}{\partial x}\right)_x \varepsilon \mathrm{d}y\mathrm{d}z\right)\mathrm{d}x \\
(\Phi_y)_{y+\mathrm{d}y} &= (\Phi_y)_y + \frac{\partial \Phi_y}{\partial y}\mathrm{d}y = (\Phi_y)_y + \frac{\partial}{\partial y}\left(-\lambda\left(\frac{\partial T}{\partial y}\right)_y \varepsilon \mathrm{d}x\mathrm{d}z\right)\mathrm{d}y \\
(\Phi_z)_{z+\mathrm{d}z} &= (\Phi_z)_z + \frac{\partial \Phi_z}{\partial z}\mathrm{d}z = (\Phi_z)_z + \frac{\partial}{\partial z}\left(-\lambda\left(\frac{\partial T}{\partial z}\right)_z \varepsilon \mathrm{d}y\mathrm{d}x\right)\mathrm{d}z
\end{aligned}\right\}
\quad (5\text{-}16)
$$

在 $\mathrm{d}\tau$ 时间内，实际导入微元体的热流量为

$$
\begin{aligned}
\Phi\mathrm{d}\tau &= ((\Phi_x)_x + (\Phi_y)_y + (\Phi_z)_z - (\Phi_x)_{x+\mathrm{d}x} - (\Phi_y)_{y+\mathrm{d}y} - (\Phi_z)_{z+\mathrm{d}z})\mathrm{d}\tau \\
&= \varepsilon\lambda\left(\frac{\partial^2 T}{\partial x^2} + \frac{\partial^2 T}{\partial y^2} + \frac{\partial^2 T}{\partial z^2}\right)\mathrm{d}x\mathrm{d}y\mathrm{d}z\mathrm{d}\tau
\end{aligned}
\quad (5\text{-}17)
$$

在 $\mathrm{d}\tau$ 时间内，微元体内流体的热力学增量为

$$
\Delta U = \rho c_\mathrm{f} \varepsilon \frac{\partial T}{\partial \tau}\mathrm{d}x\mathrm{d}y\mathrm{d}z\mathrm{d}\tau
\quad (5\text{-}18)
$$

流体流出、流进微元体所带入、带出的焓差可分别从 x、y 和 z 方向加以计算。以 x 方向为例，在 $\mathrm{d}\tau$ 时间内，由 x 处的截面流体进入微元体的焓为

$$
H_x = \rho c_\mathrm{f} u T \varepsilon \mathrm{d}y\mathrm{d}z\mathrm{d}\tau
\quad (5\text{-}19)
$$

式中，u 为 x 方向上流体的实际流速，m/s；T 为 x 处流体温度，K。

在相同 $\mathrm{d}\tau$ 时间内，由 $x+\mathrm{d}x$ 处的截面流体流出微元体的焓为

$$
H_{x+\mathrm{d}x} = \rho c_\mathrm{f}\left(T + \frac{\partial T}{\partial x}\mathrm{d}x\right)\left(u + \frac{\partial u}{\partial x}\mathrm{d}x\right)\varepsilon \mathrm{d}y\mathrm{d}z\mathrm{d}\tau
\quad (5\text{-}20)
$$

两式相减可得 $\mathrm{d}\tau$ 时间内在 x 方向上由流体净带出微元体的热量，略去高阶无穷小后为

$$
H_{x+\mathrm{d}x} - H_x = \rho c_\mathrm{f}\left(u\frac{\partial T}{\partial x} + T\frac{\partial u}{\partial x}\right)\varepsilon \mathrm{d}x\mathrm{d}y\mathrm{d}z\mathrm{d}\tau
\quad (5\text{-}21)
$$

同理，y 和 z 方向上的相应表达式为

$$
\left.\begin{aligned}
H_{y+\mathrm{d}y} - H_y &= \rho c_\mathrm{f}\left(v\frac{\partial T}{\partial y} + T\frac{\partial v}{\partial y}\right)\varepsilon \mathrm{d}x\mathrm{d}y\mathrm{d}z\mathrm{d}\tau \\
H_{z+\mathrm{d}z} - H_z &= \rho c_\mathrm{f}\left(w\frac{\partial T}{\partial z} + T\frac{\partial w}{\partial z}\right)\varepsilon \mathrm{d}x\mathrm{d}y\mathrm{d}z\mathrm{d}\tau
\end{aligned}\right\}
\quad (5\text{-}22)
$$

于是，在 $\mathrm{d}\tau$ 时间内由于流体的流动而带出微元体的净热量为

$$[H_{out} - H_{in}]\mathrm{d}\tau = \rho c_f\left(u\frac{\partial T}{\partial x} + v\frac{\partial T}{\partial y} + w\frac{\partial T}{\partial z} + T\frac{\partial u}{\partial x} + T\frac{\partial v}{\partial y} + T\frac{\partial w}{\partial z}\right)\varepsilon\mathrm{d}x\mathrm{d}y\mathrm{d}z\mathrm{d}\tau$$

$$= \rho c_f\left(u\frac{\partial T}{\partial x} + v\frac{\partial T}{\partial y} + w\frac{\partial T}{\partial z}\right)\varepsilon\mathrm{d}x\mathrm{d}y\mathrm{d}z\mathrm{d}\tau \qquad (5\text{-}23)$$

在相同 $\mathrm{d}\tau$ 时间内，流体和固体之间的对流换热量为

$$Q\mathrm{d}\tau = h_v(T_s - T_f)\mathrm{d}x\mathrm{d}y\mathrm{d}z\mathrm{d}\tau \qquad (5\text{-}24)$$

将式（5-17）、式（5-18）、式（5-23）和式（5-24）代入式（5-14）并化简，即得三维、常物性、无内热源的能量微分方程：

$$\varepsilon(\rho c)_f\frac{\partial T_f}{\partial\tau} + (\rho c)_f u_f\cdot\nabla T_f = \varepsilon\nabla\cdot(\lambda_f\nabla T_f) + h_v(T_s - T_f) \qquad (5\text{-}25)$$

式中，u_f 为流体的表观流速，m/s；其他符号同上。

式（5-25）左端第 1 项表示所研究的微元体中，流体温度随时间的变化，称为非稳态项；左端第 2 项表示由于流体流出与流进该微元容积净带走的热量，称为对流项；等号后第 1 项表示由于流体的热传导而净导入该微元容积的热量，称为扩散项；等号后第 2 项表示由于流体和固体之间的对流换热，固体传递给流体的热量，称为源项。

（2）固体能量方程。

采用局部非热力学平衡双能量方程求解多孔介质内的气固传热过程，就是把多孔介质内的流动介质和固相介质分别当作两种不同的连续介质。既然固体和流体一样都是连续性介质，就可以根据流体能量方程的推导过程得出固体能量方程：

$$(1-\varepsilon)(\rho c)_s\frac{\partial T_s}{\partial\tau} + (\rho c)_s u_s\cdot\nabla T_s = (1-\varepsilon)\nabla\cdot(\lambda_s\nabla T_s) - h_v(T_s - T_f) \qquad (5\text{-}26)$$

式中，u_s 为固体表观运动速度，m/s；其他符号同上。

式（5-26）左端第 1 项表示所研究的微元体中，固体温度随时间的变化，称为非稳态项；左端第 2 项表示由于固体流出与流进该微元容积净带走的热量，称为对流项；等号后第 1 项表示由于固体的热传导而净导入该微元容积的热量，称为扩散项；等号后第 2 项表示流体和固体之间的对流换热量，称为源项。

由以上两个能量方程可知，省略其非稳态项，就可以得出在稳态情况下的局部非热力学平衡双能量方程，也就可以求解烧结竖罐内的气固传热过程，其方程如下。

气体能量方程：

$$(\rho c)_f u_f\cdot\nabla T_f = \varepsilon\nabla\cdot(\lambda_f\nabla T_f) + h_v(T_s - T_g) \qquad (5\text{-}27)$$

固体能量方程：

$$(\rho c)_s u_s\cdot\nabla T_s = (1-\varepsilon)\nabla\cdot(\lambda_s\nabla T_s) - h_v(T_s - T_g) \qquad (5\text{-}28)$$

为了求解以上两个能量方程，必须得出烧结矿与空气之间的气固体积传热系

数。根据 Achenbach 准则关系式可确定床层内气固体积传热系数 h_v 与气固面积传热系数 h 之间的关系，如式（5-29）所示。

$$h_v = \frac{6h(1-\varepsilon)}{d_p} \qquad (5\text{-}29)$$

气固面积传热系数 h 可通过实验所得气固传热 Nu 数关联式，即式（5-29）计算得出。

$$h = \frac{Nu\lambda_f}{d_p} = \frac{0.198\varepsilon^{0.07}Re_p^{0.66}Pr^{1/3}\lambda_f}{d_p} \qquad (5\text{-}30)$$

式中，λ_f 为导热系数，W/(m·K)；d_p 为颗粒当量直径，m；ε 为床层空隙率；Re_p 为颗粒雷诺数；Pr 为普朗特数。

综上所述，与局部热力学平衡单能量方程相比，局部非热力学平衡双能量方程不仅能够求解非稳态情况下多孔介质内的传热过程，还可以求解稳态情况下多孔介质内的传热过程；不仅能够得出流体和固体的出口温度，还可以得出固体和流体在计算区域内的温度分布，这对分析烧结矿竖罐内的气固传热过程，以及模拟优化竖罐的结构参数和操作参数起到非常重要的作用。

5.2.3　竖罐内气体流动模型

1. 床层内气体流态的判定

由于多孔介质内固体材料结构的复杂性，多孔介质内的流体流动形态要比纯流体流动复杂得多，当多孔介质内流动雷诺数较大时，流体在空隙间的流动也会发展为湍流。Bear 和 Compcioglu 通过实验发现，基于孔径的雷诺数 $Re_D < 1$ 时，多孔介质内流体流动为达西流状态，也就是层流状态；当 $1 \sim 10 < Re_D < 300$ 时，多孔介质内流体流动为过渡流状态；当 $Re_D > 300$ 时，多孔介质内的流体流动处于湍流状态。随后，Seguin 等又针对三种多孔介质内流体的流动特性进行了研究，实验中所使用的多孔介质材料分别是球状颗粒、横截面为正方形的柱体和不同等级的泡沫陶瓷，实验结果表明，不同类型多孔介质内的流体流动特性有很大差异，流体流动状态不仅与多孔介质材料的形状和大小有关，还与流体的物性有关。

由于竖罐床层内烧结矿颗粒形状的不规则性和大小的不均匀性，以往的研究结果已不适用于判定竖罐内气体的流动状态。在 Zhang 等对环冷机内气固传热过程的研究过程中，实际生产的烧结矿颗粒平均粒径取值为 0.035m。因此，根据第 3 章中烧结矿床层内气体流态的实验研究结果可得，当竖罐内气体流动的颗粒雷诺数超过 2111.9 时，床层内气体的流动状态会发展为湍流。基于烧结矿竖罐内气固传热过程的解析研究结果可知，$360m^2$ 烧结机所对应的余热回收竖罐内冷却空气的适宜表观流速为 2.4m/s，此流速下的颗粒雷诺数为 3898.8。因此，可确定实际生产过程中，烧结矿竖罐内气体的流动状态为湍流。

2. k-ε 双方程模型的选择

自从 Boussinesq 于 1877 年提出湍流数学模型的假设起，人们对湍流模型的研究已经超过 140 年。随着计算流体力学的发展，现在常用的湍流模型多具有适用性广和稳定性好的特点，其中以 k-ε 双方程模型最为经典，其也是在工程计算中应用最广的湍流模型。

k-ε 双方程模型经过最近几十年的发展已经衍生出五种模型：非线性（nonlinear）k-ε 模型、多尺度（more scale）k-ε 模型、可实现（realizable）k-ε 模型、标准（standard）k-ε 模型和重整化群（renormalization-group）k-ε 模型，其中在工程应用中最广泛的是标准 k-ε 模型，并且该模型也是最早提出的。

查阅文献可知，稳态情况下，湍动能 k 方程和耗散率 ε 方程的最终形式如下。

k 方程：

$$\rho u_j \frac{\partial k}{\partial x_j} = \frac{\partial}{\partial x_j}\left[\left(\mu + \frac{\mu_t}{\sigma_k}\right)\frac{\partial}{\partial x_j}\right] + \mu_t \frac{\partial u_i}{\partial x_j}\left(\frac{\partial u_j}{\partial x_i} + \frac{\partial u_i}{\partial x_j}\right) - \rho\varepsilon \qquad (5\text{-}31)$$

ε 方程：

$$\rho u_j \frac{\partial \varepsilon}{\partial x_j} = \frac{\partial}{\partial x_j}\left[\left(\mu + \frac{\mu_t}{\sigma_\varepsilon}\right)\frac{\partial}{\partial x_j}\right] + \frac{c_1\varepsilon}{k}\mu_t \frac{\partial u_i}{\partial x_j}\left(\frac{\partial u_j}{\partial x_i} + \frac{\partial u_i}{\partial x_j}\right) - c_2\rho\frac{\varepsilon^2}{k} \qquad (5\text{-}32)$$

式中，c_1、c_2 为经验常数；μ_t 为湍流黏度系数，$\mu_t = c_\mu \rho k^2/\varepsilon$；其他符号同上。

式（5-31）和式（5-32）中，c_1、c_2、c_μ、σ_k、σ_ε 均为常数，具体值见表 5-1。

表 5-1　k-ε 模型中的系数

系数	c_1	c_2	c_μ	σ_k	σ_ε
数值	1.44	1.92	0.09	1.0	1.3

由于标准 k-ε 模型广泛应用于工程范围中，该算法具有相当高的精度，而且还具有计算简单和稳定的特点。因此，采用标准 k-ε 模型对竖罐内的气体湍流流动进行计算。

5.3　网格划分及边界条件

5.3.1　网格划分

网格划分就是把空间上连续的计算区域划分成许多子区域，并确定每个子区域中的节点。网格划分的实质就是用一组有限个离散的点来代替原来连续的空间。网格划分是计算流体力学和其他仿真模拟技术的一个重要组成部分,网格划分质量的好坏直接影响所求数值解的计算精度。

目前,CFD 计算中采用的网格主要包括结构化网格、非结构化网格、结构化/非结构化混合网格和自适应网格四种。不同的网格生成技术有各自的优缺点。采用结构化网格能够灵活地对网格区域进行细化或者粗化,并且一般结构化网格的计算速度较快。结构化网格技术适用于比较简单、规则的计算区域,如矩形、长方体等,但在求解复杂的模型时不容易实现,网格构建较为困难,非结构化网格技术的出现解决了这一难题,非结构化网格最大的特点是能够实现网格不同程度的自动化生成,区域的边界拟合更加容易,适用于表面应力比较集中的模型计算,但是缺点是网格的精度不高,计算机的求解速度不如结构化网格。

为了完成所研究对象几何模型网格的生成,常用的网格划分软件有 Gambit、Tgrid 和 ICEM CFD。其中,Gambit 和 Tgrid 的长项是生成非结构化网格,而 ICEM CFD 既可以生成非结构化网格,也可以生成结构化网格。同时,ICEM CFD 前处理器具有系统性强、建模方便、网格划分思路清晰和运算速度快等其他网格划分软件无法比拟的优点。由于其自身独特的性能,ICEM CFD 已作为 Fluent 和 CFX 标配的网格划分软件,取代了 Gambit 的地位。

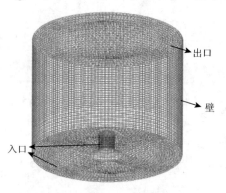

图 5-5　竖罐计算区域的网格划分

由图 5-2 可知,烧结矿竖罐的计算区域是轴对称结构,属于较为简单和规则的计算区域,考虑到结构化网格具有网格生成速度快、网格生成质量好、数据结构简单和容易实现区域的边界拟合等优点,采用 ICEM CFD 网格划分软件对竖罐的计算区域进行结构化网格划分,网格划分结果如图 5-5 所示。

5.3.2　边界条件的设置

边界条件包括热变量和流动变量在边界处的值,是数值模拟软件计算过程中十分关键的一部分。因此,在设定边界条件时必须小心谨慎。

由于竖罐内气体流动为不可压缩流动,参照图 5-5 中气体的进出口位置,将气体入口设置为速度进口边界条件,罐体底部气体入口边界命名为 Velocity_inlet1,中心风帽气体入口边界命名为 Velocity_inlet2;由于自由流出边界条件 outflow 不适用于有密度变化的流体流动,同时考虑到压力出口边界条件比 outflow 更容易收敛，冷却段气体出口边界按压力出口边界条件处理，设置为 Pressure_outlet，竖罐出口处的静压力设定为 0；除了气体的入口和出口外，其他面按绝热壁面边界条件处理，设置为 Wall；将竖罐的计算区域设定为 Fluid zone，也就是设定为多孔介质区域。另外，在竖罐进出口边界条件设置过程中，在 Turbulence specification methods 一栏中选择湍流强度和水利直径这两项来描述进出口处气体的湍流流动情况。

5.4　模型计算方法

5.4.1　模型计算软件的选择

Fluent 软件是由美国 Fluent 公司于 1983 年推出的 CFD 软件，可计算涉及流体、热传递以及化学反应等工程。由于采用了多种求解方法和多重网格加速收敛技术，因而 Fluent 能达到最佳的收敛速度和求解精度。灵活的非结构化网格和基于解的自适应网格技术及成熟的物理模型，使 Fluent 在转换与湍流、传热与相变、化学反应与燃烧、多相流、旋转机械、动/变形网格、噪声、材料加工、燃料电池等方面有广泛应用。

Fluent 软件设计基于 CFD 软件群的思想，从用户需求角度出发，针对各种复杂流动的物理现象，Fluent 软件采用不同的离散格式和数值方法，以期在特定的领域内使计算速度、稳定性和精度等方面达到最佳组合，从而高效率地解决各个领域的复杂流动计算问题。基于上述思想，Fluent 开发了适用于各个领域的流动模拟软件，这些软件能够模拟流体流动、传热传质、化学反应和其他复杂的物理现象，软件之间采用了统一的网格生成技术及共同的图形界面，而各软件之间的区别仅在于应用的工业背景不同，因此大大方便了用户。

Fluent 软件具有以下特点：

（1）Fluent 软件采用基于完全非结构化网格的有限体积法，而且具有基于网格节点和网格单元的梯度算法。

（2）Fluent 软件具有强大的网格支持能力，支持界面不连续的网格、混合网格、动/变形网格以及滑动网格等。值得强调的是，Fluent 软件还拥有多种基于解的网格的自适应、动态自适应技术以及动网格与网格动态自适应相结合的技术。

（3）Fluent 软件可用于二维平面、二维轴对称和三维流动分析，可完成多种参考系下流场模拟、定常与非定常流动分析、不可压流和可压流计算、层流和湍流模拟、传热和热混合分析、化学组分混合和反应分析、多相流分析、固体与流体耦合传热分析、多孔介质分析等。它的湍流模型包括 k-ε 模型、Reynolds 应力模型、LES 模型、标准壁面函数、双压近壁模型等。另外，用户还可以定制或添加自己的湍流模型。

（4）Fluent 软件可以自定义多种边界条件，如流动入口及出口边界条件、壁面边界条件等，可采用多种局部的笛卡儿和圆柱坐标系的分量输入，所有边界条件均可随空间和时间变化，包括轴对称和周期变化等。Fluent 软件提供的用户自定义子程序功能，可自行设定连续方程、动量方程、能量方程或组分输运方程中的体积源项，自定义边界条件、初始条件、流体的物性，添加新的标量方程和多孔介质模型等。

（5）Fluent 软件内部集成丰富的物性参数数据库，含有大量的材料可供选用，用户可以方便地自定义材料；提供了友好的用户界面，并为用户提供了二次开发接口（UDF）；采用 C/C＋＋语言编写，大大提高了对计算机内存的利用率；含有后处理和数据输出功能，可以对计算结果进行处理，生成可视化图形以及相应的曲线、报表等。

Fluent 同传统的 CFD 计算方法相比，具有以下优点：

（1）稳定性好，Fluent 经过大量算例考核，同实验符合较好。

（2）适用范围广，Fluent 含有多种传热燃烧模型及多相流模型，可应用于从可压到不可压、从低速到高超音速、从单相流到多相流、化学反应、燃烧、气固混合等几乎所有与流体相关的领域。对每一种物理问题的流动特点，有适合它的数值解法，用户可对显式或隐式差分格式进行选择，以期在计算速度、稳定性和精度等方面达到最佳。

（3）精度提高，可达二阶精度。

鉴于 Fluent 软件具有丰富的计算模型、先进的数值方法和强大的前后处理功能，选用 Fluent 软件计算烧结矿竖罐内的气固传热过程。

5.4.2　数值离散方法的选择

在使用 CFD 软件对一些工程问题进行模拟时，常常需要设置工作环境、设置边界条件和选择算法等，特别是算法的选择，对模拟的效率及其正确性有很大影响。对于在求解域内所建立的偏微分方程，要得到解析解是比较困难的。目前，均采用数值方法得到其满足实际需要的近似解。

数值方法求解 CFD 模型的基本思想是：把原来在空间与时间坐标中连续的物理量的场（如速度场、温度场、浓度场等），用一系列有限个离散点（节点，node）上的值的集合来代替，通过一定的原则建立起这些离散点上变量值之间关系的代数方程（离散方程，discretization equation），求解所建立起来的代数方程以获得所求解变量的近似解。在 CFD 求解计算中用得较多的数值方法有：有限差分法（finite

difference method，FDM）、有限体积法（finite volume method，FVM）、有限元法
（finite element method，FEM）等。

1. 有限差分法

有限差分法是历史上最早采用的数值方法，对简单几何形状中的流动与换热
问题也是一种最容易实施的数值方法。其基本点是：将求解区域用与坐标轴平行
的一系列网格线的交点所组成的点的集合来代替，在每个节点上，将控制方程中
每一个导数用相应的差分表达式来代替，从而在每个节点上形成一个代数方程，
每个方程中包括了本节点及其附近一些节点上的未知值，求解这些代数方程就获
得了所需的数值解。由于各阶导数的差分表达式可以从 Taylor（泰勒）展开式导
出，这种方法又称离散方程的 Taylor 展开法。

一般研究者自己编写有限差分法软件，很少看到商品的有限差分法软件。

2. 有限体积法

有限体积法将所计算的区域划分成一系列控制体积，每个控制体积都有一个
节点作代表，通过将守恒型的控制方程对控制体积做积分来导出离散方程。在导
出过程中，需要对界面上的被求函数本身及其一阶导数的构成做出假定，这种构
成的方式就是有限体积法中的离散格式。用有限体积法导出的离散方程可以保证
具有守恒特性，而且离散方程系数的物理意义明确，是目前流动与传热问题的数
值计算中应用最广泛的一种方法。

Phoenics 是最早投入市场的有限体积法软件，Fluent、STAR-CD 和 CFX 都是
常用的有限体积法软件，它们在流动、传热传质、燃烧和辐射等方面应用广泛。

3. 有限元法

有限元法把计算区域划分成一系列单元体（在二维情况下，单元体多为三角
形或四边形），在每个单元体上取数个点作为节点，然后通过对控制方程做积分来
获得离散方程。它与有限体积法的区别主要在于如下两点。

（1）要选定一个形状函数（最简单的是线性函数），并通过单元体中节点上的
被求变量值来表示该形状函数，在积分之前将该形状函数代入控制方程中。这一
形状函数在建立离散方程及求解后结果的处理上都要应用。

（2）控制方程在积分之前要乘上一个权函数，要求在整个计算区域上控制方
程余量（即代入形状函数后使控制方程等号两端不相等的差值）的加权平均值等
于零，从而得出一组关于节点上的被求变量的代数方程组。

有限元法的最大优点是对不规则区域的适应性好。但计算的工作量一般较有

限体积法大，而且在求解流动与换热问题时，对流项的离散处理方法及不可压流体原始变量法求解方面没有有限体积法成熟。

Ansys、Sysweld 和北京飞箭软件有限公司的 FEPG（finite element programs generator）等有限元软件比较流行。

由于竖罐内气固传热过程的计算属于椭圆形问题的求解，而 Fluent 软件又是基于有限体积法的。因此，选用的数值求解方法为有限体积法。

5.4.3 SIMPLE 算法

控制方程被离散化后，就可以对其进行计算求解了。目前，工程实际中应用最为广泛的一种流场计算方法为 SIMPLE 算法，它是压力修正法的一种。SIMPLE 是 Semi-Implicit Method for Pressure-Linked Equations 的缩写，意为"求解压力耦合方程组的半隐式方法"。该方法自 1972 年问世以来在世界各国计算流体力学及计算传热学界得到了广泛的应用，这种算法提出不久很快就成为计算不可压流场的主要方法，随后这一算法以及其后的各种改进方案成功地推广到可压缩流场的计算中，已成为一种可以计算任何流速的流动的数值方法。

SIMPLE 算法的核心是采用"猜测-修正"的过程，其基本思想是根据给定的压力场，该压力场的值是假定的，也可以是上一次迭代计算所得到的结果，从而进一步求解离散形式的动量方程，得出速度场。因为压力场是不精确的或假定的，由此求得的速度场一般不满足连续性方程。因此，必须对给定的压力场进行修正。修正的原则是：与修正后的压力场相对应的速度场能满足这一迭代层次上的连续方程。据此原则，我们把由动量方程的离散形式所规定的压力与速度的关系代入连续方程的离散形式，从而得到压力修正方程，由压力修正方程得出压力修正值；接着，根据修正后的压力场求得新的速度场；然后检查速度场是否收敛；若不收敛，用修正后的压力值作为给定的压力场，开始下一层次的计算；如此反复，直到获得收敛的解。

1. SIMPLE 算法的假设条件

基本假设：速度场的假定与压力场的假定各自独立进行，二者无任何联系。对假定压力场的修正通过已求解的速度场的质量守恒条件得到。

中间速度通过求解当前压力得到，如果求解速度不能满足质量守恒条件，对压力添加一个修正量修正，速度场也随之得以修正。

第二假设：在做速度修正时，忽略不同位置的速度修正量之间的影响。

对基本假设的改进如下。

"初始速度场与初始压力场独自假定"——1980 在 SIMPLER 算法中成功解决。SIMPLER 是英文 SIMPLE revised 的缩写，是 SIMPLE 算法的改进版本。

"忽略临近网格点压力修正量对主节点速度修正的影响"——这是一个不影响最终结果，但是影响收敛速率的假设。自 1976 年以来，学者们相继提出了很多改进建议，但是截至 2004 年，仍然没有任何一种方法完全解决这个假设的缺陷。

2. SIMPLE 算法的计算步骤

构造压力修正值（压力修正方程）和速度修正方程是 SIMPLE 算法的关键。SIMPLE 算法的具体步骤如下：

（1）假定一个速度分布，记为 u_0，v_0，w_0，以此计算动量离散方程中的系数及常数项；

（2）假设一个压力场 P_0；

（3）依次求解动量方程，得 u_1，v_1，w_1；

（4）对压力加以修正，得 P_1；

（5）根据 P_1 改进速度值；

（6）利用改进后的速度场求解离散方程系数及常数项等与速度场耦合的变量，如果该变量并不影响流场，则应在速度场收敛后再求解；

（7）利用改进后的速度场重新计算动量离散方程的系数，并利用改进后的压力场作为下一层次迭代计算的初值。

重复上述步骤，直到获得收敛的解。

5.5　模型参数 UDF

5.5.1　UDF 的编写基础

用户自定义函数用 C 语言编写，使用 DEFINE 宏来定义。UDF 中可使用标准 C 语言的库函数，也可使用 Fluent 公司提供的预定义宏，通过这些预定义宏，可以获得 Fluent 软件中的求解器得到的数据。

简单归纳起来，编写 UDF 时需要明确以下基本要求：

（1）UDF 必须用 C 语言编写；

（2）UDF 必须含有包含于源代码开始声明的 udf.h 文件，所有宏的定义都包含在 udf.h 文件中，而且 DEFINE 宏的所有参变量声明必须在一行，否则会导致编译错误；

（3）UDF 必须使用预定义宏和包含在编译过程的其他 Fluent 提供的函数来定义，也就是说 UDF 只使用预定义宏和函数从 Fluent 求解器中访问数据；

（4）通过 UDF 传递给求解器的任何值或从求解器返回到 UDF 的值，都指定为国际单位（SI）。

编译 UDF 代码有两种方式：解释式 UDF（interpreted UDF）和编译式（compiled UDF），即 UDF 使用时可以被当作解释函数或编译函数。编译式 UDF 的基本原理和 Fluent 的构建方式一样，可以用来调用 C 语言编译器构建的一个当地目标代码库，该目标代码库包含高级 C 语言源代码的机器语言，这些代码库在 Fluent 运行时会动态装载并被保存在用户的 case 文件中。此代码库与 Fluent 同步自动连接，因此当计算机发生改变或使用的 Fluent 版本发生变化时，需要重新构建这些代码库。解释式 UDF 则是在运行时，直接从 C 语言源代码编译和装载，即在 Fluent 运行中，源代码被编译为中介的、独立于物理结构的、使用 C 语言与处理程序的机器代码，当 UDF 被调用时，机器代码由内部仿真器直接执行注释，不具备标准 C 语言编译器的所有功能。

总的来说，解释式 UDF 用起来简单，但是有源代码和速度方面的限制，而且解释式 UDF 不能直接访问存储在 Fluent 结构中的数据，它们只能通过使用 Fluent 提供的宏间接访问这些数据。编译式 UDF 执行起来较快，也没有源代码的限制，但在设置和使用时较为复杂。另一方面，编译式 UDF 没有任何 C 语言或其他求解器数据结构的限制，而且能够用其他语言编写的函数。无论 UDF 在 Fluent 中以解释还是编译方式执行，用户定义函数的基本要求是相同的。

编译 UDF 代码，并且在用户的 Fluent 模型中有效使用它，必须遵循以下七个基本步骤：

（1）定义用户模型；

（2）编写 C 语言源代码，写好的 C 语言函数需以.c 为后缀名把这个文件保存在工作路径下；

（3）运行 Fluent，读入并设置 case 文件；

（4）编译或注释 C 语言源代码；

（5）在 Fluent 中激活 UDF；

（6）开始计算；

（7）分析计算结果，并与期望值比较。

综上所述，用户采用 UDF 解决某个特定的问题时，不仅需要具备一定的 C 语言编程基础，还需要具体参照 UDF 的帮助文件提供的技术支持。

5.5.2　UDF 宏的选取与定义

UDF 是用 Fluent 软件中提供的 DEFINE 宏加以定义的，也就是说，如果想使用 UDF 功能实现相应的操作，必须使用和调用相应的 DEFINE 宏，才能通过这些预先定义好的 DEDINE 宏来访问和对求解器内的数据进行处理与操作，从而完成 UDF 的任务。

为了更好、更准确地描述烧结竖罐内的传热过程，必须通过 UDF 定义多孔介质内的相关参数，表 5-2 列出了与本章气固传热模型相关的宏函数。

表 5-2　计算模型相关的宏函数

DEFINE 宏函数名称	功能简介
DEFINE_PROFILE	自定义边界截面上的变量分布，如随空间坐标或者时间坐标以一定的函数形式变化。可以在边界上自定义的变量包括：速度、压力、温度、湍动能、耗散率、组分的质量分数、壁面热条件等
DEFINE_PROPERTY	为单相流或多相流自定义材料属性，如温度（仅为温度的函数）、黏性系数、热传导率、吸收和发射系数、层流流动速度、应变率、粒子直径、混合物的密度、黏性、传热系数等定义法则，表面张力系数、相互作用系数等
DEFINE_SOURCE	为不同类型的被求解输运方程定义用户源项，包括连续性方程、动量方程、湍流参数方程、组分方程、颗粒温度方程、UDS 输运方程等

根据表 5-2 中相关宏函数的功能，并结合烧结矿竖罐的数值计算模型可知，本章需要定义的 UDF 包括以下三方面：①采用 DEFINE_PROFILE 宏函数编写实验所得的气体黏性阻力系数和惯性阻力系数，以及床层内气固换热系数；②采用 DEFINE_PROPERTY 宏函数编写空气或烧结矿的材料属性，即密度、比热容、热传导系数和动力黏度等物性参数随温度的变化；③在固体能量方程中，由于烧结矿的下移速度项在 Fluent 软件中无法直接体现，因此，采用 DEFINE_SOURCE 宏函数编写固体能量方程的对流项，将烧结矿的下移速度项以固体能量方程源项的形式编译到 Fluent 求解器上。

5.6　模型可靠性验证及分析

5.6.1　模型网格的无关性验证

由于模型网格数量会对模拟计算结果产生影响，因此在对求解模型进行数值计算之前，需要验证模型网格的无关性。选定 1 个特定的计算工况来分析计算区域所生成网格的独立性，工况的相关参数如表 5-3 所示。采用 ICEM CFD 网格划分软件对选定工况的计算区域进行几何建模和结构化网格划分，并选用竖罐出口烧结矿温度和冷却空气温度的变化来验证计算模型网格的无关性。根据网格的疏密程度，得到了 6 种不同网格数量的竖罐计算区域，网格数量从 259767 变化至 906379。针对 6 种不同网格的计算区域进行数值模拟，得到的模拟计算结果如图 5-6 所示。

表 5-3　计算工况的主要参数

参数	单位	数值
冷却段内径	m	9
冷却段高度	m	7
烧结矿质量流量	kg/s	152
冷却空气质量流量	kg/s	190
烧结矿进口温度	K	973
冷却空气进口温度	K	293
烧结矿颗粒直径	m	0.025

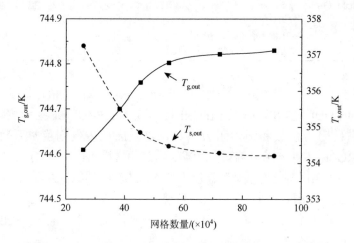

图 5-6　出口冷却空气温度和烧结矿温度随网格数量的变化

由图 5-6 可以看出，竖罐出口烧结矿温度和冷却空气温度的变化随网格数量的增加而逐渐变小，说明计算趋于稳定，当计算区域的网格数量超过 549557 时，相邻网格数量的温度变化已小于 0.05K。因此，该工况下计算区域适宜的网格数量为 549557，这种数量的网格已能够很好地满足竖罐内气固传热过程的数值计算。其他计算工况的网格无关性也按以上过程进行验证，这里不再详述。

5.6.2　模型的可靠性验证

目前，烧结矿竖罐正处于理论研究阶段，竖罐全面而准确的运行数据无法获得。在自制小试试验竖罐的基础上，采用小试试验数据来验证计算模型的可靠性和正确性。根据 4.3 节小试竖罐的试验研究内容可知，小试竖罐冷却段的横截面积为 1m²，冷却段内径为 1.12m，冷却段高度为 1.8m。本节将针对小试竖罐的冷却段建立物理模型，如图 5-7 所示，并采用 ICEM CFD 网格划分软件对小试竖罐的物理模型进行几何建模和结构化网格划分。

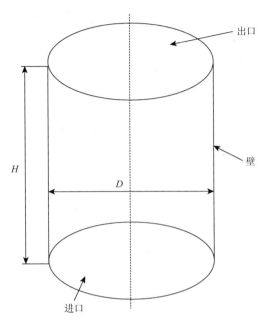

图 5-7　小试竖罐冷却段的物理模型

在 Fluent 软件计算过程中，将冷却段物理模型底部的空气进口设置为速度进口边界条件，模型顶部空气出口设置为压力出口边界条件，模型其他部分设置为绝热壁面。另外，将床层内气体流动的黏性阻力系数、惯性阻力系数和气固传热系数等参数，以及固体能量方程中描述颗粒下移速度的对流项以自定义函数 UDF 的形式编译入计算模型中。小试竖罐数值计算所需的初始参数值以 4.3 节中小试竖罐试验的初始值为准，如表 5-4 所示，竖罐入口冷却空气的温度为 293K，模型验证的参数为小试竖罐的出口空气温度。通过对小试竖罐内气固传热过程的数值计算，比较试验测量值与计算值，如图 5-8 所示。

表 5-4　小试竖罐数值计算的初始参数值

工况	烧结矿进口温度/K	冷却空气流量/(m³/h)	气固水当量比
1	1146	1723	1.231
2	1167	1925	1.18
3	1042	2127	1.302
4	993	1684	1.203
5	1071	1771	1.519

续表

工况	烧结矿进口温度/K	冷却空气流量/(m³/h)	气固水当量比
6	1006	1545	1.326
7	1110	1859	1.329
8	1054	1499	1.286
9	1002	1646	1.176
10	1053	1860	1.14
11	1021	1641	1.408
12	999	1597	1.37

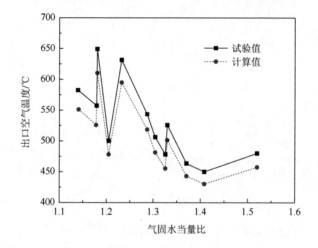

图 5-8　不同工况下试验值与计算值比较

　　由图 5-8 可以看出，采用此计算模型所得冷却空气出口温度的模拟计算结果与试验测量结果基本一致，平均误差为 4.92%，最大误差也在 6%以内，说明二者有较好的吻合性，同时验证了所建立的数值模型和计算方法是正确和可靠的。

5.7　烧结矿竖罐内气固传热过程数值计算

5.7.1　某一工况下模拟计算结果分析

　　本模拟计算以某钢铁企业 360m² 烧结机的实际生产工况为基准，烧结矿处理量为 547.2t/h。为了对竖罐内气固传热规律的模拟结果进行分析，需要选用 1 个特定的模拟工况进行分析研究。基于烧结机的生产能力，即竖罐的处理能力，在实际生产中，与烧结机配套的余热回收竖罐数量可能是 1 个，也可能是 2 个，甚至是多个。具体采用单罐模式还是多罐模式，主要取决于技术和经济指标。根据本课题组前期的研究结果，在某一工况条件下，竖罐结构参数和操作参数，以及床层内烧结矿的物性参数如表 5-5 所示。

表 5-5　竖罐热工参数和烧结矿物性参数

参数	单位	数值
冷却段内径	m	9
冷却段高度	m	7
烧结矿质量流量	kg/s	152
冷却空气质量流量	kg/s	190
烧结矿进口温度	K	923
空气进口温度	K	293
烧结矿颗粒直径	m	0.035
床层空隙率		0.41
烧结矿比热容	J/(kg·K)	$337.03 (T_s-273)^{0.152}$
烧结矿导热系数	W/(m·K)	2.87
烧结矿密度	kg/m³	3400

通过对表 5-5 中所设定的工况进行数值计算，得到了如下竖罐内气体速度场和压力场，以及固体和气体温度场的模拟结果。

1. 速度场的模拟结果分析

图 5-9 和图 5-10 分别为竖罐计算区域 $Y=0$ 截面处床层内空气的速度分布云图和速度矢量图。

从图 5-9 和图 5-10 可以看出：

（1）随着床层高度的增加，气体的流速也不断增加，在竖罐出口处达到最大值，并且单位高度的气体流速的增加幅度变得越来越大。这是因为床层高度的增加将导致气体温度的增加，冷却空气的体积流量和流速也会随之增加。

（2）在同一高度截面上，除了中心风帽附近气体速度剧烈变化外，竖罐内其他位置处的气体速度分布较为均匀，气体速度的大小和方向基本相同。

（3）在中心风帽与竖罐底部进口的衔接区域，以及中心风帽顶部区域出现了气体速度变小的情况。这是因为在此区域出现了相向流动的两股气流，气流之间相互冲撞，在区域内形成了气体流动的滞留区，这在气体速度矢量图中可以很明显地看出。

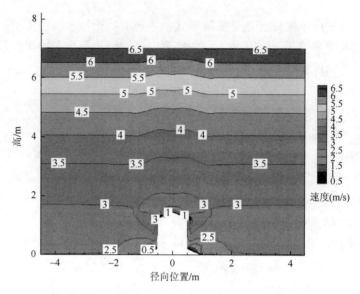

图 5-9　$Y=0$ 截面气体速度分布云图

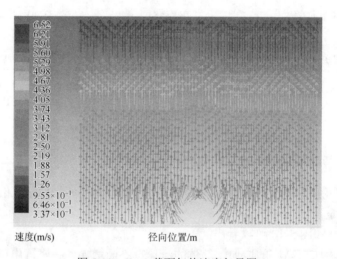

图 5-10　$Y=0$ 截面气体速度矢量图

（4）在中心风帽附近的局部区域出现了速度突然变大的情况。这是因为由竖罐底部进口上行而来的空气与中心风帽出口的空气在此区域汇合，造成局部气体体积流量增加，从而使得该区域内气体流动速度增加。

2. 压力场的模拟结果分析

图 5-11 为竖罐计算区域 $Y=0$ 截面处床层内空气的静压力分布云图，床层内气体静压力随床层高度的变化规律如图 5-12 所示。

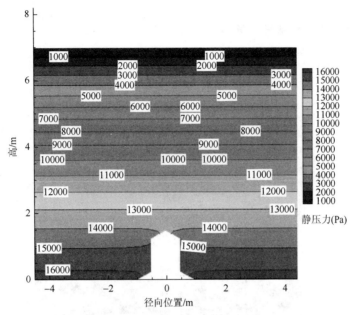

图 5-11　$Y=0$ 截面气体静压力分布云图

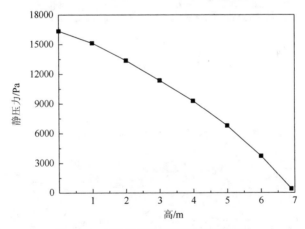

图 5-12　气体静压力随床层高度的变化

　　由图 5-11 和图 5-12 可以看出，随着床层高度的增加，竖罐内气体的静压力逐渐变小，同一高度处气体的静压力基本相同；随着床层高度的增加，床层内气体静压力的下降趋势逐渐变大，并且单位床层高气流压降的增加幅度也越来越大。由于竖罐进口冷却空气的质量流量不变，床层高度的增加会导致床层内气体温度增加，气体密度会随之减小，进而导致气体表观流速增加。由于床层内气体单位床层高压降与气体表观流速呈 2 次方关系，所以单位床层高气流压降的增加幅度随着床层高度的增加变得越来越大。

3. 温度场的模拟结果分析

图 5-13 和图 5-14 分别为竖罐计算区域 $Y = 0$ 截面处床层内烧结矿和空气温度分布云图。

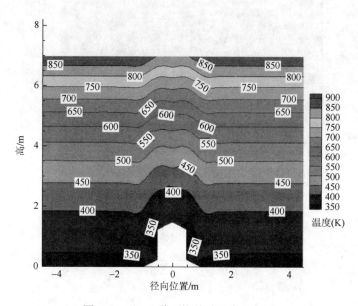

图 5-13　$Y = 0$ 截面烧结矿温度分布图

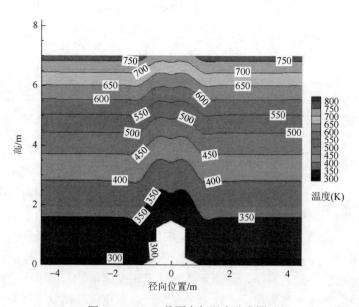

图 5-14　$Y = 0$ 截面空气温度分布图

从图 5-13 和图 5-14 可以看出：

（1）随着床层高度的增加，烧结矿和空气温度均逐渐升高。这是因为从竖罐底部和中心风帽进入的冷却空气，通过床层内烧结矿颗粒间的空隙向上流动，在空隙中与烧结矿进行强烈的热交换，空气被加热，其温度逐渐升高，烧结矿被冷却，其温度逐渐降低。

（2）竖罐中心区域的烧结矿温度和空气温度均比同一高度下的低。这是因为由中心风帽进入的冷却空气和部分竖罐底部进入的冷却空气在中心风帽顶部汇合后，都从竖罐中心区域穿过料层，造成该区域内空气质量流量比同一高度的大，使得区域内气固换热剧烈，烧结矿的冷却速度加快，从而导致中心区域的烧结矿温度低于同一高度其他区域的烧结矿温度。由于中心区域内单位气固换热量有限，因此该区域内空气质量流量的增加会导致空气温度降低，使得该区域内的空气温度低于同一高度其他区域的空气温度。

（3）虽然中心区域内空气的质量流量比其他区域的高，但是由于该区域内空气温度较其他区域低，因此该区域内空气流速不一定比其他区域的高。由图 5-9 可知，竖罐中心区域内的空气流速与同一高度其他区域的空气流速略微降低。

基于图 5-13 和图 5-14 的模拟结果可知，床层内烧结矿温度和冷却空气温度随床层高度的变化规律如图 5-15 所示。

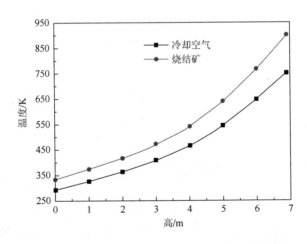

图 5-15　烧结矿和冷却空气温度随床层高度的变化

由图 5-15 可知，随着床层高度的增加，床层内烧结矿与冷却空气之间的传热温差越来越大。这是由于余热回收竖罐是一种典型的气固逆流式换热器，床层内烧结矿与冷却空气的运动是相向而行的。根据逆流式换热器的传热特点，气固传热温差沿冷却空气运动方向逐渐增加。

5.7.2　主要影响因素及其影响规律

1. 影响因素及其计算工况的确定

由于烧结机烧结终点位置和竖罐底部入口空气预热效果不同，进入竖罐的烧结矿温度和冷却空气温度并不是恒定的。根据前人对环冷机内烧结矿冷却过程的研究结果可知，烧结矿和冷却空气进口温度的变化将会对烧结矿床层内的气固传热过程产生重要影响。另外，由 5.7.1 小节可知，烧结矿的处理量是恒定不变的，为 547.2t/h，而气固水当量比又是竖罐内气固传热过程的重要调节参数。因此，冷却空气进口流量和温度，以及烧结矿进口温度是影响竖罐内气固传热过程的主要因素。目前，烧结矿竖罐技术尚处于理论研究阶段，竖罐结构参数的设置还在研究讨论中。当冷却空气进口流量一定时，竖罐冷却段内径和高度的变化均会改变烧结矿在竖罐内的停留时间，从而对床层内烧结矿与冷却空气的换热产生影响。因此，利用已建立的竖罐计算模型，针对影响床层内气固传热过程的 5 个主要因素（冷却空气进口流量、烧结矿进口温度和冷却空气进口温度，以及竖罐冷却段内径和高度），在其中 4 个影响因素数值不变的情况下，模拟计算并分析第 5 个因素对竖罐内气固传热过程的影响规律。不同影响因素的变化情况如表 5-6 所示。

表 5-6　不同影响因素的变化情况

水平	冷却空气进口流量/(kg/s)	烧结矿进口温度/K	冷却空气进口温度/K	冷却段内径/m	冷却段高度/m
1	160	873	293	6	5
2	170	898	313	7	6
3	180	923	333	8	7
4	190	948	353	9	8
5	200	973	373	10	9

通过对 21 组不同工况下竖罐内气固传热过程进行数值计算，可得出在其中 4 个影响因素值不变的情况下，第 5 个因素对床层内烧结矿和冷却空气出口温度，以及余热回收竖罐回收的空气热量 Q 和空气热量㶲 E_x 的影响。回收的空气热量 Q 和空气热量㶲 E_x 分别采用如下公式进行计算。

$$Q = M(c_{g,out}T_{g,out} - c_{g,in}T_{g,in}) \tag{5-33}$$

$$E_x = Q\left(1 - \frac{T_0}{T_{g,out} - T_{g,in}}\ln\frac{T_{g,out}}{T_{g,in}}\right) \tag{5-34}$$

式中，Q 为回收的空气热量，W；E_x 为回收的空气热量㶲，W；M 为空气质量流量，kg/s；$T_{g,\,out}$，$T_{g,\,in}$ 分别为冷却空气的出口和进口温度，K；$c_{g,\,out}$，$c_{g,\,in}$ 分别为 $T_{g,\,out}$ 和 $T_{g,\,in}$ 条件下空气的比热容，J/(kg·K)；T_0 为环境温度，K。

2. 冷却空气进口流量的影响

1）冷却空气进口流量对冷却空气和烧结矿出口温度的影响

在烧结矿进口温度为 923K，空气进口温度为 293K，以及竖罐冷却段内径和高度为 9m 和 7m 条件下，冷却空气和烧结矿出口温度随冷却空气进口流量的变化规律如图 5-16 所示。

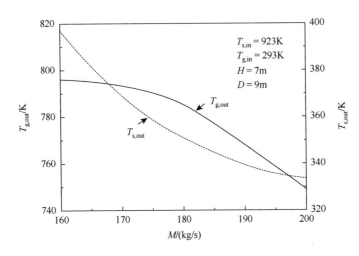

图 5-16　冷却空气进口流量对冷却空气和烧结矿出口温度的影响

由图 5-16 可知，随着冷却空气进口流量的增加，冷却空气和烧结矿出口温度均逐渐降低，并且冷却空气出口温度的下降趋势越来越大，而烧结矿出口温度的下降趋势越来越小。其主要原因是：

（1）冷却空气进口流量的增加将导致床层内气体表观流速增大，床层内烧结矿的冷却速度也会随之增大，从而导致烧结矿出口温度降低。

（2）由于烧结矿进口热流密度是一定的，虽然气体表观流速的增大能够导致床层内气固换热系数增加，但床层内烧结矿和冷却空气之间的单位换热量是逐渐减小的，这就导致了烧结矿出口温度下降的趋势越来越小。

（3）根据热力学第一定律可知，冷却空气进口流量的增加必然导致出口空气温度减低，而烧结矿出口温度的下降趋势又是逐渐减小的，这就导致冷却空气出口温度的下降趋势越来越大。当冷却空气进口流量由 160kg/s 增加到 200kg/s 时，冷却空气进口流量每增加 10kg/s，冷却空气和烧结出口温度分别平均降低 12.2K 和 16.1K。

2）冷却空气进口流量对回收的空气热量和空气热量㶲的影响

图 5-17 为竖罐回收的空气热量和空气热量㶲随冷却空气进口流量的变化规律。由图 5-17 可知，随着冷却空气进口流量的增加，回收的空气热量逐渐增加，并且当冷却空气进口流量达到 180kg/s 后，回收空气热量的增加趋势逐渐减小，最后基本保持不变。这是由于冷却空气进口流量的增加将导致竖罐内气固换热效果增强，烧结矿出口温度会随之降低。由于烧结矿出口温度的下降趋势随冷却空气进口流量的增加而逐渐减小，这使得回收的空气热量的增加趋势也变得越来越小，最终基本保持不变。当冷却空气进口流量由 160kg/s 增加到 180kg/s 时，冷却空气进口流量每增加 10kg/s，回收的空气热量平均增加 4.8MW；当冷却空气进口流量由 180kg/s 增加到 200kg/s 时，冷却空气进口流量每增加 10kg/s，回收的空气热量平均增加 0.8MW。

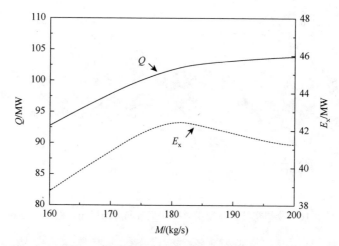

图 5-17　冷却空气进口流量对回收的空气热量和空气热量㶲的影响

由图 5-17 还可得出，回收的空气热量㶲随冷却空气进口流量的增大先增加后减小。这是因为冷却空气进口流量的增加将导致冷却空气出口温度降低。由式（5-33）和式（5-34）可知，随着冷却空气出口温度的降低，单位回收的空气热量㶲会逐渐减小，并且下降的趋势会越来越大。当冷却空气进口流量由 160kg/s 增加到 180kg/s 时，由于回收的空气热量的增加趋势大于单位空气热量㶲的下降趋势，回收的空气热量㶲随冷却空气进口流量的增加而逐渐增加，冷却空气进口流量每增加 10kg/s，回收的空气热量㶲平均增加 1.8MW；当冷却空气进口流量由 180kg/s 增加到 200kg/s 时，由于回收的空气热量的增加趋势小于单位空气热量㶲的下降趋势，回收的空气热量㶲随冷却空气进口流量的增加而逐渐减小，冷却空气进口流量每增加 10kg/s，回收的空气热量㶲平均减小 0.6MW。

3. 烧结矿进口温度的影响

1）烧结矿进口温度对冷却空气和烧结矿出口温度的影响

在冷却空气进口流量为 190kg/s，空气进口温度为 293K，以及竖罐冷却段内径和高度为 9m 和 7m 条件下，冷却空气和烧结矿出口温度随烧结矿进口温度的变化规律如图 5-18 所示。

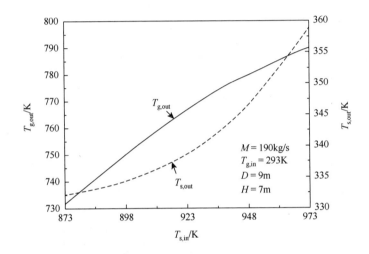

图 5-18　烧结矿进口温度对冷却空气和烧结矿出口温度的影响

由图 5-18 可知，随着烧结矿进口温度的增加，冷却空气和烧结矿出口温度均逐渐增加，并且冷却空气出口温度的增加趋势越来越小，而烧结矿出口温度的增加趋势越来越大。其主要原因是：

（1）烧结矿进口温度的增加将导致床层内气固换热温差增大，床层内冷却空气与烧结矿的换热将会增强，从而导致冷却空气出口温度增加。

（2）由于烧结矿的处理量一定，这使得烧结矿在竖罐冷却段内的停留时间是固定的，虽然烧结矿进口温度的增加使得床层内气固换热有所增强，但冷却空气进口流量一定，导致烧结矿在冷却段内还未与冷却空气进行充分热交换就被排出竖罐外，这使得烧结矿出口温度也逐渐增加，而烧结矿进口温度的继续增大只会使得烧结矿出口温度的增加趋势越来越大。

（3）根据热力学第一定律可知，随着烧结矿进口温度的增加，烧结矿出口温度的增加趋势越大，冷却空气出口温度的增加趋势越小。当烧结矿进口温度由 873K 增加到 973K 时，烧结矿进口温度每增加 20K，冷却空气和烧结矿出口温度则分别平均增加 5.4K 和 2.4K。

2）烧结矿进口温度对回收的空气热量和空气热量㶲的影响

图 5-19 为竖罐回收的空气热量和空气热量㶲随烧结矿进口温度的变化规律。由图 5-19 可知，随着烧结矿进口温度的增加，回收的空气热量和空气热量㶲均逐渐增加，这是因为烧结矿进口温度的增加将导致冷却空气出口温度增加。由式（5-33）和式（5-34）可知，随着冷却空气出口温度的增加，回收的空气热量和空气热量㶲都会逐渐增加。当烧结矿进口温度由 873K 增加到 973K 时，烧结矿进口温度每增加 20K，回收的空气热量和空气热量㶲分别平均增加 2.8MW 和 1.6MW。

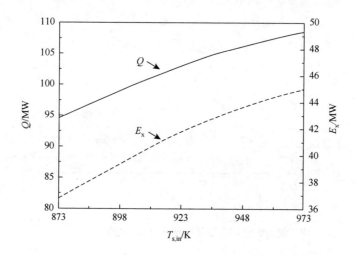

图 5-19　烧结矿进口温度对回收的空气热量和空气热量㶲的影响

4. 冷却空气进口温度的影响

1）冷却空气进口温度对冷却空气和烧结矿出口温度的影响

在冷却空气进口流量为 190kg/s，烧结矿进口温度为 973K，以及冷却段内径和高度为 9m 和 7m 条件下，冷却空气和烧结矿出口温度随冷却空气进口温度的变化如图 5-20 所示。

由图 5-20 可知，随着冷却空气进口温度的增加，冷却空气和烧结矿出口温度均逐渐增加，并且冷却空气出口温度的增加趋势越来越小，而烧结矿出口温度基本呈线性增加趋势。其主要原因是：

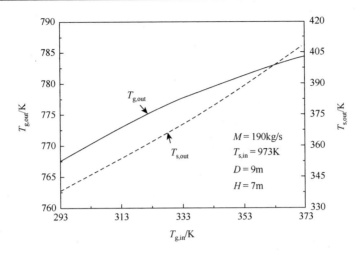

图 5-20　冷却空气进口温度对冷却空气和烧结矿出口温度的影响

（1）由于冷却空气进口流量一定，冷却空气进口温度的增加将导致床层内气体表观流速增加，床层内气固换热时间将随之减少，这会引起烧结矿与冷却空气之间气固换热量减小，从而导致烧结矿出口温度增加。

（2）床层内气体表观流速的增加也会导致床层内气固换热效果增强，使得由于冷却空气进口温度增加而带入竖罐内的热量大于由于烧结矿出口温度增加而带出竖罐的热量，这会导致冷却空气出口温度增加。

（3）由于烧结矿在竖罐内的停留时间一定，而冷却空气进口温度的增加又会导致气固换热时间减小和气固换热效果增强，这使得气固换热温差在冷却空气入口处最终会基本稳定在一个定值，从而导致烧结矿出口温度基本呈线性增加趋势。

（4）根据热力学第一定律，随着冷却空气进口温度的增加，当烧结矿出口温度呈线性增加趋势时，冷却空气出口温度的增加趋势越来越小。当冷却空气进口温度由 293K 增加到 373K 时，冷却空气进口温度每增加 20K，冷却空气和烧结出口温度分别平均增加 4.2K 和 17.6K。

2）冷却空气进口温度对回收的空气热量和空气热量㶲的影响

图 5-21 为竖罐回收的空气热量和空气热量㶲随冷却空气进口温度的变化规律。由图 5-21 可知，随着冷却空气进口温度的增加，回收的空气热量基本呈线性趋势逐渐减小。这是因为冷却空气进口温度的增加将导致烧结矿出口温度呈线性关系逐渐增加，根据气固之间能量守恒的关系，这会使得回收的空气热量也呈线性关系逐渐减小。当冷却空气进口温度由 293K 增加到 373K 时，烧结矿进口温度每增加 20K，回收的空气热量平均减小 2.9MW。

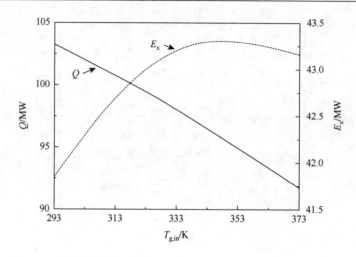

图 5-21　冷却空气进口温度对回收的空气热量和空气热量㶲的影响

由图 5-21 还可以看出，回收的空气热量㶲随冷却空气进口温度的增加呈现出先增加后减小的趋势。其主要原因是：

（1）冷却空气进口温度的增加将导致竖罐出口冷却空气温度增加，冷却空气的能级也将随之增加。

（2）在冷却空气进口温度较低时，随着冷却空气进口温度的增加，虽然回收的空气热量逐渐减小，但由于冷却空气能级增加的幅度大于回收空气热量的减小幅度，故回收的空气热量㶲逐渐增加。

（3）在冷却空气进口温度较高时，随着冷却空气进口温度的增加，由于回收的空气热量呈线性关系减小较快，而此时冷却空气能级增加的幅度已小于回收空气热量的减小幅度，故回收的空气热量㶲逐渐减小。当冷却空气进口温度由 293K 增加到 353K 时，烧结矿进口温度每增加 10K，回收的空气热量㶲平均增加 0.25MW；当冷却空气进口温度由 353K 增加到 373K 时，烧结矿进口温度每增加 10K，回收的空气热量㶲平均减小 0.085MW。

5. 冷却段内径的影响

1）冷却段内径对冷却空气和烧结矿出口温度的影响

在冷却空气进口流量为 190kg/s，烧结矿进口温度为 973K，冷却空气进口温度为 293K，以及冷却段的高度为 7m 的条件下，冷却空气和烧结矿出口温度随冷却段内径的变化如图 5-22 所示。

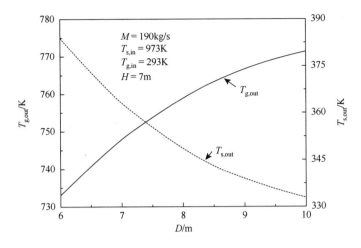

图 5-22　冷却段内径对冷却空气和烧结矿出口温度的影响

由图 5-22 可知，随着冷却段内径的增加，冷却空气出口温度逐渐增加，并且温度增加趋势越来越小，而烧结矿出口温度逐渐降低，并且温度下降的趋势也越来越小。其主要原因是：

（1）由于烧结矿处理量一定，冷却段内径的增加将导致烧结矿在竖罐内的下移速度减小，床层内气固换热时间就会随之增加，烧结矿与冷却空气之间的热交换就会更加充分，这将导致烧结矿出口温度降低和冷却空气出口温度增加。

（2）冷却段内径的增加也会使得床层内气体表观流速减小，烧结矿与冷却空气之间的换热效果减弱，床层内烧结矿的冷却速率降低，导致烧结矿出口温度的下降趋势逐渐变缓。

（3）根据热力学第一定律，随着冷却段内径的增加，当烧结矿出口温度的下降趋势逐渐变缓时，冷却空气出口温度的增加趋势也会逐渐变缓。当冷却段内径由 6m 增加到 10m 时，冷却段内径每增加 1m，冷却空气出口温度平均增加 9.6K，而烧结矿出口温度平均降低 12.8K。

2）冷却段内径对回收的空气热量和空气热量㶲的影响

图 5-23 为竖罐回收的空气热量和空气热量㶲随竖罐冷却段内径的变化规律。由图 5-23 可知，随着冷却段内径的增加，回收的空气热量和空气热量㶲均逐渐增加。这是因为冷却段内径的增加将导致冷却空气出口温度增加。由式（5-33）和式（5-34）可知，随着冷却空气出口温度的增加，回收的空气热量和空气热量㶲都会逐渐增加。当冷却段内径由 6m 增加到 10m 时，冷却段内径每增加 1m，回收的空气热量和空气热量㶲分别平均增加 2.3MW 和 1.4MW。

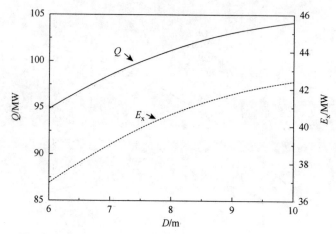

图 5-23　冷却段内径对回收的空气热量和空气热量㶲的影响

6. 冷却段高度的影响

1）冷却段高度对冷却空气和烧结矿出口温度的影响

在冷却空气进口流量为 190kg/s，烧结矿进口温度为 973K，冷却空气进口温度为 293K，以及冷却段内径为 9m 的条件下，冷却空气和烧结矿出口温度随冷却段高度的变化如图 5-24 所示。由图 5-24 可知，随着冷却段高度的增加，冷却空气出口温度逐渐增加，并且温度增加趋势越来越小，而烧结矿出口温度则逐渐降低，并且温度下降的趋势也越来越小。其主要原因是：

（1）冷却段高度的增加将导致床层内气固换热时间增加，烧结矿与冷却空气之间的热交换就会更加充分，这将导致烧结矿出口温度降低和冷却空气出口温度增加。

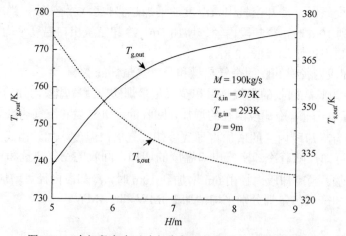

图 5-24　冷却段高度对冷却空气和烧结矿出口温度的影响

（2）冷却段高度的增加也会导致床层内局部气固换热温差减小，烧结矿与冷却空气之间的换热效果减弱，床层内烧结矿的冷却速率降低，导致烧结矿出口温度的下降趋势逐渐变缓。

（3）根据热力学第一定律，随着冷却段高度的增加，当烧结矿出口温度的下降趋势逐渐变缓时，冷却空气出口温度的增加趋势也会逐渐变缓。当冷却段高度由 5m 增加到 9m 时，冷却段高度每增加 1m，冷却空气出口温度平均增加 9K，而烧结矿出口温度平均降低 11.2K。

2）冷却段高度对回收的空气热量和空气热量㶲的影响

图 5-25 为竖罐回收的空气热量和空气热量㶲随竖罐冷却段高度的变化规律。由图 5-25 可知，随着冷却段高度的增加，回收的空气热量和空气热量㶲均逐渐增加。这是因为冷却段高度的增加将导致冷却空气出口温度增加。由式（5-33）和式（5-34）可知，随着冷却空气出口温度的增加，回收的空气热量和空气热量㶲都会逐渐增加。当冷却段高度由 5m 增加到 9m 时，冷却段高度每增加 1m，回收的空气热量和空气热量㶲分别平均增加 2.2MW 和 1.3MW。

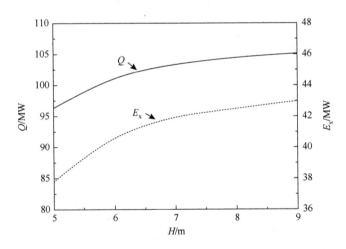

图 5-25　冷却段高度对回收的空气热量和空气热量㶲的影响

5.8　竖罐适宜热工参数的确定

5.8.1　竖罐适宜热工参数的判据

根据余热回收系统的三类变量关系可知，烧结矿竖罐的结构参数和操作参数直接决定了竖罐出口热载体的流量和温度，进而决定了后续余热锅炉系统的吨矿发电量。由于烧结矿竖罐尚处于理论和试验研究阶段，竖罐完整的参数优化研究还鲜有报道，因此只有借鉴另一种烧结矿余热回收装置，即烧结矿环冷机的参数优化指标来进行分析。目前，烧结矿环冷机的参数优化指标主要有两种，一种是回收的冷却空气热量，另一种是回收的冷却空气温度㶲。但这两种参数优化指标应用在烧结矿竖罐中存在以下几点不足：

（1）根据热力学第二定律，热量不可能完全转化为有用的功，而做功的大小主要取决于热载体中可用能的大小，热载体的能级是小于 1 的。换言之，竖罐出口冷却空气所携带的热量不可能完全转化为余热回收系统的发电量。虽然不同操作工况下，冷却空气所携带的热量相同，但会因各自热量中所含可用能的不同，后续余热发电量不同，甚至出现热量越大而发电量越小的现象。因此，将回收的冷却空气热量作为竖罐参数优化的指标是不科学的。

（2）将回收的冷却空气温度㶲作为参数优化的指标有一定的科学性，因为温度㶲就是热载体所携带热量中的可用能，可用能越大，余热发电量越大，但其并没有考虑系统的耗电量。竖罐系统耗电量主要体现在鼓风机的耗电量，取决于冷却空气穿透竖罐床层的阻力损失的大小。由于竖罐冷却段高度远高于环冷机内烧结矿床层的高度，而竖罐内的气体表观流速也大于环冷机内的气体表观流速，根据第 3 章的研究结果，烧结矿床层内单位床层高气流压降与气体表观流速呈 2 次方关系增加，因此竖罐内的气流阻力损失远大于在环冷机内的气流阻力损失。换言之，在一定操作工况条件下，随着气体表观流速的增加，回收的空气温度㶲增加，导致余热发电量也增加，但竖罐床层内气流阻力损失也增加，导致鼓风机的耗电量也增加，这造成系统净发电量（发电量与耗电量之差）出现随气体表观流速的增加而减小的现象。因此，将回收的冷却空气温度㶲作为竖罐参数优化的指标也是不科学的。

基于以上分析，竖罐结构参数和操作参数的设置要以系统净发电量作为直接判据，既要考虑系统的发电量，也要考虑由于床层内气流阻力损失而造成的风机耗电量。由于竖罐出口冷却空气的温度㶲决定系统发电量，而风机的耗电量主要取决于竖罐内气流穿透床层的阻力损失，考虑到竖罐床层内的冷却空气可视为理想气体，则可用冷却空气穿透床层的压力㶲来定量描述风机的耗电量。对于理想气体，气体的温度㶲与压力㶲之和就是气体的焓㶲。因此，本节将采用竖罐出口冷却空气的焓㶲作为竖罐结构参数和操作参数确定的判据。

工质的温度㶲是指当只是工质的温度（T）与环境温度（T_0）不同，压力与环境相同时，工质所具有的㶲值。单位工质温度㶲的表达式如式（5-35）所示。

$$e_{x,H}(T) = (h - h_0) - T_0(s - s_0) \tag{5-35}$$

式中，$e_{x,H}$ 为单位工质的温度㶲，J/kg；h，h_0 分别为工质在温度 T 与环境温度 T_0 时具有的焓值，J/kg；s，s_0 分别为工质在温度 T 与环境温度 T_0 时具有的熵值，J/(kg·K)；T_0 为环境温度，K。

当工质无相变，并已知其比热容时，

$$\mathrm{d}h = c_p \mathrm{d}T \tag{5-36}$$

$$\mathrm{d}s = \frac{\delta q}{T} = \frac{c_p \mathrm{d}T}{T} \tag{5-37}$$

将式（5-36）和式（5-37）代入式（5-35）中，可得工质温度㶲的表达式为

$$e_{x,H}(T) = \int_{T_0}^{T} c_p \mathrm{d}T - T_0 \int_{T_0}^{T} \frac{c_p}{T} \mathrm{d}T \tag{5-38}$$

当工质的定压比热容近似为常数时，则

$$e_{x,H}(T) = c_p \int_{T_0}^{T} \mathrm{d}T - c_p T_0 \int_{T_0}^{T} \frac{\mathrm{d}T}{T} = c_p (T - T_0)\left[1 - \frac{T_0}{T - T_0}\ln\frac{T}{T_0}\right] \tag{5-39}$$

工质的能级为

$$\lambda_T = 1 - \frac{T_0}{T - T_0}\ln\frac{T}{T_0} \tag{5-40}$$

由式（5-40）可知，工质的能级只与温度有关，而与工质的种类无关。温度越高，能级越高，说明在工质所携带能量中的可用能越大。

工质的压力㶲是指工质温度与环境温度相同，工质压力 p 与环境压力 p_0 不同时所具有的㶲值。根据热力学中熵的微分关系式可知，

$$\mathrm{d}s = \frac{c_p \mathrm{d}T}{T} - R_g \frac{\mathrm{d}p}{p} \tag{5-41}$$

基于工质温度流动时焓㶲的表达式可得

$$\mathrm{d}e_{x,H} = \mathrm{d}h - T_0 \mathrm{d}s = c_p \mathrm{d}T - \frac{c_p T_0}{T}\mathrm{d}T + R_g T_0 \frac{\mathrm{d}p}{p} \tag{5-42}$$

在 $\mathrm{d}T = 0$ 的条件下，工质的压力㶲为

$$\mathrm{d}e_{x,H}(p) = R_g T_0 \frac{\mathrm{d}p}{p} \tag{5-43}$$

式中，R_g 为摩尔气体常量，J/(kg·K)。

由于竖罐出口的压力为环境压力 p_0，因此竖罐内单位气体的压力㶲为

$$e_{x,H}(p) = R_g T_0 \int_{p}^{p_0} \frac{\mathrm{d}p}{p} = R_g T_0 \ln\frac{p_0}{p} = R_g T_0 \ln\frac{p_0}{p_0 + \Delta p} \tag{5-44}$$

式中，p_0 为环境压强，Pa；Δp 为竖罐内床层的压降，Pa。

由于竖罐内床层的压降 Δp 大于 0，所以气体的压力㶲小于 0，这是因为气体在竖罐床层内流动时存在阻力损失，需要消耗外功。

通过以上分析可知，竖罐内气体焓㶲的表达式为

$$E_{x,H} = M[e_{x,H}(T) + e_{x,H}(p)] = M\left\{c_p(T - T_0)\left[1 - \frac{T_0}{T - T_0}\ln\frac{T}{T_0}\right] + R_g T_0 \ln\frac{p_0}{p_0 + \Delta p}\right\}$$

$$(5\text{-}45)$$

5.8.2　试验设计方法的确定

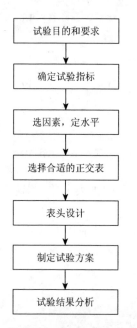

图 5-26　试验方案设计
流程示意图

（流程框图内容：试验目的和要求 → 确定试验指标 → 选因素，定水平 → 选择合适的正交表 → 表头设计 → 制定试验方案 → 试验结果分析）

正交试验设计方法是利用正交表科学地安排和分析多因素试验，以及寻求最优水平组合的一种高效率试验设计方法。它是由试验因素的全部水平组合中，挑选部分有代表性的水平组合进行试验的，通过对这部分试验结果的分析了解全面试验的情况，找出最优的水平组合。正交试验设计方法的基本特点主要包括：①可以考虑多因素多指标的选优问题；②完成试验要求所需的实验次数少；③数据点的分布很均匀；④可用相应的极差分析方法和方差分析方法等对试验结果进行分析，得出许多有价值的结论；⑤方法简易、规范化、易于普及推广。

正交试验设计的基本程序包括试验方案设计和试验结果分析两部分，其各自的流程如图 5-26 和图 5-27 所示，具体步骤如下所示。

1. 明确试验目的，确定试验指标

试验设计前必须明确试验目的，即本次试验要解决什么问题。试验目的确定后，对试验结果如何衡量，就需要确定出试验指标。试验指标可分为定量指标和定性指标。

2. 选因素，定水平，列因素水平表

根据专业知识的研究结论，从影响试验指标的诸多因素中，通过因果分析筛选出需要考察的试验因素。一般确定试验因素时，需要根据试验目的选出主要因素，略去次要因素，同时应以对试验指标影响大的因素、尚未考察过的因素、尚未完全掌握其规律的因素为先。试验因素选定后，根据所掌握的信息资料和相关知识，确定每个因素的水平，一般以 2～4 个水平为宜。对主要考察的试验因素，可以多取水平，但不宜过多（≤6），否则试验次数骤增。因素的水平间距，应根据专业知识和已有的资料，尽可能把水平值取在理想区域。

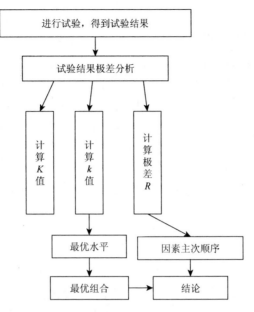

图 5-27　极差法分析流程示意图

3. 选择合适的正交表

正交表的选择是正交试验设计的首要问题。在确定因素及其水平后，根据因素、水平及需要考察的交互作用的多少来选择合适的正交表。一般情况下，试验因素的水平数应等于正交表中的水平数；因素个数（包括交互作用）应不大于正交表的列数。正交表的选择原则是，在能够安排试验因素和交互作用的前提下，尽可能选用较小的正交表，以减少试验次数。

4. 表头设计

表头设计就是把试验因素和需要考察的交互作用分别安排到正交表的各列中的过程。在不考察交互作用时，各因素可随机安排在各列上；若考察交互作用，就应按所选正交表的交互作用列表安排各因素与交互作用，以防止设计"混杂"。

当试验因素数等于正交表的列数时，优先将水平改变较困难的放在第 1 列，水平变换容易的因素放在最后一列，其余因素可自行安排。当试验因素少于正交表的列数时，表中有空列时，若不考虑交互作用，空列可作为误差列，其一般放在中间或靠后位置。

5. 编制试验方案，按方案进行试验，得到试验结果

根据正交表和表头设计确定每号试验的方案，然后进行试验，得到以试验指标形式表示的试验结果。

6. 对试验结果进行统计分析

常用的统计分析方法有直观分析法（极差分析法）和方差分析法。通过极差分析法可以得到如下分析结果：①分清各因素及其交互作用的主次顺序，分清哪个是主要因素，哪个是次要因素；②找出试验因素的最优水平和试验范围内的最优组合，即试验因素各取什么水平时，试验指标最好；③分析因素与试验指标之间的关系，找出试验指标随因素变化的规律和趋势，为进一步试验指明方向，极差法分析流程如图 5-27 所示。与极差分析法相比，方差分析方法只可以多引出一个结论：各因素对试验指标的影响是否显著，但其计算方法较为烦琐，流程较为复杂。

7. 进行验证试验，作进一步分析

试验所得最优方案是通过统计分析得出的，还需要进行试验验证，以保证最优方案与实际结果一致，否则还需要进行新的正交试验。

基于以上分析可知，通过正交试验设计中的极差分析法可以得出多因素条件下的最优水平组合，而且该试验方法简便，试验次数较少。因此，本节将采用正交试验的极差分析法对烧结矿竖罐的结构参数和操作参数进行优化分析，得出适宜的参数水平组合。

5.8.3　试验方案的确定

在对单罐条件下烧结矿竖罐结构参数和操作参数进行优化分析之前，需要对不同参数下计算工况进行设定。换言之，就是从影响因素中选取需要考察的因素，并确定每个因素的水平，然后列因素水平表，最后选定合适的正交表。

1. 试验因素和水平的确定依据

根据 5.7 节中不同参数对竖罐内气体温度㶲的影响结果，再结合式（5-44）所得压力㶲的计算结果，可以得出冷却空气进口流量、烧结矿进口温度和冷却空气进口温度，以及冷却段高度和内径等因素对竖罐出口冷却空气焓㶲、温度㶲和压力㶲的影响规律，分别如图 5-28～图 5-32 所示。

1）冷却空气进口流量的影响

在烧结矿进口温度为 923K，空气进口温度为 293K，以及竖罐冷却段内径和高度为 9m 和 7m 的条件下，竖罐内气体焓㶲、温度㶲和压力㶲随冷却空气进口流量的变化规律如图 5-28 所示。

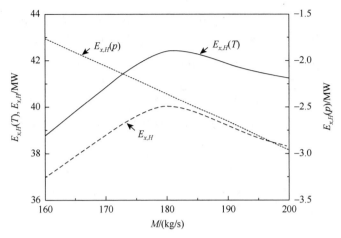

图 5-28　冷却空气进口流量对空气焓㶲、温度㶲和压力㶲的影响

由图 5-28 可知，随着冷却空气进口流量的增加，气体的焓㶲和温度㶲呈现出先增加后减小的趋势，温度㶲和焓㶲之间的差值越来越大，而气体的压力㶲则逐渐减小。这是因为冷却空气流量的增加导致床层内气体表观流速增加，气体在床层内的阻力损失将会随之增加，这使得气体的压力㶲随着冷却空气进口流量的增加而逐渐减小，而压力㶲的减小将导致温度㶲和焓㶲之间的差值增加。

2）烧结矿进口温度的影响

在冷却空气进口流量为 190kg/s，空气进口温度为 293K，以及竖罐冷却段内径和高度为 9m 和 7m 的条件下，竖罐内冷却空气的焓㶲、温度㶲和压力㶲随烧结矿进口温度的变化规律如图 5-29 所示。

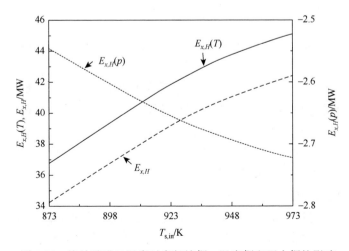

图 5-29　烧结矿进口温度对空气焓㶲、温度㶲和压力㶲的影响

由图 5-29 可知，随着烧结矿进口温度的增加，气体的焓㶲和温度㶲均逐渐增加，而气体的压力㶲则逐渐减小。这是因为烧结矿进口温度的增加将导致床层内气固换热效果增强和冷却空气出口温度增加，床层内气体温度也随之增加，冷却空气通过床层的体积流量也会增加，这将导致床层内气体阻力损失增加，因此气体的温度㶲会逐渐增加，而压力㶲则会逐渐减小。根据式（5-45）可知，气体的焓㶲也会逐渐增加。由于气体压力㶲的变化幅度较小，床层内气体温度㶲和焓㶲之间差值基本没有变化。

3）冷却空气进口温度的影响

在冷却空气进口流量为 190kg/s，烧结矿进口温度为 973K，以及冷却段内径和高度为 9m 和 7m 的条件下，竖罐内冷却空气的焓㶲、温度㶲和压力㶲随冷却空气进口温度的变化规律如图 5-30 所示。

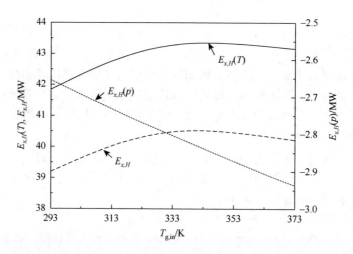

图 5-30　冷却空气进口温度对空气焓㶲、温度㶲和压力㶲的影响

由图 5-30 可知，随着冷却空气进口温度的增加，气体的焓㶲和温度㶲呈现出先增加后减小的趋势，而气体的压力㶲则逐渐减小。这是因为冷却空气进口温度的增加将导致冷却空气通过床层体积流量增加，这使得床层内气流阻力损失也随之增加，因此压力㶲逐渐减小。由于气体压力㶲的变化幅度较小，床层内气体温度㶲和焓㶲之间差值也基本没有变化。

4）冷却段内径的影响

在冷却空气进口流量为 190kg/s，烧结矿进口温度为 973K，冷却空气进口温度为 293K，以及冷却段的高度为 7m 的条件下，竖罐内冷却空气的焓㶲、温度㶲和压力㶲随冷却段内径的变化规律如图 5-31 所示。

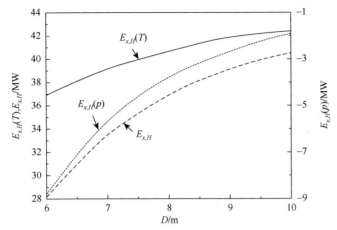

图 5-31 冷却段内径对空气㶲、温度㶲和压力㶲的影响

由图 5-31 可知，随着冷却段内径的增加，气体的㶲、温度㶲和压力㶲均逐渐增加。这是因为冷却段内径的增加将导致床层内气体表观流速减小和冷却空气出口温度增加，这使得床层内气流阻力损失也随之减小，因此气体的温度㶲和压力㶲逐渐增加。根据式（5-45），气体的㶲也会随之增加。由于气体压力㶲的变化幅度较大，这将导致床层内气体温度㶲和㶲之间差值随冷却段内径的增加逐渐减小。

5）冷却段高度的影响

在冷却空气进口流量为 190kg/s，烧结矿进口温度为 973K，冷却空气进口温度为 293K，以及冷却段内径为 9m 的条件下，竖罐内冷却空气的㶲、温度㶲和压力㶲随冷却段高度的变化规律如图 5-32 所示。

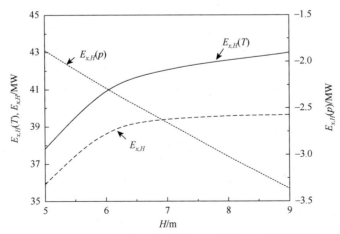

图 5-32 冷却段高度对空气㶲、温度㶲和压力㶲的影响

　　由图 5-32 可知，随着冷却段高度的增加，气体的焓㶲和温度㶲均逐渐增加，并且气体焓㶲的增加趋势逐渐减小，最后基本保持不变，而气体的压力㶲逐渐减小。这是因为冷却段高度的增加将导致床层内气流阻力损失增加，气体的压力㶲会随之减小。由于气体温度㶲的增加趋势逐渐减小，这将导致床层内气体温度㶲和焓㶲之间差值逐渐增加，因此气体焓㶲的增加趋势会进一步减小。由气体焓㶲的变化趋势可以得出，当冷却空气进口流量大于 190kg/s 时，竖罐内气体焓㶲会在某一床层高度处达到最大值，而继续增加床层高度，气体焓㶲将会出现减小的趋势。

2. 正交试验因数水平表的确定

1）烧结矿进口温度水平的确定

　　综合以上分析可知，对于烧结矿进口温度而言，在所设置的温度范围内，由于气体的压力㶲变化很小，竖罐内气体的焓㶲随烧结矿进口温度的增加基本呈线性关系增加，气体焓㶲的变化曲线并不会出现拐点，因此，在正交试验设计方法中，烧结矿进口温度被认为是次要影响因素。借鉴环冷机的实际运行数据，烧结矿进口温度的数值被设定为 923K。

2）冷却段内径水平的确定

　　对于冷却段内径而言，在所设置的内径范围内，由于气体的温度㶲和压力㶲均随冷却段内径的增加而增加，竖罐内气体的焓㶲也随之增加，并且增加的幅度越来越小，气体焓㶲的变化曲线也不会出现拐点。在本次的数值计算中，当冷却段内径从 9m 增加到 10m 时，竖罐内气体的焓㶲从 39.2MW 增加到 40.5MW，增加了仅 3.32%，而在实际生产过程中，冷却段内径的增加不仅会造成竖罐系统初始投资增加，还会导致床层内烧结矿颗粒粒径分布不均，引起气流偏析，这将影响竖罐运行的稳定性。因此，在此次正交试验设计方法中，冷却段内径被认为是次要影响因素，并根据李明明的研究结果和建议，冷却段内径设定为 9m。

3）冷却空气进口流量和温度以及冷却段高度水平的确定

　　对于冷却空气进口流量和温度，以及冷却段高度而言，在所设置的参数范围内，竖罐内气体的焓㶲随冷却空气进口流量和温度的增加呈现先增加后减小的趋势。当冷却空气进口流量超过某一限定值时，随着冷却段高度的增加，竖罐内气体的焓㶲也会呈现出先增加后减小的趋势。因此，在正交试验设计方法中，冷却空气进口流量和温度，以及冷却段高度被认为是主要影响因素，而根据竖罐内气体焓㶲曲线的变化规律可得，不同因素水平的取值情况如表 5-7 所示。

表 5-7　正交试验的因素水平表

水平	因素		
	冷却空气进口流量/(kg/s)	冷却空气进口温度/K	冷却段高度/m
1	170	313	6
2	180	333	7
3	190	353	8
4	200	373	9

3. 正交试验工况的确定

由表 5-7 可知，本节将利用正交试验设计方法对冷却空气进口流量和温度，以及冷却段高度 3 个参数 4 个水平进行优化分析，并选择 $L_{16}(4^3)$ 的正交表进行试验分析，即 3 参数、4 水平和 16 工况的正交试验。根据正交试验表头设计的原则，冷却段高度的水平放在第一列，中间列为冷却空气进口温度的水平表，最后一列为冷却空气进口流量的水平，所设计的试验方案如表 5-8 所示。

表 5-8　正交试验的试验方案

工况	冷却段高度/m	冷却空气进口温度/K	冷却空气进口流量/(kg/s)
1	6	313	170
2	6	333	180
3	6	353	190
4	6	373	200
5	7	313	180
6	7	333	170
7	7	353	200
8	7	373	190
9	8	313	190
10	8	333	200
11	8	353	170
12	8	373	180
13	9	313	200
14	9	333	190
15	9	353	180
16	9	373	170

5.8.4　单罐条件下竖罐适宜结构参数和操作参数的确定

根据本研究团队已有研究结果,与国内某大型烧结机配套的余热回收竖罐可基于单罐或双罐模式,这里将系统讨论单罐模式下竖罐适宜的结构参数和操作参数。

1. 正交试验工况的计算结果

通过正交试验分析,得出了对竖罐参数进行优化的 16 组工况,如表 5-8 所示。通过对 16 组工况进行数值计算,可得出不同工况下冷却空气出口温度、床层压降、冷却空气的温度㶲和压力㶲,以及冷却空气的焓㶲,如表 5-9 所示。

表 5-9　不同工况下的试验结果

工况	冷却空气出口温度/K	床层压降/Pa	温度㶲/MW	压力㶲/MW	焓㶲/MW
1	777.1	13506	38.76	−1.78	36.98
2	779.5	15258	41.24	−2.12	39.12
3	778.2	17060	42.94	−2.48	40.46
4	763.8	18725	42.4	2.85	39.55
5	794.5	17700	43.51	−2.43	41.08
6	801.2	16576	41.87	−2.16	39.71
7	762.7	21349	42.7	−3.21	39.49
8	784.3	20465	43.16	−2.94	40.22
9	775.7	21680	43.13	−3.09	40.04
10	760.7	23795	42.92	−3.54	39.38
11	814.9	19630	43.44	−2.53	40.91
12	804.1	21788	43.9	−2.95	40.95
13	757.6	26046	42.63	−3.84	38.79
14	780.5	25099	43.69	−3.53	40.16
15	804.9	24026	44.43	−3.22	41.21
16	821.2	22659	43.83	−2.88	40.95

2. 试验结果的极差分析

通过对不同因素和水平的试验指标进行分析计算,得出了如表 5-10 所示的试验结果极差分析表。在表 5-10 中,K_i 指的是某因素取第 i 水平时冷却空气的焓㶲之和，k_i 指的是 K_i 在第 i 水平重复数下的平均值，极差 R 是某因素的 k_i 中的最大值与最小值之差，反映了指标变化幅度。根据 k_i 的大小，可以确定某因素下 i 水平对试验指标的影响大小，并判定该因素下的优水平。根据极差 R 的大小，可以判断各个试验因素对试验指标的影响次序，极差 R 越大，说明该试验因素对试验指标的影响程度越大。

表 5-10　试验结果极差分析

指标	冷却段高度/m	冷却空气进口温度/K	冷却空气进口流量/(kg/s)
K_1	156.11	156.89	158.55
K_2	160.5	158.37	162.36
K_3	161.28	162.07	160.88
K_4	161.11	161.67	157.21
k_1	39.0275	39.2225	39.6375
k_2	40.125	39.5925	40.59
k_3	40.32	40.5175	40.22
k_4	40.2775	40.4175	39.3025
R	1.2925	1.295	1.2875

由表 5-10 的计算结果可知，对冷却段高度而言，k_3 最大，说明 3 水平即 8m 为最优；对冷却空气进口温度而言，k_3 最大，说明 3 水平即 353K 为最优；对冷却空气进口流量而言，k_2 最大，说明 2 水平即 180kg/s 为最优。基于以上分析，参数最优组合为：冷却段高度为 8m，冷却空气进口温度为 353K，冷却空气进口流量为 180kg/s。

由表 5-10 的计算结果还可以看出，冷却空气进口温度的极差最大，冷却段高度的极差次之，冷却空气进口流量的极差最小。因此，三种参数对试验指标的影响程度依主次分别为冷却空气进口温度、冷却段高度和冷却空气进口流量。

3. 适宜热工参数的确定

由于通过极差分析所得最优参数组合并没有出现在试验方案的 16 组工况中，因此需要对其进行验证。通过对最优参数所组成的工况进行计算，可得冷却空气的焓㶲，如表 5-11 所示。

表 5-11　最优参数组合的试验结果

冷却空气出口温度/K	床层压降/Pa	温度㶲/MW	压力㶲/MW	焓㶲/MW
802.3	21314	44.16	−2.89	41.27

由表 5-11 可以看出，最优参数组合的试验指标计算值为 41.27MW，大于表 5-9 中工况 15 条件下的试验指标值，说明此时由于冷却段高度的增加而得到的空气温度㶲小于所损失的压力㶲。当冷却段高度为 7m，冷却空气进口温度为 353K 和冷却空气进口流量为 180kg/s 时，计算所得的冷却空气焓㶲为 40.98MW，说明此时由于冷却段高度的减小而损失的空气温度㶲大于所得到的压力㶲。

综上分析，并结合竖罐冷却段内径的研究结果可知，竖罐适宜的结构参数和操作参数为：冷却段内径和高度分别为 9m 和 8m，冷却空气进口流量为 180kg/s，冷却空气进口温度为 353K。在此参数组合条件下，竖罐气固水当量比为 1.32，烧结矿的余热回收率为 82.6%，竖罐冷却段的气流压降为 21.3kPa，出口冷却空气的焓㶲为 41.27MW。

5.8.5　双罐条件下竖罐适宜结构参数和操作参数的确定

若一台 360m^2 烧结机配备 2 个竖罐，则每个竖罐的烧结处理量为单罐条件下竖罐处理量的一半，根据竖罐内气体流动相似性原理，即在竖罐内雷诺数相同条件下，可得双罐条件下每个竖罐的内径

$$r = \frac{4.5}{\sqrt{2}} \approx 3.2\text{m} \tag{5-46}$$

因此，通过以上分析可得出双竖罐条件下竖罐的内径为 6.4m。同样，采用正交试验设计方法来确定双竖罐条件下竖罐适宜的结构参数和操作参数，不同因素水平的取值情况如表 5-12 所示。

表 5-12　正交试验的因素水平表

水平	因素		
	冷却空气进口流量/(kg/s)	冷却空气进口温度/K	冷却段高度/m
1	85	343	6
2	90	353	7
3	95	363	8
4	100	373	9

由表 5-12 可知，这也是一个 3 因素 4 水平的正交试验表，选用 $L_{16}(4^3)$ 的正交表进行试验分析，即 3 因素、4 水平和 16 工况的正交试验，所设计的试验方案如表 5-13 所示。

表 5-13　正交试验的试验方案

工况	冷却段高度/m	冷却空气进口温度/K	冷却空气进口流量/(kg/s)
1	6	343	85
2	6	353	90
3	6	363	95
4	6	373	100
5	7	343	90
6	7	353	85
7	7	363	100
8	7	373	95
9	8	343	95
10	8	353	100
11	8	363	85
12	8	373	90
13	9	343	100
14	9	353	95
15	9	363	90
16	9	373	85

通过对表 5-13 中的 16 组工况进行数值计算，得出了不同工况下冷却空气出口温度、床层压降、冷却空气的温度㶲和压力㶲，以及冷却空气的焓㶲，如表 5-14 所示。

表 5-14　不同工况下的试验结果

工况	冷却空气出口温度/K	床层压降/Pa	温度㶲/MW	压力㶲/MW	焓㶲/MW
1	814.9	14301	21.81	−0.94	20.87
2	795	15567	21.55	−1.08	20.47
3	776.7	16896	21.25	−1.23	20.02
4	761.9	18333	21.05	−1.40	19.65
5	798.3	18032	21.89	−1.24	20.65
6	821.6	16971	22.19	−1.11	21.08
7	761.7	21153	21.13	−1.59	19.54
8	782.7	20046	21.46	−1.44	20.02
9	781.1	22149	21.81	−1.58	20.23
10	762.7	23935	21.42	−1.78	19.64

续表

工况	冷却空气出口温度/K	床层压降/Pa	温度烟/MW	压力烟/MW	焓烟/MW
11	827.1	19692	22.46	−1.27	21.19
12	806.2	21426	22.10	−1.45	20.65
13	764.7	26685	21.68	−1.96	19.72
14	784.6	25287	21.97	−1.78	20.19
15	805.7	23854	22.21	−1.60	20.61
16	829,4	22411	22.49	−1.43	21.06

通过对不同因素和水平的试验指标进行分析计算，得出了如表 5-15 所示的试验结果极差分析表。

表 5-15　试验结果极差分析

指标	冷却段高度/m	冷却空气进口温度/K	冷却空气进口流量/(kg/s)
K_1	81.01	81.47	84.20
K_2	81.29	81.37	82.38
K_3	81.71	81.36	80.46
K_4	81.58	81.39	78.55
k_1	20.2525	20.3675	21.05
k_2	20.3225	20.3425	20.595
k_3	20.4275	20.34	20.115
k_4	20.395	20.3475	19.6375
R	0.175	0.0275	1.4125

由表 5-15 的计算结果可知，对冷却段高度而言，k_3 最大，说明 3 水平即 8m 为最优；对冷却空气进口温度而言，k_1 最大，说明 1 水平即 343K 为最优；对冷却空气进口流量而言，k_1 也最大，说明 1 水平即 85kg/s 为最优。则参数最优组合为：冷却段高度为 8m，冷却空气进口温度为 343K，冷却空气进口流量为 85kg/s。

由于通过极差分析所得最优参数组合并没有出现在表 5-14 的 16 组工况中，因此需要对其进行验证。通过对最优参数所组成的工况进行计算，可得冷却空气的焓烟，如表 5-16 所示。

表 5-16　最优参数组合的试验结果

冷却空气出口温度/K	床层压降/Pa	温度烟/MW	压力烟/MW	焓烟/MW
825.4	19275	22.54	−1.24	21.30

由表 5-16 可以看出，最优参数组合的试验指标计算值为 21.30MW，大于表 5-14 中工况 11 条件下的试验指标值，说明此时冷却空气进口温度的增加将会导致冷却空气焓㶲减小。

由于冷却空气进口温度和冷却空气进口流量均在正交表的 1 水平取值，因此需要分析并计算其各自在减小情况下的试验指标值。当冷却段高度为 8m，冷却空气进口温度为 333K 和冷却空气进口流量为 85kg/s 时，计算所得的冷却空气焓㶲为 21.22MW，说明此时冷却空气进口温度的减小将会导致冷却空气焓㶲也减小；当冷却段高度为 8m，冷却空气进口温度为 343K 和冷却空气进口流量为 80kg/s 时，计算所得的冷却空气焓㶲为 21.03MW，说明此时冷却空气进口流量的减小也会导致冷却空气焓㶲减小。

综上分析可知，双罐条件下单个竖罐适宜的结构参数和操作参数为：冷却段内径和高度分别为 6.4m 和 8m，冷却空气进口流量为 85kg/s，冷却空气进口温度为 343K。在此参数组合条件下，竖罐气固水当量比为 1.25，烧结矿的余热回收率为 83.7%，竖罐冷却段的气流压降为 19.3kPa，出口冷却空气的焓㶲为 21.3MW。

第6章　环冷模式下烧结矿床层内流动和传热数值
计算及其应用

基于环冷机模式的烧结矿显热回收是国内外主要的工艺形式，而一直以来环冷机的设计与运行主要基于烧结矿的冷却，而非其显热的回收利用，如何提高环冷机的余热回收率是科技工作者的关注焦点。本章以烧结环冷机作为研究对象，采用数值计算方法建立烧结矿冷却数学物理模型，计算环冷机内的气固传热过程，借此研究环冷机结构与操作参数对气固传热过程的影响。随后阐述烧结余热在钢铁企业中的利用方式。

6.1　环冷机内气固传热过程数值计算模型的建立

环冷机的数值模拟过程需要建立数学物理模型，包括对实际模型的简化，选取正确的物理场，构建适宜的控制方程建立各物理场间的耦合关系，确定求解的控制参数以及初始、边界条件。本节主要介绍环冷机模型的建立过程。

6.1.1　模型建立基本流程

环冷机内气固传热过程可通过一系列偏微分方程来描述，包括台车内的质量守恒、动量守恒及能量守恒方程。这些偏微分方程利用多物理场耦合进行数值求解。具体的实现方法是：利用流动模块中的湍流 k-ε 应用模式对冷却气体流经烧结矿床层过程中的质量守恒及动量守恒进行控制，利用传热模块中的固体传热与流体传热对烧结矿冷却过程中的能量守恒进行控制，两种模块的耦合可以对冷却气体流经烧结矿的冷却过程进行传热及传质模拟。

模型建立流程图如图 6-1 所示。

6.1.2　环冷机内传热过程研究方法的确定

对于模拟仿真计算来说，模型的简化是十分必要的，特别是结构复杂的情况，一些细微的尺寸等其他次要因素不应该过多地考虑。有时考虑到这些因素会大大增加工作量，影响工作效率，还会增加网格的数量，并且使其质量急剧

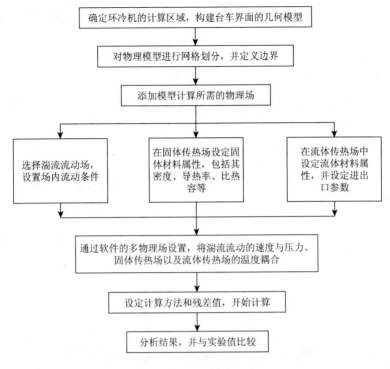

图 6-1　模型建立流程图

恶化，甚至无法收敛，导致计算失败。为了更好地模拟环冷机内不同断面的温度分布，研究每个位置温度变化，拟采用拉格朗日法（随体法），从烧结矿进入烧结机的开始时刻进行研究，以此时的断面温度为初始条件，研究该截面温度随时间的变化规律。为了方便模拟过程，鉴于环冷机的台车运行速度缓慢，所以采用时间模拟空间的方法，即用冷却的不同时刻来表示环冷机的不同位置，建立环冷机的二维非稳态模型。这样就可以避免对整个环冷机进行建模，对该实际问题进行了简化，降低了计算难度，缩短了计算时间，且方便对冷却过程的研究。

台车在环冷机当中的运行速度大约为 1.5m/min，折合 0.025m/s，与冷却气体的表观流速 1.9235m/s 相差两个数量级，因此，在一定条件下，环冷机的运行速度可以忽略不计，进而关于环冷机的交叉错流换热问题可以近似为固定床气固对流换热问题。

6.1.3　物理模型的建立

环冷机设备结构庞大且复杂，如对其进行整体建模，会大大增加计算量，所以有必要根据其结构与操作特点，在确保计算精度的前提下，对其进行分析与必要的简化。

1. 环冷机物理模型

环冷机工作过程的流程简图如图6-2所示。热的烧结矿被环冷机下部5台风机强制鼓风冷却。增加热废气余热回收利用工程后，在余热锅炉出口增设一台引风机和一台循环风机，85%的排烟量循环鼓入环冷机一段、二段的底部风箱。物料从环冷机左侧进入，经过充分冷却后，从环冷机另一端卸料口出料。余热利用工程中，一、二段鼓入的是余热锅炉回收烟气，而且有热风罩分段密封，抽取中、低温烟气进入余热锅炉生产蒸汽。环冷机中、末段烟气温度较低，回收利用价值不高，直接排空。

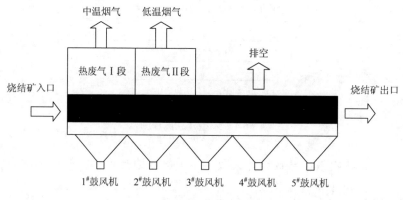

图6-2　环冷机工作过程的流程示意图

2. 模型建立的基本假设

环冷机属于大型工业冷却设备，其结构复杂，配套设备较多。烧结矿冷却过程涉及固体与固体之间、固体与气体之间等多种换热方式以及湍流流动等复杂流动问题，如直接进行数值模拟，会使难度和工作量大大增加，且该物理工程很难被准确描述，导致计算精度差，计算结果失去实际意义。因此，需对环冷机进行简化处理。从宏观上看，烧结矿床层内存在大量空隙，孔径比较小，形状也不规则，气体流经该烧结矿层时流动换热过程复杂，可将烧结矿层视为多孔介质。为此，对环冷机的物理模型做以下假设：

（1）环冷机运行状况稳定且所有相关设备运行参数恒定；

（2）环冷机内的气体被看作不可压缩流体，但气体的密度变化符合理想气体状态方程；

（3）在稳定状况下，所有冷却空气进口的鼓风量、风速、分压都是相同的；

（4）烧结矿的体积随温度变化很小，在本模型中忽略不计；

（5）环冷机的冷却过程的大部分热量是以热交换的形式传递，辐射传热所占比例很小，因此忽略辐射传热的影响，只考虑气体之间的导热过程、气体与固体间的对流换热过程、烧结矿间的导热过程。

6.1.4　数学模型的建立

环冷机内炽热的烧结矿与循环气体之间的换热过程，究其本质是气体在烧结矿移动床层中的强制对流换热问题。直接建立全尺寸换热模型并且求解的方法，其传热过程难以进行准确的数学描述，需要对烧结料层进行科学的简化，使得结果更具有应用价值，所以采用多孔介质模型，将烧结矿看作带孔的固体介质，来模拟烧结矿的冷却过程。

1. 烧结矿层多孔介质模型的选择

多孔介质一般由多孔的固体骨架与其空隙内的流体构成。在多孔介质中，其空隙内的流体可以为气体、液体，也可以为气固两相流。其固体骨架的空隙可以全部连通，也可以部分连通。多孔介质有以下特点：

（1）多孔介质是多项介质占据一定空间，其中固相作为骨架，起支撑作用，而未被固相占据的空间称为空隙。空隙间部可以是气相流体、液相流体或者是多相流体；

（2）固相应当充满整个介质，空隙也应遍布整个介质，即在任意一个适应单元内，必须有一部分的固相颗粒和空隙；

（3）空隙空间应有一部分或者大部分是相互连通的，且流体可以在其中流动，这部分空隙空间称为有效空隙空间。

基于多孔介质的特点，同时结合环冷机内烧结矿分布特点，本数值计算选用多孔介质模型。主要针对烧结矿床层的空隙率、比面积、渗透率，以及烧结矿颗粒的尺寸进行标定，详见 5.2 节。

2. 基本控制方程

湍流运动的内部结构虽然十分复杂，但它仍然遵循连续介质的一般动力学定律。湍流中流体的物理量都是随时间和空间变化的，流场中任一空间点上的流动参数满足黏性流体流动的 N-S 方程。

1）连续性方程

任意控制体内质量的增加率等于从外界进入体系的净质量流率，是质量守恒定律的体现。其表达式为

$$\frac{\partial \rho}{\partial t} + \frac{\partial}{\partial x_i}(\rho u_j) = 0 \qquad\qquad (6\text{-}1)$$

式中，i，j 为坐标维数；ρ 为流体的密度，kg/m^3；u 为速度矢量。

2）动量守恒方程

单位体积流体在某方向的动量增加率等于该方向上的动量净流入与作用在该方向外力之和，是牛顿定律在流体力学上的应用。其表达式为

$$\frac{\partial}{\partial t}(\rho u_i) + \frac{\partial}{\partial x_j}(\rho u_j u_i) = \frac{\partial}{\partial x_j} P_{ij} + g_i - f_i \qquad\qquad (6\text{-}2)$$

$$\frac{\partial}{\partial x_j} P_{ij} = -\frac{\partial \rho}{\partial x_i} + \frac{\partial}{\partial x_j}\left(\mu \frac{\partial u_i}{\partial x_j}\right) + \frac{\partial}{\partial x_j}\left(\mu \frac{\partial u_j}{\partial x_i}\right) - \frac{2}{3}\frac{\partial}{\partial x_i}\left(\mu \frac{\partial u_j}{\partial x_j}\right) \qquad\qquad (6\text{-}3)$$

式中，P_{ij} 为表面力矢量，包括静压力与流体黏性压强，Pa；g_i 为作用在单位体积流体 i 方向上的体积力，N/m^3；f_i 为作用在单位体积流体反方向上的阻力，N/m^3。

为了描述流体在多孔介质内的流动，需要在动量方程中增加一个源项，来模拟多孔介质的动量传输过程。该源项由两部分组成，分别为黏性损失项［式（6-4）右边第一项］和惯性损失项［式（6-4）右边第二项］。

$$S_i = -\left(\sum_{j=1}^{3} D_{ij}\mu u_j + \frac{1}{2}\sum_{j=1}^{3} C_{ij}\rho |u| u_j\right) \qquad\qquad (6\text{-}4)$$

式中，S_i 为 i（x、y 或 z）方向动量方程中的源项；$|u|$ 为流体流速大小，m/s；D、C 为给定矩阵；其他符号同上。

烧结矿层近似为各向同性多孔介质。对于简单各向同性多孔介质，其动量方程源项可以简化为

$$S_i = -\left(\frac{\mu}{\alpha} u_i + \frac{1}{2} C_2 \rho |u| u_j\right) \qquad\qquad (6\text{-}5)$$

式中，α 为渗透性系数；C_2 为惯性阻力系数。$\dfrac{1}{\alpha}$ 和 C_2 为常数，分别表示对多孔介质中黏性阻力损失和惯性阻力损失的修正系数。该方程存在两种特殊情况，一是当多孔介质内的流体流动为层流状态时，流体的压降与速度大小成正比，常数 C_2 为 0，这样多孔介质模型可简化为达西定律：

$$\Delta P = -\frac{\mu}{\alpha} u \qquad\qquad (6\text{-}6)$$

式中，ΔP 为流体的压降；其他符号同上。二是当模拟多孔板或管束系统时，流体高速流动，此时只考虑惯性损失项，多孔介质压降方程为

$$\Delta P = -\sum_{j=1}^{3} C_2 \left(\frac{1}{2} \rho u_j |u| \right) \tag{6-7}$$

为了确定该源项，需要知道黏性阻力系数和惯性阻力系数，实践证明，Ergun 公式适用于较大范围雷诺数区段内的流体流动，具有很好的普适性，但由于其为半经验公式，存在一定误差，所以采用本课题组以烧结矿为研究对象得到的修正的 Ergun 公式来确定黏性阻力系数和惯性阻力系数。由于烧结台车几何因子很大，式（6-7）可简化为

$$\frac{\Delta P}{L} = 489.09 \frac{\mu(1-\varepsilon)^2}{\varepsilon^3 (\phi d_\mathrm{p})^2} u_0 + 0.99 \frac{\rho_\mathrm{f}(1-\varepsilon)}{\varepsilon^3 (\phi d_\mathrm{p})} u_0^{\,2} \tag{6-8}$$

当流动状态为层流时，式（6-8）可以简化为

$$\frac{\Delta P}{L} = 489.09 \frac{\mu(1-\varepsilon)^2}{\varepsilon^3 (\phi d_\mathrm{p})^2} u_0 \tag{6-9}$$

对比式（6-7）和（6-8）可以得出，黏性阻力系数和惯性阻力系数分别为

$$\frac{1}{\alpha} = \frac{489.09(1-\varepsilon)^2}{\varepsilon^3 (\phi d_\mathrm{p})^2} \tag{6-10}$$

$$C_2 = 1.98 \frac{(1-\varepsilon)}{\varepsilon^3 (\phi d_\mathrm{p})} \tag{6-11}$$

在软件中通过对动量方程添加源项的方法，将上面的两个阻力系数引入动量方程中。

3）能量传输公式

导热方程表示的是介质内部温度的变化情况，在三维标准坐标系中，其非稳态的一般形式的微分方程为

$$\rho c \left(\frac{\partial T}{\partial t} + u \frac{\partial T}{\partial x_i} + v \frac{\partial T}{\partial x_j} \right) = \frac{\partial}{\partial x_i} \left(\lambda \frac{\partial T}{\partial x_i} \right) + \frac{\partial}{\partial x_j} \left(\lambda \frac{\partial T}{\partial x_j} \right) + \phi \tag{6-12}$$

式中，T 为控制体的温度，K；ρ 为控制体的密度，kg/m^3；c 为控制体的比热容，$kJ/(kg \cdot K)$；ϕ 为控制体的单位内热源，W/m^3。

在以往的研究中，多采用局部热平衡单能量方程，将烧结矿冷却过程中烧结矿与冷却空气的温度视为相同，但在实际中，烧结矿与冷却空气的温度恒不等，基于此，采用局部非热力学平衡双能量方程来求解烧结矿层的传热过程，把多孔介质内的流体和固体分别当作两种不同的连续介质，在其相应的体积单元体内，定义流体温度和固体温度，本研究将气相温度 T_f 和固相温度 T_s 作为两个独立的变量，分别表征同一特征单元每相的热状态，把多孔结构内的传热视为两相之间的传热，得到通用方程。

固相：

$$(1-\varepsilon)\rho_{s}c_{s}\frac{\partial T_{s}}{\partial t}=(1-\varepsilon)\nabla(\lambda_{s}\nabla T_{s})+(1-\varepsilon)q_{s}-h_{v}(T_{s}-T_{f}) \qquad (6\text{-}13)$$

气相：

$$\varepsilon\rho_{f}c_{p}\frac{\partial T_{s}}{\partial t}+\rho_{f}c_{p}\cdot V\nabla T_{f}=\varepsilon\nabla(\lambda_{f}\nabla T_{f})+\varepsilon q_{f}+h_{v}(T_{s}-T_{f}) \qquad (6\text{-}14)$$

为了求解以上两个方程，必须求得流体与固体之间的对流传热系数。由于很难确定多孔介质中流体与固体之间的传热面积，因此使用体积对流换热系数，可由 Achenbach 准则关系式确定：

$$h_{v}=\frac{6h(1-\varepsilon)}{d_{p}} \qquad (6\text{-}15)$$

式中，h_{v} 为体积换热系数；h 为面积换热系数，h 由本课题组内实验得来的经验公式确定。

综上所述，与局部热力学平衡单能量方程相比，局部非热力学平衡双能量方程不仅能求解非稳态状态下的多孔介质内的传热过程，还可以求解稳态状态下多孔介质的传热过程；不仅能得出流体、固体的出口温度，还可以得到固体和流体在计算区域内的温度分布，这将对模型结构参数和操作参数的优化起到非常重要的作用。

4）湍流流动方程

前面已经判定环冷机烧结矿内气体流动状态为湍流，这就需要一种模型来对该流动的流动状态加以描述。适用于多孔介质内流体流动的模型有 Brinkman 方程模型、Richard 方程模型、$k\text{-}\varepsilon$ 双方程模型等。其中 Brinkman 方程模型用来描述多孔介质在层流范围内的单相流速和压力场，扩展了达西定律，可通过黏性剪切描述动能耗散，与 N-T 方程类似。可以考虑马赫数低于 0.3 的变密度流体，也可以是变黏度流体，如描述一个非牛顿流体。而本章所研究的内容为湍流，显然是不适用的。Richard 方程模型用来分析变饱和多孔介质中的流动，流体流过多孔介质，会填充一些空隙，从一些空隙排出，这种水力属性变化的变饱和流动可以启用解析形式的 van Genuchten，Brooks-Corey 模型来模拟。该模型也是不适用的。

$k\text{-}\varepsilon$ 双方程模型在工程中应用广泛，且计算精度得到了很好的验证，计算简单且稳定，因此采用标准 $k\text{-}\varepsilon$ 模型对环冷机烧结料层内的气体流动状态进行描述。湍流由各种不同尺寸的涡团构成，大涡团是脉动能量的主要携带者，为含能涡团，小涡团则为耗散涡团，因此湍动能 k 和耗散率 ε 对方程的准确性有很大影响。由文献可知，稳态情况下，标准 $k\text{-}\varepsilon$ 模型中，湍动能 k 方程与耗散率 ε 方程的形式如下：

k 方程：

$$\rho\frac{\partial k}{\partial t} + \rho u_j \frac{\partial k}{\partial x_j} = \frac{\partial}{\partial x_j}\left[\left(\mu + \frac{\mu_t}{\sigma_k}\right)\frac{\partial k}{\partial x_j}\right] + \mu_t \frac{\partial u_i}{\partial x_j}\left(\frac{\partial u_j}{\partial x_i} + \frac{\partial u_i}{\partial x_j}\right) - \rho\varepsilon \quad (6\text{-}16)$$

ε 方程：

$$\rho\frac{\partial \varepsilon}{\partial t} + \rho u_k \frac{\partial \varepsilon}{\partial x_k} = \frac{\partial}{\partial x_k}\left[\left(\mu + \frac{\mu_t}{\sigma_\varepsilon}\right)\frac{\partial \varepsilon}{\partial x_k}\right] + \frac{c_1\varepsilon}{k}\mu_t \frac{\partial u_i}{\partial x_j}\left(\frac{\partial u_j}{\partial x_i} + \frac{\partial u_i}{\partial x_j}\right) - c_2\rho\frac{\varepsilon^2}{k} \quad (6\text{-}17)$$

式中，c_1、c_2 为经验常数；j 为坐标维数，本章为二维模型，因此 j 取 1，2；μ_t 为湍流黏度系数，$\mu_t = c_\mu \rho k^2 / \varepsilon$。

式（6-16）和式（6-17）中，c_1、c_2、c_μ、σ_k、σ_ε、σ_t 均为常数，具体值见表 6-1。

表 6-1　$k\text{-}\varepsilon$ 模型中的系数

系数	c_1	c_2	c_μ	σ_k	σ_ε
数值	1.44	1.92	0.09	1.0	1.3

由于标准 $k\text{-}\varepsilon$ 模型在工程中应用广泛，并且计算精度得到了很好的验证，计算简单且稳定，因此采用标准 $k\text{-}\varepsilon$ 模型对环冷机烧结料层内的气体流动状态进行描述。

6.1.5　数值计算区域与条件的设定

为了解环冷机内换热过程及热工特性，按照国内某钢厂环冷机实际结构尺寸及其工况条件，建立环冷机冷却过程数值模型。

1. 计算区域的界定及网格划分

1）计算区域的确定

6.1.2 小节已经给出了环冷机模型的研究方法，即取环冷机的一个截面对其进行研究，其温度随时间变化，不同的时间代表环冷机中不同的位置。环冷机台车前后是相通的，两边有台车壁，保证物料在随台车前进时不洒落，台车的下部为箅板，上面有条状的空洞，使台车下部鼓风机鼓出的空气可以进入台车内的烧结矿层中。且烧结矿与壁面的导热过程可以忽略，则在实际的建模过程中，主要是对烧结矿床层进行建模。根据环冷机的工艺参数可知，料层的高度为 1400mm，宽度取台车的宽度 3500mm。为了监测台车内烧结矿平均温度、空气平均温度，在整个计算域插入域探针，为监测台车出口空气温度，在上表面插入边界探针，都设定为对温度进行记录，计算方法设为平均值算法。台车实物图如图 6-3 所示，建立的几何模型如图 6-4 所示。

图 6-3　台车实物图

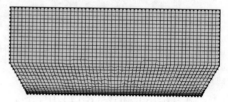

图 6-4　台车网格图

2）网格划分

（1）网格划分类型的选择。

网格的划分是计算流体力学软件的重要组成部分，是建立有限元模型的重要环节。网格的数量、质量以及形式都会对模拟结果产生显著影响，某些情况下这种影响甚至是决定性的。

在以往的研究中，网格划分技术作为计算流体力学的关键技术得到了较快的发展，包括最开始的一维网格到贴体网格技术以及多块对接网格生成技术，到后来的多重叠网格生成技术、非结构化网格以及自适应网格等。网格划分技术作为计算流体力学的重要研究领域，将最终影响数值仿真结果的最终精度和计算效率。

网格大体分为结构化网格、分块网格、非结构化网格和自适应网格。每一种方法都有其各自的优缺点和应用范围。结构化网格的优势在于可以储存于计算机的多维数组语言中，数据组织起来方便快捷。结构化网格具有相对较高的计算精度与计算效率，并且可以灵活地对局部网格进行细化或者粗化。但结构化网格只适用于相对简单和规则的计算区域，如矩形、长方体等。与之相反，非结构化网格适用于结构复杂的计算区域，网格划分方便，但网格质量较差，计算精度和计算效率相对较低。

由于台车截面计算区域结构相对简单，不同组成部分之间尺寸相差不大，特别适用结构化网格，因此，采用映射网格技术。

（2）网格疏密程度的确定。

在数值计算中，网格的密度大小决定总网格数量的多少，过于稀疏的网格会影响计算的精度，过于密集的网格又会增大计算量，影响收敛速度。对于环冷机台车截面，在换热比较剧烈的区域，变量变化梯度较大的换热区域进行网格的加密，对于其他的流动区域，可以适量地减小网格的密度。

（3）网格的划分方法。

为了提高网格的品质，增强收敛性与计算精度，采用结构化网格，且考虑到台车下部入口空气速度在设定时按照表观流速设定，但在模型计算时考虑到空隙率的影响，速度变化较大，所以将进口处的网格进行了加密处理，整个计算区域共划分网格 2808 个。网格划分结果如图 6-4 所示。

2. 气固物性参数的拟合及其嵌入

1）烧结矿物性参数

多孔介质的物性对于热量与质量的传递有很大的影响，尤其是多孔介质的空隙率及密度，因此要对其进行详细描述。

一般条件下，烧结矿是随机地填充在床层中，其颗粒往往呈现出十分不规则的分布状况，以往的研究者通常将床层空隙率定义为常数，为了更加准确地描述空隙率的分布状况，采用本课题组内对于空隙率分布的实验研究，考虑到台车壁面边缘效应的影响，得到以下空隙率分布函数：

$$\varepsilon_r = 0.369 + 0.179\left(\frac{2x}{B}\right) - 0.599\left(\frac{2x}{B}\right)^2 + 0.631\left(\frac{2x}{B}\right)^3 \qquad (6\text{-}18)$$

式中，x 为料层距离中轴的距离，m；B 为台车的总宽度，m。B 在积分之后求平均值，约为 0.41，与之前研究者常采用的定值 0.4 相近，且更加详细地描述出了料层空隙率的具体分布情况。

烧结矿的密度采用其真实密度，由于在基本假设中忽略了烧结矿体积的变化，因此将密度设定为常数 3200kg/m³。将烧结矿看作连续的固体骨架，则固体骨架的导热系数也设定为定值 8W/(m·K)。

烧结矿的平均定压比热容如表 6-2 所示。

表 6-2　烧结矿比热容

温度/K	273	373	473	573	673	773	873	973	1073
比热容/[J/(kg·K)]	368.6	481.5	583.8	675.8	757.2	828.1	888.6	938.7	978.2

采用 Origin 软件对以上数据进行拟合，得出比热容的函数表达式：

$$c_p = (0.115 + 0.257 \times 10^{-3} \times (T_s - 373) - 0.0125 \times 10^{-5} \times (T_s - 373)^2) \times 4.1868 \qquad (6\text{-}19)$$

式中，T_s 为烧结矿温度，K。

2）空气物性参数

由于研究的是烧结矿冷却的非稳态过程，空气在与烧结矿换热过程中温度变化较大，变化范围在 800～293K 之间。观察空气物性参数表可知，在如此大的温度范围内空气的密度、比热容、动力黏度都有较大的不同，如果将其都设定为定值，将严重影响模型的准确性。因此采用线性曲线插值的方法，将不同温度节点下空气的物性参数输入到表格当中，软件将自行生成光滑的连续曲线，确定连续的温度变化下，各个物理参数的变化（表 6-3）。

3. 定解条件

1）初始条件

本模型研究非稳态过程，所以需要对初始值进行设定，确定烧结矿的初始温度为 1023.15K。空气的初始温度设定为余热回收段空气进口温度，为 404K。

2）边界条件

在该模型当中，下部为台车冷却空气入口，整个环冷机平均分为五段，每一段布置一台风机，通过下式计算：

$$v = \frac{Q}{A} \qquad\qquad (6\text{-}20)$$

式中，Q 为风机风量，m^3/s；A 为鼓风面积，m^2；v 为风速，m/s。

表 6-3　空气物性参数

温度/K	密度/(kg/m³)	定容比热容/[kJ/(kg·K)]	动力黏度/[×10⁵kg/(m·s)]
100	3.601	1.0266	0.692
150	2.3675	1.0099	1.028
200	1.7684	1.0061	1.328
250	1.4128	1.0053	1.599
300	1.1774	1.0057	1.846
350	0.998	1.009	2.075
400	0.8826	1.014	2.286
450	0.7833	1.0207	2.484
500	0.7048	1.0295	2.671
550	0.6423	1.0392	2.848
600	0.5879	1.0551	3.018
650	0.543	1.0635	3.177
700	0.503	1.0752	3.332
750	0.4709	1.0856	3.481
800	0.4405	1.0978	3.625
850	0.4149	1.1095	3.765
900	0.3925	1.1212	3.899
950	0.3716	1.1321	4.023
1000	0.3524	1.1417	4.152

计算得到标况下进风口的速度为 1.301m/s，该速度称为颗粒表观流速。根据生产情况，环冷机的前两段鼓入的为余热锅炉回收回来的中温气体，温度为 404K，此时空气表观流速为 1.9235m/s。

出口设定为压力条件，由于出口直接与大气相通，所以将出口表压设定为 0。其余边界设定为壁面。

4. 多物理场的耦合方法

COMSOL 最大的特点为多物理场的相互耦合。在实际操作中，COMSOL 将模型的换热过程划分为固体传热、流体传热、湍流流动。

首先，在每一个物理场中有其他物理场的接口。在流体传热中有速度场的设置，用户可以自定义速度场的速度分布，但是在实际中，湍流流动是难以用数学函数描述的，在这里软件为用户提供了湍流流动场的接口，用户可以从中选定湍流，这样就可以将湍流流场中计算得来的速度分布运用到流体传热中。因为将烧结矿看作是静止不动的，所以固体传热中设置速度场为 0。

还需要将固体传热与流体传热结合起来，实现对冷却空气与烧结矿强制对流换热过程的模拟计算，在模型中添加局部热非平衡组块，第一步，引入固体传热与流体传热的温度分布，第二步，确定固体与气体之间的体积换热系数，体积换热系数中有许多未知变量，在这里可以采用方程展开视图，从各个物理场中提取出需要的变量，保持变量名称不变，编写成函数形式，直接输入到换热系数窗口，软件在计算时会自行进行耦合计算。

5. 计算设定

由于研究的是非稳态过程，所以在研究方法中选择瞬态研究法。研究的起始时刻为 0 时刻，结束时刻是关于台车速度的函数，即结束时间＝环冷机全程长度/台车速度，可以通过对台车速度的确定，来确定冷却过程的结束时刻，即研究的最终时刻。

6.2　环冷机内气固传热基本规律与影响因素分析

根据 6.1 节建立的数值计算模型，分析环冷机内的气固传热规律，对影响气固传热程度的因素进行分析，并给出适宜的操作参数组合。本章所做的参数影响分析是基于现有设备的前提下进行的，有关现场环冷机基本要求如烧结矿产量、环冷机面积等参量不能改变。

以国内某 360m² 烧结-环冷系统为计算对象；计算区域为实施余热发电的环冷一段和二段。具体参数为，单个风机标况体积流量为 38 万 m³/h，台车内料层高度为 1.4m，台车运行一周时间为 90min，空气进口温度取自余热锅炉，为 404K。

6.2.1　环冷机内气体流动基本规律分析

1. 流动场基本分析

为了描述环冷机一段、二段的流场分布，选用典型界面。计算中，不同的计算时间代表了不同界面。本计算算例中，烧结矿从进入环冷机到环冷二段末端所需时间，即环冷一段、二段的气固换热时间为 36min。基于此，选取了 4 个时间节点，即 9min、18min、27min 和 36min，分别代表环冷机一段、二段的 4 个位置，即分别为环冷一段正中间位置和结束位置、环冷二段正中间位置和结束位置。

各时间节点的速度分布云图如图 6-5 所示。

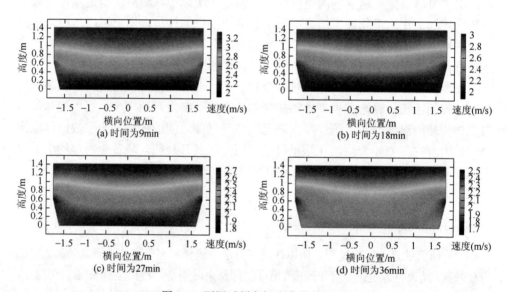

图 6-5　不同时刻空气速度分布云图

由图 6-5 可知，同一时刻，即环冷机同一位置，台车上部的空气流速最大，中上部次之且分布均匀，这是由于冷却气体在穿越料层时，与灼热的烧结矿不断地进行换热，温度上升而密度不断减小。根据气体连续性方程，同一位置处气体的质量流量不变，密度减小则体积膨胀。由此气体在穿越料层时，速度不断增加。

在截面几何形状突变处，即拐角处速度最小，这是由于几何形状突然变化，空气流经烧结矿的料层阻力增加。

空气流速以台车中心线为对称轴，呈对称分布，同一高度，速度分布呈类平推流分布，中间平稳且最大，两边逐渐减小。这是由于台车为对称结构，以对称轴为中心，两侧初始条件、边界条件相同，由于台车壁面存在壁面效应，所以同一高度处两侧速度较小，又由于冷却空气在烧结矿层中为湍流流动，且烧结矿视为均匀多孔介质，所以同一高度处的中心线位置速度峰值比较相近。

通过图 6-5 的对比可知，在余热回收段，随着台车的运动，台车内各处速度逐渐减小，但减小幅度不大。这是由于随着台车的运动，烧结矿逐渐被冷却，冷却空气与烧结矿的换热逐渐减弱，冷却空气温度逐渐减小导致空气密度增大，由于质量流量为定值，所以速度减小。

2. 压力场基本分析

图 6-6 分别给出了标准工况下的环冷机冷却空气在时间为 9min、18min、27min 和 36min 时的压力分布。

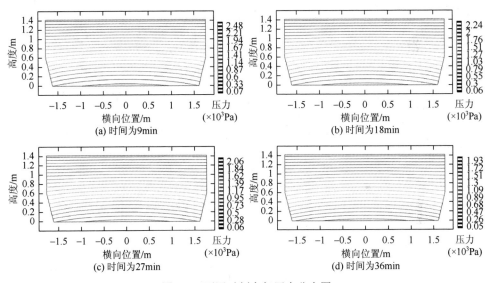

图 6-6　不同时刻空气压力分布图

由图 6-6 可知，同一时刻，即环冷机同一位置，随着料层高度的增加，冷却空气的静压力逐渐减小。这是因为烧结矿床层被视为均匀多孔介质，存在料层阻力，当冷却空气流经矿层时，势必产生阻力损失，因此，随着料层高度的增加，冷却空气的静压力越来越小。

由图 6-6 可知，随着冷却过程的进行，台车内静压力整体减小，且沿料层高度方向规律不变。这是因为随着台车的运动，烧结矿逐渐被冷却，温度逐渐降低，冷却空气的温度也逐渐降低，空气密度增大，速度减小，空气动压减小。

6.2.2　环冷机内温度分布基本规律分析

在有关气固流动换热的模拟仿真中，温度场是展示环冷机内换热状况的最直观的物理场，可作为衡量模拟结果的依据。图 6-7 和图 6-8 分别展示了空气与烧结矿在时间为 9min、18min、27min 和 36min 的温度分布云图。

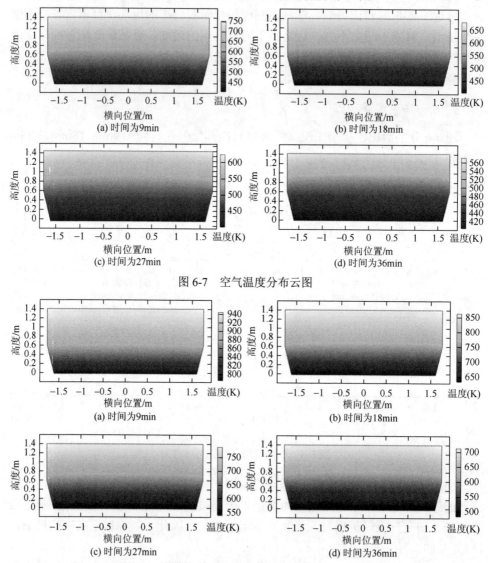

图 6-7　空气温度分布云图

图 6-8　烧结矿温度分布云图

结合图 6-7 和图 6-8 可知，同一时刻、环冷机同一位置，空气温度与烧结矿温度分布基本一致，即由下向上，随着料层高度的增加，空气温度与烧结矿温度均增加。这是由于台车底部冷却空气温度较低，烧结矿温度较高，二者温差巨大，传热效果明显，空气吸收烧结矿显热速度快，而随着高度的增加，空气被逐渐加热，随之烧结矿被逐渐冷却，二者温差不断减小，传热效果变差，烧结矿被冷却的效果也变差。另外，随着料层高度的增加，冷却空气与烧结矿的对流换热系数也在增大。这是因为对流换热系数与空气流速成正比，空气流速越大，则对流换热系数越大，空气流速越小，则对流换热系数越小。

而随着台车的运动即冷却过程的进行，空气温度和烧结矿温度均逐渐减小。这是因为随着台车的运动空气与烧结矿不断换热，烧结矿不断被冷却，温差逐渐减小，换热逐渐减慢。

图 6-9 为余热利用区空气出口平均温度随时间变化曲线，图 6-10 为余热利用区烧结矿平均温度随时间变化曲线。

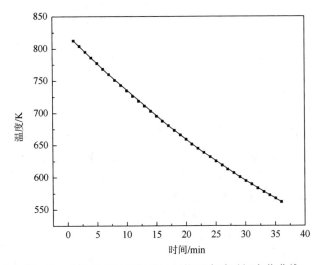

图 6-9　余热利用区空气出口平均温度随时间变化曲线

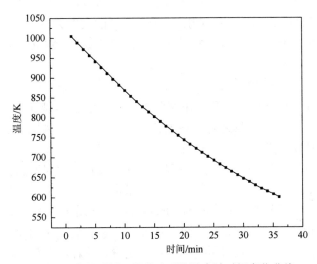

图 6-10　余热利用区烧结矿平均温度随时间变化曲线

由图 6-9 可知，随着冷却时间的增加，余热利用区空气出口平均温度逐渐降低，并且降低的速率越来越慢。由图 6-10 可知，随着冷却时间的增加，余热利用区烧结矿平均温度逐渐降低，并且降低的速率越来越慢。

6.3　余热发电模式下环冷机热工参数的确定

运用能量传递和转换理论来分析用能过程的合理性和有效性，可以寻找用能过程中的薄弱环节，寻找出提高余热回收的有效方法和途径。本节提出新的余热回收判断依据，并以此为目标对某企业环冷机结构与操作参数进行优化分析。

6.3.1　环冷机出口热载体可用性判断依据及计算

1. 出口热载体可用性的判定依据

借鉴工业炉窑三类变量关系，环冷机的结构和操作参数决定着出口热载体的可用性——后续汽轮发电机组可能的吨矿发电量。换言之，后续汽轮发电机组可能的吨矿发电量越大，热载体的可用性就越大。因此，以出口热载体可用性为判据，来寻求环冷机适宜的结构和操作参数。

目前，国内外有关出口热载体可用性的判定主要依据热载体的热量或热量㶲。这种做法是值得商榷的。原因在于：

（1）根据热力学第二定律，热量不可能全部转化为功，热量的能级小于 1。因此，环冷机出口热载体所携带的热量不可能全部转化为功（折算为后续的吨矿发电量）；相同的热量，因能级不同，可导致后续的发电量不同；甚至出现热量较大发电量反而较小的现象。因此，以环冷机出口热载体所携带的热量来判断可用性不科学。

（2）采用出口热载体热量㶲来判定热载体的可用性具有一定的科学性，但其没有考虑到耗电。环冷机结构和操作参数的设置，最终要以吨矿净发电量来判定。净发电量为发电量与耗电量之差。耗电量，主要体现于鼓风机的耗电，取决于气流流经料层的阻力损失。根据 Ergun 公式，阻力损失与颗粒表观流速的平方成正比。换言之，在一定颗粒表观流速范围内，环冷机颗粒表观流速较大，阻力损失较大，热量㶲也较大，其发电量较大，耗电量也较大，就造成其净发电量不一定很理想。因此，以环冷机出口热载体的热量㶲作为判据也不科学。

（3）净发电量最大，这是环冷机结构和操作参数的直接判据。上述所说的热量㶲，即温度㶲，决定着发电量。哪个量可定量描述耗电？耗电，主要是热载体流经烧结矿层产生阻力损失所致。考虑到热载体可视为理想气体，可采用热载体焓㶲中的压力㶲，来近似定量描述耗电。这样，热载体的焓㶲既描述了发电量，又考虑了耗电量，较为科学。

基于此，拟采用环冷机出口热载体的焓㶲作为评价指标。对于理想气体，焓㶲为温度㶲与压力㶲之和。回收环冷机冷却空气的热量，目的是通入余热锅炉，进行发电，而㶲的概念可以很好地体现回收的热量具有的发电能力。

通入环冷机的冷却空气，与炽热烧结矿换热后温度升高，其所携带的温度㶲升高，而烧结料层可近似看作多孔介质，当冷却空气流经烧结矿层时，势必有阻力损失，宏观表现为压力减小，其压力㶲也就减小。因此，采用环冷机出口热载体携带的焓㶲来评价环冷机出口热载体的可用性，是较为准确和完善的。

2. 出口热载体判据的计算

㶲：当工质所处状态的压力和温度与给定环境的基准的压力和温度不同时，该工质就可以与环境相互作用（换热、做功）进行一个过程，直至工质的温度、压力与环境的温度、压力相同而过程不能再进行为止。在这个过程中，工质对外界的最大做功能力可用㶲来表示。

焓㶲：对于理想气体，工质所具有的焓㶲为其温度㶲与压力㶲之和。

温度㶲：当工质的压力与环境相同，而其温度与环境温度不同时，工质所具有的㶲值称为温度㶲，若工质无相变，且已知其比热容时，

$$dh = c_p dT \tag{6-21}$$

$$ds = \frac{\delta q}{T} = \frac{c_p dT}{T} \tag{6-22}$$

$$E_{x,H}(T) = (h - h_0) - T_0(S - S_0) = \int_{T_0}^{T} c_p dT - T_0 \int_{T_0}^{T} \frac{c_p}{T} dT = c_p(T - T_0)\left[1 - \frac{T_0}{T - T_0} \ln \frac{T}{T_0}\right] \tag{6-23}$$

式中，h 为单位工质的焓值，kJ/kg；S 为单位工质的熵值，kJ/kg；c_p 为工质的定压比热容，kJ/(kg·K)；T_0 为环境温度，K；T 为工质的温度，K。

对于理想气体的温度㶲来说，无论理想气体的温度是否大于环境温度，其温度㶲恒大于 0。

压力㶲：压力㶲又称机械㶲，是指当只是工质的温度与环境相同，压力与环境压力不同时，它所具有的㶲值。压力㶲为

$$E_{x,H}(p) = R_g \ln \frac{p}{p_0} \tag{6-24}$$

$$R_g = \frac{R}{M} \tag{6-25}$$

式中，R 为摩尔气体常量，8.3145J/(mol·K)；M 为气体摩尔质量，kg/mol；p 为工质压强，Pa；p_0 为环境压强，Pa。

显然，对于理想气体来说，压力烟可正、可负或为零。

本节研究的是环冷机余热回收段空气与烧结矿的流动换热过程，拟用焓烟作为余热回收效果的指标。回收环冷机冷却空气的热量，目的是通入余热锅炉进行发电，而烟的概念可以很好地体现回收的热量具有的发电能力。

通入环冷机的冷却空气，通过与炽热烧结矿的换热，温度升高，其所携带的温度烟升高，而烧结料层可近似看作多孔介质，当冷却空气流经烧结矿层时，势必有阻力损失，宏观表现为压力减小，其压力烟减小。对于理想气体，焓烟为温度烟与压力烟之和。

6.3.2　环冷机气固传热过程影响规律分析

本节拟在前三节的基础上，通过改变进口风速（体积流量）、料层高度和余热利用区进口风温，研究单一参数的改变对环冷机冷却过程的影响，并以某烧结厂现行工况为基准，单个风机标况流量为 38 万 m³/h（进口风速为 1.923m/s），烧结料层高度为 1.4m，环冷机余热回收段运行时间为 36min，空气进口温度为 404K，所采用的计算条件和求解方法与前两节相同。

1. 进口风速

通过调节风机可以改变进口风速，进而改变空气体积流量。图 6-11 为进口风速 1.923m/s、2.2m/s、2.4m/s 和 2.6m/s 时，出口气体平均温度随环冷机位置变化曲线。

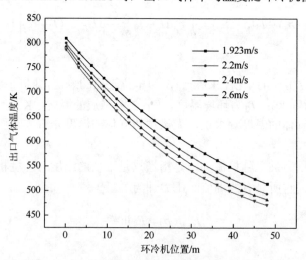

图 6-11　气体出口平均温度随环冷机位置变化曲线

图 6-12 为冷却过程结束时，即 36min 时，进口风速为 1m/s、1.5m/s、1.923m/s、2.5m/s 和 3m/s 时烧结矿温度分布的云图。

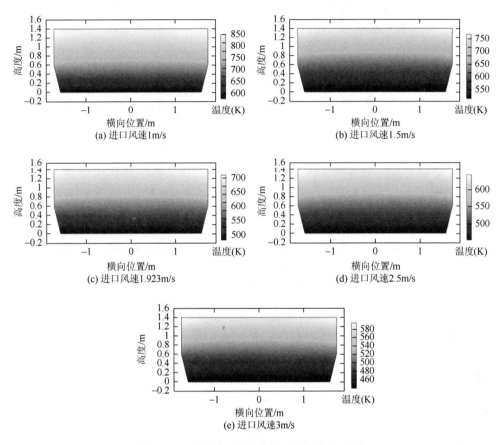

图 6-12　改变进口风速烧结矿温度分布云图

由图 6-11 可以看出，在 4 种进口风速下即 4 种体积流量下，出口空气平均温度随着冷却过程的进行而降低，并且温度下降的斜率逐渐减小。这是由于随着时间的增加，空气温度升高而烧结矿温度降低，空气与烧结矿之间的温差逐渐变小，换热条件恶化，换热量减小，冷却速度越来越慢。而在同一时刻，当进口风速由 1.923m/s 增加到 2.6m/s 时，曲线斜率越来越大，而出口空气平均温度越来越小。这是由于随着进口风速的增加，同一时刻空气与烧结矿的换热越来越剧烈，换热过程进行得越来越快，因此斜率越来越大，因为换热变快，所以空气出口温度随着风速的增加逐渐减小。

由图 6-11 可以看出，4 种进口风速下，烧结矿平均温度随着时间的增加而降低，并且温度下降的斜率逐渐减小。而在同一时刻，当进口风速由 1.923m/s 增加到 2.6m/s 时，曲线斜率越来越大，而烧结矿平均温度越来越小，从而增加环冷机的处理能力。

表 6-4 是 6 种典型进口风速下的气体出口平均温度、压降和焓㶲，所采用的计算条件与求解方法与前文相同。

表 6-4　6 种进口风速下的焓㶲

风速/(m/s)	风量/(Nm³/h)	出口平均温度/K	压降/Pa	焓㶲/(×10⁶kJ/h)
1.923	760000	637.6	2604	99.55
2.2	790431.6	617.4	3283.1	100.60
2.4	829953.2	604.4	3825	100.59
2.6	869474.8	592.6	4411.8	100.00
2.8	908996.4	581.9	5045.6	98.92
3	948517.9	572.0	5727.8	97.40

图 6-13 为出口空气焓㶲、压力㶲随进口风速变化的曲线图。

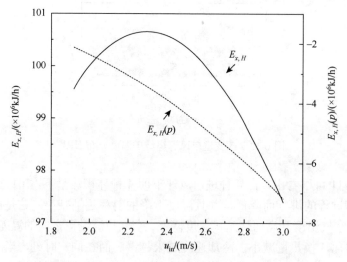

图 6-13　出口空气焓㶲及压力㶲随进口风速变化曲线图

由表 6-4 和图 6-13 可知，随着进口风速的不断增加，出口空气的平均温度不断降低，由 637.6K 下降至 572.0K，与此同时，出口气体的体积流量不断增加，出口气体所携带的温度㶲受这两个因素的影响。由于料层阻力的存在，空气通过料层时产生阻力损失，随着进口风速的不断增加，压力损失不断增加，压力㶲也不断减小。由图可以看出，随着进口风速的增加，出口气体的焓㶲不断增大，但是增加的速度不断减缓，在达到峰值之后开始逐渐回落，这是由于出口气体的焓㶲中，温度㶲占主导作用，而温度㶲是能量与能级相乘的结果。随着进口风速增加，空气与烧结矿换热充分，出口气体携带的能量不断增加，而由于温度变低，能级不断减小。在焓㶲达到顶峰前，能量的增加占主导地位，所以表现为焓㶲上升，但逐渐地能级的下降起主要影响，变为焓㶲下降。由此确定1.4m料层高度下，最佳进口风速为2.3m/s。

2. 料层高度对环冷机冷却过程的影响

环冷机作为烧结机的附属装置，在改变环冷机中烧结矿的料层高度时，为了不改变烧结机的产量，环冷机台车的前进速度也需要进行相应改变。现行工况料层高度为1.4m，台车的前行速度为0.022m/s；以1.2m、1.3m、1.5m、1.6m料层高度作为研究对象时，对应的台车前进速度分别为 0.0259m/s、0.0239m/s、0.0207m/s、0.0194m/s。图 6-14 分别表示料层高度 1.2m、1.3m、1.4m、1.5m 和 1.6m时，不同位置出口空气温度变化曲线。

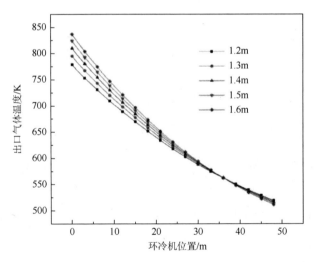

图 6-14　不同料层高度条件下出口气体温度随环冷机位置变化的曲线

由图 6-14 可以看出，在相同位置，随着料层高度的提高，空气温度变化曲线的斜率逐渐减小，这是由于随着料层高度的增加，空气经过料层的阻力增加，与烧结矿换热时间增加，换热更加充分，但是由于烧结矿温度下降较快，后期空气温度提升的空间减小，导致后来出口气体温度降低。

表 6-5 列举出五种料层高度下出口气体平均温度、压力损失与焓㶲。

表 6-5　五种料层高度下的焓㶲

料层高度/m	出口平均温度/K	压强损失/Pa	焓㶲/(×10⁶kJ/h)
1.2	627.98	2199.1	94.58
1.3	633.09	2401	97.22
1.4	637.59	2604	99.55
1.5	641.58	2807.7	101.60
1.6	645.12	3012.2	103.42

图 6-15 为出口气体焓㶲、压力㶲随料层高度变化的曲线图。

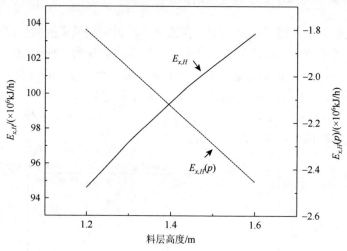

图 6-15　出口空气焓㶲及压力㶲随料层高度变化曲线图

由表 6-5 和图 6-15 可知,随着料层高度的不断增加,出口空气的平均温度不断升高,由 627.98K 上升至 645.12K,因此出口空气所携带的温度㶲不断增加。随着料层高度的增加,空气经过料层产生的阻力损失增加,压力㶲损失不断增加。焓㶲受以上两个因素的影响,随着料层高度增加,由于温度㶲增加占主导影响,所以出口空气的焓㶲不断增加。

3. 进口风温对环冷机冷却过程的影响

余热利用区的进口空气来自余热锅炉,标准工况下来自余热锅炉的废气温度为 404K。图 6-16 为进口风温 394K、404K、414K 和 424K 时,出口气体平均温度随环冷机位置变化的曲线。

由图 6-16 可以看出,在相同位置,随着进口风温的提高,空气温度变化曲线的斜率逐渐降低,这是由于进口风温增加,空气与烧结矿之间的温差减小,在其他条件相同的情况下换热量减少。虽然换热量减少,但由于进口风温提升,出口气体的温度也随之升高。

表 6-6 为四种进口风温条件下出口气体平均温度、压力损失和㶲烔。

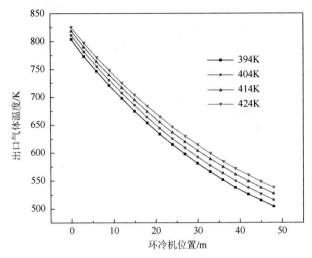

图 6-16 不同进口风温条件下出口气体温度随环冷机位置变化的曲线

表 6-6 四种进口风温下的㶲烔

进口风温/K	出口平均温度/K	压强损失/Pa	㶲烔/(×10⁶kJ/h)
394	627.13	2670.4	96.37
404	637.59	2604	99.55
414	647.85	2540.9	102.50
424	657.91	2481	105.24

图 6-17 为出口空气焓烔、压力烔随进口风温变化的曲线图。

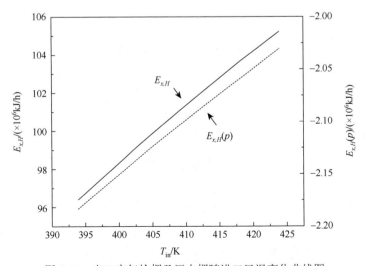

图 6-17 出口空气焓烔及压力烔随进口风温变化曲线图

由表 6-6 和图 6-17 可知，随着进口风温的不断增加，出口空气的平均温度不断上升，由 627.13K 上升至 657.91K，出口空气所携带的温度㶲不断增加。由于进口空气温度上升，相应的气体物性参数发生改变，从而导致气体通过料层时压力损失减小，但减小程度不大，几乎不变。因此当进口风温由 394K 上升至 424K 时，出口空气所携带的焓㶲不断增加。

6.3.3 适宜操作参数的确定

6.3.2 小节对影响环冷机余热回收段冷却空气焓㶲的三个主要参数分别进行了研究，得出了空气进口风速、料层高度以及空气进口风温对冷却空气焓㶲的影响规律。本小节将对这三个参数进行优化分析，得出三个参数的最优组合，确定最佳工况。优化的目标为冷却空气焓㶲最高，优化方法为正交试验法。

本节利用正交试验法对空气进口风速、料层高度以及空气进口风温三个参数进行优化分析，属于 3 因素 4 水平 16 组工况的正交试验。正交试验表取 3 因素 4 水平 16 组工况。进口风速取标况下最佳风速附近的 4 个水平分别为 2.1m/s、2.2m/s、2.3m/s 和 2.4m/s；料层高度的四个水平为 1.3m、1.4m、1.5m 和 1.6m；进口空气温度的四个水平分别为 394K、404K、414K 和 424K。表 6-7 列出了该正交试验的因素与水平。

表 6-7 正交试验的因素与水平

水平	因素		
	进口风速/(m/s)	料层高度/m	进口空气温度/K
1	2.1	1.3	394
2	2.2	1.4	404
3	2.3	1.5	414
4	2.4	1.6	424

试验优化目标为环冷机余热回收段冷却空气的焓㶲，为方便分析，对 16 组试验进行编号，表 6-8 为试验编号的具体情况，以及每组试验的具体工况。

实验优化目标为环冷机余热回收段出口空气的焓㶲最高，仿真结果如表 6-9 所示。表 6-9 中，I_i 表示参数 i 在 1 水平工况下的平均值，II_i 表示参数 i 在 2 水平工况下的平均值，III_i 表示参数 i 在 3 水平工况下的平均值，IV_i 表示参数 i 在 4 水平工况下的平均值。

表 6-8　各组试验编号及工况

水平	风速/(m/s)	料层高度/m	空气进口温度/K
试验 1	2.1	1.3	394
试验 2	2.1	1.4	404
试验 3	2.1	1.5	414
试验 4	2.1	1.6	424
试验 5	2.2	1.3	404
试验 6	2.2	1.4	394
试验 7	2.2	1.5	424
试验 8	2.2	1.6	414
试验 9	2.3	1.3	414
试验 10	2.3	1.4	424
试验 11	2.3	1.5	394
试验 12	2.3	1.6	404
试验 13	2.4	1.3	424
试验 14	2.4	1.4	414
试验 15	2.4	1.5	404
试验 16	2.4	1.6	394

表 6-9　正交试验结果

水平	风速/(m/s)	料层高度/m	进口空气温度/K	焓烟/($\times 10^6$kJ/h)
试验 1	2.1	1.3	394	94.90
试验 2	2.1	1.4	404	100.38
试验 3	2.1	1.5	414	105.49
试验 4	2.1	1.6	424	110.27
试验 5	2.2	1.3	404	98.58
试验 6	2.2	1.4	394	97.06
试验 7	2.2	1.5	424	108.88
试验 8	2.2	1.6	414	107.30
试验 9	2.3	1.3	414	102.13
试验 10	2.3	1.4	424	107.32
试验 11	2.3	1.5	394	98.54
试验 12	2.3	1.6	404	103.67
试验 13	2.4	1.3	424	105.54
试验 14	2.4	1.4	414	104.14

续表

水平	风速/(m/s)	料层高度/m	进口空气温度/K	㶲/(×10⁶kJ/h)
试验 15	2.4	1.5	404	102.08
试验 16	2.4	1.6	394	99.39
I_i	102.76	100.29	97.47	
II_i	102.96	102.22	101.18	
III_i	102.92	103.74	104.77	
IV_i	102.79	105.16	108.00	
R_i	0.19	4.86	10.53	

具体计算方法如下：

$$I_1 = (E_1 + E_2 + E_3 + E_4)/4 = 102.76\times10^6\text{kJ/h}$$
$$I_2 = (E_1 + E_5 + E_9 + E_{13})/4 = 100.29\times10^6\text{kJ/h}$$
$$I_3 = (E_1 + E_6 + E_{11} + E_{16})/4 = 97.47\times10^6\text{kJ/h}$$
$$II_1 = (E_5 + E_6 + E_7 + E_8)/4 = 102.96\times10^6\text{kJ/h}$$
$$II_2 = (E_2 + E_6 + E_{10} + E_{14})/4 = 102.22\times10^6\text{kJ/h}$$
$$II_3 = (E_2 + E_5 + E_{12} + E_{15})/4 = 101.18\times10^6\text{kJ/h}$$
$$III_1 = (E_9 + E_{10} + E_{11} + E_{12})/4 = 102.92\times10^6\text{kJ/h}$$
$$III_2 = (E_3 + E_7 + E_{11} + E_{15})/4 = 103.74\times10^6\text{kJ/h}$$
$$III_3 = (E_3 + E_8 + E_9 + E_{14})/4 = 104.77\times10^6\text{kJ/h}$$
$$IV_1 = (E_{13} + E_{14} + E_{15} + E_{16})/4 = 102.79\times10^6\text{kJ/h}$$
$$IV_2 = (E_4 + E_8 + E_{12} + E_{16})/4 = 105.16\times10^6\text{kJ/h}$$
$$IV_3 = (E_4 + E_7 + E_{10} + E_{13})/4 = 108.00\times10^6\text{kJ/h}$$

式中，E_i 表示第 i 次实验中出口空气所携带的㶲。

由结果可知，$II_1 > III_1 > IV_1 > I_1$，说明参数 1 即空气进口风速在 2.2m/s 时为最优水平；$IV_2 > III_2 > II_2 > I_2$，说明参数 2 即料层高度在 1.6m 时为最优水平；$IV_3 > III_3 > II_3 > I_3$，说明参数 3 即进口气体风温在 424K 时为最优水平。则最优组合为进口风速 2.2m/s，料层高度 1.6m，进口空气温度 424K，此时出口气体的㶲值最大为 $110.27\times10^6\text{kJ/h}$。

R_i 为参数 i 的极差，即参数 i 的最优水平与最差水平之差，反映了该参数对结果的影响程度，极差越大，即影响程度越大，极差越小，即影响程度越小。具体计算方法如下：

$$R_1 = II_1 - I_2 = 0.20$$

$$R_2 = IV_2 - I_2 = 4.87$$
$$R_3 = IV_3 - I_1 = 10.53$$

由表可知，$R_3 > R_2 > R_1$，因此，参数 3 即进口空气温度对结果影响最大，参数 2 料层高度次之，参数 1 空气进口速度对结果影响最小。

6.4　环冷机余热分级回收梯级利用工艺

对于环冷机余热，按其品位分为高、中、低三个回收区，再根据各区的余热资源量，采取不同的技术手段加以回收、梯级利用，从而实现二次能源的高效回收和优化利用。以国内某大型烧结系统工程技术改造为例，考虑直接热回收系统与动力回收系统对余热资源的需求情况，根据"按质用能、梯级利用"的用能原则，确定余热资源回收和利用的工艺流程与参数。

6.4.1　工艺流程与参数确定的原则与方法

着眼于回收-利用环节、动力回收-热力回收关联性，基于烧结余热特点，遵循"按质用能、梯级利用"的用能原则（即余热供需双方量、质匹配），按余热资源的品质分级回收，在优先用于直接热回收前提下，梯级利用各种品质余热，实现余热"全回收"：即将温度较高的余热进行动力回收（发电）；将温度居中的余热，或进行动力回收，或进行直接热回收；对温度较低的余热进行直接热回收。以国内某钢铁企业为例，通过工艺计算与现场测试得出以下数据（表 6-10、表 6-11）。

表 6-10　某企业烧结余热资源需求情况（需方）

项目	流量/(万 m³/h)	温度/℃	氧含量	其他或备注
混合料干燥	18～20	200	—	颗粒物少
点火助燃	0.6	230	20.9%	颗粒物少
热风烧结	28～30	210	20.9%	颗粒物少

表 6-11　某企业烧结余热资源供给情况（供方）

项目	平均流量/(万 m³/h)	平均温度/℃	氧含量	其他或备注
环冷一段	38	420	20.9%	采用热废气再循环技术
环冷二段	38	370	20.9%	采用热废气再循环技术
环冷三段	38	260	20.9%	
环冷四段	38	190	20.9%	
环冷五段	38	150	20.9%	
烧结烟气	20	290	<20.9%	

根据余热供需双方量、质匹配原则，同时考虑各种直接热回收的关联性，确定余热资源回收与利用工艺流程。

（1）将温度较高的环冷一段、二段通入余热锅炉生产蒸汽，而后发电即动力回收。

（2）烧结混合料所需干燥热源的温度为 200℃，流量为 18 万～20 万 m³/h；22#～24#风箱立管内烧结烟气温度为 290℃，流量为 20 万 m³/h。基于此，初步确定将 22#～24#风箱立管内烧结烟气作为混合料干燥的热源。

（3）点火助燃和热风烧结所需的热源均要求氧含量；从这点来看，环冷三段可满足这一要求；同时，点火助燃和热风烧结所需的热源与环冷三段所提供的热源也满足温度的要求。因此，初步确定将环冷三段作为点火助燃和热风烧结的热源。

在此基础上，提出较为完善的可行性实施方案（方案 1）和与烧结实际情况密切相连的较为实际的方案（方案 2）。其中，方案 1 适合于现有装备大改动时方案和全新设计方案，其主要特点是针对动力回收进行改造，对烟气余热加以利用。方案 2 是维持原有的动力回收，对烧结烟气并未加以利用，但对三段冷却废气进行直接热回收时，增设了除尘与加压装置。

6.4.2　较为完善的可行性实施方案

1. 工艺流程

本方案的主要特点是烧结烟气用于直接热回收。根据 6.4 节所述，初步确定工艺流程如下（图 6-18）。

工艺流程说明如下：

（1）将 22#～24#风箱立管内的烧结烟气经过除尘与加压后通入点火炉前，作为烧结混合料干燥热源。烧结风箱内的压强为–12～–9kPa，因此，烧结烟气必须经过引风机引入点火炉前进行混合料干燥。同时，为了保护引风机，在烧结烟气引入引风机之前必须对其进行除尘。考虑到烧结烟气的颗粒物含量较低，且考虑到烧结烟气热量散失问题，将采用比较简单的降尘室方式进行除尘。剩余的烧结烟气进入脱硫装置。这时，出 22#～24#风箱（即进 1#风箱）的流量约为 20 万 m³/h，而出 1#风箱的流量约为 36 万 m³/h，其烟气中 SO₂ 为 200～400ppm，1#风箱烟气需脱硫；1#风箱立管尺寸单独考虑。

为了确保余热回收与利用系统不会对生产带来负面影响，同时考虑干燥装置出现问题时 22#～24#风箱立管内烟气走向，在 22#～24#风箱立管引风管的下端各设置截止阀，从而保证 22#～24#风箱立管内烟气既可流向干燥装置，又可以流向脱硫装置。此外，将 22#～24#风箱立管内烟气流向干燥装置时，设置调节阀，实现流量的调整。为了防止风温过高使得风机损害，在风机前设置了兑冷风装置。

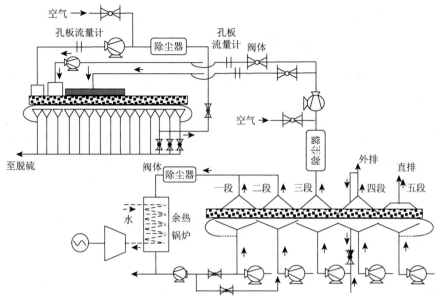

图 6-18 初步工艺流程示意图

烧结混合料干燥流程中，1#风箱立管接受来自于 22#~24#风箱的烧结烟气，这样可能会导致 1#风箱的抽风负荷过大。基于此，可将 22#~24#风箱立管内烧结烟气分成两路，一路去往混合料干燥，一路去热风烧结，即使得 22#~24#风箱立管的烧结烟气的走向和流量具有可控性。为了保证干燥效果，尽量维持流向 1#风箱的流量。

烧结烟气用于热风烧结的最大问题就是氧含量。从热工测试结果来看，22#~24#风箱立管内烧结烟气氧含量接近 20.9%，因此，将 22#~24#风箱立管内的部分烧结烟气用于热风烧结，从氧含量上看是可行的。

（2）将环冷三段的一部分冷却废气（约 4 万 m³/h）经过除尘加压后引入点火装置用于点火助燃，剩余的冷却废气（约 33 万 m³/h）引入烧结机台面用于热风烧结，热风烧结区域为靠近点火炉一侧沿烧结机带长 35m 的区域，如图 6-19 所示。为了使得用于点火助燃和热风烧结的热源流量可调，分别在点火助燃和热风烧结管路上设置流量调节阀。点火助燃所需的空气压力较高，因此在点火助燃管路上另设置加压风机。

图 6-19 热风烧结区域示意图

此时，进热风烧结区域的热风流量为 33 万 m³/h，出热风烧结区域的流量为 60 万 m³/h。热风烧结区域对应的抽风箱为 4#～13#抽风箱。此外，设计好引风机参数，以保证热风烧结区域、烧结机台面微正压为宜。

22#～24#烧结烟气风机：全压 13kPa，流量 30 万 m³/h，介质为 250～270℃、SO₂含量 100～300ppm 的烧结烟气。

（3）将环冷四段的冷却废气引入环冷三段鼓风机入口，作为环冷三段鼓风机入口空气，以提高环冷三段出口冷却废气的温度。环冷三段和四段余热的应用以及烧结烟气高温段余热的应用，在很大程度上提高了烧结余热过程余热资源的回收率。

（4）余热回收与烟气脱硫一体化。

烧结过程余热资源的高效回收利用与烧结烟气脱硫不可分割，在余热利用工艺流程中体现为选择性脱硫。

根据烧结热工测试结果，同时结合国外的热工测试结果，借鉴宝钢的应用实例，拟采用选择性脱硫。图 6-18 中 1#～10#风箱立管内烧结烟气的 SO₂ 均在 100ppm 以内。根据《钢铁烧结、球团工业大气污染物排放标准（GB 28662—2012）》规定，除"GB 28662—2012 修改单"规定的"2＋26"城市外，SO₂ 的排放限值为 200mg/m³，因此，1#～10#风箱立管内的烧结烟气无须脱硫，可直接外排或加以利用。为保险起见，1#～8#风箱立管内的烧结烟气无须脱硫。

图 6-20 是方案的工艺流程示意图。后续的研究均针对此方案。

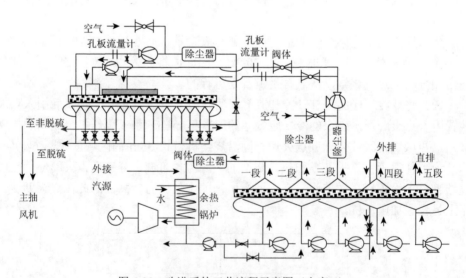

图 6-20　改进后的工艺流程示意图（方案 1）

此时，1#、9#～21#为脱硫风箱，其脱硫负荷为 100 万 m³/h，脱硫负荷约减少

30%。锅炉系统连接系统外热风或者外蒸汽源保证汽机工作稳定,例如,可将第二烧结厂的一段、二段冷却废气引过来作为余热锅炉的补充热源。

2. 关键工艺参数

1)烧结系统

调整主抽风机:原有主抽风机为 SJ16500 离心机,每台烧结机共两台离心机,流量为 16500m³/min(工况),静压 16.5kPa;将每台流量调整为 14000m³/min(工况),静压 15kPa。

2)环冷系统

维持现有风机(G4-73-11No250),将环冷机内料层厚度调整为 1600~1800mm;在此前提下,预计各冷却段的冷却废气流量与温度(表 6-12)。

表 6-12　料层厚度调整后冷却废气流量与温度

项目	平均流量/(万 m³/h)	平均温度/℃
环冷一段	34	450
环冷二段	34	410
环冷三段	34	290
环冷四段	34	210
环冷五段	34	160

3. 关键技术问题

1)烧结烟气露点腐蚀问题

方案中,将 22#~24# 风箱立管内的烧结烟气进行直接热回收,将 2#~8# 风箱立管内的烧结烟气直接外排。根据热工测试结果,用于脱硫的 9#~21# 风箱立管内的烧结烟气温度平均为 109℃。考虑季节性问题,目前 9#~21# 风箱立管内的烧结烟气温度平均为 100~120℃。

降低烧结漏风率是提高烧结烟气温度的有效途径之一。目前,该企业烧结的烧结漏风率平均为 49%;通过这一指标可以看出,该烧结机烧结漏风的控制情况在全国大型烧结机当中处于中上游水平。通过控制烧结抽风负荷和热风烧结,可在一定程度上减小烧结漏风,从而使得烧结烟气的温度提高。经过初步估算,经过以上方法,烧结漏风可减小 10%,从而使得烧结烟气的温度提高 15% 以上,即 9#~21# 风箱立管内的烧结烟气温度可以提高到 115~128℃。此外,根据热工测试,同时参考国外测试数据,烧结 9#~21# 风箱立管内的烧结烟气水分平均为 10%,SO_2 平均为 350ppm。

温度为 115～128℃，水分为 10%，SO_2 为 350ppm 的烧结烟气经由长约 10～20m 的保温管道被输送到脱硫装置。在这一过程中，烧结烟气基本上不会发生露点腐蚀。

2）热风烧结区域烧结机台面风压问题

将冷却废气或烧结烟气引入烧结机台面时，冷却废气或烧结烟气流经热风烧结装置的出口风压和风速影响烧结料层表面，即易造成烧结料层表面被吹起，影响烧结质量，并造成颗粒物污染。这种现象在烧结机台面靠近点火装置一侧表现得尤其明显。保持热风烧结装置的出口风压为微正压，且使得出口流速在 10m/s 以内即可保证热风烧结的质量。这一压力是靠风机适宜的扬程来得以实现的。

4. 节能环保效果

（1）烧结料干燥：每吨烧结矿节省固体燃料消耗 0.73kg，相当于节约 0.77kgce。

（2）点火助燃：以到达点火炉前 200℃冷却热风来计算，每吨烧结矿节约 1.11kg/t 矿。

（3）热风烧结：当烧结料层中助燃热风温度小于 400℃时，热风温度每提高 100℃时固体燃耗降低 4%～5%；当助燃热风温度约为 200℃，固体燃耗约降低 8%～10%，即可节省固体燃料 3.4～4.2kg/t 矿，即节约 3.5～4.3kgce/t 矿（后续计算以 3.5kgce/t 矿计）。

综上，采用直接热回收，可降低固体燃料消耗 8%～10%，降低气体燃料 8.2%，即直接热回收可降低工序能耗 5.38（0.77 + 1.11 + 3.50）kgce/t 矿。

6.4.3　较为实际的可行性实施方案

针对该企业烧结现状，提出操作简单、初始投资较小的可行性实施方案。

1. 工艺流程

通过对企业进行实际调研，得到的烧结余热资源供需情况如下表 6-13 所示。

表 6-13　烧结余热资源供需情况

供需方	项目	流量/(万 m³/h)	温度/℃	氧含量	其他或备注
余热需方	混合料干燥	18～20	200	—	颗粒物少
	点火助燃	4	230	20.9%	颗粒物少
	热风烧结	28～30	210	20.9%	颗粒物少
余热供方	环冷三段	37	260	20.9%	
	环冷四段	37	190	20.9%	

基于烧结现状，环冷三段冷却废气是最主要的余热资源，而环冷四段冷却废气作为环冷三段的进口热风，以提高环冷三段冷却废气的温度。

从三种直接热回收形式所产生的节能与环保效果来看，热风烧结的效果最为明显，其次是点火助燃，再次是混合料干燥。再根据环冷三段冷却废气量、质特点，将其除尘后，将其中的 33 万 m³/h 的环冷三段冷却废气用于热风烧结，然后将剩余的 4 万 m³/h 的环冷三段冷却废气作为点火助燃空气。具体参见图 6-21。

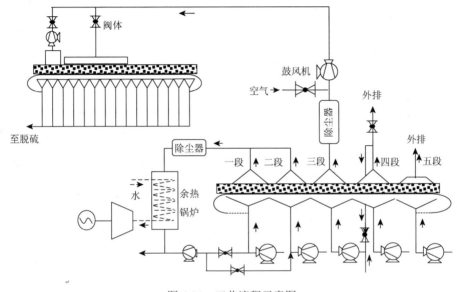

图 6-21　工艺流程示意图

为了使得用于点火助燃和热风烧结的热源流量可调，分别在点火助燃和热风烧结管路上设置流量调节阀和孔板流量计。

此外，将环冷四段的冷却废气引入环冷三段鼓风机入口，作为环冷三段鼓风机入口空气，以提高环冷三段出口冷却废气的温度。环冷三段和四段余热的应用以及烧结烟气高温段余热的应用，在很大程度上提高了烧结余热过程余热资源的回收率。

2. 关键工艺参数与关键技术

1）烧结主抽风机参数的调节

原有主抽风机为 SJ16500 离心机，每台烧结机共两台离心机，流量为 16500m³/min（工况），静压 16500Pa；调整风机的开启度，将每台风机的流量调整为 14000～15000m³/min（工况），使得通过烧结料层的有效风量减少 20%～30%。调节风机的全压，使得其静压降低至 15000Pa，从而减少烧结漏风率。

2）环冷系统料层高度的调整

维持现有风机（G4-73-11No250），将环冷机内料层厚度调整为 1600mm（可根据冷却台车的高度来确定调整后的料层高度）；在此前提下，预计各冷却段的冷却废气流量与温度（表 6-14）。

表 6-14　料层厚度调整后冷却废气流量与温度

项目	平均流量/(万 m³/h)	平均温度/℃
环冷一段	34	440
环冷二段	34	400
环冷三段	34	280
环冷四段	34	200
环冷五段	34	150

将冷却废气或烧结烟气引入烧结机台面时，冷却废气流经热风烧结装置的出口风压和风速影响烧结料层表面，即易造成烧结料层表面被吹起，影响烧结质量，并造成颗粒物污染。这种现象在烧结机台面靠近点火装置一侧（即热风烧结区域）表现得尤其明显。

保持热风烧结装置的出口风压为微正压，且使得出口流速在 10m/s 以内即可保证热风烧结的质量。这一压力是靠风机适宜的扬程来得以实现的。

3. 节能环保效果

采用直接热回收，可降低固体燃料消耗 9%，降低气体燃料 8.2%，即直接热回收可降低工序能耗 4.60（1.11 + 3.50）kgce/t 矿。

第7章 烧结余热直接热回收系统研究

烧结余热直接回收系统由三部分组成,即烧结混合料干燥系统、点火助燃系统和热风烧结系统,其与动力回收系统构成了基于环冷机模式的分级回收与梯级利用的主体。其中,烧结混合料干燥系统中,干燥过程基本规律、适宜含水率等问题较为关键。本章首先建立了直接热回收的解析计算方法,然后以国内某大型烧结机为例进行了案例分析。具体而言,通过系列实验,研究了混合料干燥过程的基本规律,并通过解析分析方法,计算了将混合料在预定时间内去除若干水分的干燥热源温度与流量;分析了助燃空气温度与节能效果之间的关系,计算了将助燃空气预热到某一温度下的烧结余热温度与流量;分析了用于热风烧结的干燥热源温度与节能效果之间的关系,计算了将某一温度的干燥热源用于热风烧结的烧结余热温度与流量;在此基础上,确定了国内某大型烧结机直接热回收的工艺流程。

7.1 烧结混合料干燥规律的实验研究

根据"温度对口、分级回收、按质用能、梯级利用"的用能原则,对不同品质的余热应采取不同的方式加以回收与利用。其中,将一部分温度较低(一般为230℃以下)的余热引入烧结机点火炉前烧结料层以用于烧结混合料的干燥和预热。这种做法不但提高料层透气性,改善烧结工艺条件,而且降低料层点火温度,减少点火燃料消耗。目前,这项技术在国外已有应用实例,但干燥过程的基本规律及其影响因素、强化干燥效果等关键理论与技术问题均亟待完善。本节在前期热重、干燥箱等机理性实验(10毫克级、克级、10克级)基础之上,以某企业烧结料为实验样品,展开千克级系列实验,以进一步分析烧结料干燥过程的基本规律及其影响因素,从而为生产实际中干燥介质适宜流量与温度的设置提供必要的理论支持。

7.1.1 实验原理

从热工角度而言,烧结料干燥和预热是一种较为典型的交叉错流干燥过程,且由于烧结料层厚为 600~700mm,因此这种过程为深层干燥过程,其本质是气固填充床内的传热传质过程。烧结料层内空隙率大约为 0.15～0.25,因此烧结料层可近似为多孔介质。目前,有关多孔介质深层干燥动力学研究还不尽成熟,其中干燥过程中湿分迁移机理也不尽同,笔者认为烧结料中湿分迁移的主要机理是:湿分在浓度梯度作用下的扩散迁移和由毛细压力(表面张力)引起的液体在毛细管内的流动迁移。

　　干燥过程从烧结料进入烧结机开始,一直持续到点火炉前,这一过程大约持续 2～4min。如果采用与生产现场较为相似的实验装置,那么实验装置就必须配备履带式运输机、烧结台车等系列复杂的装置,这会较大程度地降低整个实验的经济性,进而影响可操作性。基于此,拟采用"时间模拟空间"的思路,即在实验台上以不同时刻烧结料的干燥情况来模拟不同烧结机位置上烧结料的干燥情形,因此实验装置采用静止的箱式结构。基于目前国内外大都采用抽风烧结的形式,本实验装置拟采用烧结料层上部鼓风、下部抽风的干燥方式。实验装置如图 7-1 所示,其中的主体装置是干燥箱,基于不同干燥物料质量的考虑,将干燥箱设置成两种规格(对应千克级和 10 千克级),以进行不同质量烧结料的干燥实验;在干燥箱的上部通入干燥热源,这一介质来自于介质炉,介质炉的空气是通过鼓风机鼓入的;在干燥箱的下部连接引风机,使得干燥箱内的介质自上而下穿透烧结料层。此外,检测部分主要是对干燥热源的流量和温度、烧结料层的温度进行检测,这里采用抽气热电偶对干燥热源的温度进行检测,采用孔板流量计对干燥热源的流量进行检测,采用铠装热电偶对料层温度进行检测。

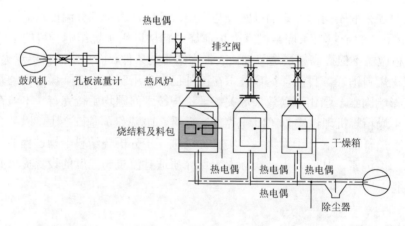

图 7-1　实验装置示意图

　　影响干燥过程的主要因素有:物料所含的水分及其与物料的结合方式、干燥热源的流量与温度、相对湿度等。其中,物料所含的水分高低及其结合方式在实际生产中难以控制，只有干燥热源的流量和温度可控，因此，干燥热源的流量和温度是影响干燥过程的最主要的两个操作参数，据此，本实验装置将介质的温度和流量均设为可调。

7.1.2　实验内容

本实验主要研究干燥热源的流量和温度对干燥过程的影响。实验装置如图 7-2 所示。

图 7-2　实验装置

将生产用烧结混合料放入干燥箱中，使其接近绝干；然后，用台秤称取一定质量的烧结混合干料，计算出使其具有 6.8%含水率（这个含水率与现场烧结料含水率比较接近）所需要加水的质量，然后加水拌匀，作为实验用料。实验具体步骤如下：

（1）将烧结料框底部和侧面用纱网及细铁丝筛网称重。

（2）将经过加湿处理的煤粉分别添置在各料框中，并用纱网包取一定质量的混合料，编号，埋入料框中，作取样用。每层放两包。

（3）开启鼓风机、引风机及干燥热源炉，对鼓入冷风进行加热，记录流量。

（4）待风温稳定到一定值后，将烧结料框从干燥箱前门送入，逐层叠放在进风口的正下方，保证当鼓风机向干燥箱鼓风时，箱内压力均匀，气流分布均匀。

（5）当记录到 5min 时刻，关闭进风阀，打开放散阀。打开前门，逐层取出料框，迅速将用纱网包好的料包逐一称重，并记录数据。称重完毕后将料包再次埋入各自料框中，重新逐层放入干燥箱。

（6）重复步骤（2）～（5），直到料包的质量不再发生变化。至此，一组实验完毕。

（7）其余实验过程如步骤（1）～（6），不同之处在于改变工作状况，即通过改变风量、风温及干燥箱的尺寸，来观察操作参数及结构参数对实验结果的影响。

7.1.3 实验结果分析

通过典型工况的实验结果分析，弄清烧结料干燥过程的基本规律，然后分析干燥介质流量和温度对干燥过程的影响规律，最后，初步进行烧结料干燥过程动力学分析。

1. 介质流量对干燥过程的影响

干燥介质源于冷却机温度较低的余热（一般为 230℃以下），因此考虑介质流量对干燥过程的影响时将介质温度控制在 200℃左右。经过多次预实验，同时考虑干燥介质体积流量与烧结矿处理量的比值，即气固比（Nm³ 空气/t 烧结矿），将介质流量分别设置为 339m³/h、384m³/h、435.8m³/h，所得到的干燥性能曲线如图 7-3 和图 7-4 所示。

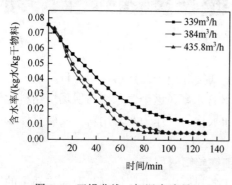

图 7-3 干燥曲线（恒温变流量）

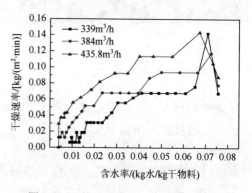

图 7-4 干燥速率曲线（恒温变流量）

由干燥速率曲线可以看出，整个干燥过程由较短的升速干燥段、较长的恒速干燥段以及一定的降速干燥段组成。在实验工况范围内，升速段对应的烧结料干基含水率区间约为 6.5%～7.5%（7.5%假定为初始含水率），恒速段对应的区间约为 2%（平均）～6.5%，降速段对应的区间约为 2%以下。其中，恒速干燥段表现为分段性，即 2～3 个恒速段。从干燥基本原理而言，恒速干燥过程中很少出现这种分段性；实验结果是经过了多次重复实验而获得的，基本排除了误差所致的可能性，因此，恒速干燥段的这种特性很可能是物料性质和外界干燥条件相互作用所致。由于恒速干燥段内，物料内的自由水得以去除，因此，可以看出可去除水分中，自由水占有较大的比例。由干燥曲线和干燥速率曲线可以看出，在实验工况范围内，干燥过程的升速干燥段约在干燥的前10min 内；当物料由干燥伊始至含水率约为 7.0%～7.5%时，干燥速率最大。这是因为在刚开始干燥时，气、固两相物质接触充分，使得气、固两相物质的传热传质迅速发生，而随着穿透深度的增加，气、固两相物质接触不甚充分，干燥速率下降。

干燥介质的流量越大，热驱动力越大，干燥就越快，且流量由 339m³/h 提高到 384m³/h 比由 384m³/h 提高到 435.8m³/h 的干燥效果要好；当介质温度设定为 150℃、250℃时，也得到了相似的结论。由此说明，介质流量的增加对干燥效率的强化并非是线性关系，进一步说明：增大介质流量是强化干燥的有效手段之一，但增大流量来强化干燥应该有一个适宜的范围。

此外，不同流量下烧结料临界含水率不同。流量为 339m³/h 时烧结料的临界含水率约为 1.6%，384 m³/h 和 435.3m³/h 时临界含水率分别约为 2.3%和 2.8%，这说明临界含水率随流量的增大而增大。

2. 介质温度对干燥过程的影响

经过多次预实验，将介质流量控制在 435.8m³/h，考虑介质温度对干燥过程的影响。考虑到冷却机介质的实际情况，将介质温度分别取为 150℃、200℃、250℃，所得到的干燥特性曲线如图 7-5 和图 7-6 所示。

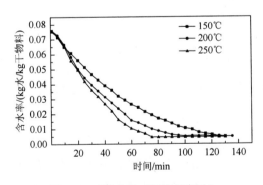
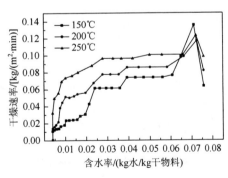

图 7-5　干燥曲线（恒流量变温）　　　　图 7-6　干燥速率曲线（恒流量变温）

干燥介质的温度越高，干燥速率越大，且温度由 150℃提高到 200℃比由 200℃提高到 250℃的干燥效果好；当介质流量设定为 339m³/h、384m³/h 时，也得到了相似的结论。由此说明，介质温度的提高对干燥效率的强化并非是线性的关系，进一步说明：提高介质温度是强化干燥的有效手段之一，但提高温度来强化干燥应该有一个适宜的范围。

不同干燥介质温度下烧结料的临界含水率不同，150℃时临界含水率约为2.4%，200℃和250℃时临界含水率约为2.8%。比较恒温变流量条件下烧结料临界含水率的变化，说明在烧结料特性、干燥设备一定的情况下，烧结料的临界含水率与操作参数有很大关系，且无定量规律可循，只有在特定的条件下通过实验测得。

3. 小结

（1）烧结料干燥过程由较短的升速段、较长的恒速段以及一定的降速段组成，其中恒速段表现为分段性，即2~3个恒速段。实验工况范围内，升速段、恒速段和降速段对应的烧结料干基含水率区间分别为6.5%~7.5%、2%~6.5%和2%以下；升速段约在干燥过程前10min内，且当含水率为7.0%~7.5%时，干燥速率最大。

（2）不同干燥工况下烧结料的临界含水率不同，其介于1.6%~2.8%；在烧结料特性、干燥设备一定的情况下，烧结料的临界含水率与操作参数有很大关系，且无定量规律可循。

（3）干燥介质流量和温度是影响干燥过程的最主要的两个操作参数，在一定范围内，介质流量越大，温度越高，干燥速率越大，但两者不呈线性关系；介质流量与温度均存在适宜范围，适宜介质流量的确定要同时考虑风机的电耗，适宜介质温度的确定要考虑冷却废气的综合利用情况。

7.2　烧结余热用于烧结混合料干燥

根据7.1节的实验结果，基于一定基本假设，建立烧结混合料层干燥解析模型，借此计算生产实际所需的干燥基本参数，为后续的技术攻关奠定基础。

7.2.1　基本假设

烧结混合料随台车一起缓慢移动（0.07~0.09m/s），与来自环冷机的冷却废气做交叉错流流动。鉴于实际干燥过程的复杂性，对干燥过程建立数学模型需要做一些必要的基本假设以简化计算，具体如下：

（1）假设设备热损失可以忽略不计，湿的烧结混合料颗粒内部无温度梯度，热空气给烧结混合料层传递的热量等于增湿、降温给出的热量。

（2）沿料层厚度方向物料湿含量不发生变化，即假设模型为一维模型。

（3）干燥床的移动速度较慢，且对干燥过程影响不大，可将其视为固定床。

（4）假设降速段呈线性变化。

7.2.2　解析模型建立

对于物料的恒速干燥阶段，先根据已知条件建立物料和热量的衡算方程及干燥速率方程，由这三个基本方程可推导出其他所需中间变量，在已知烧结混合料的初始含水率和临界含水率的情况下，求得干燥速率，然后可求得干燥时间。烧结机上混合料的干燥就处在其恒速干燥阶段内。

图 7-7 是干燥床横截面的一个微元面，热空气在温度 $T_{g,in}$ 和湿度 H_1 状况下穿流进入床层深度为 L 的固定床，其热空气流量为以单位时间、单位干燥面积上流过的热空气质量计 G_g[kg 干空气/($m^2 \cdot h$)]。进入床层的热空气将其显热传递给湿的烧结混合料层而降低了本身的温度，同时，又因湿物料中水分的蒸发而使空气湿含量增加。由于热的空气将随着床深的改变而改变它的温度-湿度状态，因此其烧结混合料层的干燥速率也将沿着床高而降低。当床层中每一个烧结混合料颗粒的湿含量均高于临界湿含量时，热空气的状态将沿着湿度图的绝热冷却线变化，而烧结混合料层温度将维持进气状态下的湿球温度不变。

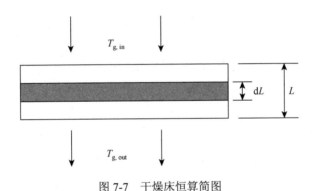

图 7-7　干燥床恒算简图

由图 7-7 所示的干燥模型可得烧结混合料层的干燥速率为

$$U = G_g \cdot (H_2 - H_1) = G_g \cdot c_g (T_{g,in} - T_{g,out}) / \Delta\gamma \tag{7-1}$$

对微元段 dL 做热量与物料平衡，可得

$$G_g c_g (-dT_g) = hA(T_g - T_w)dL \tag{7-2}$$

$$G_g dH = K_a (H_w - H) = \rho_s \left(-\frac{dX}{d\tau}\right)dL \tag{7-3}$$

式中，X 为烧结混合料层局部湿含量，kg 水/kg 绝干料；c_g 为气体的比热容，kJ/(kg·℃)；G_g 为气体的质量流速容，kg/($m^2 \cdot h$)；hA 为体积对流给热系数，W/($m^3 \cdot K$)；H_1、H_2 为进出料层的气体湿含量，kg 水/kg 绝干气；K_a 为料层干燥阻力系数；H_w

为液体表面的气体湿含量，kg 水/kg 绝干气；L 为干燥床层厚度，m；U 为恒速干燥速率，$kg/(m^2 \cdot s)$；ρ_s 为烧结混合料堆积密度，kg/m^3；T_g、$T_{g,in}$、$T_{g,out}$、T_W 分别为床层中、进口、出口、湿球温度，K；$\Delta \gamma$ 为水的汽化潜热，kJ/kg。

若使 $c_g \approx c_{g,in}$，对式（7-2）、式（7-3）积分并简单处理后代入式（7-1），得

$$-\int_{T_{g,in}}^{T_{g,out}} \frac{dT_g}{(T_g - T_W)} = \frac{h \cdot A \cdot L}{G_g \cdot c_{g,in}} = N_T \tag{7-4}$$

$$\int_{H_1}^{H_2} \frac{dH}{(H_W - H)} = \frac{K_a \cdot L}{G_g} = N_T \tag{7-5}$$

式中，N_T 为传递单元数，无因次，所以有

$$\frac{T_{g,in} - T_W}{T_{g,out} - T_W} = e^{N_T} = \frac{H_W - H_1}{H_W - H_2} \tag{7-6}$$

由式（7-6）得

$$e^{-N_T} = \frac{T_{g,out} - T_W}{T_{g,in} - T_W}$$

$$1 - e^{-N_T} = \frac{T_{g,in} - T_{g,out}}{T_{g,in} - T_W}$$

$$T_{g,in} - T_{g,out} = (T_{g,in} - T_W)(1 - e^{-N_T})$$

将上式代入式（7-1）可得到干燥速率为

$$U = G_g \cdot c_g \cdot (T_{g,in} - T_W) \cdot (1 - e^{-N_T}) / \Delta \gamma \tag{7-7}$$

或者

$$U = G_g (H_W - H)(1 - e^{-N_T}) \tag{7-8}$$

对式（7-4），若积分上下限为 $T_{g,in}$ 到 T_g，则积分式为

$$\frac{T_{g,in} - T_W}{T_g - T_W} = e^{\frac{h \cdot A \cdot L}{G_g \cdot c_{g,in}}}$$

对式（7-8）积分，可得

$$\rho_c (X_0 - X) = \frac{hA(T_g - T_W)\tau}{\Delta H} \tag{7-9}$$

式中，X_0 为烧结混合料层初始含水量，kg 水/kg 绝干料；τ 为烧结混合料层干燥时间，s。

当烧结混合料层上部水的质量分数为 X_1 时，对应的干燥热废气温度应是进口温度 $T_{g,in}$，所以

$$\frac{X_0 - X_1}{X_0 - X} = \frac{T_{g,in} - T_W}{T_g - T_W} = e^{\frac{h \cdot A \cdot L}{G_g \cdot c_{g,in}}}$$

即

$$X = X_0 - (X_0 - X_1)\mathrm{e}^{-\frac{h \cdot A \cdot L}{G_g \cdot c_{g,in}}} \tag{7-10}$$

上式为床层内沿着床高各点的局部含水量表达式，故床层的平均水含量 ω 应为

$$\omega = \frac{1}{L}\int_0^L X\mathrm{d}l = \left[X_0 \cdot L - \frac{X_0 - X_1}{hA/G_g \cdot c_{g,in}}\right]$$

床层平均临界含水率 ω_c 应为烧结混合料层的含水率接近或者达到临界含水率时，即 $X = X_c$ 时的平均湿含量。所以混合料的干燥时间为

$$\tau = \rho_s \cdot L \cdot (X_1 - X_0)/U \tag{7-11}$$

或者

$$\rho_s(X_0 - X_c) = \frac{hA(T_{g,in} - T_W)\tau_c}{\Delta\gamma} \tag{7-12}$$

式中，X_1 为烧结混合料层初始平均湿含量，kg 水/kg 绝干料；X_0 为烧结混合料层适宜烧结的湿含量，kg 水/kg 绝干料。

混合料降速干燥段数学模型：由基本假设，可认为烧结混合料干燥的降速干燥阶段呈线性变化。

降速段干燥速率曲线可表示为

$$\frac{U}{U_c} = \frac{X - X^*}{X_c - X^*} \tag{7-13}$$

或

$$U = U_c\frac{X - X^*}{X_c - X^*} \tag{7-14}$$

由于干燥速率以微分形式表示为

$$U = -G_c\frac{\mathrm{d}X}{\mathrm{d}\tau}$$

对上式积分，可得降速段干燥时间

$$\tau_D = \int_0^{\tau_D}\mathrm{d}\tau = -G_c\int_{c_c}^{c_2}\frac{\mathrm{d}X}{U} = G_c\int_{c_2}^{c_c}\frac{\mathrm{d}X}{U} \tag{7-15}$$

将式（7-14）代入式（7-15），可得

$$\tau_D = G_c\int_{X_2}^{X_c}\frac{\mathrm{d}X}{U} = \frac{G_c(X_c - X^*)}{U_c}\int_{X_2}^{X_c}\frac{\mathrm{d}X}{X - X^*} = \frac{G_c(X_c - X^*)}{U_c}\ln\frac{X_c - X^*}{X_2 - X^*} \tag{7-16}$$

上述公式中，式（7-14）为降速干燥阶段干燥速率计算公式；式（7-16）为降速干燥阶段干燥时间计算公式。

7.2.3 解析模型验证

烧结混合料的干燥试验研究由于试验条件限制，只做了 150℃、200℃和 250℃三种条件下的试验，下面进行实验结果与计算结果的比较。将任意时刻代入干燥时间方程可求得相应时间下的物料含水量，因此可得 200℃时的干燥曲线。

热空气温度取 $t = 200℃$；

根据当地空气情况，查得当地空气湿度 $H = 0.016$kg 水/kg 干空气；

气体的湿比热 $C_g = 1.005 + 1.884H = 1.04$kJ/(kg 干空气·℃)；

气体湿比容：0.938m³/kg 干空气；

迭代得到气体的湿球温度 $t_W = 52.55℃$；

水的汽化潜热：2420.92kJ/kg；

气体动力黏度：2.53×10^{-5}Pa·s；

干燥床长（a）4m，宽（b）4m；

热空气流速取 $u_g = 0.5$m/s，则湿热空气质量流量为

$$G_0' = u_g \cdot (1+H)/\upsilon_H = 0.5 \times (1+0.016)/0.938 = 0.542\,\text{kg}/(\text{m}^2 \cdot \text{s})$$

干燥气体流量 $G_g = G_0'/(1+H) = 1951.2/(1+0.016) = 1920.47\,\text{kg}/(\text{m}^2 \cdot \text{h})$

$$Re = \frac{d_p \cdot G_0'}{\mu_g} = \frac{0.005 \times 1951.2}{2.53 \times 10^{-5} \times 3600} = 107.11 < 350$$

则
$$\frac{h}{G_0 \cdot C_g'} = 2.41 \cdot Re^{-0.51}$$

$$h = 2.41 \times (107.11)^{-0.51} \times 1951.2 \times 1.04 = 439.69\,\text{kJ}/(\text{m}^2 \cdot \text{h} \cdot ℃)$$

烧结混合料颗粒平均直径取 $d_p = 0.005$m，则

$$A = \frac{6(1-\varepsilon)}{d_p} = \frac{6 \times (1-0.3)}{0.005} = 840\,\text{m}^2$$

$$h \cdot A = 439.69 \times 840 = 369336.95\,\text{kJ}/(\text{m}^3 \cdot \text{h} \cdot ℃)$$

$$\frac{h \cdot A \cdot L}{G_g \cdot C_{g,\text{in}}} = N_T = \frac{369336.95 \times 0.6}{1920.47 \times 1.04} = 110.95$$

$$U = G_g \cdot C_g \cdot (T_{g,\text{in}} - T_W) \cdot (1 - \text{e}^{-N_T})/\Delta\gamma$$

$$= 1920.47 \times 1.04 \times (200 - 52.55) \times (1 - \text{e}^{-110.95})/2370.49$$

$$= 124.24\,\text{kg}水/(\text{m}^2 \cdot \text{h})$$

物料的临界含水率 X_c 由文献查得，$X_c = 0.053$ kg 水/kg 干物料

由 $\omega = \dfrac{1}{L}\displaystyle\int_0^L X\mathrm{d}l = \left[X_0 \cdot L - \dfrac{X_0 - X_1}{hA \big/ G_g \cdot C_{g,in}} \right]$ 计算得

$$\omega_c = \frac{1}{0.6} \times \left[0.077 \times 0.6 - \frac{0.077 - 0.053}{91704.34 / (1920.47 \times 1.04)} \right]$$

$$= 0.0761 \text{kg水} / \text{kg干物料}$$

所以，干燥时间

$$\tau_c = \rho_c \cdot L \cdot (C_1 - \omega_c)/U_c$$
$$= 1865.30 \times 0.6 \times (0.077 - 0.0761)/16.03$$
$$= 0.0608\text{h}$$
$$= 218.71\text{s}$$

而降速干燥时间为

$$\tau_D = \frac{G_c(X_c - X^*)}{U_c} \ln \frac{X_c - X^*}{X_2 - X^*}$$

这里求物料干燥到 $X_2 = 0.01$ kg水 / kg干物料时的干燥时间，所以

$$\tau_D = \frac{1865.30 \times 4 \times 4 \times 0.6 / (218.71 + 3600\tau_D)}{4.045} \ln \frac{0.053 - 0.00557}{0.01 - 0.00557}$$

迭代求得

$$\tau_D = 0.3253\text{h} = 1171.08\text{s}$$

所以总的干燥时间为

$$\tau = \tau_c + \tau_D = 218.71 + 1171.08 = 1389.79\text{s}$$

将任意时刻代入干燥时间方程，可求得相应时间下的物料含水量，因此可得 200℃时的干燥曲线。运用该模型计算出某实验工况下的干燥曲线，然后与实验结果进行分析，以分析模型可靠性。图 7-8 是当干燥热源温度为 200℃工况时的比较结果。可以看出，由计算和实验结果绘制而成的干燥曲线的趋势基本相同。此外，由计算得到的某一时刻烧结料的含水率低于由实验测得的数值，两者的差值即偏差从干燥伊始到干燥终了即烧结料含水率开始恒定这一区间有逐渐增大的趋势；经计算，各个时刻的差值与同一时刻的实验测试值相比即计算误差约 0.01%～65.69%。由计算得到的某一时刻烧结料的含水率偏低，是由于实验时测得的干燥热源的流量是进口流量，但实际上由于边缘效应、气流阻力等原因，实际流经料层的气体流量低于进口流量，而计算中给定的进口流量并未考虑气流阻力等因素影响。总体而言，经实验验证，此模型基本可靠。

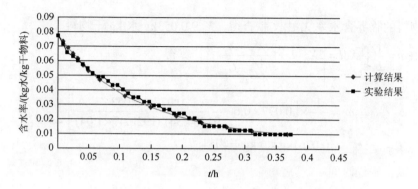

图 7-8　热空气温度 200℃时干燥曲线试验值和计算值的比较

　　根据图 7-8～图 7-10，可以得到：在 150℃时干燥曲线的对比中，最初的 0.13h 内，实验结果与计算结果较吻合，其后实验曲线明显偏离计算曲线且比实验曲线平缓，这是计算曲线的基本假设影响的，温度较低，物料所需干燥时间长，

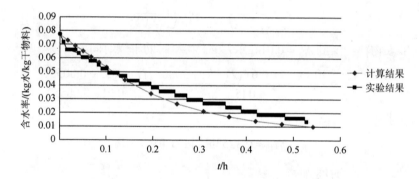

图 7-9　热空气温度 150℃时干燥曲线试验值和计算值的比较

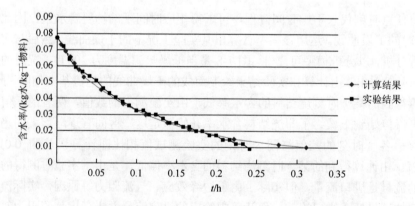

图 7-10　热空气温度 250℃时干燥曲线试验值和计算值的比较

散热损失严重及沿厚度方向含水率发生变化。但平均误差小于 10%；在 200℃和 250℃吻合程度比 150℃好，误差更小。在 250℃对比的情况下，0.2h 后，计算的干燥曲线的趋势不同于实验情况，这是由于模型的假设的降速段是线性的，与实验情况不符。

总体上，实验结果与模型计算结果是一致的，模型是可靠的。

7.2.4　烧结混合料干燥工艺参数的确定

以国内某大型烧结机为计算案例，其典型数据如表 7-1 所示。

表 7-1　主要生产指标及相关参数

项目	单位	参数
台车宽度	m	4
台车机速	m/min	2.4～2.5
料层厚	mm	700
作业率	%	90
烧结矿产量	t/h	470.2
热矿产量	t/h	507.02
混合料量	t/h	547.35
点火煤气热值	kJ/m^3	18000
烧结机利用系数	$t/(m^2 \cdot h)$	1.32

1. 烧结混合料中水分的双重作用与适宜含水率

烧结混合料中的水分是影响烧结质量的一个极为重要的因素，它的来源可以分为两部分：一部分是烧结原料自身含水带入的；另一部分是烧结混合料在混合造球过程中补加的。

混合料中的水分在烧结过程中起双重作用，有益的方面如下：①有利于混合料的混合造球，从而改善料层的透气性，提高烧结生产率。②原料颗粒被水湿润后，表面变得光滑，可以减少气体通过料层的阻力。③改善烧结料的换热条件，由于烧结料中有水分存在，改善了烧结混合料的导热性能，使得料层中的热交换条件良好，这有利于使燃烧带限制在较窄的范围内，减少了烧结过程的料层阻力，同时也保证了在燃料消耗较少的情况下获得必要的高温。另外，如果烧结混合料中水分含量过高，过多的水分就会影响混合料造球，使烧结料层的透气性变坏，不仅影响烧结过程的垂直烧结速度，而且还影响烧结矿的成品率、生产率和转鼓指数等。虽然混合料水分大时烧结速度快，但成品率低、返矿量大，转鼓指数下降。从热平衡的角度来看，去掉水分又要消耗一部分热量，浪费了固体或气体燃料。因此，无论从对烧结矿产量、质量影响的角度还是从燃料节约的角度考虑，控制混合料中适宜的烧结含水率是十分重要的。一般情况下的现场生产中，混料时的适宜用水量并不是适宜点火烧结阶段的最佳含水率。混合料造球时的水分含量大于烧结需要的最佳含水率，因此，在烧结机点火炉前引干燥热源对台车上烧结混合料进行适宜的干燥，使其含水率降到烧结需要的最佳含水率是十分必要的。

适宜含水率的讨论：烧结过程中，水分起正反两方面的作用。既可以使料层的空隙率增加，减小气流流经料层的阻力，还可维持烧结过程在料层内自上而下地依次连续进行。与此同时，水分还将使固体和气体燃料消耗增加。因此，点火炉前烧结混合料的含水率应控制在适宜的范围内。研究结果表明，一些富矿混合料的适宜含水率为 6%，而贫矿混合料则高些，可达 9%以上。在一般的烧结生产过程中，将烧结混合料中水的质量分数降低 1~2 个百分点有利于烧结。

2. 干燥热源温度与流量的确定

在现场的烧结生产过程中，烧结混合料经布料器均匀布置后随台车进入干燥阶段，再经点火、保温、烧结，由台车送往环冷机，整个过程是连续不间断的。烧结台车如图 7-11 所示。

图 7-11　烧结台车

以 250℃的干燥热源干燥烧结混合料。某烧结机上，布料机与点火装置之间可以设置干燥器的空间有限；干燥带的长度在 2~2.5m 之间，假设干燥带长 2.3m。由表 7-1 数据可以计算烧结料经过干燥装置的干燥时间。

$$\tau = \frac{\text{干燥带长度}}{\text{台车机速}} = \frac{2.3}{2.5} = 0.92\,\text{min} = 55.2\text{s}$$

烧结机干燥过程模型如图 7-12 所示。

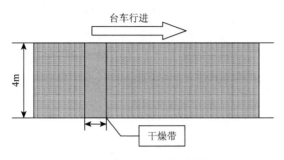

图 7-12　烧结机干燥过程模型

烧结混合料在通过干燥带之后干燥到要求的含水率，则其干燥速率为

$$U_1 = \frac{W(X_1 - X_2)}{m \cdot t} (\text{kg} / \text{m}^2 \cdot \text{s})$$

式中，W 为烧结台车上混合料流量，kg/h；X_1、X_2 为干燥前后烧结混合料的含水率；m 为台车上干燥面积，m^2；t 为干燥时间，s。

干燥热源温度为 250℃。假设风速为 0.096m/s。

根据当地空气情况查得当地空气湿度 $H = 0.016 \text{kg}$ 水/kg 干空气；

气体的湿比热 $C_g = 1.005 + 1.884H = 1.04\text{kJ/(kg 干空气·℃)}$；

气体的湿比容 $\upsilon_H = (0.773 + 1.244H) \times T / 273 = 1.519 \text{m}^3/\text{kg 干空气}$；

气体的湿球温度可以由下面公式迭代求出：

$$t_\text{w} = t - \Delta \gamma (H_\text{w} - H)$$

$$\Delta \gamma = 2491.27 - 2.30285 t_\text{w}$$

$$H_\text{w} = 0.622 \frac{p_\text{w}}{P - p_\text{w}} \tag{7-17}$$

$$p_\text{w} = \frac{2}{15} \exp \left(18.5916 - \frac{3991.11}{t_\text{w} + 233.84} \right)$$

汽化潜热：$\Delta \gamma = 2370.49 \text{kJ} / \text{kg} 水$

查得气体的动力黏度 $\mu_g = 2.6 \times 10^{-5} \text{Pa} \cdot \text{s}$

烧结混合料比面积为

$$A = \frac{6 \times (1 - \varepsilon)}{d_\text{p}} = \frac{6 \times (1 - 0.3)}{0.005} = 840 \text{m}^2 / \text{m}^3 \tag{7-18}$$

式中，ε 为床层空隙率，通过实验测定；d_p 为烧结混合料颗粒平均直径。

热废气流速 $u_g = 0.8 \text{m/s}$，湿空气质量流量为

$$G_0' = u_g(1+H)/\upsilon_H = 0.8 \times (1+0.016)/1.519$$
$$= 0.54 \mathrm{kg}/(\mathrm{m}^3 \cdot \mathrm{s}) = 1926.32 \mathrm{kg}/(\mathrm{m}^3 \cdot \mathrm{h}) \quad (7\text{-}19)$$

干空气流量:

$$G_g = G_0'/(1+H) = 1926.32/(1+0.016) = 1895.98 \mathrm{kg}/(\mathrm{m}^3 \cdot \mathrm{h})$$

$$Re = \frac{d_p G_0'}{\mu_g} = \frac{0.005 \times 0.54}{2.6 \times 10^{-5}} = 103.85 < 350 \quad (7\text{-}20)$$

则

$$\frac{h}{G_0' \cdot C_g} = 2.41 Re^{-0.51}$$

$$Re = \frac{d_p \cdot G_0'}{\mu_g}$$

$$h = 2.41 Re^{-0.51} \cdot G_0' \cdot C_g$$

$$hA = 2.41 Re^{-0.51} \cdot G_0' \cdot C_g \cdot \frac{6(1-\varepsilon)}{d_p}$$

$$= 2.41 \times 103.85^{-0.51} \times 1926.32 \times 1.04 \times 840 = 379918.80 \mathrm{kJ}/(\mathrm{m}^3 \cdot \mathrm{h} \cdot \mathrm{°C})$$

则传热单元数:

$$N_T = \frac{hA \cdot L}{G_g \cdot C_{g \cdot \mathrm{in}}} = \frac{379918.80 \times 0.7}{1895.98 \times 1.04} = 83.28$$

由上面得到的干燥速率:

$$U_C = G_g \cdot C_{g,\mathrm{in}} \cdot (T_{g,\mathrm{in}} - T_W) \cdot (1-\mathrm{e}^{-N_T})/\Delta H \quad (7\text{-}21)$$

则有

$$G_g = \frac{(\Delta H \cdot U_C)}{C_{g,\mathrm{in}} \cdot (T_{g,\mathrm{in}} - T_W) \cdot (1-\mathrm{e}^{-N_T})} \quad (7\text{-}22)$$

代入不同的风温,经上式计算,要达到相同的干燥效果需用不同的风量。计算结果如表 7-2 所示。

表 7-2　达到相同的干燥效果风温对应风量表

风温/℃	干燥效果（去除水分）	需要风量/[kg/(m²·s)]	总风量/(m³/h)
150	1%	11.96	2.1×10^5
200	1%	9.35	1.8×10^5
250	1%	7.52	1.62×10^5
300	1%	5.91	1.4×10^5

　　当以 250℃的干燥热源干燥烧结混合料时，需要的风量为 7.52kg/(m²·s)，即 $G_g = 161624\text{m}^3/\text{h}$。

　　对混合料的干燥是利用烧结机烟气或者环冷机热废气，根据"梯级利用，量质匹配"的原则，将 273～313℃范围内的烧结烟气作为干燥热源，再考虑引风管道热损失（管道长约 100m），到达干燥区域烟气温度约为 250℃，由 7.1 节实验结果可知，在这一温度范围内烧结混合料的干燥效果比较理想。由上面计算可知，干燥热废气温度为 250℃时，需要的干燥风流量为 $1.62 \times 10^5 \text{m}^3/\text{h}$。引风流程如图 7-13 所示。

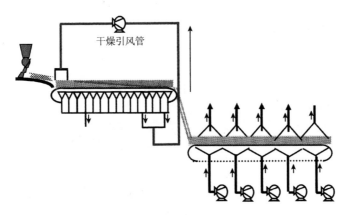

图 7-13　干燥引风流程图

3. 辅助计算

1）引风管管径的确定

　　查工业通风低压气体管道流速的建议流速为 10～20m/s，取管道内废气流速为 13m/s。干燥用废气流量为 $1.8 \times 10^5 \text{m}^3/\text{h}$，由管道内流量

$$G_g = \frac{\pi}{4} v d^2 \qquad (7\text{-}23)$$

式中，G_g 为流体流量，m^3/h；v 为管中流体流速，m/s；d 为管径，m。

　　代入数据计算可得管径 $d = 2.4\text{m}$。

2）引风机选型

　　管段阻力损失计算：阻力损失包括两部分，即沿程阻力损失 h_f 和局部阻力损失 h_m。根据流体力学，两部分阻力的计算公式分别为

$$h_f = \lambda \times \frac{l}{d} \times \frac{v^2}{2g} \qquad (7\text{-}24)$$

式中，λ 为沿程阻力系数；g 为重力加速度，m/s^2。

$$h_{\mathrm{m}} = K \times \frac{v^2}{2g} \qquad (7\text{-}25)$$

式中，K 为局部阻力系数；

假设管道材质为镀锌铁，查得其粗糙度 $\varepsilon = 0.15\mathrm{mm}$，所以

$$\frac{\varepsilon}{d} = 0.0000625$$

管内废气流动雷诺数为

$$Re = \frac{vd}{\nu} = \frac{13 \times 2.4}{4.64 \times 10^{-5}} = 6.1 \times 10^5$$

由 $\dfrac{\varepsilon}{d}$ 和 Re，查穆迪图可得

$$\lambda = 0.014$$

管道从烧结机尾到烧结机头，长约 120m，约有 5 个 90° 的弯头。

代入以上数据计算可得

$$h_{\mathrm{f}} = \lambda \times \frac{l}{d} \times \frac{v^2}{2g} = 0.014 \times \frac{120}{2.4} \times \frac{13^2}{2 \times 9.8} = 6.04\,\mathrm{Pa}$$

$$h_{\mathrm{m}} = K \times \frac{v^2}{2g} = 1.1 \times \frac{13^2}{2 \times 9.8} = 9.5\,\mathrm{Pa}$$

换算为压强，阻力损失为

$$(h_{\mathrm{f}} + nh_{\mathrm{m}}) \times \rho g = 338.594\,\mathrm{Pa}$$

引风管内动压计算如下。

由工程流体力学公式，动压 ζ 可由下式计算：

$$\zeta = \frac{v^2}{2g} \qquad (7\text{-}26)$$

代入数据计算得

$$\zeta = \frac{v^2}{2g} = \frac{13^2}{2 \times 9.8} = 8.6\,\mathrm{Pa}$$

风机的全压要大于等于静压和动压之和，故风机选型时全压要大于等于 347.2Pa，流量为 $1.8 \times 10^5 \mathrm{m}^3/\mathrm{h}$。

3）保温材料选择

引风处平均风温约为 300℃，而干燥要求风温为 250℃，故保温材料至少要满足烟气温降小于等于 50℃ 的要求。故整个引风管段上，最多散失热量为

$$Q_{\text{热量}} = c_p \times \Delta m \times \Delta t \qquad (7\text{-}27)$$

式中，c_p 为烟气的定压比热容，kJ/(kg·K)；Δm 为烟气的质量流量，kg/s。

假设保温层与管壁紧密接触，两者之间没有温差，多层圆筒壁导热公式为

$$\Phi = \frac{2\pi l(t_i - t_o)}{\ln(d_1/d_i)/\lambda_1 + \ln(d_o/d_1)/\lambda} \tag{7-28}$$

式中，l 为管道长度，m；t_i 为管内烟气温度，℃；t_o 为烧结车间内气温，℃；d_1 为引风管道外径，m；d_i 为引风管道内径，m；d_o 为保温层外径，m；λ_1 为引风管道材质导热系数，W/(m·K)；λ 为保温层材料导热系数，W/(m·K)。

令 $Q_{热量} = \Phi$，代入数据，计算得保温层的导热系数和厚度的关系：

$$0.482\lambda = \ln\frac{1.05 + \delta}{1.05}$$

4. 干燥节能效果分析

烧结混合料中水分含量过高，过多的水分就会影响混合料造球，使烧结料层的透气性变坏，这样不仅影响烧结过程的垂直烧结速度，而且还影响烧结矿的成品率、生产率和转鼓指数等。混合料水分大致使烧结速度快，但成品率低、返矿量大，转鼓指数下降。在现场生产中，混料造球时的适宜用水量一般大于点火烧结的最佳含水率。即在点火之前，混合料中存在部分多余的水分，使上述危害存在于烧结过程中。分析水分的来源、运行路径以及最终去处，如图 7-14 所示。

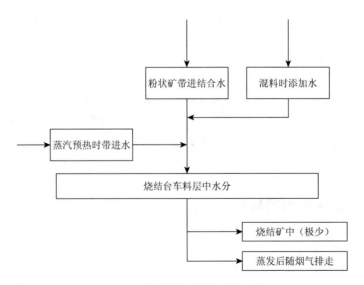

图 7-14　烧结过程中水分的走向

由上面水分的来源、走向分析可知：水分进入烧结混合料后，最终吸收热量

蒸发而随烟气排走。水分蒸发吸收热量是吸收的焦炭的燃烧热，这部分热量计算如下。

干燥去水分约：0.6%；

混合料量：579.5t/h，即干燥去水分3477kg/h；

混合料层中水分温度约为：50℃；

水比热容：4.2kJ/(kg·℃)；

汽化潜热：2370.49kJ/kg 水；

焦粉热值：33496kJ/kg；

水分在汽化过程中吸收的热量分为两部分，即汽化前温度升高到 100℃吸收的热量($Q_{显}$)和汽化潜热($Q_{潜}$)。

$$Q_{显} = c_p \Delta m \Delta t = 4.2 \times 3477 \times 50 = 0.73 \times 10^6 \ \text{kJ/h}$$

$$Q_{潜} = \Delta H \Delta m = 2370.49 \times 3477 = 8.24 \times 10^6 \ \text{kJ/h}$$

所以，这部分多余的水分在烧结过程中吸收热量

$$Q_{热} = Q_{显} + Q_{潜} = 8.97 \times 10^6 \ \text{kJ/h}$$

这大约是 267.83kg/h 的焦粉完全燃烧释放的热量，相当于 0.54kg 焦粉/t 矿。

由上面计算可知，在点火前对烧结混合料进行干燥，其节能效果是十分明显的。

7.3　烧结余热用于烧结点火

将环冷机的冷却废气引至点火炉用于点火助燃，这是烧结余热直接热回收利用的重要组成部分。目前，国内绝大部分烧结机点火为冷风助燃方式，这部分冷的助燃风要消耗一大部分热量才能达到点火炉内烟气温度，会影响点火温度，进而影响点火质量。采用干燥热源点火助燃，不仅提高了点火煤气燃烧速度、温度，还能节约点火煤气，改善点火质量，使表层烧结矿烧结质量提高，减少返矿量。

7.3.1　烧结点火的作用与意义

利用烧结热废气作为点火助燃空气，带进点火炉内大量的物理热，对烧结机点火炉节能有显著的效果和特殊的技术经济意义。首先，节约点火燃料。研究表明，当助燃空气的温度为 300℃时，燃料节约率为 16%，且随着助燃空气温度的提高而提高。其次，提高了燃烧速度，使空气与点火煤气混合物的着火更容易、更迅速，使空气的过剩系数减小；这些都有利于点火，有助于点火质量的提高。

再次，提高燃烧温度。采用热空气助燃可以保证点火炉内达到足够高的温度，从而提高点火炉的生产能力，这对使用低热值煤气为燃料的点火炉特别重要，可使炉身的热效率大幅度提高。

采用干燥热源助燃后，由于点火温度的提高以及热量的增多，表层烧结矿的质量得到很大提高，使得表层返矿量降低。

7.3.2 烧结点火工艺及特点分析

烧结点火是钢铁企业烧结生产的重要工序之一，点火过程直接影响烧结过程的热状态，并最终影响烧结矿质量和烧结能耗综合生产目标的实现。点火煤气燃烧温度是影响点火质量的重要因素。在固定煤气流量的情况下，提高助燃空气的温度是提高助燃温度的有效手段。根据燃料及燃烧学知识，燃料的理论燃烧温度随助燃空气预热温度的提高而升高，而且对发热量高的燃料比对发热量低的燃料，效果更为显著。回收环冷机具有一定温度的废气作点火助燃空气，不但提高了助燃温度，而且使前面的烧结热量回到后续的烧结过程中，节约了点火煤气，从而降低了点火能耗。

1. 点火工艺

烧结过程是一个复杂的物理化学过程，包括水分的冷凝和蒸发、氧化还原反应、碳酸盐的分解、化学水的分解、燃烧反应、固相反应以及化合物的熔化与冷凝，涉及传热学、热力学、动力学等学科知识。基本原理是：将配好的烧结混合料送烧结机上，在一定点火温度下，由下部风箱强制抽风，通过料层的空气和烧结料中的焦粉燃烧所产生的热量，使粉状料和细颗粒在不完全融化的条件，或者说不允许整个原料都同时液相的条件下（物料处在融化状态温度下的时间很短）烧结在一起；使烧结混合料经物理和化学变化，生成烧结矿。抽风烧结的工艺流程如图 7-15 所示。

烧结点火是烧结过程的一个重要工序。烧结过程是以在混合料表层的燃料点火开始的。烧结机点火炉是一种热量传递设备（图 7-16），其炉膛内炽热的火焰直接经过对流换热、热辐射的方式将热量传递给烧结混合料将其点燃。点火炉具有较大的热容量，与一般的传热设备一样，其具有较大的时间常数和纯滞后时间。点火炉的点火方式对烧结矿的性质，特别是对表层烧结矿有一定程度的影响。此外，点火对烧结生产率和燃料消耗也有影响。例如，如果点火器内不能维持氧化条件，则生产率减低，因为它使部分焦粉的燃烧推迟；此外，还使烧结矿质量变坏。混合料借点火和抽风使其中的炭燃烧产生热量，并使烧结料层处在总的氧化气氛中，局部又具有一定的还原气氛，因而混合料不断发生

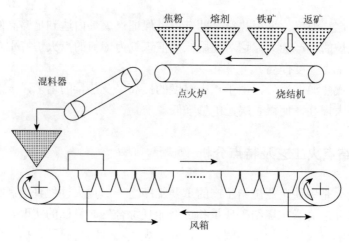

图 7-15　烧结生产工艺流程

分解、还原、氧化和脱硫等一系列反应，同时在矿物间产生固液相冷凝时把未融化的物料粘在一起，体积收缩，得到外观多孔的块状烧结矿。点火后，取一台车上的烧结混合料进行剖面分析，抽风烧结过程大致可分为五层，即烧结矿层、燃烧层、预热层、干燥层和过湿层等反应层；从点火烧结开始，随着烧结过程的发展而逐步下移，这五层依次出现，一定时间后，在到达炉壁后才依次消失，最终剩下烧结矿层。

图 7-16　某烧结机点火炉

2. 点火要求与点火燃料

为了降低点火对烧结矿产量、质量的负面影响，需要对点火提出一定的要求。烧结点火应满足以下条件：首先，在烟气中必须含有足够的氧气。其次，有足够高的点火温度，点火温度应该提高，但又避免超过烧结矿熔化温度；有一定的点火时间、适宜的点火负压，沿台车宽度方向点火要均匀。点火强度必须达到在通过点火器以后，不需要另外供热，烧结过程仍能持续进行。有时候还要求在点火以后，避免冷空气直接进入料层，因而延长点火器使燃烧空气达到一定程度的预热。

过去点火温度不断上升，早先在点火器中的温度介于 900～1000℃，而现在则力求在 1200℃以上。除某些贫铁矿石以外，烧结温度在 1450℃以上时，表层烧结矿不会有结渣的危险。点火温度应尽可能迅速达到烧结温度，以改善表层烧结矿的质量，降低返矿量。

为避免离开点火器后表层烧结矿骤冷，可以采取延长点火器的措施，并使点火器内的温度沿着烧结机运行的方向下降。点火时间一般为 30～60s，由于用富矿混合料时，烧结过程在 10min 内结束，所以点火器必须覆盖烧结机 5%～10%的表面。如有 100m 长的烧结机，点火器的长度需 5～10m。

目前，国内大多数钢铁厂烧结点火使用的燃料为焦炉煤气或高炉煤气，或者两者混合使用；助燃空气量的确定是根据煤气充分燃烧所需空气量确定其煤空比。烧结点火参数主要包括点火温度和点火时间两个主要操作变量。点火温度的高低，主要取决于混合料中固体燃料的燃点以及烧结生成物的熔融温度。由于一般烧结混合料中所配固体燃料为焦粉或煤粉，因而点火温度差别不大，在厚料层操作条件下，点火温度在 1100℃左右。虽然烧结混合料的化学组成不同，烧结生成物的种类和数量也各异，但由于烧结过程总是形成多种生成物，因而一般烧结生产中点火温度差别不大。点火时间的选择主要取决于料层表面所需的总热量，为防止表层烧结矿温度急剧下降而对其质量产生不利影响，点火装置后还设置保温段。点火装置设置保温及时，可减少因表层烧结矿温度急剧下降而对其质量的不利影响。

点火时间与点火温度有关，即与点火供给的总热量有关，烧结点火所需消耗的燃料与烧结混合料的性质、烧结机的设备状况以及点火热效率有关，相关的计算公式如下：

1）点火燃料需要量计算

点火所需热量为

$$Q_{热} = A_{效} \times q_{利} \times q \qquad (7\text{-}29)$$

式中，$Q_{热}$ 为点火所需热量，kJ/h；$A_{效}$ 为有效烧结面积，m²；$q_{利}$ 为烧结机利用系数，t/(m²·h)；q 为每吨烧结矿的点火热耗，kJ/t。

此外，还可用混合料点火强度的经验值来计算点火燃料需要量，混合料点火强度是指烧结机单位面积的混合料在点火过程中所供给的热量。当选定点火强度后，即可按下式计算点火所需热量 $Q_{热}$：

$$Q_热 = 60 \times J \times V \times B \tag{7-30}$$

式中，J 为点火强度，kJ/m^2；V 为烧结机速度，m/min；B 为台车顶部宽度，m。
之后，用下式计算点火燃料需要量 Q（m^3/h）：

$$Q = \frac{Q_热}{H_低} \tag{7-31}$$

式中，$H_低$ 为点火燃料低发热值，kJ/m^3。

此外，还可用混合料点火强度的经验值来计算点火燃料需要量，点火强度是指点火炉对每平方米混合料面所供给的热量或燃烧煤气量，它可以通过如下计算式得出煤气量：

$$Q = 60 \times J \times V' \times B' \tag{7-32}$$

式中，Q 为点火炉的煤气流量，m^3/h；J 为点火强度，m^3/m；V' 为台车速度，m/min；B' 为台车的宽度，m。

2）空气需要量计算

根据确定的实际点火温度 t，按下式求出理论燃烧温度 t_0：

$$t_0 = \frac{t}{\xi} \tag{7-33}$$

式中，ξ 为高温系数，一般从 0.75～0.8 中选取。

由燃料总热值计算其理论燃烧温度为

$$t_0 = \frac{Q_低 + Q_空 + Q_燃 - Q_分}{V_n \cdot c_产} \tag{7-34}$$

式中，$Q_低$ 为燃料发热量，kJ/m^3；$Q_空$ 为空气带入的物理热，kJ/m^3；$Q_燃$ 为燃料带入的物理热，kJ/m^3；$Q_分$ 为燃烧产物中某些气体在高温下热分解消耗的热量；V_n 为燃烧产物生成量，m^3/m^3；$c_产$ 为燃烧产物的平均比热容，$kJ/(m^3 \cdot ℃)$。

燃料在空气中完全燃烧时理论空气需要量：

$$L_0 = 4.76\left[\frac{1}{2}V_{CO} + \frac{1}{2}V_{H_2} + \sum\left(n+\frac{m}{4}\right)V_{C_nH_m} + \frac{3}{2}V_{H_2S} - V_{O_2}\right] \times 10^{-2} (m^3/m^3) \tag{7-35}$$

式中，V_{CO} 为燃料中 CO 气体的体积浓度，m^3/m^3。

$$L_n = nL_0 \tag{7-36}$$

燃烧产物量：

$$V_0 = \left[V_{CO} + V_{H_2} + \sum\left(n+\frac{m}{2}\right)V_{C_nH_m} + 2V_{H_2S} + V_{CO_2} + V_{N_2} + V_{H_2O}\right] \times \frac{1}{100} \tag{7-37}$$
$$+ 0.79L_0 (m^3/m^3)$$

$$V_n = \left[V_{CO} + V_{H_2} + \sum \left(n + \frac{m}{2} \right) V_{C_nH_m} + 2V_{H_2S} + V_{CO_2} + V_{N_2} + V_{H_2O} \right] \times \frac{1}{100}$$

$$+ \left(n - \frac{21}{100} \right) L_0 + 0.00124 g L_n (\text{m}^3/\text{m}^3) \tag{7-38}$$

由点火燃料发热量 $H_{低}$ 和上式求得的理论燃烧温度 t_0，求得对应的过剩空气系数 n，再根据 n 算出单位燃料燃烧的空气需要量 L_n，然后按下式计算出每小时空气需要量 Q_a：

$$Q_a = Q \times L_n \tag{7-39}$$

以上是在理想条件下，基于热力学基本原理计算烧结点火燃烧煤气和空气需要量。实际生产过程中，由于煤气热值、煤气和空气压力波动以及操作参数变化等因素影响，所需煤气和空气流量往往发生变化而偏离理论计算值。

7.3.3　影响点火的因素分析

在烧结点火工序中，点火时间、点火温度是影响煤气和表面烧结混合料中固体燃料的燃烧及利用率的重要因素；点火负压、点火烟气氧含量及料层厚度等因素对煤气和固体燃料的燃烧及利用率也有很大的影响。因此，在生产实践中，为了降低烧结点火热耗，常通过以下措施确定合理的烧结点火热工制度，提高点火器的热效率，改善煤气的燃烧状况以及充分利用表层烧结料中的固体燃料。

1. 点火器负压的控制

在生产中，一般点火器内都是负压，若使点火器内压力控制在接近大气压力，使侵入的空气量减少，那么点火器内的燃烧废气温度和周围气氛温度都会升高，从而有效节约点火燃料。研究表明，高的点火负压会缩短火焰的长度，高温废气很快流过料层，停留时间短。降低点火负压，能使渗入点火器的冷空气量明显减少，从而提高点火温度，减少烧结机头漏风，使料层中有效风量增加，同时能改善边缘点火。

苏联西伯利亚钢铁公司 1 号和 2 号烧结机在机头点火器内负压从 13kPa 降到 6kPa 时，点火器内部烟气温度提高 50～60℃，这可以增大焦炉煤气燃烧用的相对风量，并且当点火烟气的游离含氧量不低于 8%～9% 时，可以使点火烟气保持混合料加热所需的温度；武汉钢铁（集团）公司烧结厂工业性试验数据表明，点火负压从 6880～5880Pa 降至 2940～2740Pa，每降低 1000Pa，消耗平均下降 6%～12.6%

2. 富氧空气点火

采用富氧空气点火，无论点火煤气是高热值煤气还是低热值煤气，富氧空气点火都是提高烟气含氧量的重要措施。随点火助燃空气的含氧量提高，煤气燃烧条件改善，燃烧效率提高，点火温度及混合料表面温度也随之上升。这有利于点火煤气与混合料之间的热交换，加速点火区域内烧结混合料层表面固体燃料的燃烧。但是采用富氧空气助燃也有缺点，就是费用比较高，而且氧气供应困难。

首钢长治钢铁有限公司烧结采用富氧空气点火后，烧结点火温度提高，更重要的是点火强度增大，点火质量明显提高，烧结料层表面点火效果得到强化，表层松散料结块成型，也使垂直烧结速度提高，烧结机台车机速加快，使烧结台时产量大幅度增加，返矿率明显下降，烧结生产率上升。另外，随着点火助燃空气中含氧浓度的提高，点火器炉膛内温度及料面温度同步上升，使厚料层烧结作用得到发挥，烧结料层中的固体燃料得到充分燃烧，提高了燃料利用率，使燃耗得到了明显降低。

3. 点火温度及点火时间的控制

在烧结点火过程中，为了在节约点火煤气的同时，又得到料层均匀烧结和质量合格的烧结矿，特别是得到表层合格的烧结矿，控制最佳的点火温度范围和点火时间是十分重要的。当点火温度低时，由于没有足够的热量来使表层混合料烧结，表层热量不足，生料增多，返矿量增加；同时，混合料表层大颗粒的燃料尚未完全燃烧即离开了点火器，随着被吸入的冷空气骤冷而熄灭从而使燃料的利用率降低。当点火温度过高时，造成烧结混合料表面过熔，接着形成硬壳，降低了混合料的透气性，并使表层烧结矿 FeO 含量增加，点火热耗升高。适宜的点火温度控制在（1000±100）℃左右，在保证点火工艺的前提下降低点火温度，能使点火热耗大幅度下降。点火时间随点火温度变化而变化，若点火温度较低，可适当延长点火时间，否则就缩短点火时间，一般点火时间控制在1min 以内。

4. 热空气助燃

采用热空气助燃，不但可以为点火炉内提供一定数量的物理热，提高点火温度，节省点火燃料，而且还能提高烟气浓度。计算结果表明，点火助燃空气温度 523K（250℃）时，可节约点火煤气 10%～1.9%。苏联的生产经验表明，利用 300℃的冷却机热废气助燃点火，可提高烟气氧含量 2%左右，降低固体燃耗 0.5～0.7kJ/t 烧结矿。由理论分析可知，从废气回收的热量全部作为助燃空气的物理热在炉内得到了充分利用，并不像炉内燃料燃烧时在放热的同时又有至少 20%以上的热量被部分烟气带走，因此，这种将余热回收后直接用于工艺自身的利用方式的燃料节约量将大于回收废气热量所相当的燃料量，即燃料节约率大于 1%，所以节能效果十分明显。

5. 混合料中水分控制

混合料加水的目的是通过水的表面张力使得混合料小颗粒成球，从而改善料层的透气性。但在点火过程中，水分受热蒸发消耗了大量的热，这样不仅降低了点火温度，还带来点火燃耗的增加。一般认为，随着混合料水分的减少，点火条件得以改善。但水分过低时，虽然煤气耗量下降，但透气性变差，使得料层表面点火深度不够，表面呈沙状，粉末多。混合料水分控制在 6%~8%是比较适宜的。

6. 烧嘴离料面的距离

点火器烧嘴火焰前沿距料面要适宜，而决定这个距离的主要因素是烧嘴距料面的高度。点火器建成后，影响烧嘴与料面之间距离的主要因素是料层厚度，其次是料层表面的平整与均匀。保证料层的平整与均匀，这不仅对烧结矿的产量、质量有较大影响，而且对点火燃料消耗也有明显的影响。生产实践表明：料面上出现一个 $80 \sim 100 mm^2$ 的小洞，能影响 $300 \sim 400 mm^2$ 料面的质量，而且煤气耗量上升 $20 \sim 30 m^3/h$。所以，布料时要做到均匀、平铺、不抽洞，是降低点火燃料消耗的重要环节。

7.3.4　点火助燃工艺参数的确定

1. 用于点火助燃的干燥热源温度与流量的确定

干燥热源助燃具有节省点火煤气、提高点火温度以及改善表层烧结矿质量等优点；这些优点都受到助燃热废气温度的影响。点火助燃热废气取自环冷机的冷却废气，即完成冷却功能的空气。根据"分级回收、梯级利用"的原则，一般是 $250 \sim 300 ℃$ 以下的冷却废气作为助燃风，更高温度的冷却废气用于生产蒸汽；考虑引风管道的热量损失，到达点火炉助燃干燥热源的温度为 $230 ℃$ 左右。经计算，这个温度范围内，干燥热源助燃的节能效果是十分明显的。

用于点火助燃的干燥热源的流量的确定如下。由式（7-35）、式（7-36）计算点火助燃空气量，首先计算点火燃料需要量，由式（7-30）、式（7-31）得

$$Q_{煤气} = \frac{Q_{热}}{H_{低}} = \frac{A_{效} \times q_{利} \times q}{H_{低}} \tag{7-40}$$

代入数据得

$$Q_{煤气} = 1000m^3/h$$

助燃空气需要量：某烧结用的点火煤气和引燃煤气均为焦炉煤气，其成分见表 7-3。

表 7-3　焦炉煤气成分（%）

组成	H_2	CH_4	C_2H_4	CO	CO_2	N_2	O_2	H_2O
干成分	56	26	3	7	3	4.5	0.5	—
湿成分	54.71	25.41	2.93	6.84	2.93	4.40	0.49	2.29

将以上干成分转化为湿成分，然后进行相关燃烧计算。根据式（7-35）、式（7-37），可得以下结果。

每立方米焦炉煤气完全燃烧的理论空气消耗量：$L_0 = 4.28m^3/m^3$。

燃烧产物量：$V_0 = 4.97m^3/m^3$。

对于实际空气消耗量，先确定空气过剩系数 n，由式（7-33）确定点火需要的燃料的理论燃烧温度 t_0：

$$t_0 = t/\xi = 1050/0.8 = 1312.5℃$$

由式（7-34）可得

$$t_0 = \frac{Q_{低} + Q_{空} + Q_{燃} - Q_{分}}{V_n \cdot c_{产}} = \frac{Q_{低} + Q_{空} + Q_{燃} - Q_{分}}{V_0 \cdot c_{产} + (n-1)L_0 c_{空}} \tag{7-41}$$

这里计算没有预热煤气和助燃空气的情况。在高温下燃烧产物的气体分解程度与体系温度及压力有关；碳氢燃料的燃烧产物的分解情况如表 7-4 所示。

表 7-4　燃料燃烧产物热分解程度

压强/($\times 10^5$Pa)	温度范围/℃		
	无分解	弱分解	强分解
0.1～5	<1300	1300～2100	>2100
5～25	<1500	1500～2300	>2300
25～100	<1700	1700～2500	>2500

由表 7-4 得，计算的范围不用考虑分解热，即 $Q_{分}$ 可舍去。在 1000℃时，查表得燃烧产物与空气的平均比热容为：$c_{产} = 1.55kJ/(m^3 \cdot ℃)$，$c_{空} = 1.30kJ/(m^3 \cdot ℃)$。则式（7-41）化简后代入数据计算。

实际空气需求量：$L_n = 4.53\text{m}^3/\text{m}^3$（$n = 1.06$）。

因此，燃烧实际空气需要量：$Q_空 = 4530\text{m}^3/\text{h} \approx 4500\text{m}^3/\text{h}$（$n = 1.06$）。

2. 助燃干燥热源来源的确定

点火助燃干燥热源来源的确定主要根据烧结-环冷系统各部分热废气的特点以及点火对助燃风的要求。点火助燃废气一定要有足够含氧量以保证燃烧，含尘量要低，防止堵塞烧嘴。根据热工测试的结果，烧结烟气含氧量低，含尘量大，即使除尘后也不满足要求；环冷机第三段热废气，氧气含量高（空气），灰尘少，经简单除尘即可满足烧嘴要求。因此，确定环冷机第三段部分热废气作助燃空气。

3. 辅助计算

1）引风管管径的确定

查工业通风低压气体管道流速的建议流速为 $10\sim20\text{m/s}$，取管道内废气流速为 13m/s。点火助燃废气流量为 $3.93\times10^4\text{m}^3/\text{h}$，由管道内流体流量公式（7-23）：

$$G_g = \frac{\pi}{4} v d^2$$

代入数据计算可得管径 $d = 1\text{m}$。

2）引风机选型

管段阻力损失计算：阻力损失包括两部分，即沿程阻力损失 h_f 和局部阻力损失 h_m。两部分阻力的计算公式分别为

$$h_f = \lambda \times \frac{l}{d} \times \frac{v^2}{2g}$$

$$h_m = K \times \frac{v^2}{2g}$$

假设管道材质为镀锌铁，查得其粗糙度 $\varepsilon = 0.15\text{mm}$，所以

$$\frac{\varepsilon}{d} = 0.00015$$

管内废气流动雷诺数为

$$Re = \frac{vd}{v} = \frac{13\times1}{4.64\times10^{-5}} = 2.8\times10^5$$

由 $\dfrac{\varepsilon}{d}$ 和 Re，查穆迪图可得

$$\lambda = 0.018$$

管道从烧结机尾到烧结机头,长约 150m,约有两个 90°的弯头,一个渐阔弯头,一个渐缩弯头。

代入以上数据,计算可得

$$h_f = \lambda \times \frac{l}{d} \times \frac{v^2}{2g} = 0.018 \times \frac{150}{0.95} \times \frac{13^2}{2 \times 9.8} = 24.51 \text{Pa}$$

$$h_m = K \times \frac{v^2}{2g} = 1.1 \times \frac{13^2}{2 \times 9.8} = 9.5 \text{Pa}$$

换算为压强,阻力损失为

$$(h_f + 2h_m + h_1 + h_2) \times \rho g = 405.33 \text{Pa}$$

引风管内动压计算如下。

动压 ζ 可由下式计算:

$$\zeta = \frac{v^2}{2g}$$

代入数据计算得

$$\zeta = \frac{v^2}{2g} = \frac{13^2}{2 \times 9.8} = 8.6 \text{Pa}$$

所以管段压降为 405.33Pa,动压为 8.6Pa,故风机选型时全压应大于 414Pa,流量为 $3.93 \times 10^4 \text{m}^3/\text{h}$。

3)保温材料选择

在点火燃料及其他条件一样的情况下,用于点火助燃的热废气温度越高,带进燃烧室的显热越多,同时产生的点火温度越高,对点火越有益。在热废气资源温度一定的情况下,尽量降低热废气在引风管道中的热量散失,才能使热废气温降不致过大。引风管道的保温措施应使热废气散热量最小,但同时要综合考虑其经济性。

由上面干燥部分引风管保温层的计算方法,可得此处引风管两端温降 Δt、保温层厚度 δ 以及保温层材料的导热系数 λ 三者的关系:

$$55.4\lambda = \Delta t \ln \frac{0.5 + \delta}{0.5} \tag{7-42}$$

由上式可知,在选定保温层材料以及确定一定的温降后,引风管段的保温层厚度可以求出。

4. 干燥热源点火助燃节能效果分析

引环冷机的冷却干燥热源用于点火助燃,由于干燥热源带进点火炉大量的热量,其点火能耗应有所下降。

（1）各种热工参数取值。

燃料气的化学组成：鞍钢西区烧结机点火炉用的煤气是焦炉煤气，其成分及空气的化学成分如表 7-3 及表 7-5 所示。

表 7-5　空气化学成分（%，体积分数）

组成	N_2	O_2	H_2O
含量	79	21	2（外算）

（2）燃料气的相对热焓（H_T-H_{298K}）值（kJ/m^3）增量方程如表 7-6 所示。

表 7-6　燃料气的相对热焓值增量方程

气体	热焓	
	$T=298\sim800K$	$T=110\sim1900K$
N_2	$1.339T-401$	$1.536T-580$
O_2	$1.411T-429$	$1.616T-603$
H_2O	$1.6T-477$	$2.116T-991$
空气	$1.354T-407$	—
CO_2	$2.036T-629$	$2.616T-1161$

（3）干燥热源点火热工计算。

煤气温度为 298K，火焰温度 $T_1=1323K$，设空气与煤气体积比为 N，助燃空气温度为 $T(K)$。取 $1m^3$ 焦炉煤气，则在助燃空气的温度为 T 时，其体积为 $N(m^3)$。此 $1m^3$ 焦炉煤气完全燃烧后，按照化学反应计算，产物中 N_2 含量为 $0.79N+0.59(m^3)$，氧气含量为 $0.21N-0.144(m^3)$；用同样方法可以计算其他燃烧产物的体积。燃烧前空气以及燃烧后产物各成分的相对热焓值增量可由表 7-6 得出。其热焓为体积与单位体积相对热焓的乘积，为 $1.354N(T-298)$；同理，计算其他气体的热焓，计算结果即干燥热源点火热工计算如表 7-7 所示。

表 7-7　干燥热源点火热工计算

反应物			生成物		
气体	体积/m^3	热焓/kJ	气体	体积/m^3	热焓/kJ
煤气	1	0	N_2	$0.59N+0.79$	$1379.5N+861$
空气	N	$1.354N(T-298)$	CO_2	0.34	782
H_2O	$0.02N$	$0.032N(T-298)$	H_2O	$0.02N+0.083$	$36.17N+150.1$
燃烧热值		3139.5	O_2	$0.21N-0.134$	$322.4N-221.1$
合计	$1+1.02N$	$3139.5+1.386N(T-298)$	合计	$0.82N+1.079$	$1738N+1572$

不同空气温度下的空气/煤气比（体积比）、每 1m³ 煤气燃烧生成的废气量、废气含氧率、按等废气含氧量计算的可节约煤气量，如表 7-8 所示。因为废气温度相等，可以认为其热焓相同，故按等废气量计算的可节约煤气量即按等供热量计算的可节约煤气量。

表 7-8　干燥热源点火节约煤气计算

空气温度/K	空气/煤气比（体积比）	废气		1m³ 煤气生成的废气	
		含氧/%	可节约煤气/%	体积/m³	可节约煤气/%
303	1.20	4.91	0	2.01	0
443	1.38	5.34	8.10	2.15	6.51
453	1.39	5.36	8.29	2.16	6.82
463	1.41	5.39	8.89	2.18	7.68
473	1.43	5.41	9.21	2.19	8.20
483	1.46	5.46	10.07	2.23	9.86
493	1.48	5.52	11.10	2.25	10.67
503	1.52	5.59	12.11	2.28	11.76
513	1.56	5.63	12.68	2.31	12.92
523	1.59	5.68	13.46	2.33	13.67

点火炉消耗煤气量约为 1000m³/h，由表 7-8 计算可知，在用环冷机第四段废气（约 170℃）点火助燃时，节约煤气量 6.51%，用第三段时（约 230℃）节约煤气量为 11.76%。

7.4　烧结余热用于热风烧结

冷却机冷却烧结矿产生的余热用于热风烧结是烧结余热直接热利用的又一种方式。采用热风烧结，由于干燥热源带进烧结混合料层大量热量，改善了烧结料层气氛，节约了大量的固体燃料，还能避免表层炽热烧结矿被冷空气迅速冷却而造成强度下降、粉化等危害。

7.4.1　热风烧结的作用与意义

在粉末冶金中，粉料黏结成型靠固相扩散反应，这一过程称为干烧结。钢铁工业的粉矿和精粉矿烧结中，扩散黏结仅起次要作用，其固结主要靠液相的产生。因此，其称为融化烧结。烧结就是粉状料和细颗粒在不完全融化的条件下，或者说不允许整个原料都同时呈液相的条件下烧结在一起。细颗粒料的固结主要靠固相扩散反应，以及颗粒表面软化、局部融化和造渣。其过程为：矿石、返矿、熔剂和固体燃料等加水混合，然后布到烧结机上，图 7-17 为运行中的烧结机。料层表面的燃料通过气体燃料，或液体燃料点火，同时进行抽风，维持燃烧过程和烧结过程的持续进行。

图 7-17　运行中的烧结机

为了保证料柱透气性良好，高炉要求炉料粒度均匀，粉末少，机械强度好。为了降低高炉焦比，要求含铁料还原性好、品位高。这些要求只有通过对含铁原料的预处理来达到。贫矿必须进行选矿，可以直接入炉冶炼的富矿，也要经过破碎和筛分，使粒度均匀。选别后得到的精矿粉、天然富矿粉和经破碎产生的粉矿，必须进行烧结。含二氧化碳、结晶水和水分较多的矿石，往往经破碎后进行烧结，以便去除挥发成分，使铁富集。难还原的矿石，或者还原期间容易破碎，或者体积膨胀的矿石，经过烧结或造球焙烧，变成还原性良好和稳定性高的炉料。个别情况下，也可以经烧结除去矿石中的有害元素，如硫。钢铁厂的循环物料，如高炉灰、轧钢皮、炼钢厂的粉尘，都可以用来烧结，以便回收利用。高炉造渣所需要的熔剂，也可以加到烧结料中，这样在矿石入炉前，水分和烧损成分被除掉，高炉炉料组成成分减少，烧结矿性质也得到改善。

20 世纪 50 年代研究的热风烧结技术可节约固体燃料 20%～30%，节约烧结过程中总热量的 10%～13%。热风烧结可使料层中温度分布较均匀，克服普通烧结上层温度不足、下层温度高、烧结矿 FeO 含量高、烧结矿强度低、粉末多的缺点，从而改善烧结矿的质量。但是，由于没有找到经济的干燥热源风源及其利用技术，热风烧结并没在生产中得到广泛应用。通常采用燃料加热大量空气而获得干燥热源的方法具有投资高、综合经济效益差的缺点。

在烧结生产中，一般在炉算上将烧结混合料进行抽风烧结时，有一个难于克服的弱点：由于布料偏析和自动蓄热作用，料层下部热量过剩，温度较高，而料层上部热量不足，温度较低。同时，上部因抽入冷风急剧冷却，使烧结矿液相来不及结晶，形成大量玻璃质并产生较大的内应力和裂纹，因此降低了表层烧结矿的强度。随着烧结带由上往下移动，吸入的用于助燃的空气，由于通过烧结矿层的厚度不同，因而被加热的程度不一样，上层温度不足，越向下则温度越高，因此，烧结矿上层强度差，下层则氧化亚铁含量过高，因而沿整个烧结矿层断面的结构和化学组成存在一定程度的不均匀性；另外，一些试验研究表明，在生产自熔性烧结矿时，往往由于受到助燃空气的冷却，表层烧结矿发生脆裂现象而形成粉末，针对这些问题，一般采取的措施是：

（1）在一定范围内加厚料层，以减小表层强度差的部分所占的比例；但是，这样做非但不能使烧结矿层的均匀性得到改善，还会使料层的透气性变坏。

（2）国外有些烧结厂，采取混合料上下层铺料的方法，就是使上层混合料焦炭配加多一些，下层则减少一些，以使上下层热制度偏差减小。但是，这种做法的缺点是：须增设上料系统和增加了生产操作的复杂性。

（3）采用热风烧结技术，国外一些烧结厂采用热风烧结的方式有：①利用考伯斯炉将空气加热到适宜的温度；②利用冷却机冷却烧结矿的热废气；③直接在烧结机点火器后的加热器内喷入高热值气体或液体燃料，利用燃烧后的高热废气将空气温度提高等。从上述三种措施比较来看，使用冷却机干燥热源的热风烧结方法比较简便、合理。

7.4.2　热风烧结工艺及特点

热风烧结刚提出时，其实质是在烧结机料层的表面上方，装设专门的燃烧装置，使气体燃料与一定过剩系数的空气相混合燃烧，然后将这种具有适当含氧量的、温度为 200~1000℃的燃烧产物抽过料层，参与烧结过程。但是这种做法消耗了大量的燃料；热风烧结以干燥热源的物理热代替部分固体燃料的燃烧热，节省了大量的固体燃料，使烧结料层上、下部热量和温度的分布趋向均匀，克服了上层热量不足的问题。同时，上层烧结矿高温作用时间较长且冷却速度缓慢，有利于液相的生成和液相数量的增加，有利于晶体的析出和长大，各种矿物结晶较完全；大大减轻了急冷造成的烧结矿强度降低现象。热风烧结不仅能提高烧结矿的强度，而且还能显著地改善烧结矿的还原性。这是因为配料中固体燃料降低，烧结时还原区域相对减少，因此降低了烧结矿的 FeO 含量。用干燥热源物理热代替部分固体燃料的燃烧热，烧结总热耗减少不多或保持不变。

7.4.3　热风烧结工艺参数的确定

1. 用于热风烧结风量的确定

引风风量应满足：①热风烧结段固体燃料的燃烧需氧量；②排除烧结过程中

产生的各种气体；③满足其他化学反应的需氧量。

研究表明，采用热风烧结时，干燥热源罩的长度为烧结机长度的 1/3 左右，且安装在靠近烧结机头部端，紧靠点火炉。取干燥热源罩长度为 30m，风量首先要满足罩内混合料中的焦粉燃烧，根据生产现场数据及焦炭完全燃烧需空气量公式：

$$L_0 = \frac{1}{1.429 \times 0.21}\left(\frac{8}{3}V_C + 8V_H + V_S - V_O\right) \times \frac{1}{100} \tag{7-43}$$

$$L_n = nL_0\left(1 + 0.00124g\right) \tag{7-44}$$

计算得到用于热风烧结需要的引风量：

$$L_n = 6.9 \times 10^4 \, \text{m}^3/\text{h}$$

一般单位烧结面积的适宜风量为（90±10）m³（工况）/(m²·min)。代入鞍钢西区烧结机结构及生产数据可得烧结所需风量：

$$L = 90 \times 360 \times 60 = 1.944 \times 10^6 \, \text{m}^3/\text{h}$$

干燥热源罩长为 30m，烧结机除去点火炉长约为 79m；由此计算热风烧结引风量为

$$Q_1 = \frac{30}{79}\eta L = \frac{30}{79} \times (1 - 55.49\%) \times 1.944 \times 10^6 = 3.3 \times 10^5 \, \text{m}^3/\text{h}$$

由调研得：烧结生产中，主抽风机风量为 $1.98 \times 10^6 \text{m}^3/\text{h}$；考虑到漏风以及所需设置的热风烧结段的长度，计算得热风烧结引风量为

$$Q_2 = \frac{1}{3} \times 1.98 \times 10^6 \times (1 - 55.49\%) = 2.94 \times 10^5 \, \text{m}^3/\text{h}$$

综合以上计算结果，引风量取最大者，以满足烧结要求，故取热风烧结部分的引风量为 $3.3 \times 10^5 \text{m}^3/\text{h}$。

2. 风温与取风流程

这里主要是研究烧结余热的回收与利用，如果使用其他的燃料或者烟气对这部分热废气加热，提高其温度后再使用，从经济方面考虑是不合理的。对现有的余热资源尽可能地合理应用才是妥善、合理的措施。热风烧结的干燥热源来源是环冷机第三段和第四段的部分热量，由于从第四段取风较少而且靠近第三段，故总体的风温很接近第三段风温。由热量守恒计算得风温：

$$CQ\Delta t = C_1 Q_1 \Delta t_1 + C_2 Q_2 \Delta t_2 \tag{7-45}$$

代入数据计算得混合后用于热风烧结的风温为 260℃。

第四段与第三段的干燥热源混合后，沿着保温管流向烧结机上面的集气罩，经均匀分配后流向混合料面，进入料层。

3. 辅助计算

1）引风管管径的确定

查工业通风低压气体管道流速的建议流速为 10～20m/s，取管道内废气流速为 13m/s。用于热风烧结的废气流量为 $3.3 \times 10^5 \mathrm{m}^3/\mathrm{h}$，由管道内流量：

$$G_g = \frac{\pi}{4} v d^2$$

代入数据计算可得管径 $d = 2.8\mathrm{m}$。

2）引风机选型

管段阻力损失计算：阻力损失包括两部分，即沿程阻力损失 h_f 和局部阻力损失 h_m。根据流体力学，两部分阻力的计算公式分别为

$$h_f = \lambda \times \frac{l}{d} \times \frac{v^2}{2g}$$

$$h_m = K \times \frac{v^2}{2g}$$

假设管道材质为镀锌铁，查得其粗糙度 $\varepsilon = 0.15\mathrm{mm}$，所以

$$\frac{\varepsilon}{d} = 0.000536$$

管内废气流动雷诺数为

$$Re = \frac{vd}{\nu} = \frac{13 \times 2.8}{4.64 \times 10^{-5}} = 7.84 \times 10^5$$

由 $\frac{\varepsilon}{d}$ 和 Re，查穆迪图可得

$$\lambda = 0.034$$

管道从烧结机尾到烧结机头，长约 150m，约有四个 90°的弯头，一个渐阔弯头，一个渐缩弯头。

代入以上数据，计算可得

$$h_f = \lambda \times \frac{l}{d} \times \frac{v^2}{2g} = 0.034 \times \frac{150}{2.8} \times \frac{13^2}{2 \times 9.8} = 15.7\mathrm{Pa}$$

$$h_m = K \times \frac{v^2}{2g} = 1.1 \times \frac{13^2}{2 \times 9.8} = 9.5\mathrm{Pa}$$

换算为压强，阻力损失为

$$(h_f + 4h_m + h_1 + h_2) \times \rho g = 481\mathrm{Pa}$$

引风管内动压计算如下。

动压 ζ 可由下式计算：

$$\zeta = \frac{v^2}{2g}$$

代入数据，计算得

$$\zeta = \frac{v^2}{2g} = \frac{13^2}{2 \times 9.8} = 8.6\text{Pa}$$

所以管段压降为 481Pa，动压为 60Pa，全压为 541Pa。当风穿过烧结矿层时的阻力可由 Ergun 公式计算：

$$\frac{\Delta p}{H} = 150 \frac{(1-\varepsilon)^2}{\varepsilon^3} \frac{\mu v}{(\phi d)^2} + 1.75 \frac{1-\varepsilon}{\varepsilon^3} \frac{\rho v^2}{(\phi d)} \tag{7-46}$$

式中，ε 为烧结矿层空隙率；μ 为气体黏性系数，Pa·s；ϕ 为烧结矿形状系数；d 为烧结矿平均当量直径，m；Δp 为气体通过烧结矿层的平均压降，Pa；H 为烧结矿层的高度，m。

代入数据计算得到气体通过烧结矿层的平均压降为 1100Pa。风从环冷机的鼓风机出来经烧结料层，通过引风管到达烧结混合料面产生的压降约为 1700Pa。鼓风机全压 3600Pa，又因为烧结料面上压强是微负压，利用干燥热源压差作为干燥热源回收输送的动力。所以，热风烧结引风不用引风机，干燥热源便可顺利流向烧结料面。

3）保温材料选择

在现有的干燥热源资源中，干燥热源的温度越高，对热风烧结的效果越好。所以在热废气资源温度一定的情况下，尽量降低热废气在引风管道中的热量散失，才能使热废气温降不致过大。引风管道的保温措施应使热废气散热量最小，但同时要综合考虑其经济性。

由上面干燥部分引风管保温层的计算方法，可得此处引风管两端温降 Δt、保温层厚度 δ 以及保温层材料的导热系数 λ 三者的关系：

$$9.56\lambda = \Delta t \ln \frac{1.4 + \delta}{1.4} \tag{7-47}$$

由上式可知，在选定保温层材料以及确定一定的温降后，可以求出引风管段的保温层厚度。

4）烧结机热平衡分析

通过对烧结机热平衡分析、计算，了解烧结机采用热风烧结前后能源的来源与支出、利用水平、热能消耗关系以及节能情况。这是正确评价烧结机热利用水平的基础。

烧结机上混合料抽风烧结过程中，对料层断面某一深度的特定单元层而言，其热平衡分析如下。

（1）烧结过程的热量收入。

烧结过程的热量收入有点火煤气的化学热及物理热，点火助燃空气带进的物理热，料层中固体燃料燃烧的化学热，混合料、铺底料及烧结空气的物理热和烧结过程的化学反应热。各项计算方法如下：

i. 点火煤气化学热 q_1 为

$$q_1 = Q_{煤} H_{低} \qquad (7\text{-}48)$$

式中，$Q_{煤}$ 为煤气消耗量，m^3/t；$H_{低}$ 为点火煤气低发热值，kJ/m^3。

ii. 点火煤气物理热 q_2 为

$$q_2 = Q_{煤} c_r t_r \qquad (7\text{-}49)$$

式中，c_r 为点火煤气平均比热容，$kJ/(m^3 \cdot ℃)$。

iii. 点火助燃空气带进的物理热 q_3 为

$$q_3 = Q_{空} c_k t_k \qquad (7\text{-}50)$$

式中，$Q_{空}$ 为点火助燃空气量，m^3/t；c_k 为助燃空气 $0 \sim t_r$($℃$)间的平均比热容，$kJ/(m^3 \cdot ℃)$。

iv. 固体燃料的化学热 q_4 为

$$q_4 = G_s H_{s,低} \qquad (7\text{-}51)$$

式中，G_s 为固体燃料用量，kg/t；$H_{s,低}$ 为固体燃料低发热值，kJ/kg。

v. 混合料物理热 q_5 为

$$q_5 = G_h c_h t_h + G_w c_w t_h \qquad (7\text{-}52)$$

式中，c_h、c_w 为干混合料及水在 $0 \sim t_h$ 的平均比热容，$kJ/(m^3 \cdot ℃)$；t_h 为混合料的温度，$℃$。

vi. 烧结过程中化学反应热 q_6 为

$$q_6 = Q_{6\text{-}1} + Q_{6\text{-}2} + Q_{6\text{-}3} + \cdots \qquad (7\text{-}53)$$

混合料中硫化物氧化放热：

$$Q_{6\text{-}1} = 4.2 \times 1651 \times 1.871 \left[\sum_{i=1}^{n} G_i \omega(S_i) - G_1' \omega(S') \right] \qquad (7\text{-}54)$$

式中，G_i 为 i 种原料的质量，kg/t；$\omega(S_i)$ 为 i 种原料带入的硫的质量分数，%；G_1' 为成品烧结矿的质量，kg/t；$\omega(S')$ 为成品烧结矿中残留的硫的质量分数，%；4.2×1651 为每千克 FeS_2 完成氧化所放出的热量，kJ/kg；1.871 为 S 换算成 FeS_2 的比值。

氧化亚铁氧化放热：

$$Q_{6\text{-}2} = 4.2 \times 467 \left\{ \sum_{i=1}^{n} G_i \omega(FeO_i) - G_1' \omega(FeO') - 1.123 \left[\sum_{i=1}^{n} G_i \omega(S_i) - G_1' \omega(S') \right] \right\}$$

式中，$\omega(FeO_i)$，$\omega(S_i)$ 为各种原料带入的 FeO 及 S 的质量分数，%；$\omega(FeO')$，$\omega(S')$ 为烧结矿中残留的 FeO 及 S 的质量分数，%；4.2×467，1.121 为每千克 FeO 氧化成 Fe_2O_3 的放热量及硫换算成 FeO 的系数（72/64.2）。

vii. 烧结过程中空气带入的物理热 q_7 为

$$q_7 = Q_{7\text{-}1} + Q_{7\text{-}2} \tag{7-55}$$

烧结用空气带入物理热：

$$Q_{7\text{-}1} = V_{yk} c_k t_k \tag{7-56}$$

式中，V_{yk} 为由烧结料面进入的空气量，m^3；t_k 为空气温度，℃；c_k 为 $0 \sim t_k$ 空气的平均比热容，$kJ/(m^3 \cdot ℃)$。

烧结过程漏风物理热：

$$Q_{7\text{-}2} = V_{Lk} c_k t_k \tag{7-57}$$

式中，V_{Lk} 为烧结机漏入的空气量，m^3。

viii. 铺底料带入的物理热 q_8 为

$$q_8 = G_7 c_{sk} t_p \tag{7-58}$$

式中，c_{sk}，t_p 为铺底料在 $0 \sim t_p$ 的平均比热容及实际温度。

ix. 收入总热量为

$$\sum Q = q_1 + q_2 + \cdots + q_8 \tag{7-59}$$

（2）烧结过程的热量支出。

烧结过程的热支出包括混合料物理水蒸发热，结晶水、碳酸盐分解热，烧结矿物理热及其他热损失。各项热支出计算方法如下：

i. 混合料中物理水蒸发热 q_1' 为

$$q_1' = 4.2 \times 595 \left(G_w - G_s \frac{\omega_y}{1 - \omega_y} \right) \tag{7-60}$$

式中，ω_y 为固体燃料应用基水分的质量分数，kg/kg；G_w 为混合料含水的质量分数，kg/t；4.2×595 为水在 100℃下的汽化潜热，kJ/kg。

ii. 结晶水分解热 q_2' 为

$$q_2' = Q_{2\text{-}1}' + Q_{2\text{-}2}' \tag{7-61}$$

消石灰分解热：

$$Q_{2\text{-}1}' = 4.2 \times 354 G_x \beta_x \tag{7-62}$$

式中，4.2×354 为消石灰分解热，kJ/kg；G_x 为消石灰用量，kg/t；β_x 为消石灰中实际 $Ga(OH)_2$ 量，%。

含水矿物的分解热：

$$Q_{2\text{-}2}' = G_k R_w q_w \tag{7-63}$$

式中，G_k 为含水矿物的质量分数，kg/t；R_w 为含水矿物结晶水含量，%；q_w 为每千克结晶水的分解热，kJ。

iii. 碳酸盐分解热 q_3' 为

$$q_3' = Q_{3-1}' + Q_{3-2}' \tag{7-64}$$

熔剂中碳酸盐分解热

$$\begin{aligned} Q_{3-1}' = {} & 4.2 \times 763 \left[G_3 \omega(\text{CaO}) + G_4 \omega(\text{CaO}') \right] + \\ & 4.2 \times 602 \left[G_3 \omega(\text{MgO}) + G_4 \omega(\text{MgO}') \right] \end{aligned} \tag{7-65}$$

式中，4.2×763、4.2×602 为 $CaCO_3$ 及 $MgCO_3$ 的分解热，kJ；$\omega(\text{CaO})$、$\omega(\text{MgO})$ 为石灰石中 CaO，MgO 的质量分数，%；$\omega(\text{CaO}')$、$\omega(\text{MgO}')$ 为白云石中 CaO，MgO 的质量分数，%。

菱铁矿石的分解热

$$Q_{3-2}' = 4.2 \times 1.56 G_{ks} m_{\text{FeCO}_3} \tag{7-66}$$

式中，4.2×1.56 为每千克菱铁矿（$FeCO_3$）分解热，kJ。

iv. 烧结矿物理热 q_4' 为

$$q_4' = G_{sk} c_{sk} t_{sk} \tag{7-67}$$

式中，G_{sk} 为烧结矿量，kg；t_{sk} 为烧结矿温度，℃；c_{sk} 为温度在 $0 \sim t_{sk}$ 烧结矿的平均比热容，$kJ/(m^3 \cdot \text{℃})$。

v. 烧结烟气带出的物理热 q_5' 为

$$q_5' = V_{fq} c_{fq} t_{fq} \tag{7-68}$$

式中，V_{fq} 为烧结烟气总量，m^3/t；t_{fq} 为烧结烟气温度，℃；c_{fq} 为烧结烟气在 $0 \sim t_{fq}$ 的平均比热容，$kJ/(m^3 \cdot \text{℃})$。

vi. 化学不完全燃烧热损失 q_6' 为

按废气中可燃气体含量计算：

$$q_6' = V_{kr} \left[30.2 \varphi(\text{CO}') + 25.8 \varphi(\text{H}_2') + 85.7 \varphi(\text{CH}_4') + \cdots \right] \times 4.2 \tag{7-69}$$

式中，V_{kr} 为废气中可燃气体量，m^3/t；$\varphi(\text{CO}')$、$\varphi(\text{H}_2')$、$\varphi(\text{CH}_4')$ 为废气中相应成分体积分数，%。

vii. 烧结矿残炭化学损失 q_7' 为

$$q_7' = 4.2 \times 79.8 G_c \omega(\text{C}) \tag{7-70}$$

式中，$\omega(\text{C})$ 为烧结矿中残留固定碳，%。

viii. 主要热损失 q_8' 为

$$q_8' = Q_{8-1}' + Q_{8-2}' + Q_{8-3}' + \cdots \tag{7-71}$$

点火保温炉表面散热：

$$Q'_{8-1} = \left(q_{sr1}A_1 + q_{sr2}A_2 + q_{sr3}A_3 \right)\tau / P \qquad (7\text{-}72)$$

式中，τ 为散热时间，按 $\tau = 1\text{h}$ 计；P 为烧结矿台时产量，t/h；A_1、A_2、A_3 为点火保温炉各表面积，m^2；q_{sr1}、q_{sr2}、q_{sr3} 为各散热面综合散热系数，按下式计算：

$$q_{srn} = 4.2 \times 4.88\varepsilon_\alpha \left[\left(\frac{273 + t_{Bi}}{100} \right)^4 - \left(\frac{273 + t_k}{100} \right)^4 \right] + \alpha(t_{Bi} - t_k) \qquad (7\text{-}73)$$

其中，ε_α 为点火保温炉各表面的黑度；t_{Bi} 为点火保温炉每个散热面的平均温度，℃；t_k 为环境温度，℃；

$$\alpha = K(t_{Bi} - t_k)^{\frac{1}{4}} \left[\text{kJ/(m}^2\cdot\text{h}\cdot\text{℃)} \right]$$

式中，K 为系数，散热面向上时 $K = 2.8$，向下时 $K = 1.5$，垂直时 $K = 2.2$。

出点保温炉烧结饼表面散热：

$$Q'_{8-2} = \sum_{i=1}^{n} \left\{ 4.88\varepsilon_b \left[\left(\frac{273 + t'_{Bi}}{100} \right)^4 - \left(\frac{273 + t_k}{100} \right)^4 \right] \frac{A_i\tau}{P} \right\} \times 4.2 \qquad (7\text{-}74)$$

式中，ε_b 为烧结饼表面黑度；t'_{Bi} 为某一段烧结饼表面平均温度，℃；A_i 为某一段烧结饼表面积，m^2；τ 为计算时间，1h；P 为烧结机台时产量，t/h。

热量总支出为

$$\sum q' = q'_1 + q'_2 + \cdots + q'_8 \qquad (7\text{-}75)$$

4. 热风烧结节能效果分析

由热平衡分析得知，固体燃料化学热量占烧结过程总热收入量的 80.2%，降低固体燃料消耗是烧结节能降耗的主攻方向。当采用热风烧结时，热收入中的 q_7 项变大，计算得

$$q''_7 = c_p Q \Delta t \qquad (7\text{-}76)$$

代入数据，得 $q''_7 = 1.97 \times 10^5\,(\text{kJ/t})$。根据 GB/T 34473—2017 的规定，设备热效率 η 按下式计算：

$$\eta = \left[\frac{Q_{yx}}{Q_{gg}} \right] \times 100\% \qquad (7\text{-}77)$$

式中，Q_{yx} 为有效能（热）量；Q_{gg} 为供给能（热）量。

国家标准中规定，有效能量是指在达到工艺要求时，理论上必须消耗的能量。烧结过程中的有效能量，按国家标准做如下确定：

$$Q_{yx} = q'_1 + q'_2 + q'_3 + q'_4 - q'_7 \qquad (7\text{-}78)$$

由《烧结机热平衡测试与计算方法》（GB/T 34473—2017）中能量平衡模型可

知，体系的输入能量通常由两部分组成：外界供给能量和物料带入的能量。烧结过程中，除了混合料带入的物理热和循环热之外的全部热量收入就是供给能量 Q_{gg}，即

$$Q_{gg} = \sum q - q_5 - q_7''$$ (7-79)

将式（7-77）～式（7-79），代入数据计算得未采用热风烧结时烧结机的热效率 η 为 51.3%；采用热风烧结时，计算得其热效率 η 为 56.1%；采用干燥热源后烧结机的热效率提高 4.8 个百分点。

热风烧结与一般烧结相比，由于热的助燃空气带进烧结混合料大量的物理热，因此能节约大量的固体燃料。研究表明，当助燃干燥热源温度小于 400℃时，每 100℃风温固体燃耗降低 5%；此处点火助燃空气温度约为 230℃，固体燃耗降低 11.5%左右，即可节省干焦粉 3.4～4.2kg/t 矿。节省固体燃料热量与热废气热量的置换比 K 为

$$K = \frac{\Delta q_4}{q''}$$ (7-80)

代入数据计算得 $K = 1.21$。这是由于低温废气带入的物理显热强化了烧结过程，固体燃料消耗大幅度降低，烧结过程总热耗量也随之降低。

围绕烧结过程，对烧结工艺学和烧结过程热平衡的研究表明，热风烧结的干燥热源量至少要满足混合料中焦粉的燃烧以及其他一些化学反应空气需要量，结合对烧结机的热工测试数据计算确定热风烧结的需要引风量，最终确定引风量为 $2.8 \times 10^5 \sim 3.0 \times 10^5 m^3/h$。经计算采用热风烧结后可使吨矿能耗降低 3.4～4.2kgce/t 矿，节省固体燃料热量与热废气热量的置换比 K 为 1.21，节能效果十分明显。

第8章　烧结余热锅炉热工参数优化及应用

余热锅炉连接余热回收装置和汽轮发电机组，是能量转换的关键设备，其热工参数直接影响整个系统的余热回收效果和经济性。本章对比分析不同结构形式余热锅炉的热工性能，借此确定余热锅炉适宜的结构形式；基于操作参数对余热锅炉产生蒸汽携带烟量和锅炉总传热面积的关系，建立余热锅炉的热经济学模型，并编制了用于求解模型的余热锅炉热力计算程序；进而利用相关软件对余热锅炉操作参数进行热经济学优化研究，确定最优的热工参数。通过本章内容，对某工况下烧结竖罐式余热锅炉进行热工参数研究，确定烧结余热回收系统中余热锅炉适宜的结构形式和操作参数，为余热锅炉适宜设计参数的选择提供了依据，也为后续技术攻关奠定了坚实的理论基础。

8.1　余热锅炉结构设计

8.1.1　余热锅炉整体结构

余热锅炉是指利用工业生产中的余热来产生蒸汽的设备，过去也称废热锅炉（waste heat recovery boiler，WHRB）；目前，余热锅炉称为热回收蒸汽发生器（heat recovery steam generator，HRSG）。

余热锅炉结构的显著特点是不用燃料，无燃烧装置，但在某些特定的条件下，采用辅助燃烧装置进行补燃。目前，余热利用从节能减排的要求出发，技术上倡导纯余热利用，不建议采用补燃技术。虽然余热锅炉与一般锅炉受热面部分的结构相近，一般分别由辐射受热面和对流受热面构成，对流受热面也由省煤器、蒸发器（包括锅炉管束和水冷壁）、过热器等部件组成，但是，余热锅炉的热源主要来自于冶金、机械、化工等部门的各种炉窑的排烟，包括转炉、平炉、均热炉、加热护、有色金属冶炼炉、回转窑等排烟以及内燃机、燃气轮机的排气等。上述热源的特点是范围较广，余热废气温度相差较大，流量波动较大；废气中常含有颗粒物，甚至还有半熔融状态的颗粒，易在受热面上结料、结灰或结焦；废气还常具有腐蚀性；供热负荷不稳定，余热锅炉安装场所受所限制等。为了适应余热废气的特点，满足工艺生产的要求，有效地回收余热，余热锅炉结构也很复杂，往往具有独特的结构特点。

和常规锅炉设计一样，余热锅炉设计计算主要包括结构设计、热力计算、通风阻力计算、水循环计算等过程。结构设计可分总体方案设计和受热面结构设计；受热面结构设计实际上是热力计算的重要构成部分。锅炉设计的原则是以安全可靠为前提确保安全性，以经济效益为目标确保经济性，以便于制造和安装确保锅炉的可靠性，以便于维修使用确保锅炉的使用性。

在设计余热锅炉时，首先应对余热锅炉进行结构设计，完成整体布置，然后在结构设计的基础上进行热力计算、烟风阻力计算和水动力计算等。余热锅炉结构设计是余热锅炉设计的第一步，从整体上决定余热锅炉的性能。

1. 余热锅炉结构形式的选取

按照余热锅炉的结构特点，其总体结构可分为烟管型（锅壳式）和水管型余热锅炉两大类。烟管型余热锅炉一般包括锅壳（也可带有辅助汽水分离的锅筒）、管板、烟管、进口烟箱、出口烟箱等部件；而水管型余热锅炉是一种布置成烟道形式的水管型受热面装置，它具有单独的炉墙和构架，也称烟道式余热锅炉，是一种较大型的余热锅炉结构。

我国发展燃气-蒸汽联合循环、整体煤气化联合循环（IGCC）、煤多联产等重大能源装备工业过程余热发电利用的装备大多是水管型余热锅炉。水管型余热锅炉适合高压及大容量参数，并且由较小直径锅炉管组成，传热面积大，热效率较好。

2. 余热锅炉布置方式的选取

水管型余热锅炉可布置成立式和卧式，卧式又可布置成多烟道式和直通式。立式锅炉内，烟气做上下转弯流动，可以自下而上，也可以自上而下；卧式锅炉内，烟气自前至后做水平直通流。不管形式怎样变化，水管型余热锅炉主要由三种受热面构成：蒸发受热面、过热受热面和余热受热面，分别对应蒸发器、过热器和省煤器受热面。其中，蒸发受热面是余热锅炉的主受热面，而过热器、省煤器等对流受热面在锅炉中可以根据实际需要进行增设，被称为辅助受热面。过热器通常布置在高烟温区域，在蒸发器之前；省煤器通常布置在低烟温区域，在蒸发器之后。

相较于卧式余热锅炉，立式余热锅炉具有灵活的蛇形管布置特点，而不是将管道限制在阻碍管道各自膨胀的两头联箱内。在炉墙内部，换热器可以允许管道的自由热膨胀；管板上钻有孔，其直径略大于实际的锅炉管外径，允许管道长度方向上的膨胀。管板本身也是悬挂式结构，因而允许整个锅炉向下膨胀。

由于余热锅炉是立式结构，所有受热面都是在烟道中垂直摆放，所以大大节约了占地面积，这对于土地紧张或地皮价格昂贵的电厂尤为适用。立式余热锅炉的特征为水平管道，可以通过在管道上行走，进行内部检查，而不需要使用昂贵且笨重的脚手架，这是立式余热锅炉的独有特点。立式余热锅炉的烟气在进口烟道的 80°折弯处的压力最大。这个最大的压力将保证锅炉内部的烟气分配均匀。随着烟气流向锅炉的出口，热量沿换热器方向分配得越来越均匀。

3. 余热锅炉循环方式的选取

余热锅炉按汽水循环方式可分为强制循环和自然循环两种。强制循环的余热锅炉一般采用立式布置，而自然循环的余热锅炉一般采用卧式布置。强制循环较自然循环的优点有：①强制循环余热锅炉冷启动的时间比自然循环余热锅炉快些；②就占地面积而言，强制循环余热锅炉的受热面自上而下布置，占地面积较小，而自然循环余热锅炉的受热面从前往后沿水平流动的气流布置，占地面积较大；③强制循环余热锅炉的受热面布置灵活、传热好、结构紧凑。

卧式自然循环余热锅炉示意图和立式强制循环余热锅炉示意图如图 8-1 和图 8-2 所示。

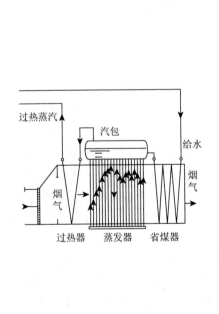

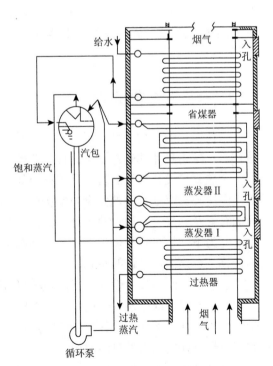

图 8-1　卧式自然循环余热锅炉示意图　　　图 8-2　立式强制循环余热锅炉示意图

4. 余热锅炉蒸汽压力级的选取

一般来说，余热锅炉按蒸汽压力等级可分为五种，即单压、双压无再热、双压再热、三压无再热、三压再热。

通常情况下，当余热锅炉进口烟温低于 538℃时，不宜采用再热循环方案，但可以是单压、双压或三压的循环方式。针对单压和双压循环系统，三压系统余热锅炉的各项指标虽然比双压系统的高，但是成本比双压系统多几百万元人民币，所以选择时要慎重考虑。

5. 余热锅炉入口烟气进入方式的选取

对于基于环冷机模式下的余热锅炉，一段、二段烟气进入余热锅炉方式对余热锅炉操作参数会产生很大影响。有以下几种方案可供参考，一是环冷机选用单进口双压余热锅炉，即先将环冷机一段、二段烟气进行混合进入余热锅炉蒸汽。二是环冷机选用双进口双压余热锅炉，根据能量梯级利用原理，一段高温烟气从余热锅炉高压过热器进入，二段中温烟气从余热锅炉高温省煤器进入余热锅炉产生蒸汽。三是环冷机依旧选用双进口双压余热锅炉，根据能量梯级利用原理，一段高温烟气从余热锅炉高压过热器进入，二段中温烟气从余热锅炉高温蒸发器进入余热锅炉产生蒸汽。三种方案各有利弊，实际选用时可具体分析。

8.1.2　余热锅炉结构确定

余热锅炉的结构尺寸是通过热力计算来确定的。热力计算分为设计计算和校核计算，结构尺寸的确定属于设计计算范畴。

余热锅炉设计计算的目的是根据已知条件，如余热烟气的组成、性质、流量、给水温度和蒸汽参数等选定余热锅护的结构和形式，确定余热锅炉的容量和受热面的布置及其尺寸。通过热力计算，所设计的余热锅炉的基本尺寸就被确定下来了，并为下一步进行水循环计算和烟道阻力计算提供必要的原始数据。因此，热力计算是余热锅炉设计的基础。

余热锅炉结构尺寸设计计算的步骤可按图 8-3 进行。

做余热锅炉或个别部件的结构计算时，可根据给定的烟气量、烟气温度以及受热介质温度等条件确定各部件的吸热量，然后计算温压及辐射系数或传热系数，并按换热方程式求出受热面面积。

对于余热锅炉来说，作为计算依据的某些数值，如烟气量、传热系数等可能有较大的误差。一般认为，按换热方程式计算出的受热面吸热量 Q_x 与按热平衡方

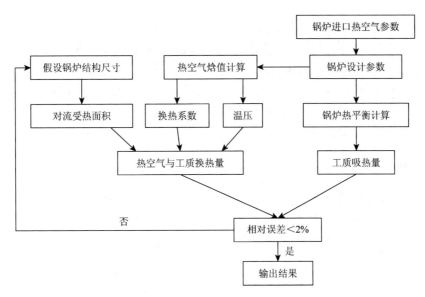

图 8-3　余热锅炉结构尺寸设计计算步骤

程式计算的烟气对受热面的放热量 Q_w 之比大于 1 并小于 1.15 时，计算即告完成。若 Q_x 与 Q_w 之比超出以上范围，就须重新估计终温并重新计算。必要时应调整受热面的大小，以达到终温的要求值。第二次计算时所选取的终温值比第一次计算所采用的终温值最好不超过 50℃，此时传热系数可不必重算。

1. 余热锅炉设计参数的确定

余热锅炉的进口烟气即为其上游烧结矿冷却罐体的出口烟气，烟气的温度和流量在罐体结构确定之后就能确定。在锅炉进口烟气温度和流量已知的条件下，可以得到余热锅炉设计所需参数。

（1）由锅炉进口烟气温度选定余热锅炉的蒸汽温度。现有余热锅炉的高压过热蒸汽温度一般比锅炉进口烟气温度低 20～40℃，低压过热蒸汽温度比其上游烟气温度低 11℃。

（2）选定余热锅炉的蒸汽压力。余热锅炉的蒸汽温度扣除蒸汽管道温降（3～5℃）得到汽轮机的进汽温度，由符合汽轮机容量的汽轮机相对内效率及合适的汽轮机排汽湿度选取汽轮机进汽温度相应的进汽压力，再由汽轮机进汽压力比余热锅炉蒸汽压力低 5%～10%确定余热锅炉的蒸汽压力。

（3）选定汽包压力并查取相应的饱和温度。汽包压力可按余热锅炉蒸汽压力的 105%选取。

（4）选取窄点温差及确定蒸发段出口排气温度。窄点温差是余热锅炉蒸发段出口排气温度与汽包压力下的饱和汽（饱和水）温度差，一般为 5～25℃，由经济技术比较确定。其后，可确定余热锅炉蒸发段出口气温。

（5）选取接近点温差及省煤器出口给水温度。接近点温差是汽包压力下的饱和汽（饱和水）温与省煤器出口给水（进汽包的给水）水温之差，一般为 5～20℃，由经济技术比较确定，但不宜取小值，以防给水在省煤器内发生汽化而影响余热锅炉的稳定运行。其后，可确定省煤器出口给水温度和给水焓值（给水压力可按余热锅炉蒸汽压力的 110%估算）。

2. 烟气焓的计算

烟气焓是指余热锅炉进口处烟气所具有的焓值，即含热量，以每标准立方米烟气的含热量表示。在该烧结矿余热罐式回收系统中的循环气体为空气，其温度和流量在罐体确定后也是确定的，则锅炉进口烟气的焓值可表示为

$$h_y = c_p t \tag{8-1}$$

式中，h_y 为锅炉进口烟气的焓值，kJ/m^3；c_p 为锅炉进口烟气的定压比热容，$kJ/(m^3 \cdot ℃)$；t 为锅炉进口烟气的温度，℃。

在热力计算的过程中，应该根据各受热面的进口和出口烟气温度，做出一定温度区间内的焓-温表，以供热力计算调用。

3. 锅炉热平衡的计算

余热锅炉热平衡的计算，是为确定有效利用热和各项热损失，并以此计算出锅炉的蒸发量。余热锅炉的热平衡方程式如下：

$$Q' = Q_1 + Q_2 + Q_3 + Q_4 + Q_5 + Q_6 \tag{8-2}$$

式中，Q' 为余热烟气带入余热锅炉的总热量，kJ/h；Q_1 为锅炉有效利用热，kJ/h；Q_2 为排烟损失，kJ/h；Q_3 为化学不完全燃烧损失，kJ/h；Q_4 为机械不完全燃烧损失，kJ/h；Q_5 为散热损失，kJ/h；Q_6 为排灰渣损失，kJ/h。对于未加辅助燃烧装置的锅炉，Q_3 和 Q_4 均为 0。对于无灰渣的锅炉，$Q_6 = 0$。

进入余热锅炉的总热量 Q' 包括烟气带入的热量 Q_y、烟气中飞灰带入的热量 Q_h、连续吹灰介质带入的热量 Q_{ch}、漏风带入的热量 Q_{lk}、烟气再循环带入的热量 Q_{zx} 和炉口辐射热量 Q_f。

$$Q' = Q_y + Q_h + Q_{ch} + Q_{lk} + Q_{zx} + Q_f \tag{8-3}$$

在该罐式余热回收系统中，由于烟气在进入锅炉前经过一次除尘，所以飞灰带入的热量 Q_h 和连续吹灰介质带入的热量 Q_{ch} 可忽略不计；该装置漏风率几乎为零，漏风带入的热量 Q_{lk} 可忽略；该装置未设置烟气再循环装置，放烟气再循环带入的热量 Q_{zx} 可忽略；烟气温度在 500～550℃左右，辐射热量 Q_f 可忽略，则在该系统中进入余热锅炉的总热量 Q' 只有烟气带入的热量 Q_y，即

$$Q' = Q_y \tag{8-4}$$

与普通锅炉一样，进口余热锅炉的总热量扣除各项损失的热量，就是余热锅炉的有效利用热 Q_1。

在余热锅炉的各项损失中，排烟热损失 Q_2 最大。如对于烟气需要制酸的余热锅炉，排烟温度一般在 350～400℃，合成氨余热锅炉的排烟温度也在 200～300℃，Q_2 约占热量损失总量的 30%。通常用各项热损失占进入锅炉总热量的百分数 q_2 表示热损失的大小，对于 Q_2 则得到

$$q_2 = \frac{Q_2}{Q'} \times 100 = \frac{h_y'' V_y''}{Q'} \times 100\% \tag{8-5}$$

式中，h_y'' 为排烟温度下烟气的焓，kJ/m³；V_y'' 为排烟处烟气的流量，m³/h。

余热锅炉的散热损失 Q_5，主要与炉内温度、炉墙结构和保温情况相关，可根据余热锅炉外壁温度与室温之差及锅炉表面积参考文献确定 Q_5，然后根据下式计算 q_5：

$$q_5 = \frac{Q_5}{Q'} \times 100\% \tag{8-6}$$

进行热力计算时，与普通锅炉一样，引入保温系数 $\varphi = 1 - q_5$ 以考虑散热损失。由于一台锅炉往往分几段进行计算，因此为简化计算，可以认为各段烟道所占散热损失的份额与烟道中烟气放出的热量成正比。在计算烟气对受热面的放热量公式中引入系数 φ 即可。

则余热锅炉总热损失 $\sum q$ 为

$$\sum q = q_2 + q_5 \tag{8-7}$$

余热锅炉的热效率 η 为

$$\eta = 100 - \sum q = 100 - q_2 - q_5 \tag{8-8}$$

余热锅炉高压饱和蒸汽的产量可由高压过热器入口到高压蒸发器出口的热平衡得到：

$$G_g \varphi (h_4 - h_{t\delta H}) = D_{sH}(h_{oH} - h_{w2}) \tag{8-9}$$

$$D_{sH} = \frac{G_g \varphi (h_4 - h_{t\delta H})}{h_{oH} - h_{w2}} \tag{8-10}$$

式中，G_g 为进入余热锅炉烟气的流量，m³/h；φ 为保热系数，按公式（8-11）计算。

$$\varphi = \frac{\eta}{\eta + q_5} \tag{8-11}$$

h_4 为高压过热器入口烟气的焓值，kJ/m³；$h_{t\delta H}$ 为高压蒸发器出口烟气的焓值，kJ/m³，其温度 $t_{\delta H} = t_{sH} + \delta_H$，其中 t_{sH} 是高压蒸汽的饱和温度，δ_H 是高压蒸发器入口处设定的节点温差；D_{sH} 为高压饱和蒸汽的产量，kg/h；h_{oH} 为高压饱和蒸汽焓，kJ/kg；

h_{w2} 为高压省煤器出口水的焓值，kJ/kg，通常这股水的温度 $t_{w2} = t_{sH} - \Delta t_{aH}$，其中 t_{sH} 是高压蒸汽的饱和温度，Δt_{aH} 是高压省煤器出口处设定的接近点温差。

余热锅炉低压饱和蒸汽的产量可由低压过热器入口到低压蒸发器出口的热平衡得到：

$$G_g\varphi(h_{\delta H} - h_{\delta L}) = D_{sH}(h_{w2} - h_{w1}) + D_{sL}(h_{oL} - h_{w1}) \qquad (8-12)$$

$$D_{sL} = \frac{G_g\varphi(h_{\delta H} - h_{\delta L}) - D_{sH}(h_{w2} - h_{w1})}{h_{oL} - h_{w1}} \qquad (8-13)$$

式中，$h_{\delta L}$ 为低压蒸发器出口烟气的焓值，kJ/m³，其温度 $t_{\delta L} = t_{sL} + \delta_L$，其中 t_{sL} 是低压蒸汽的饱和温度，δ_L 是低压蒸发器入口处设定的节点温差；h_{w1} 为低压省煤器出口水的焓值，kJ/kg，通常这股水的温度 $t_{w1} = t_{sL} - \Delta t_{aL}$，其中 t_{sL} 是低压蒸汽的饱和温度，Δt_{aL} 是低压省煤器出口处设定的接近点温差；D_{sL} 为低压饱和蒸汽的产量，kg/h；h_{oL} 为低压饱和蒸汽焓，kJ/kg。

4. 对流受热面计算

余热锅炉对流受热面的计算，主要包括换热方程式和热平衡方程式。

换热方程式：

$$Q = 3600KA\Delta t \qquad (8-14)$$

式中，Q 为该受热面以对流方式吸收的热量，kW；K 为受热面的传热系数，kW/(m²·℃)；A 为计算受热面积，取管子外侧的全部表面积，m²；Δt 为温压，℃。

热平衡方程式表示烟气放出的热量等于工质吸收的热量。其中烟气放出的热量：

$$Q = \varphi(h' - h'' + \Delta \alpha h_{lk})V_y \qquad (8-15)$$

式中，h' 为受热面入口烟气焓，kJ/m³；h'' 为受热面出口烟气焓，kJ/m³；$\Delta \alpha h_{lk}$ 为漏风所带入的热量，kJ/m³；V_y 为受热面进口烟气量，m³/h。

工质吸热量为：

$$Q = D(i'' - i') - Q_{nf} \qquad (8-16)$$

式中，D 为受热面工质流量，kg/h；i' 和 i'' 为受热面进口和出口工质的焓值，kJ/kg；Q_{nf} 为以辐射方式获得的热量，kJ/kg。

当受热面以纯对流形式存在时，式（8-16）中的 $Q_{nf} = 0$。

1）基本公式

锅炉对流受热面的传热过程是：热烟气以辐射及对流方式对管子外壁放热，外壁向内壁的导热以及管内壁对管内介质的对流放热。由于烟气温度不高，辐射传热量可忽略。通常因运行原因，管子内外壁面均有水垢或者灰垢。因此，该传热过程的传热系数应考虑侧部分热阻，多层平壁的传热系数 K 为

$$K = \cfrac{1}{\cfrac{1}{\alpha_1} + \cfrac{\delta_h}{\lambda_h} + \cfrac{\delta_b}{\lambda_b} + \cfrac{\delta_{sg}}{\lambda_{sg}} + \cfrac{1}{\alpha_2}} \qquad (8\text{-}17)$$

式中，K 为传热系数，$kW/(m^2 \cdot K)$；α_1 为烟气对管壁的放热系数，$kW/(m^2 \cdot K)$；α_2 为管壁对工质的放热系数，$kW/(m^2 \cdot K)$；δ_h、δ_b 和 δ_{sg} 为管子外表面灰层厚度、金属管壁厚度和管子内壁水垢层厚度，m；λ_h、λ_b 和 λ_{sg} 为管子外表面灰层导热系数、金属管壁导热系数和管子内壁水垢层导热系数，$kW/(m^2 \cdot K)$。

如果换热介质中之一为烟气或者空气，则烟气或空气侧的热阻（$1/\alpha_1$、$1/\alpha_2$）远大于金属热阻，金属热阻 δ_b / λ_b 可忽略不计。但当计算汽-汽时，金属管壁的热阻仍应计算，在正常运行工况下，水垢不会沉积到使得热阻和壁温剧烈升高的程度，因此，计算中水垢的热阻 $\delta_{sg} / \lambda_{sg}$ 也可以忽略不计。

灰垢层热阻不可避免且与许多因素有关，如烟气流速、管径及布置方式和灰粒尺寸等。由于目前尚缺乏系统的相关资料，故采用污染系数 $\varepsilon = \delta_h / \lambda_h$ 和热有效系数 φ 来考虑其影响。φ 的物理意义为污染管子传热系数与清洁管传热系数的比值。

因此，传热系数可简化为

$$K = \cfrac{1}{\cfrac{1}{\alpha_1} + \varepsilon + \cfrac{1}{\alpha_2}} \qquad (8\text{-}18)$$

或者

$$K = \varphi \cfrac{1}{\cfrac{1}{\alpha_1} + \cfrac{1}{\alpha_2}} \qquad (8\text{-}19)$$

2）烟气流速

在烟气横向冲刷光滑管束时，应采用最小截面原则来确定烟气流通截面积。即流通截面为垂直于气流方向的管排中心线所在的平面，其面积等于烟道整个截面积与管所占面积之差。

介质横向冲刷光滑管束的流通截面积为

$$A = ab - n_1 ld \qquad (8\text{-}20)$$

式中，a，b 为烟道的截面尺寸，m；d 为管子的外径，m；l 为管子长度，m；n_1 为单排管的管子根数。

介质纵向冲刷受热面时，若介质在管内流动，

$$A = n \frac{\pi d_n^2}{4} \qquad (8\text{-}21)$$

式中，d_n 为管子的内径，m；n 为管束中管子的根数。

确定介质流通面积之后，应按照下列公式计算介质流速。

烟气流速为

$$v_y = \frac{V_y(\theta + 273)}{3600 \times 273 A} \tag{8-22}$$

式中，V_y 为烟气量，m^3/h；θ 为所求受热面烟气平均温度，℃；A 为烟气流通截面积，m^2。

3）蒸汽和水的流速

蒸汽或水的流速按下式计算：

$$v = \frac{DV_{pj}}{f} \tag{8-23}$$

式中，v 为蒸汽或水的流速，m/s；V_{pj} 为蒸汽或水的比容，m^3/kg；D 为蒸汽或水的质量流量，kg/s；f 为蒸汽或水的流通面积，m^2。

4）对流放热系数

众所周知，对流放热系数除与介质流速有关外，还与受热面结构特性、冲刷方式等因素有关。

（1）横向冲刷管束。

在该系统中，余热锅炉受热面外的烟气为横向冲刷，管束的排列方式为顺列布置。其对流放热系数为

$$\alpha_d = c_s c_n \frac{\lambda}{d} Re^{0.05} Pr^{0.33} \tag{8-24}$$

式中，Re 为雷诺数，$Re = \dfrac{v_d}{v}$，其中 v 为烟气的运动黏度，m^2/s；Pr 为普朗特数，$Pr = \dfrac{\rho v c_p}{\lambda}$，其中 c_p 为烟气定压比热容，$kJ/(kg \cdot K)$，ρ 为烟气密度，kg/m^3，λ 为烟气的导热率，$kW/(m \cdot K)$；c_s 为考虑管束相对节距影响的修正系数，按下式计算：

$$c_s = 0.2 \left[1 + (2\delta_1 - 3)\left(1 - \frac{\delta_2}{2}\right)^3 \right]^{-2} \tag{8-25}$$

当 $\delta_2 \geq 2$ 或 $\delta_1 \geq 1.5$ 时，$c_s = 0.2$。

c_n 为沿烟气行程方向管排数修正系数，当 $n_2 < 10$ 时，

$$c_n = 0.81 + 0.0125（n_2 - 2） \tag{8-26}$$

当 $n_2 \geq 10$ 时，$c_n = 1$。

（2）纵向冲刷管束。

锅炉受热面管内的汽水工质均为纵向冲刷。

压力和温度远离临界状态下的单相湍流介质对流受热面做纵向冲刷时的对流放热系数为

$$\alpha_{d} = 0.023 \frac{\lambda}{d_{dl}} Re^{0.8} Pr^{0.4} c_{t} c_{d} c_{l} \qquad (8\text{-}27)$$

式中，c_{d} 为环形通道单面受热修正系数，环形通道双面受热或非原形通道中，$c_{d} = 1$；c_{l} 为相对长度修正系数，仅在 $l/d < 50$，管道入口无圆形导边时才修正，其值可查文献确定。

本公式适用范围为 $Re = (1 \sim 50) \times 10^{4}$，对过热蒸汽上限可达 200×10^{4}，$Pr = 0.6 \sim 120$，定性直径为当量直径，当介质在圆管内流动时，$d_{dl} = d_{n}$（管内径），定性温度为工质平均温度。

式（8-27）中 c_{t} 为温压修正系数，取决于流体和壁面温度 T、T_{b}：

$$c_{t} = \left(\frac{T}{T_{b}} \right)^{n} \qquad (8\text{-}28)$$

当气体被加热时，$n = 0.5$；当气体被冷却时，$n = 0$；在过热器或水冲刷时，内壁与介质温差很小，取 $c_{t} = 1$。

5）平均温压的计算

锅炉的对流受热面大多是间壁式换热器，冷热流体彼此不接触，因此由于对流传热作用，不同的受热面位置有不同的温差。传热计算中把冷热流体在整个受热面中的平均温差称为温压。温压的大小与两种介质的温度及相互间流动方向有关。若介质之一在整个受热面范围内温度不变，则温压大小与它们之间相互流动方向无关。

在该系统的余热锅炉内，两种流体为逆流传热，这时受热面的温压可按对数平均温压计算：

$$\Delta t = \frac{\Delta t_{d} - \Delta t_{x}}{\ln \dfrac{\Delta t_{d}}{\Delta t_{x}}} \qquad (8\text{-}29)$$

式中，Δt 为对数温压，℃；Δt_{d}、Δt_{x} 为受热面两端温差中较大的和较小的温度差值，℃。

当 $\Delta t_{d} / \Delta t_{x} \leqslant 1.8$ 时，上述对数平均温压可用算数平均温压代替：

$$\Delta t' = \frac{\Delta t_{d} + \Delta t_{x}}{2} \qquad (8\text{-}30)$$

8.1.3　余热锅炉通风阻力的确定

1. 余热锅炉通风阻力的分类

对于余热锅炉，由于其热源来自工艺生产的余热，一般来说不设燃烧设备，因此一般不需要送风系统，而仅有烟气系统。余热锅炉的烟道通风阻力计算相当于一般锅炉空气动力计算的一部分，即相当于烟气系统的阻力计算部分，在整个烟道的气体动力计算时只做烟气阻力计算，为选择引风机提供依据。

在进行余热锅炉的烟气阻力计算时，通常把阻力分为以下三部分来考虑：

（1）摩擦阻力：指气流在等截面的直流通道中流动时，由气体的黏滞性引起的阻力。包括烟气在等断面的直流通道中流动时的阻力和烟气纵向冲刷管束的阻力。

（2）局部阻力：指烟气在截面形状、大小、方向改变的通道内流动时因涡流耗能引起的阻力，如进口、出口、弯头、突然扩大或缩小等。

（3）烟气横向冲刷管束的阻力，即烟气流过管束而引起的阻力（横向冲刷管束的阻力）。这可以看作摩擦阻力。计算时往往单独列项计算。

烟气通过余热锅炉的总阻力，为上述三部分阻力之和，即

$$\Delta P = \Delta P_1 + \Delta P_2 + \Delta P_3 \tag{8-31}$$

式中，ΔP 为烟气流动的总阻力，kg/m^2；ΔP_1 为烟气的摩擦阻力，kg/m^2；ΔP_2 为烟气的局部阻力，kg/m^2；ΔP_3 为烟气横向冲刷管束的阻力，kg/m^2。

气体（烟气或空气）的流动阻力 ΔP 的摩擦阻力、局部阻力和横向冲刷管束的阻力均可用下列通式表示：

$$\Delta P = \xi \frac{V^2}{2g} \tag{8-32}$$

式中，ξ 为各类流动阻力系数。其他参数及计算时的一般规定如下：

（1）锅炉通风计算时所需要的原始数据，包括流程中各处的气体流量（流速）、温度、通道及受热面结构参数均取自额定负荷下热力计算的结果。所有对流受热面中气流速度和状态参数，均按该地区的算术平均值进行计算。

（2）气体的计算温度，除通道阻力集中在计算区段始端或终端的局部区段外，均按通道及受热面进、出口截面上的算术平均温度确定。

（3）气体密度按下式确定

$$\rho = \rho_0 \frac{273}{273+t} \tag{8-33}$$

式中，ρ 为热空气密度，kg/m^3；ρ_0 为常温下空气密度，$\rho_0 = 1.283kg/m^3$。

（4）气体流速按下式确定。

$$v = V/F \tag{8-34}$$

式中，V 为计算温度 T 下气体的实际体积量，m^3/s；F 为气体通道的有效流通截面面积，m^2。

2. 摩擦阻力的确定

沿程摩擦阻力是指气体在流通截面不变的直通道中的流动阻力。摩擦阻力按下式计算：

$$\Delta P_1 = \lambda \frac{l}{d_d} \frac{v^2}{2g} \rho \qquad (8\text{-}35)$$

式中，d_d 为通道的当量直径，m；λ 为摩擦阻力系数；l 为通道的计算长度，m；v 为烟气在通道内的计算流速，m/s；ρ 为烟气密度，kg/m^3；g 为重力加速度，$g = 9.81\text{m/s}^2$。

此处的当量直径的计算和热力计算中的当量直径有所不同，前者考虑全部受热烟气冲刷的周长，称为湿周，而后者仅考虑其受热面的周长，称为热周。

通道的当量直径按表 8-1 计算。

表 8-1　通道当量直径的确定方法

通道截面形状	当量直径求解公式
圆形	通道直径 R
非圆形	$d_d = \dfrac{4F}{U}$（F：通道的有效断面面积；U：受烟气冲刷的断面全周长）
布置管束的矩形通道	$d_d = \dfrac{4F}{U} = \dfrac{4\left(ab - Z\dfrac{\pi}{4}d_w^2\right)}{2(a+b) + Z\pi d_w}$（$Z$：烟道中管束的管子数；$d_w$：管子的外径）

摩擦阻力系数的数值取决于通道壁面的相对粗糙度（即 K/d_d，其中 K 为壁面的绝对粗糙度）和烟气的雷诺数。

雷诺数的计算如下：

$$Re = \frac{v d_d}{\nu} \qquad (8\text{-}36)$$

式中，Re 为雷诺数；v 为烟气的计算流速，m/s；ν 为烟气的运动黏度，可由物性表查出，m^2/s。

绝对粗糙度 K 值按文献选用。

摩擦阻力系数按下述不同情况计算：

（1）当烟气的流动为层流时，即雷诺数 $Re < 2000$ 时，摩擦阻力系数 λ 与粗糙度无关，即

$$\lambda = \frac{64}{Re} \qquad (8\text{-}37)$$

（2）当相对粗糙度 $K/d_d = 0.00008 \sim 0.0125$ 及 $Re > 4000$ 时，摩擦阻力系数按下式计算：

$$\lambda = 0.1\left[1.46\frac{K}{d_d} + \frac{100}{Re}\right]^{0.25} \tag{8-38}$$

（3）当 $Re = 4000 \sim 100000$ 时，摩擦阻力系数按下式计算：

$$\lambda = \frac{0.316}{\sqrt[4]{Re}} \tag{8-39}$$

（4）在阻力平方区，摩擦阻力系数与雷诺数无关，并可按下式计算：

$$\lambda = \frac{1}{\left[2\lg\dfrac{d_d}{K} + 1.14\right]^2} \tag{8-40}$$

3. 局部阻力的计算

当气流流动时，因发生气流方向变化（转弯）或截面变化而产生的流动阻力，称为局部阻力，可按下式进行计算：

$$\Delta P_2 = \xi\frac{v^2}{2g}\rho \tag{8-41}$$

式中，ξ 为局部阻力系数；v 为烟气在发生局部阻力断面上的流速，m/s。

局部阻力的计算主要是正确选取局部阻力系数和烟气的计算流速。

由于烟、风道中气体流动属于已进入自模化区的紊流状态，局部阻力系数通常与雷诺数无关，只取决于通道部件的几何形状。

对于余热锅炉烟气通道上的局部阻力，常遇到如下几种：由于烟道断面形状改变而引起的局部阻力，由于通道方向改变而引起的局部阻力，内部具有管束弯头的局部阻力等。

1）由于断面形状改变而引起的局部阻力

其计算式为 $\Delta P_2 = \xi\dfrac{v_2}{2g}\rho$，其中局部阻力系数可查图表确定。当需要将局部阻力系数换成其他断面的流速计算时，应按下式换算：

$$\xi_2 = \xi_1\left(\frac{F_2}{F_1}\right)^2 = \xi_1\left(\frac{v_2}{v_1}\right) \tag{8-42}$$

式中，ξ_2 为换算为断面面积 F_2 或流速 v_2 的局部阻力系数；ξ_1 为按流速计算的局部阻力系数。

通道突然改变的阻力系数按文献查得，计算阻力时所采用的烟气计算流速是对应于较小断面上的气流速度。

2）由于通道方向改变而引起的局部阻力

由于通道方向改变而引起的局部阻力又称弯头的局部阻力，其计算公式为

$$\Delta P_2 = \xi \frac{v^2}{2g} \rho \qquad (8\text{-}43)$$

弯头的局部阻力系数按下式计算：

$$\xi = C_1 C_2 C_3 \qquad (8\text{-}44)$$

式中，ξ 为弯头的局部阻力系数；C_1 为转弯角度系数；C_2 为转弯圆滑系数；C_3 为截面系数。C_1、C_2、C_3 可分别由文献查得。

当弯头兼扩散管的后面（按烟气流动方向）没有稳定气流用的管段，或虽有管段，但其长度小于其管端界面当量直径的 3 倍时，其局部阻力系数应按照公式求得的数值乘以 1.8。

对于所有变断面的弯头，计算阻力所用的烟气计算流速，都是指在断面最小处的流速。

3）内部具有管束弯头的局部阻力

内部具有管束弯头的局部阻力，其阻力按公式 $\Delta P_2 = \xi \frac{v^2}{2g} \rho$ 计算。

由于弯头和管束对烟气流动的阻力是相互影响的，所以其局部阻力系数可近似地按下述情况确定：

对于转弯角度为 180° 的弯头，$\xi = 2.0$；

对于转弯角度为 80° 的弯头，$\xi = 10$；

对于转弯角度为 45° 的弯头，$\xi = 0.5$。

计算内部具有管束的弯头内的烟气流速，需要考虑被管束所堵塞的断面。可按下式计算：

$$v = \frac{Q}{3600(F-f)} \qquad (8\text{-}45)$$

式中，v 为烟气的计算流速，m/s；Q 为烟气的计算流量，m^3/h；F 为弯头的断面面积，m^2；f 为弯头内管束所堵塞的断面面积，m^2。

当弯头的始端与末端的断面不等时，烟气的计算流速应取始端与末端的平均值。当弯角为 180° 时，则烟气计算流速应为始端、中间和末端三者的平均值。

4. 烟气冲刷管束通风阻力

在锅炉的阻力计算中，烟气冲刷管束是作为一种特殊形式的阻力来考虑。就其阻力的表现形式，接近于局部阻力，所以其计算公式的形式和计算一般与局部阻力相同。即

$$\Delta P_3 = \xi' \frac{v^2}{2g} \rho \tag{8-46}$$

式中，ΔP_3 为烟气横向冲刷管束的阻力，kg/m^2；ξ' 为局部阻力系数；v 为烟气的流速，m/s。

阻力系数 ξ' 的数值与管束中管子的排数、管束的布置方式以及烟气流动的雷诺数有关，应按实际情况确定。在该系统余热锅炉中，烟气横向冲刷顺列光滑管束，其阻力系数为

$$\xi' = \xi_0 Z_2 \tag{8-47}$$

式中，Z_2 为管子沿气流方向的排数；ξ_0 为单排管子的局部阻力系数，按下述方法确定：

当 $S_1 \leqslant S_2$ 时（$0.06 \leqslant \Psi \leqslant 1$），

$$\xi_0 = 2\left(\frac{S_1}{d} - 1\right)^{-0.5} Re^{-0.2} \tag{8-48}$$

式中，S_1 及 S_2 为管束深度及宽带方向上的管子节距，m；d 为管子的外径，m；Re 为雷诺数。

$$\varphi = \frac{S_1 - d}{S_2 - d}$$

当 $S_1 > S_2$ 时（$1 \leqslant \Psi \leqslant 8$），

$$\xi_0 = 0.38\left(\frac{S_1}{d} - 1\right)^{-0.5} (\varphi - 0.94)^{-0.59} Re^{-0.2/\varphi^2} \tag{8-49}$$

当 $S_1 > S_2$ 时（$8 \leqslant \Psi \leqslant 15$），

$$\xi_0 = 0.118\left(\frac{S_1}{d} - 1\right)^{-0.5} \tag{8-50}$$

当管束中的节距 S_1、S_2 交替变化时，阻力系数可按节距的平均值计算。

5. 烟道的自通风

此外，如果是垂直烟道或烟囱，在计算时应考虑自身通风的影响，自身通风力的计算式为

$$\Delta h_z = \pm H\left(1.2 - \rho \frac{273}{273 + t}\right) \tag{8-51}$$

式中，H 为烟气垂直高度，m；ρ 为烟气在标准状况下的密度，kg/m^3；t 为烟气的温度，℃。

在烟气上升流动时，自身通风方向与烟气流动方向相同，取正值。在烟气下降流动时，自身通风力方向与烟气流动方向相反，取负值。

6. 设计修正

由于计算公式和线算图并未考虑实际工作中存在的锅炉本体各受热面积灰因素,因此在各相应的受热面阻力计算中都需引入一个修正系数,各受热面计算阻力的修正系数见表 8-2。

表 8-2　各受热面计算阻力的修正系数 K

受热面	K	受热面	K
屏式受热面	1.2	2. 有烟气水转变的小容量锅炉	1.0
水平烟道过热器		3. 有燃烬室的小型锅炉	1.15
1. 除积黏结灰外的燃料,有吹灰	1.2	4. 分联箱锅炉	0.8
2. 积黏结灰的煤,有吹灰	1.8	非标准肋片省煤器	
3. 泥煤、重油燃烧	2.0	1. 有吹灰	1.4
竖井中过热器与过渡区		2. 无吹灰	1.8
1. 除油和燃气外各种燃料,有吹灰	1.2	管式空气预热器	
2. 重油（有吹灰）和气体	1.0	1. 空气侧行程数,$n<3$	1.05
第一、二级省煤器及单级省煤器		2. 空气侧行程数,$n>3$	1.15
1. 固体燃料,积松灰	1.1	3. 烟气侧	1.1
2. 固体燃料,积黏结灰	1.2	回转式空气预热器	
3. 气体	1.0	1. 除重油外的各种燃料	1.0
第一级省煤器和单级省煤器燃重油	1.2	2. 重油	1.1
第二级省煤器、燃重油、钢珠除灰	1.0	板式空气预热器	
鳞片管省煤器	1.2	1. 烟气侧	1.5
锅炉管束		2. 空气侧	1.2
1. 多锅筒直水管混合冲刷锅炉	0.8		

8.1.4　余热锅炉水循环检验

余热锅炉的水循环计算,是在锅炉结构、水循环方式和蒸发受热面的循环系统都已确定,而且完成热力计算后进行的。计算的目的是检验水循环结构布置的合理性,以及水循环的可靠性和经济性。即检验受热管内各部分的工质是否都能够足量而连续地流动，能否把吸收的热量均匀地传递给工质，从而保证受热面长期、安全、经济地运行在允许的温度工况下。

1. 流动阻力计算

锅炉管内工质有单相流体和汽液两相流体两种形式。流经管内的工质只有水或只有蒸汽时，称为单相流运动，同时有水和蒸汽在管内流动时，称为汽液两相流运动。在锅炉水循环系统中，单相流运动在省煤器和蒸汽过热器等系统中，两相流运动则在锅炉内各部分蒸发受热面的汽水系统中。

无论是单相流体还是汽液两相流体，它们在管内流动时都需要克服各种阻力，所以会产生一定的压降。根据动量守恒原理，可推导出工质在管内流动时，其总压降的计算方程式为

$$\Delta P = \Delta P_{mc} + \Delta P_{jb} + \Delta P_{zw} + \Delta P_{js} \tag{8-52}$$

式中，ΔP 为总压差，即管道的始端和终端压强之差，Pa；ΔP_{mc} 为沿程摩擦阻力损失，Pa；ΔP_{jb} 为局部摩擦阻力损失，Pa，与摩擦阻力之和通常被称为流动阻力 ΔP_{ld}；ΔP_{zw} 为重位压降，Pa；ΔP_{js} 为加速压降，Pa。

1）摩擦阻力

（1）单相流体的摩擦阻力。

$$\Delta P_{mc} = \lambda \frac{l}{d_n} \frac{\rho \varpi^2}{2} \tag{8-53}$$

式中，λ 为摩擦阻力系数。由于锅炉中工质温度高，黏度小，管内流动工况在完全粗糙区，此时 λ 与雷诺数 Re 无关，可由下式计算确定

$$\lambda = \frac{1}{4\left(\lg 3.7 d_n / k\right)^2} \tag{8-54}$$

式中，d_n 为管子的内径，m；k 为管子内壁绝对粗糙度，m。

（2）两相流体的摩擦阻力。

$$\Delta P_{mc} = \Psi \lambda \frac{l}{d_n} \frac{\rho' v_0^2}{2}\left[1 + \bar{X}\left(\frac{\rho'}{\rho''} - 1\right)\right] \tag{8-55}$$

式中，Ψ 为两相流动摩擦阻力修正系数，在中压以下的循环计算中，$\Psi = 1$；λ 为单相流体摩擦阻力系数；l 和 d_n 为计算管段的长度和管径，m；$\bar{X}$ 为计算管段的平均质量含汽率；ρ' 和 ρ'' 为工作压力下的饱和水密度和饱和蒸汽密度，kg/m³；v_0 为循环流速，m/s。

摩擦阻力修正系数 Ψ 的物理意义是双相摩擦阻力与按均相模型计算的摩擦阻力之比，计算式为

$$\Psi = 1 + \frac{X(1-X)\left(\dfrac{1000}{\rho\varpi}-1\right)\dfrac{\rho'}{\rho''}}{1+X\left(\dfrac{\rho'}{\rho''}-1\right)} \qquad \rho\varpi \leqslant 1000 \text{ kg/(m}^2\cdot\text{s)} \qquad (8\text{-}56)$$

$$\Psi = 1 + \frac{X(1-X)\left(\dfrac{1000}{\rho\varpi}-1\right)\dfrac{\rho'}{\rho''}}{1+(1-X)\left(\dfrac{\rho'}{\rho''}-1\right)} \qquad \rho\varpi > 1000 \text{ kg/(m}^2\cdot\text{s)} \qquad (8\text{-}57)$$

式中，X 为质量含汽率；$\rho\varpi$ 为质量流速，kg/(m^2·s)。

2）局部阻力

（1）单相流体的局部阻力。

单相流体局部阻力是流体流动时因流动方向或流通截面的改变而引起的能量损失，其计算式为

$$\Delta P_{jb} = \xi_{jb} \frac{\rho\varpi^2}{2} \qquad (8\text{-}58)$$

式中，ξ_{jb} 为单相流体的局部阻力系数。

（2）两相流体的局部阻力。

$$\Delta P_{jb} = \xi'_{jb} \frac{\rho'\varpi_0^2}{2}\left[1 + x_{jb}\left(\frac{\rho'}{\rho''}-1\right)\right] \qquad (8\text{-}59)$$

式中，ξ'_{jb} 为汽水混合物的局部阻力系数；X_{jb} 为产生局部阻力处的质量含汽率。

由于锅炉中有许多特殊的管路连接方式，用到的元件的局部阻力系数的确定多数只能从有关锅炉的专门手册中才能得到。

3）重位压降

（1）单相流体的重位压降为

$$\Delta P_{zw} = \bar{\rho} g \Delta h \qquad (8\text{-}60)$$

式中，$\bar{\rho}$ 为工质平均密度，kg/m^3。

（2）两相流体的重位压降为

汽水混合物重位压降的计算采用分相流动模型，用汽水混合物的平均密度计算，其计算式为

$$\Delta P_{zw} = \bar{\rho} g \Delta h = [\bar{\varphi}\rho'' + (1-\bar{\varphi})\rho']g\Delta h \qquad (8\text{-}61)$$

式中，$\bar{\varphi}$ 为管段内的平均截面含汽率。

水平管截面含汽率还没有规范的算法，可参考汽液两相流与沸腾传热等有关资料选取计算方法。

4）加速压降

加速压降的物理意义是管段的出口和进口的单位截面工质秒流量的动量差值。

（1）单相流体的加速压降为

$$\Delta P_{js} = \rho\varpi(\varpi_c - \varpi_j) = (\rho\varpi)^2(\nu_c - \nu_j) \tag{8-62}$$

式中，$\rho\varpi$ 为质量流速；ϖ_c 与 ϖ_j 为出口与进口的混合物流速；ν_c 与 ν_j 为出口与进口的混合物比容。

（2）两相流体的加速压降为

汽液两相流的加速压降采用均相流模型，按下式计算：

$$\Delta P_{js} = (\rho\varpi)^2(x_c - x_j)(\nu'' - \nu') \tag{8-63}$$

式中，$\rho\varpi$ 为质量流速；x_c 与 x_j 为出口和进口的混合物干度，即质量含汽率；ν'' 和 ν' 为饱和蒸汽与饱和水的比容。

2. 余热锅炉水力计算及循环可靠性检验

强制循环水力计算是在热力计算的基础上进行的，其目的是保证蒸发受热面和循环水泵工作的可靠性，制定提高锅炉运行可靠性的措施以及确定循环水泵的工作参数。经过水力计算，要求求出回路的压降、循环倍率、水流量、节流孔板的几何尺寸以及蒸发量等数值。并且要对循环可靠性和低负荷运行进行检验计算。

在进行水力计算前需分别列出锅炉结构数据和热力计算数据，其中结构数据包括各管组的管子数，管段的各段管子的直径、长度、高度，集箱、弯头、阀门和所有附属设施的局部阻力系数等。

锅炉水动力计算按以下步骤进行：

根据锅炉结构设计，作出蒸发受热面、汽水引出管、集箱及管道附件以及循环水泵的吸入管和压水管等水力系统布置图。

根据热力计算，确定各回路的平均热负荷，以及考虑到热力不均匀性的回路中个别管段的最大热负荷和最小热负荷，并确定回路的吸热量。

根据下列因素，考虑到水力偏差的情况，选取其中最大的质量流速值。

（1）一般情况下，余热锅炉的循环倍率取 8～20。最大负荷管子内的循环倍率必须大于 3。

（2）对于水平或微倾斜管，必须满足文献中为保证不产生汽水分层条件下的最小质量流速。

（3）对于上升下降运动的受热管，最小质量流速应不小于 $400kg/(m^2·s)$。

保证回路单值性所必需的质量流速。

按照消除脉动的条件，选取节流程度，初步定出每一回路内的节流孔板尺寸。

作出回路压降计算，并作出各回路水力特性图和总水力特性图。

检查循环的可靠性。

锅炉实际运行时，负荷的变化、操作的不同以及锅炉结构的差异，使得实际的循环状况与循环计算时采用的回路中正常的蒸汽产量和受热面的平均受热强度等条件有很大的差异，不能保证锅炉的循环依然正常。

强制循环的可靠性取决于下述条件：不产生倒流和停滞；正常的温度工况；没有水流脉动；水力特性的单值性等。

1）循环倒流、停滞的检验

在运行的某种工况下，受热上升管内的工质改变流动方向而向下流动，称为倒流。产生倒流的原因主要是管子的受热不均匀性。受热弱的蒸发管，蒸汽发生量少，其流动动力减弱，不足以克服上升运动的流动阻力损失，就产生循环倒流，这有可能使管内产生蒸汽积累而出现蒸干。在相同的流量下，受热最弱的管子中汽水混合物的平均密度最大，则倒流压差最大，所以最先可能发生倒流。汽水引出管接入锅筒水位以下时，可能产生倒流。若是接入锅筒的汽空间则不可能发生倒流现象。

受热上升管中汽水混合物的滞留现象，即上升管中工质的进口流量与出口蒸发量相等的情况，称为停滞。产生停滞时管中的循环倍率等于1，水向上或向下缓慢地运动。停滞的原因是受热弱的管子工质密度增大，它与下降管构成的循环回路中两者的密度差减小，即流动动力减弱，而且产生的气泡又易于停留在管子易于滞留的局部，如盘形管、弯管以及焊缝等处。若上升管引入锅筒的蒸汽空间，循环停滞时将在受热弱的上升管中形成"自由水面"，即形成上升管中上层是蒸汽而下层是水，中间是汽和水的波动段，使得自由水面附近的管壁温度不断变动，管壁也容易疲劳破坏，甚至使水中的盐类沉积于管壁上。

要使上升运动的管件不产生倒流，应满足下式：

$$\frac{\Delta P_{gj}}{h'(\rho' - s'_{dal})g} > 1.1 \qquad (8\text{-}64)$$

式中，ΔP_{gj} 为被检查管的压降，Pa；s'_{dal} 为比倒流压头，kg/m^3；h' 为被检查管的计算高度，m。

对 $h\gamma' > \Delta P_{gj}$ 的管子需要进行停滞检验。管件不产生停滞需要满足下式：

对于上升运动管件，

$$\frac{\Delta P_{gj}}{h\rho_{tz}g} > 1.1 \qquad (8\text{-}65)$$

对于上升下降运动管件，

$$\Delta P_{gj} > mh(1-\varphi_z)(\rho'-\rho'')g \qquad (8\text{-}66)$$

式中，ρ_{tz} 为停滞时管件内工质的密度，kg/m^3；φ_z 为停滞时工质的截面含汽率；m 为停滞水柱数。

2）温度工况的检验

受热管子的可靠温度工况是用不致形成氧化皮的情况下所容许的管壁温度波动范围来进行检查。在水平的沸腾管内，应当考虑汽水混合物的分层流动。这时，热交换最恶劣的情况是在管子上部的蒸汽层区及其附近。所以，需要对管子的温度工况进行检查。其步骤如下：

（1）按热负荷最大的管段求出热负荷的最大值，用这个数值与受检查管外径的乘积，查取保证温度波动许可值的质量流速。受检查管的最小质量流速必须大于查取得的数值。

（2）按被检查管的质量流速和热负荷的最大值，查取管壁与工质间的最大温差 Δt_2（即管子内壁的温度最大波动）。若能满足

$$\Delta t_2 < 20 \sim 25℃ \qquad (8\text{-}67)$$

即可认为能够保证管子温度工况的可靠性。

3）水流脉动的检验

液流脉动是指工质流量以一定的，往往又是很高的频率（如每分钟 1～10 次）急剧变化。这种工质流量的变化一般是很大的，有时还可能改变工质流动的方向。同时，蒸发管的沸点位置经常变动，使得管壁温度也出现周期性的变化。这种壁温变化的幅度也很大，实验表明，在沸点附近的管壁金属温度波动幅度甚至可达 100～500℃。

产生脉动的原因很多，一般解释为两个方面：

（1）由于入口条件的变化，如入口焓的增多而形成脉动，这种脉动多发生在自然循环的锅炉中。

（2）在开始蒸发区内，由于某些原因使一些管子的受热量增加，管中生成的蒸汽量增多，蒸发段的阻力增大，致使加热水段的压力增高。但是进口集箱的压力并未改变，故流入的水量减小，直到由于蒸汽流速增大而发生抽空现象时，才使进水量增多。这种波动过程是周期性的，一旦发生，有可能产生长期脉动。此种情况多发生在直流锅炉中，强制循环锅炉也有可能发生脉动。

强制循环锅炉的管间脉动是危险的，因为它可能破坏管壁的水膜而使热交换恶化，所以需要采取防止脉动的措施。

最常用的办法是在上升管入口处装设节流孔板以防止脉动。节流孔板的尺寸按下列经验公式求得：

$$\frac{\Delta P_{\mathrm{jl}} + \Delta P_{\mathrm{rs}}}{\Delta P_{\mathrm{hq}}} = f(P) \tag{8-68}$$

或
$$\frac{\Delta P_{\mathrm{jl}} + \Delta P_{\mathrm{rs}}}{\Delta P_{\mathrm{hq}}} = f(\varpi_{\mathrm{r}}) \tag{8-69}$$

式中，ΔP_{jl} 为节流孔板的阻力损失，Pa；ΔP_{rs} 为加热水段的阻力损失，Pa；ΔP_{hq} 为蒸发段的阻力损失，Pa。

4）水力特性单值性的检验

必须保证水力特性的单值性。即管段在一个压降下，只有一个水流量。如在一个压降下出现两个或三个水流量的情况，则称为水力特性的多值性。水力特性的多值性可能引起个别管子出现不良的温度工况，甚至可能导致管内盐分沉积，因此应该杜绝在锅炉内出现水力特性的多值性。

下列情况下管件的水力特性总是单值性的：

（1）具有上升运动的垂直管组；

（2）具有上升运动的水平管组；

（3）具有上升下降运动的管件，如 $l/h>10$ 和分配集箱位于下部的奇数管组。

但在其他的情况下，水力特性是否为多值性，以及为保证它的单值性所需要的最小值则需要根据其特性曲线、质量流速及欠焓等参数来确定。

8.2　余热锅炉计算机辅助计算软件

8.2.1　计算机辅助计算概念

随着科技的进步以及信息技术的蓬勃发展，计算机已普遍应用于各种行业。"高效节能优质"口号促使现代产品向着智能化、数字化、集成化、高效化的方向发展。

余热锅炉计算机辅助计算是指在设计余热锅炉时，运用已编译的软件，在计算机操作平台上，通过设定初始参数以及受热面布置，完成余热锅炉整体热力计算以及阻力计算，并且输出参数报表的过程。

1. 锅炉计算软件的发展状况

随着计算机的发展和普及，在 20 世纪 80 年代，科研人员开发了一些锅炉计算软件。但当时的计算软件大多采用 Fortran 语言编写，运行于 DOC 平台，使用者需要熟练操作计算机，并且需要记住 DOC 平台烦琐的代码，使用极不方便。虽然 Fortran 语言也提供了面向对象的思想和实现方法，但界面不够美观快捷，在实现人机交互等方面远不如其他一些面向对象的语言使用起来方便。

近年来，有不少学者采用 MS-Excel 完成锅炉热力计算软件。MS-Excel 有很好的公式编辑功能、相对完整的数据库功能，便于数据的修改和调整，同时它又具有良好的图标处理和制表功能。另外，其在完成整个计算过程后易于输出报表，且直观清楚。在 MS-Excel 的使用中也可以通过 VB 编译一些模块，实现一些特殊的功能。但是这种热力计算软件只能实现热力计算的半自动化，而且速度非常慢，过程中数据量庞大，不易于进行数据调整。

随着可视化编程方法的出现，一些科研人员利用 VB，VC ++ ，VF 等语言编译锅炉计算软件。这些软件在用户界面以及计算精度方面有所改善，在一定程度上提高了人机交互效率，但由于这些软件大多应用于煤粉锅炉等，通用性较差，不能适应余热锅炉设计灵活多变的特点。

通过对上述现状的分析可知，锅炉热力计算软件主要存在以下问题：

（1）大部分热力计算软件针对电站煤粉锅炉开发，针对余热锅炉研发的很少，不能满足余热锅炉热力计算需要。

（2）计算方法比较单一，且不容易进行维护和扩展。各种计算对应的标准、计算方法不是固定不变的，往往需要根据机组容量、计算对象等不同而采取不同的方法。因此，通用程序必须包含不同的计算方法。

（3）普遍存在覆盖面太窄的局限，通用性差，一旦有新的受热面结构形式或新的工艺流程，系统将无法适应。

（4）采用面向过程的设计方法，缺乏良好的用户界面。

2. 余热锅炉软件开发

针对余热锅炉受热面布置灵活以及输入数据烦琐的特点，采用 Visual Basic. NET 2005 编译了针对双压余热锅炉的计算软件。该语言的特点在于其易用性和速度，且这种面向对象的语言可提供良好的人机界面，提高设计者的工作效率。同时软件本身的模块化思想使得该软件可以对特殊计算模块进行封装，便于反复调用，增加了软件的可重用性和可移植性。该软件可以根据用户需要灵活布置受热面，当某种换热器存在多级或者换热器交叉布置时，该软件的优势尤为突出。在完成整体热平衡计算后，软件就可以给出各级换热器的换热量，然后设计者可根据换热量和进出口工质温度、进出口烟气温度合理布置受热面，完成每一级的热平衡计算以及阻力计算。

8.2.2　计算机辅助热力计算

热力计算是 AQC 锅炉优化设计过程中所必需的一项重要计算。锅炉水动力计算、受压元件强度计算、通风阻力计算以及管壁温度计算都要在锅炉热力计算的基础上完成。

　　根据已编译的双压余热锅炉计算软件，介绍余热锅炉计算机辅助计算的设计思想和关键问题的解决方法。

　　余热锅炉热力计算软件包含水蒸气物性计算模块、烟气物性计算模块、换热器类模块等基本模块，通过计算程序主框架完成计算的组态和控制，用户交互和数据发布则分别提供了程序的用户控制手段和结果发布方法。

　　计算主框架主要对整个热力计算过程进行组织和管理。通过和用户交互模块的通信，计算主框架了解到用户的需求信息，输入双压余热锅炉的要求参数，对个别关键数值进行选定，然后对这些信息进行分析和判断。在水蒸气物性计算模块、烟气物性计算模块、换热器类模块的支持下，主框架根据用户提供的信息，完成计算过程的构架和组织。首先根据输入的数据及结构选型，完成整个余热锅炉的热平衡计算。同时给出每种换热器的总换热量，在随后的受热面布置时，可根据需要布置多级同种换热器合理分配热量。

8.2.3　计算机辅助阻力计算

　　余热锅炉一般没有补燃装置，不需要送风系统，它的气体动力学只做烟气阻力计算，并为选择引风机提供依据。

　　在余热锅炉的设计任务书中，一般厂家会给定锅炉总烟气阻力，这就要求在整个设计过程中必须完成沿程阻力计算，并且符合标准要求，否则需要对受热面重新布置以满足要求。

　　1. 阻力分类及计算

　　一般烟道阻力分为两类，即摩擦阻力和局部阻力。摩擦阻力是指气流在等截面的直流通道中流动时因介质黏性引起的阻力。局部阻力是指气流在断面形状或方向改变的通道中流动时因涡流耗能引起的阻力。此外还有一种情况，即烟气横向冲刷管束的阻力。所以，在进行余热锅炉的烟气阻力计算时，通常把阻力分为以下三部分来考虑。

　　（1）摩擦阻力：包括烟气在等断面的直流通道中流动时的阻力和烟气纵向冲刷管束的阻力。

　　（2）局部阻力：烟气在断面的形状或方向改变的通道中流动（包括分流、合流）时的阻力。

　　（3）烟气横向冲刷管束的阻力：在锅炉的阻力计算中，烟气横向冲刷管束是作为一种特殊形式的阻力来考虑。就其阻力的表现形式，接近于局部阻力，所以其计算公式的形式和计算一般与局部阻力相同。

　　2. 阻力计算软件开发

　　由上面内容可以看出，在已知烟气平均温度、烟气平均压力、烟气流速以及管子布置等参数后即可完成沿程阻力的计算。下面以所编写的双压余热锅炉计算软件为例介绍计算机辅助阻力计算。在完成受热面布置以及各级热平衡计算后，即可得到各级受热面的具体参数，包括烟气平均温度、烟气平均压力、烟气流速以及管子布置等参数，接着便可完成该级的沿程阻力计算。

　　在余热锅炉中，管排布置一般采用翅片管错列布置，以利于提高换热效果，而且大多数余热锅炉中所有换热器均布置在同一水平或竖直烟道中，所以在计算阻力时公式可以得到进一步简化。

8.2.4　计算机辅助水循环计算

　　锅炉水动力计算复杂。手工计算时采用作图法求解循环流量等参数。当计算为一个简单循环回路时，这样做尚可；但当循环回路是由并联、串联结构构成的复杂循环回路时，手工计算就难以胜任了，尤其是现代锅炉，动辄几十甚至上百个回路，手工计算根本不适用。随着计算机应用得越来越广泛，计算机辅助水循环计算为解决复杂回路的水动力计算提供了可能。

　　在结构和组织上，将水动力计算模型分为两个层次：第一层次为循环回路，即锅炉的水动力系统是由几个循环回路组成的；第二层次为构成循环回路的各种管件，称为基本管件，包括锅筒、集箱、管子直段、弯头、节流圈、三通、阀门等。在此结构下，各项目所需计算的循环回路数量是不同的，首先应该将锅炉水动力系统分成几个循环回路，再根据具体计算需要，对每个循环回路进行动态构造。系统设计时，回路、基本管件的具体数量不受限制。循环回路中的基本管件按水流程方向动态组合，其中基本管件类型和数量按具体结构确定。

　　对于不同的管件，按类别对其进行结构参数及受热状况的设定，如对各管子直段设定其管径、壁厚、长度、高度、倾角，受热管段还要设定其吸热量；对各入口、出口、节流圈和阀门等设定其局部阻力系数；对弯头设定其弯曲半径、弯曲角度。通过此模型的构造，基本能包含所有水循环系统，从而实现了通用性。若设计成软件，则可将常用的管件及其参数设置等设计成模块，对于不同的循环回路，选择相应的模块进行构造。

8.2.5　程序编制原则

　　（1）程序的计算顺序同手算顺序一致，以便于调试；

（2）变量取名规则与习惯用法一致，并可加上适当的注释，以便理解；

（3）程序采用结构化程序设计方法，采取自顶而下逐步求精设计方法；

（4）采用模块化结构，将各种不同受热面的水动力计算及线算编制成独立的子程序，便于程序管理。

8.2.6　程序设计基本流程

程序设计基本流程见图 8-4。

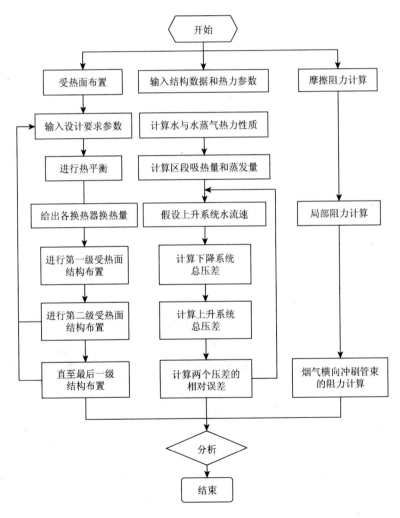

图 8-4　程序设计基本流程

8.3　余热锅炉的热经济学分析与优化

在烧结余热回收系统中，能将烧结矿冷却风所携带的显热有效利用多少，主要取决于余热锅炉操作参数的选取；汽轮发电机组的发电量的大小，也依赖于余热锅炉的操作参数；同时，余热锅炉的操作参数又是余热锅炉结构尺寸设计的主要依据。因此，余热锅炉操作参数的合理选择至关重要。

传统的热力学分析方法，只追求能量回收的最大化，在实际应用中，会导致换热单元的换热面积大幅增加，这势必使设备初投资和运行费用也大幅增加，得不偿失。大量学者的研究表明，在很多情况下，少部分的能量（焓或㶲）回收的提高是以巨大的初投资和较高的运行成本为代价的。例如，余热锅炉的传热温差越小，㶲效率越大，但所需锅炉受热面也势必增加，这必定增加投资成本。一味地追求能量回收效率，将使锅炉受热面趋于无穷大，这显然是不可取的，由此可见，只考虑能量效率而不注重经济性因素也不可取。为了在能量回收和经济成本之间找到最佳的平衡点，需要对余热锅炉进行基于热力学分析的经济性分析，也就是热经济学分析。

为使本系统余热锅炉操作参数的选择更加合理，对余热锅炉受热面几何参数和操作参数进行热经济学分析，以获得最优余热锅炉参数。

8.3.1　余热锅炉热经济学基础概念

热经济学形成于20世纪60年代，由加利福尼亚大学Tribus在对海水淡化装置进行热力学分析时首次引用，创造了这个学科新术语。20世纪80年代后，热经济学开始在世界范围内迅速发展，兴起了很多新的热经济学理论，如Stecco和Manfrida提出了㶲因子和投资费用因子等概念；Gharian等提出了以最小逼近温度对能量系统换热网络进行热经济学优化的方法等。与此同时，热经济学开始应用于实际工程当中，并以解决能量系统热经济学问题为目的，不断改进热经济学分析方法。

我国有关热经济学的研究起步于20世纪80年代，王加璇、杨东华、傅秦生等学者都做出了杰出贡献。近年来，热经济学研究的内容不断增加，在世界范围内得到了广泛应用，主要有以下几方面：

（1）能量系统的热经济优化设计：采用热经济学的会计统计与热经济学优化相结合的方法，建立能量系统的热经济学模型，寻求能量系统的最佳设计，如蒸汽管道管径、保温层厚度等。

（2）能量系统热经济优化运行研究：采用与优化设计相似的理论和方法，寻找能量系统最佳的运行方式和运行参数，如余热利用的最小温差、余热锅炉的蒸汽参数等。

（3）合理确定能量系统产品的㶲单价和产品成本：根据能量系统生产过程中投资成本、技术条件和产品品质来确定产品合理价格。

（4）能量系统的决策和可行性研究：利用热经济学原理，结合环境、人文等学科，为企业、地区甚至国家提供能源开发、能源结构和能源政策的依据。

1. 成本和残值

设备的成本和残值是进行热经济学分析和参数优化的重要因素，要想应用热经济学方法对余热锅炉参数进行优化，首先需要对本系统余热锅炉的初投资和设备废弃后的残值进行估计。

（1）设备成本是指设备生产过程中消耗的生产资料的价值和劳动者劳动所创造的价值。设备成本的费用包括原材料、燃料动力费、工资及附加费、废品损失费、车间经费、企业管理费。

（2）设备残值是指设备寿命终了时的价值。在锅炉制造业中，主要根据锅炉的质量对锅炉的成本进行估算。设备残值按照成本的一定比例进行折算。

2. 资金的时间价值

资金的价值与时间有密切的关系，资金具有时间价值。资金的时间价值是指资金在生产或流通领域中不断运动，会随着时间的推移而产生增长，最明显的例子就是把钱存入银行会产生利息。资金的时间价值通常用利率来衡量，即单位时间内的利息与原投资之比。设备的投资和运行成本同样具有类似的价值，要想使热经济学模型更贴近生产实际，更好地反映资金的价值，这是必须考虑的因素。

对于本系统余热锅炉，资金的时间价值主要涉及现金系数和资金回收系数。

1）一次支付型——现金系数 $PWF(i, n)$

设有本金 P，年利率为 i，如果将本金 P 存入银行，经过 n 年复利计息后，得到一次支付的本利和未来值 F，则有

$$F = P(1+i)^n \tag{8-70}$$

式中，F 为资金未来值，元；P 为本金，元；i 为年利率，%；n 为年数。

相反，如果 n 年后的资金未来值为 F，那么这笔未来的资金折合为现在的资金值就是

$$P = \frac{F}{(1+i)^n} = F(1+i)^{-n} = F \times PWF(i,n) \tag{8-71}$$

式中，$PWF(i,n) = (1+i)^{-n}$，为现金系数。

2）等额支付型——资金回收系数 CRF(i, n)

假设每年年末向银行存入一笔资金（或者说每年等额支付资金）A，则经过 n 年后，本金和利息的总和为多少呢？设第 i 年年末存入 A 到第 n 年年末连本带利为 F_i，那么 F_i 和 A 的关系如表 8-3 所示。

表 8-3   等额年金本利和与年份关系

年份	等额年金	本利和 F_i
1	A	$A(i+1)^{n-1}$
2	A	$A(i+1)^{n-2}$
⋮	⋮	⋮
n	A	A

将每年的本利和相加，就能计算出 n 年内向银行存入的等额资金 A 累计所得总体本利和 F：

$$F = \sum_{i=1}^{n} F_i = A[(1+i)^{n-1} + (1+i)^{n-2} \cdots + (1+i) + 1] \tag{8-72}$$

以上公式中，中括号内为等比数列，根据等比数列求和公式，有

$$(1+i)^{n-1} + (1+i)^{n-2} + \cdots + (1+i) + 1 = \frac{(1+i)^n - 1}{i} \tag{8-73}$$

则有

$$F = A\left[\frac{(1+i)^n - 1}{i}\right] \tag{8-74}$$

式中，$\left[\dfrac{(1+i)^n - 1}{i}\right]$ 为年金终值系数。

假设未来所需资金为 F，在给定利率 i 和计息期内 n 年，所需年度等额资金为

$$A = F\left[\frac{i}{(1+i)^n - 1}\right] \tag{8-75}$$

在工程项目中，通常进行一次性投资，若当年一次性投资额为 P，竣工投产后，用逐年等额偿还金 A 进行偿还，按规定利率 i，在 n 年内，本金全部还清，则每年等额偿付的金额为

$$A = F\frac{i}{(1+i)^{n-1}} = P\frac{i(1+i)^n}{(1+i)^{n-1} - 1} = P \times \text{CRF}(i, n) \tag{8-76}$$

式中，$\text{CRF}(i, n) = \dfrac{i(1+i)^n}{(1+i)^{n-1} - 1}$，为资金回收系数。

3. 年度化费用

年度化费用是一种动态评价方法，将不同时期内资金的流入和流出换算成同一时点的价值，不仅为不同方案和不同项目的经济比较提供同等的时间基础，而且能反映未来时期的发展变化情况。由于它考虑了资金的时间价值，因此比较符合资金的运动规律，能使评价更加符合实际。

在项目的投资中，有些只与初投资有关，有的还与一段时期内的经费有关。这些经费，有的保持不变，还有的会随着年度变化。因此在评价经济性时，需要将各种费用折合到每一年内，即将费用按照资产使用寿命每年均摊，这样均摊的费用即为年度化费用。

如果用 F_m 表示与第 m 年有关的费用，其中 m 可以由 1 变化到 n，F_m 的现金等值为

$$P_m = F_m \times \mathrm{PWF}(i,n) \tag{8-77}$$

在 n 年内，每年耗费费用现金等值的总和为

$$P = \sum_{m=1}^{n} P_m = \sum_{m=1}^{n} [F_m \times \mathrm{PWF}(i,n)] \tag{8-78}$$

考虑项目初投资 C_0，预计 n 年后设备最终价值（残值）为 F_f，则年度化费用为

$$F_Y = \{[C_0 - F_f \times \mathrm{PWF}(i,n)] + \sum_{m=1}^{n} [F_m \times \mathrm{PWF}(i,n)]\} \times \mathrm{CRF}(i,n) \tag{8-79}$$

式中，F_Y 为年度化费用，元/年；C_0 为项目初投资，元；F_f 为 n 年后设备最终价值，元。

4. 㶲单价

在能量系统的热经济学分析中，必然涉及各种㶲的单价或价值。因此，在能量系统的热经济学分析中，除了质量守恒方程、能量守恒方程、㶲平衡方程外，还需增加经济平衡方程，即㶲成本方程。

㶲成本方程是对任意一个能量系统，列出其成本的资金平衡式及产品的所有费用，包括一次性的初投资和运行费用。实际上，㶲成本就是用年度化费用表示的成本，只是在㶲成本方程建立时，还需考虑各种费用的决策变量[X]。其中，决策变量[X]可以是一个，也可以是几个，可以是变量，也可以是常量，如蒸汽压力、节点温差等。

设设备的固定投资费用为 C_F，运行、维护、管理等费用为 C_{op}，则产品㶲成本 C_{pc} 为

$$C_{pc} = C_F + C_{op} \tag{8-80}$$

式中，C_{pc} 为产品㶲成本，元；C_F 为设备的固定投资费用，元；C_{op} 为设备运行、维护、管理等费用，元。

假设产品㶲的平均单价为 c_{pc}，产品㶲成本表示为㶲单价与㶲流的乘积，则有

$$c_{pc}E_{x,pc} = C_F + C_{op} \tag{8-81}$$

式中，c_{pc} 为㶲的平均单价，元/kJ；$E_{x,pc}$ 为㶲流，kJ。

$$c_{pc} = \frac{C_F + C_{op}}{E_{x,pc}} \tag{8-82}$$

8.3.2　受热面几何参数优化模型的建立

锅炉受热面本质上是完成一定换热任务的换热器。对于燃煤或者燃气锅炉，锅炉汽水系统的主要任务是通过各个受热面将高温的火焰和烟气的热量传递给锅炉内的工质，这一类型的烟气温度较高，锅炉蒸汽参数较高。余热锅炉没有燃烧设备，受热面的主要任务是将烟气等热载体的热能传递给管内工质，是余热资源间接利用中应用最为广泛的热能转换设备。相对于大型的燃煤、燃气锅炉，余热热载体温度普遍较低，对余热锅炉各个受热面的换热特性要求更高。

在进行受热面的传热优化过程中，主要考虑的因素为管外烟气流动阻力、管内蒸汽（水）流动阻力、受热面大小；管外烟气流动阻力决定了风机的耗电量，管内汽水流动阻力决定了循环泵（给水泵）的耗电量，这些因素决定了受热面的运行费用。受热面的大小决定了设备的初始投资。

1. 受热面面积计算

受热面换热计算的基本公式为

$$Q = KA\Delta t_m \tag{8-83}$$

式中，Q 为受热面的总换热量，kW；K 为总传热系数，kW/(m^{2}K)；A 为传热面积，m^2；Δt_m 为管内外工质平均传热温差，℃。

翅片管外对流换热系数由基管和翅片两部分组成：

$$Q = Q_f + Q_t \tag{8-84}$$

$$Q_f = \alpha_f A_f(t_b - t_f) \tag{8-85}$$

$$Q_t = \alpha_t A_t(t_b - t_w) \tag{8-86}$$

式中，Q 为翅片管的总换热量，kW；Q_f 为翅片对流换热系数，kW/(m^{2}K)；Q_t 为基管对流换热系数，kW/(m^{2}K)；a_f 为翅片表面平均对流换热系数，kW/(m^{2}K)；a_t 为基管表面平均对流换热系数，kW/(m^{2}K)；t_b 为流体主流平均温度，℃；t_f 为翅片表面平均温度，℃；t_w 为基管外表面平均温度，℃。

在实际应用中，a_f、a_t、t_f很难单独确定，为了简化计算，通常认为基管和翅片换热系数相等，即 $a_f = a_t$，其称为翅侧有效换热系数 a_0，传热平均温差定为 t_b-t_w，以避免计算 t_f，但实际上 t_w 高于 t_f，需要利用翅片效率对温度进行修正。翅片效率 η_f 是指翅片的导热系数 λ_f 无穷大时的换热量与实际换热量之比。

$$\eta_f = \frac{Q_{f,\lambda_f=\mathrm{Const}}}{Q_{f,\lambda_f\to\infty}} \tag{8-87}$$

引入翅片效率后，公式可化简为

$$Q = \alpha_0(\eta_f A_f + A_t)(t_b - t_w) \tag{8-88}$$

进一步化简得

$$Q = \alpha_0\eta_0 A_0(t_b - t_w) \tag{8-89}$$

式中，A_0 为翅侧全部换热面积，$A_0 = A_t + A_f$；η_0 为翅侧总效率。

本节的锯齿形螺旋翅片管的传热及阻力计算公式采用 ESCOA 公式。此公式是 Weierman 关联式的修正版，是较为完整的连续型和锯齿形螺旋翅片管的传热和阻力计算公式，在欧美的相关教材和手册中被广泛应用和推荐，是欧美关于钢制螺旋翅片管束设计计算的标准公式，且其所依据的数据均来自锅炉、加热炉及其他高温热交换领域的钢制焊接螺旋翅片管，因此 ESCOA 公式适用于本研究。

本关联式以基管外径为特征长度，以管外烟气的平均温度为定性温度，管束最小流通截面积处流速为特征流速。

1）换热因子计算关联式

修正系数计算公式如表 8-4 所示。

表 8-4　修正系数汇总表

锯齿形顺列	锯齿形错列
$C_1 = 0.053(1.45-2.8S_L/d_0)-2.3Re-0.21$	$C_1 = 0.091Re^{-0.25}$
$C_2 = 0.11 + 1.4Re$	$C_2 = 0.075+1.85Re^{-0.3}$
$C_3 = 0.25 + 0.6e^{-0.26h_f/s_f}$	$C_3 = 0.35 + 0.65e^{-0.7h_f/s_f}$
$C_4 = 0.08(0.15S_T/d_0)^{-1.1(h_f/s_f)^{0.15}}$	$C_4 = 0.11(0.05S_T/d_0)^{-0.7(h_f/s_f)^{0.23}}$
$C_5 = 1.1-(0.75-1.5e^{-0.7Nr})e^{-2.0(S_L/S_T)}$	$C_5 = 0.7+(0.7-0.8e^{-0.15Nr^2})e^{-1.0S_L/S_T}$
$C_6 = 1.6-(0.75-1.5e^{-0.7Nr})e^{-2.0(S_L/S_T)}$ $-(0.7-0.8e^{-0.15Nr^2})e^{-0.6(S_L/S_T)}$	$C_6 = 1.1+(1.8-2.1e^{-0.15Nr^2})e^{-2.0(S_L/S_T)}$ $-(0.7-0.8e^{-0.15Nr^2})e^{-0.6(S_L/S_T)}$

换热因子计算关联式如下：

$$j = C_1C_3C_5\left(\frac{d_f}{d_0}\right)^{0.5}\left(\frac{T_b}{T_s}\right)^{0.25} \tag{8-90}$$

$$St = \frac{\alpha_0}{\rho u c_p} \frac{A}{A_c} \frac{A_c}{A} = \frac{\alpha_0 A}{\bar{m} c_p} \frac{A_c}{A} \qquad (8\text{-}91)$$

式中，A_c 为烟气的最小流通截面积，m^2；A 为总换热面积，m^2；$\bar{m}$ 为烟气的质量流量，kg/s。

$$d_h = \frac{4A_c}{U} = \frac{4A_c L}{UL} = 4L\frac{A_c}{A} \qquad (8\text{-}92)$$

式中，U 为烟气流道内的润湿周长，m；L 为受热面深度，m。

通过以上公式可以求得 a_0，从而求得换热面积。

2）烟气阻力计算

锯齿形螺旋翅片管摩擦因子计算公式如下：

$$f = C_2 C_4 C_6 \left(\frac{d_f}{d_0}\right)^{0.5} \left(\frac{T_b}{T_s}\right)^{-0.25} \qquad (8\text{-}93)$$

式中，C_2 为雷诺数修正系数；C_4 为翅片结构修正系数；C_6 为管束布置结构及管排数修正系数。

摩擦因子 f 的计算公式如下：

$$f = \frac{\tau_w}{\rho u^2 / 2} \qquad (8\text{-}94)$$

$$\tau_w = \Delta p \frac{d_h}{4L} \qquad (8\text{-}95)$$

$$f = \Delta p \frac{d_h}{4L} \frac{2}{\rho u^2} = \Delta p \frac{d_h}{4L} \frac{2\rho}{\bar{m}} A_c^2 \qquad (8\text{-}96)$$

通过以上公式可以求得管外烟气的压降。管内工质的换热系数和阻力计算比较成熟，此处不作赘述。

2. 受热面几何参数优化目标函数

从热经济学角度分析，把能量系统中的各项物质、能量及经济值都看作系统中流动的流，物流、能流、㶲流及现金流都是按照一定方向流动的，其中现金流总是与能流或㶲流的方向相反。用数学表达式来描述它们之间的相互关系，可以写出它们的平衡式。以 m 代表物流，M 代表现金流，用下角标 out 和 in 代表各个子系统的流出和流入，则可以写出以下四个平衡方程式。

物质平衡方程式：

$$\sum m_{in} - \sum m_{out} = \Delta m \qquad (8\text{-}97)$$

能量平衡方程式：

$$\left(\sum Q_{in} - \sum Q_{out}\right) + \left(\sum H_{in} - \sum H_{out}\right) + \left(\sum W_{in} - \sum W_{out}\right) = \Delta E_n \qquad (8\text{-}98)$$

㶲平衡方程式：

$$\sum E_{\mathrm{in}} - \sum E_{\mathrm{out}} - \sum I_{\mathrm{r}} = \Delta E \qquad (8\text{-}99)$$

现金平衡方程式：

$$\sum M_{\mathrm{out}} - \sum M_{\mathrm{in}} = \mathrm{PL} \qquad (8\text{-}100)$$

式中，$\sum m_{\mathrm{in}}$ 为输入系统的物质，kg；$\sum m_{\mathrm{out}}$ 为输出系统的物质，kg；$\sum Q_{\mathrm{in}}$ 为输入系统的热量，kJ；$\sum Q_{\mathrm{out}}$ 为输出系统的热量，kJ；$\sum H_{\mathrm{in}}$ 为输入系统的焓值，kJ；$\sum H_{\mathrm{out}}$ 为输出系统的焓值，kJ；$\sum W_{\mathrm{in}}$ 为输入系统的功，kJ；$\sum W_{\mathrm{out}}$ 为输出系统的功，kJ；$\sum E_{\mathrm{in}}$ 为输入系统的㶲值，kJ；$\sum E_{\mathrm{out}}$ 为输出系统的㶲值，kJ；ΔE 为㶲值变化量，kJ；$\sum M_{\mathrm{out}}$ 为输出系统的现金之和，元；$\sum M_{\mathrm{in}}$ 为输入系统的现金之和，元；PL 为系统的总收益，元。

本节以现金平衡方程式为基础，对受热面进行热经济学优化，单个受热面是一个稳定运行的状态，因此 ΔM、ΔE 为 0。单个受热面能流、现金流示意图如图 8-5 所示。

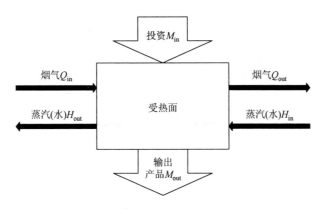

图 8-5 受热面能流、现金流示意图

以年作为受热面优化的时间单位，受热面的投资如下所示：

$$\sum M_{\mathrm{in}} = M_{\mathrm{cs}} + M_{\mathrm{y}} + M_{\mathrm{f}} + M_{\mathrm{wh}} + M_{\mathrm{s}} \qquad (8\text{-}101)$$

式中，M_{cs} 为受热面初始投资费用，元；M_{y} 为运行费用，元；M_{f} 为辅机费用，元；M_{wh} 为维护费用，元；M_{s} 为进入系统的上级水蒸气的生产费用，元。

受热面的输出产品即水蒸气（水）的收益为 M_{out}。由于进行受热面优化时的受热面烟气条件和汽水条件是已知不变的，因此受热面的产品收益 M_{out} 和上级受热面水蒸气的生产费用 M_{s} 不变，假定受热面的结构改变对辅机费用 M_{f}、维护费用 M_{wh} 的影响可以忽略，即 M_{cs}、M_{y} 是共同决定受热面优化优劣的指标，定义 G 为受热面的年度化费用，并作为几何参数优化的目标函数：

$$G = M_{cs} + M_y \qquad (8\text{-}102)$$

其中，

$$M_{cs} = [G_{gc}C_{gc} - G_{cz}C_{cz} \cdot \text{PWF}(i,n)] \cdot \text{CRF}(i,n) \qquad (8\text{-}103)$$

式中 G_{gc} 为初始投资折合年度化费用，元；G_{cz} 为钢材残值折合年度化价值，元；C_{gc} 为钢材的价格，元/t；C_{cz} 为 n 年后残值的价格，元/t。

$$M_y = 1.1 \cdot \frac{\rho g q_v (\Delta p_{gn} + \Delta H)}{1000 \eta_b} \cdot 24 \cdot 330 + \frac{\Delta p_{gw}}{\Delta p_z} \cdot p_{fj} \cdot 24 \cdot 330 \qquad (8\text{-}104)$$

根据热力计算公式可以求出管内蒸汽阻力 Δp_{gn}、Δp_{gw}。

3. 决策变量及约束条件

影响目标函数的主要受热面参数有翅片管基管外径、基管壁厚、翅片厚度、翅片间距、翅片高度、锯齿深度、横向管间距、纵向管间距、布置方式（顺排或叉排）、烟气与工作相对流动方式（顺流或逆流）等。由于受热面的参数过于复杂，需进行必要的简化：受锯齿形螺旋翅片管的生产及加工所限，翅片厚度变化幅度较小，本节的翅片厚度选定为 $\delta_f = 1.5\text{mm}$，锅炉设计的基管壁厚根据压力级有相关的设计要求，不作为优化变量，设定横向管间距等于纵向管间距，即 $S = S_1 + S_2$，为了强化传热，选择布置方式为叉排布置，烟气与工质的相对流动方式为逆流，最终决策变量为基管外径 d_0、翅片高度 h_f、锯齿深度 s_f 和管间距 S。

受热面几何参数优化的主要约束条件如下。

烟气流速约束：

$$w_y = f_1(a,b,v_y,t_y,\rho_y,d_0,h_f,S) \qquad (8\text{-}105)$$

工质流速约束：

$$w_g = f_2(D_l,D_h,t_g,p_g,c_g,z_1,d_0,\delta) \qquad (8\text{-}106)$$

管间距约束：S；

基管外径约束：d_0。

式中，a 为烟道内壁横向宽度，m；b 为烟道内壁横向长度，m；v_y 为烟气流量，m^3/s；t_y 为烟气温度，℃；ρ_y 为烟气密度，kg/m^3；d_0 为基管外径，m；h_f 为翅片高度，m；S 为管间距，m；D_l 为低压蒸发量，kg/s；D_h 为高压蒸发量，kg/s；t_g 为管内工质平均温度，℃；c_g 为管内工质平均比容，m^3/kg；z_1 为横向管排数；d_0 为基管外径，m；δ 为基管壁厚，m。

对锅炉的蒸汽参数高压蒸汽温度 T_h、高压蒸汽压力 P_h、低压蒸汽温度 T_l、低压蒸汽压力 P_l 进行热经济学优化。蒸汽参数热经济学优化主要考虑的指标有锅炉出口蒸汽发电年度化收益、鼓风机年度化费用、各级循环泵年度化费用。通过热力计算可以得出不同锅炉出口蒸汽参数下各级受热面的换热量、受热面大小等参数，通过热力计算结果计算并得出最终的热经济学参数并进行优化计算。

8.3.3　蒸汽参数优化模型的建立

1. 蒸汽参数热经济学优化目标函数

锅炉的现金平衡方程为

$$\sum M_{out} - \sum M_{in} = PL \tag{8-107}$$

式中，$\sum M_{out}$ 为输出系统现金之和，元；$\sum M_{in}$ 为输入系统现金之和，元；PL 为锅炉的总收益，元。

锅炉输出系统的现金之和，即锅炉输出产品的收益。对于本余热锅炉，出口蒸汽用于发电，因此，出口蒸汽的估算发电量的收益作为锅炉的收益。这涉及电价。一般情况下，电厂生产的电并入电网，得到的收益为国家电网支付的电价，而对于钢厂，因为其自发电不能满足生产用电需求，其自发电一般不会并入电网，故不能按照国家电网支付的电价计算，而应按照钢厂用电的电价进行计算。

我国的大型工业企业用电一般采取协商定价的方式，电价计算包含峰、谷、平，且各地区电价也存在差异，按照总用电量不同取不同系数最终确定电单价。令余热锅炉每年连续运行 330 天，则发电收益为

$$\sum M_{out} = 1000 \times 24 \times 330 \cdot C_d P \tag{8-108}$$

式中，C_d 为电单价，元/(kW·h)；P 为发电功率，MW。

输入锅炉系统的投入计算公式如下：

$$\sum M_{in} = M_{cs} + M_y + M_{wh} + M_q \tag{8-109}$$

式中，M_{cs} 为初始投资费用，元；M_y 为运行费用，元；M_{wh} 为维护费用，元；M_q 为汽轮机费用，元。

对模型进行适当简化，忽略蒸汽参数变化对维护费用、汽轮机费用的影响，即影响方案优劣的主要指标为锅炉初始投资费用、运行费用。

定义 G 为锅炉年度化收益，并作为目标函数：

$$G = M_{out} - (M_{cs} + M_y) \tag{8-110}$$

锅炉的运行年度化费用计算公式如下：

$$M_y = F_{fj} + F_b \tag{8-111}$$

式中，F_{fj} 为风机年度化费用；F_b 为循环泵（给水泵）年度化费用。

2. 决策变量及约束条件

锅炉蒸汽参数优化的决策变量为高压蒸汽温度 T_h、高压蒸汽压力 P_h、低压蒸汽温度 T_l、低压蒸汽压力 P_l。

蒸汽参数热经济学优化的主要约束条件如下。

烟气流速约束：

$$w_{yi} = f_1(a, b, v_y, t_{yi}, \rho_{yi}, d_{0i}, h_{fi}, S_i) \qquad (8\text{-}112)$$

管内工质流速约束：

$$w_{gi} = f_2(D_l, D_h, t_{gi}, p_{gi}, c_{gi}, z_{1i}, d_{0i}, \delta_i) \qquad (8\text{-}113)$$

低压蒸汽温度约束：T_l；

高压蒸汽温度约束：T_h。

式中，w_{yi} 为第 i 个受热面烟气流速，m/s；w_{gi} 为第 i 个受热面工质流速，m/s；a 为烟道内壁横向宽度，m/s；b 为烟道内壁横向长度，m；v_y 为烟气流量，kg/s；t_{yi} 为烟气温度，℃；ρ_{yi} 为烟气密度，kg/m³；d_{0i} 为基管外径，m；h_{fi} 为翅片高度，m；S_i 为管间距，m；D_l 为低压蒸发量，kg/s；D_h 为高压蒸发量，kg/s；t_{gi} 为管内工质平均温度，℃；c_{gi} 为管内工质平均比容，m³/kg；z_{1i} 为横向管排数；d_{0i} 为基管外径，m；δ_i 为基管壁厚，m。

3. 风机年度化费用

余热锅炉利用的热量来源于锅炉进口的热载体，因此没有燃烧装置，所以不需要送风设备，只需考虑锅炉的烟气系统。通过烟气阻力计算可以得出风机的参数。

余热锅炉的阻力计算通常包含三部分，分别是摩擦阻力、局部阻力和烟气横向冲刷管束阻力。

摩擦阻力：摩擦阻力分两部分，一部分是气体在烟道的流动过程中，烟气和烟道壁面因气体黏性而形成的阻力，另一部分是烟气纵向冲刷管束而形成的阻力。

局部阻力：局部阻力指烟气在烟道流通中，因烟道形状、大小、方向等改变而使烟气动能耗散形成的阻力。

烟气横向冲刷管束阻力：指烟气横掠管束形成的阻力。

上述三项阻力之和即为烟气的总阻力：

$$\Delta P = \Delta P_1 + \Delta P_2 + \Delta P_3 \qquad (8\text{-}114)$$

式中，ΔP 为烟气流动的总阻力，kg/m²；ΔP_1 为烟气的摩擦阻力，kg/m²；ΔP_2 为烟气的局部阻力，kg/m²；ΔP_3 为烟气横向冲刷管束的阻力，kg/m²。

对于烟气横向冲刷管束的阻力 ΔP_3 的计算,按照8.3.2节提及的方法进行计算,对于 ΔP_1、ΔP_2 的计算,按照下列通式计算:

$$\Delta P = \xi \frac{V^2}{g} \tag{8-115}$$

式中,ξ 为各类流动阻力系数,其他参数的计算规定如下:

(1)锅炉进行烟气阻力计算所需的数据,包括热载体的流量、温度、烟道结构参数及受热面的布置情况。热载体的状态参数选取,按热载体进出受热面的温度的算术平均值进行计算。

(2)气体密度按下式计算:

$$\rho = \rho_0 \frac{273}{273 + t} \tag{8-116}$$

式中,ρ_0 为标准大气压 0℃时的气体密度,kg/m³,对于烟气,取值为 1.34kg/m³;t 为气体计算温度,℃。

干气体的密度按下式计算:

$$\rho_g = 0.01[1.96V_{CO_2} + 1.52V_{H_2S} + 1.25V_{N_2} + 1.43V_{O_2} + 1.25V_{CO} + 0.899V_{H_2}$$
$$+ \sum(0.053m + 0.042n)V_{C_mH_n}]$$

烟气密度:

$$\rho_y^0 = \frac{\rho_g + \dfrac{d}{1000} + 1.306\alpha V_0}{V_y} \tag{8-117}$$

式中,ρ_g 为干气体密度,kg/m³;d 为 1m³ 干气体燃料湿度,g/m³;V_0 为燃烧 1kg 燃料所需烟气量,m³/kg;V_y 为烟道的烟气量,m³/kg;α 为烟道的过量空气系数。

沿程摩擦阻力是指气体在流体截面不变的直通道中流动阻力,摩擦阻力按下式计算:

$$\Delta P_1 = \lambda \frac{l}{d_d} \frac{v^2}{2g} \rho(kg/m^3) \tag{8-118}$$

式中,d_d 为通道的当量直径;λ 为摩擦阻力系数;l 为通道的计算长度;v 为烟气在通道内的计算流速;g 为重力加速度,$g = 9.81m/s^2$。

采用的矩形烟道当量直径的计算公式如下:

$$d_d = \frac{4F}{U} = \frac{4\left(ab - Z\dfrac{\pi}{4}d_w^2\right)}{2(a+b) + Z\pi d_w} \tag{8-119}$$

式中,Z 为烟道中的管排数;d_w 为管子外径。

摩擦阻力系数的数值取决于通道壁面的相对粗糙度(即 K/d_d,K 为壁面的绝对粗糙度)和烟气雷诺数。对于砖砌烟道,$K = 0.6 \sim 0.8$。

$$\lambda = 0.1 \left[1.46 \frac{K}{d_{\mathrm{d}}} + \frac{100}{Re} \right]^{0.25} \tag{8-120}$$

由通道断面形状改变而引起的局部阻力按下式计算：

$$\Delta P_2 = \xi \frac{v^2}{2g\rho} \tag{8-121}$$

对于本锅炉系统，主要为进出口断面形状改变引起的局部阻力，通过查表得到，进口 $\xi_1 = 0.1$，出风口 $\xi_2 = 0.3$。

送风机、引风机的比转数可按下式计算：

$$n_{\mathrm{s}} = 0.092n \frac{Q^{0.5}}{\left(\frac{1.2}{\rho} p \right)^{0.75}} \tag{8-122}$$

式中，n_{s} 为风机转数，r/min；Q 为风机设计流量，m³/h；ρ 为工作介质的密度，kg/m³；p 为风机设计压头，Pa。

风机设计计算流量按下式计算：

$$Q_j = \beta_1 \frac{V}{Z} \frac{1.01325 \times 10^5}{b_0 + \beta_2 H'} (\mathrm{m}^3 / \mathrm{h}) \tag{8-123}$$

式中，V 为锅炉额定负荷下介质流量；Z 为并列运行风机台数；b_0 为当地海拔的大气压强，Pa；H' 为风机入口截面处负压，Pa；β_1，β_2 为风机风量和压头的裕量系数。

风机设计计算的全压降，由下式计算

$$H_j = \beta_2' \Delta H \tag{8-124}$$

式中，ΔH 为风机全压，Pa；β_2' 为将计算全压降修正为生产的介质设计状态的修正系数。

$$\beta_2' = \frac{1.293}{\rho_0} \frac{273+t}{273+t_{\mathrm{k}}} \frac{1.01325 \times 10^5}{b_0 + \beta_2 H'} \tag{8-125}$$

式中，ρ_0 为输送介质在标准状态下的密度，kg/m³；t 为风机入口介质温度，℃；t_{k} 为风机生产厂设计取用的入口介质温度，即编制风机特性曲线的介质温度，℃；H' 为风机入口静压。

风机的功率，按下式进行计算：

$$N = \frac{Q_j H_j \varphi}{3600 g \eta} (\mathrm{kW}) \tag{8-126}$$

式中，Q_j 为风机的设计计算流量，m³/h；H_j 为风机设计计算全压，Pa；g 为重力加速度，m/s²；η 为风机效率，%；φ 为风机中介质压缩系数，即 $\varphi = 1 - 0.36 \frac{H_j}{H'}$。

引风机、送风机的年度化费用为

$$F_{fj} = (N_1 + N_2)C_d \times 24 \times 330 \qquad (8\text{-}127)$$

4. 循环泵（给水泵）年度化费用

本系统的循环泵包括低压给水泵、低压循环泵、高压给水泵和高压循环泵，循环泵的年度化费用为

$$F_b = 24 \times 330 \times C_d (N_{lg} + N_{lx} + N_{hg} + N_{hx}) \qquad (8\text{-}128)$$

式中，C_d 为单位耗电量价格，元/(kW·h)；N_{lg} 为低压给水泵耗电功率，kW；N_{lx} 为低压循环泵耗电功率，kW；N_{hg} 为高压给水泵耗电功率，kW；N_{hx} 为高压循环泵耗电功率，kW。

低压给水泵的功率计算公式为

$$N_{lg} = (D_l + D_h)C_{ls}\Delta P_{ls} / \eta_{lg} \qquad (8\text{-}129)$$

式中，D_l 为低压蒸发量，kg/s；D_h 为高压蒸发量，kg/s；C_{ls} 为低压省煤器内工质平均比容，m^3/kg；ΔP_{ls} 为低压省煤器内工质流阻，kPa；η_{lg} 为低压给水泵效率。

低压循环泵的功率按下式进行计算：

$$N_{lx} = D_l(C_{lz}K_{lz}\Delta P_{lz} + C_{lg}\Delta P_{lg}) / \eta_{lx} \qquad (8\text{-}130)$$

式中，C_{lz} 为低压蒸发器内工质平均比容，m^3/kg；C_{lg} 为低压过热器内工质平均比容，m^3/kg；K_{lz} 为低压蒸发器工质循环倍率；ΔP_{lz} 为低压蒸发器内工质流阻，kPa；ΔP_{lg} 为低压过热器内工质流阻，kPa；η_{lx} 为低压循环泵效率。

高压给水泵的功率按下式进行计算：

$$N_{hg} = D_h C_{hs}\Delta P_{hs} / \eta_{hg} \qquad (8\text{-}131)$$

式中，C_{hs} 为高压省煤器内工质平均比容，m^3/kg；ΔP_{hs} 为高压省煤器内工质流阻，kPa；η_{hg} 为高压给水泵效率。

高压循环泵的功率按下式进行计算：

$$N_{hx} = D_h(C_{hz}K_{hz}\Delta P_{hz} + C_{hg}\Delta P_{hg}) / \eta_{hx} \qquad (8\text{-}132)$$

式中，C_{hz} 为高压蒸发器内工质平均比容，m^3/kg；C_{hg} 为高压过热器内工质平均比容，m^3/kg；K_{hz} 为高压蒸发器工质循环倍率；ΔP_{hz} 为高压蒸发器内工质流阻，kPa；ΔP_{hg} 为高压过热器内工质流阻，kPa；η_{hx} 为高压循环泵效率。

5. 初始投资费用

一般把固定资产的投资分成三项来计算，第一项是设备的固定资产的投资，第二项是建筑物和构筑物等设施的投资，第三项是其他项目的投资，其他项目的投资包括土地占用费、工程设计费、建设单位的管理费等，这些费用不能完全转化为固定资产。在这三项投资中，设备投资必须是重点，因为其他两项在实际工程中难以计算，一般根据经验按照设备投资比例估算。

锅炉本体购置投资按照钢材价值进行估算：

$$I_e = (1+\zeta_e)G_{gc} \tag{8-133}$$

式中，I_e 为锅炉本体购置投资，元；ζ_e 为设备运输及安装系数，根据经验取 0.43。

建筑物与构筑物的投资 I_b，在估算时，按照它所占设备投资的比例进行估算，即

$$I_b = \zeta_b I_e \tag{8-134}$$

式中，I_b 为建筑物与构筑物的投资，元；ζ_b 为建筑物与构筑物经验系数，一般取值为 0.6～1。

其他费用 I_r 的估算与建筑物和构筑物相同，按照设备投资乘以经验系数，即

$$I_r = \zeta_r I_e \tag{8-135}$$

式中，I_r 为其他费用，元；ζ_r 为其他费用经验系数。

于是，初始投资为

$$M_t = I_e + I_b + I_r = (1+\zeta_b+\zeta_r)I_e \tag{8-136}$$

若余热锅炉的使用寿命是 L 年，L 年后的设备残值为 I_L，则设备的初始投资年度化费用 M_{cs} 为

$$M_{cs} = [M_t - I_L PWF(i,L)]CRF(i,L) \tag{8-137}$$

8.3.4　优化模型的求解方法

锅炉的内部传热、流动等计算公式众多，各参数相互影响、相互制约，影响规律复杂，且呈现非线性关系，解决如此复杂的优化问题，传统的优化算法很难胜任。遗传算法（也称遗传优化算法）是一种进化算法，可以很好地解决非线性、多模型、多目标的函数优化问题，由于遗传算法具有搜索能力强、鲁棒性好等优点，近年来多位学者利用其进行锅炉设计、优化方面的研究，因此采用遗传算法作为实现锅炉参数优化的工具，并利用 MATLAB 程序中的遗传算法工具箱实现优化计算。

1. 遗传算法概述

遗传算法在很多领域有广泛的应用，如生产调度、自动控制、机器人学习、图像处理等。遗传算法的基本原理与生物的遗传和自然选择类似，是一种仿生随机方法。遗传算法的初始种群是进行优化计算的一个可能解，由一定数目的个体组成，这些个体都经过了基因编码，决定每个个体遗传特性的参数是染色体。染色体是决定个体特性的遗传物质，由基因组成，个体的基因型决定了个体的表现型，即个体的外部表现。

遗传算法的第一步是将表现型进行编码，得到个体的基因型，这个过程比基

因的编码过程简单，一般进行二进制编码，并形成初代种群。初代种群仿照生物界优胜劣汰的方式对种群进行进化，逐渐产生不断优化的近似解。

种群演进过程中，决定个体是否能够进化的标准是个体的适应度，挑选出优势个体后，对其进行组合、交叉和变异，形成新的种群。

遗传算法的优化过程类似自然进化，种群不断演化并逐渐适应环境，优化的末代种群经过解码成为问题的近似最优解。遗传算法包括三个基本操作：选择、交叉和变异，这些基本操作又有许多不同方法。钟崴、吴燕玲利用遗传算法对锅炉受热面进行优化计算，采用均匀交叉与算术交叉相结合的交叉操作的方法，促进遗传算法向全局最优方向发展，结果表明，该方法适用于锅炉对流受热面结构优化设计，能够有效提高设计质量。

2. 遗传算法工具箱

优化计算在实际中有广泛的应用，MATLAB 提供了强大的优化工具箱（optimization toolbox，也称最优化工具箱），不仅包括进行优化计算的强大函数，而且还带有一个非常便于使用的 GUI 形式的优化工具。

MATLAB 的优化工具箱提供了大量的优化方面的函数，使用这些函数及最优化求解器可以寻找连续与离散优化问题的解决方案、执行折中分析，以及将优化的方法结合到算法和应用程序中。

遗传算法工具箱计算界面如图 8-6 所示。

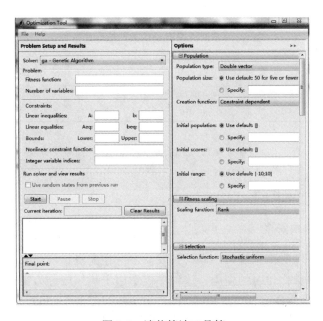

图 8-6　遗传算法工具箱

图 8-6 的左侧为优化问题的描述及计算结果展示（Problem Setup and Results），右边为优化选项的设置（Options），最右边还有帮助界面（Quick Reference），为了界面简洁已隐藏。

在 Problem 选项中的 Fitness function 中输入优化计算的函数名称@name，此函数包含了热力计算过程、各个热经济学计算过程以及约束条件等优化计算内容，是进行优化工作的重要内容；Number of variables 是优化变量的数目；Linear inequalities 为线性不等式约束条件，其中 A 代表约束系数矩阵，b 代表约束向量；Linear equalities 为线性等式约束，其中 Aeq 代表约束系数矩阵，beq 代表约束向量；Bounds 为自变量的上下界约束，即限定优化过程中自变量的变化范围；Nonlinear constraint function 为非线性约束函数，在选项框里输入函数为@nonlcon 的文件名并对 nonlcon 文件进行编辑来实现此功能。Run solver and view results 框组用于显示求解过程和结果。

对于不同的优化问题类型，此版块可能不同，这是因为各个求解函数需要的参数个数不一样，如 fminunc 函数没有 constrains 框组。

本章实现优化计算的主要工作是将锅炉的热力计算和热经济学计算过程编写成 MATLAB 的 Fitness function 函数。

8.4　基于某竖罐余热锅炉的案例分析

根据某钢厂 360m² 烧结机的烧结矿产量，按年产 390 万 t 计算，利用数值模拟给定指定工况热风条件，如表 8-5 所示。

表 8-5　不同工况下锅炉入口热载体条件

工况	热空气流量/(m³/h)	热空气温度/K
工况 1	45.216	805
工况 2	47.477	784
工况 3	48.610	773

在以上工况中，以工况 1 为例对余热锅炉的热工参数进行优化研究。

8.4.1　计算程序的编制

1. 程序的应用对象

该计算程序针对本系统余热锅炉开发，参考相关资料，选取尽量大的参数范围以方便后续参数优化时的使用。该程序仅适用于热风成分为空气，热风温度在 800℃以下，主蒸汽压强在 1.5～11MPa，主蒸汽温度低于 600℃，辅助蒸汽压强在 0.2～0.8MPa，固定双压结构形式翅片管余热锅炉。

2. 计算过程的代码编写

使用赋值语句将输入数据赋给指定变量，再根据具体需求，进行求值状态参数的读取或将变量代入指定公式进行计算。

在锅炉计算中，很多系数或状态参数的选取都需要查图查表，数据量大。为使计算过程方便快捷，对所涉及图表建立数据库，当需要时以插值的方式对所需数据进行读取。

在整个锅炉计算过程中，会出现很多关键设计参数，如余热锅炉保热系数、锅炉总体结构尺寸（长、宽等）、管间距等，这些系数大都靠相关人员的经验获得，一般都在一定范围内选取，没有固定的公式或图表可供参考。因此，本软件在计算过程中，关键设计参数的选取是由用户根据具体情况在给定的界面输入的。

程序在运行过程中，有些参数需要用户手动输入。如果所输入的参数有不合理的地方，计算也会出现问题，如高压蒸汽温度比入口热载体温度更高等情况。另外，大多计算有特定的顺序，如未进行热平衡计算，是不能进行"高压过热器"等其他换热面计算的。如果操作不当，都会造成计算结果不合理。为防止类似情况发生，在所开发程序中加入保护功能，即当出现不合理操作时，通过对话框的方式及时反馈给用户，直到用户进行正确操作。

源程序共 28000 多字，8400 多行。由于计算程序的代码较长，具体程序代码不在书中给出。

3. 程序的计算过程与操作界面

程序主界面如图 8-7 所示。界面由标签、框架、命令按钮、文本框等控件构成。其中，标签是用来标记位置信息和单位的，文本框用于输入参数或显示计算参数，命令按钮用来开始热力计算。同组数据放置在同一框架中，并以不同颜色显示，以便区分。

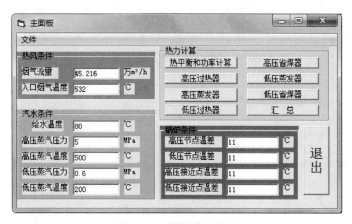

图 8-7　计算程序主界面

将所需要输入的数据输入完全后，首先进行热平衡计算。点击"热平衡和功率计算"，如有数据遗漏或数据不合理的地方，会弹出相应提示框。例如，当高压蒸汽温度输入过高时，会弹出相应的提示框，如图8-8所示。点击"确定"后返回主面板，可更改数据至合理范围后，重新点击。如果没有输入或操作不合理的地方，点击"热平衡和功率计算"按钮后，会弹出热平衡计算界面，如图8-9所示。

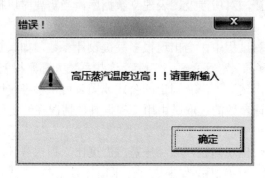

图 8-8　高压蒸汽温度输入过高提示框

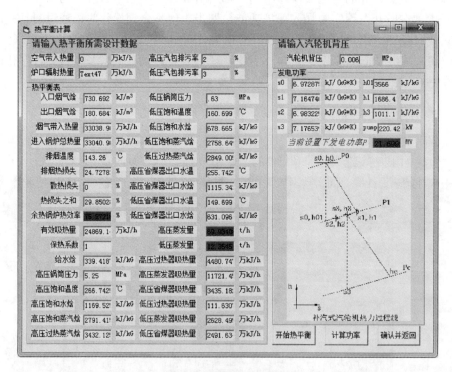

图 8-9　热平衡计算界面

输入必要数据后，点击"开始热平衡"按钮，可将所需数据计算完全，并显示在面板的文本框中。如需查看发电功率，只需输入汽轮机背压，然后点击"计算功率"按钮，即可显示估算发电净功率。

热平衡计算的过程框图如图 8-10 所示。

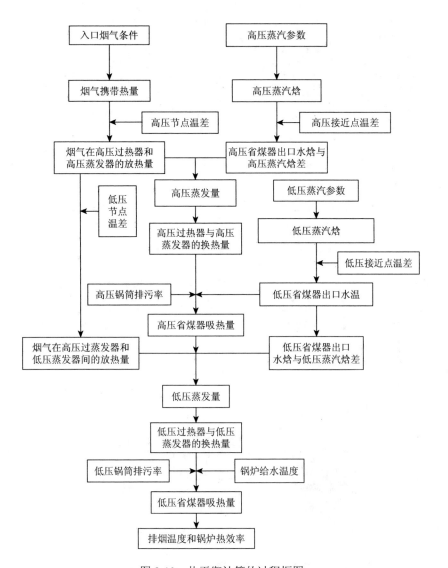

图 8-10　热平衡计算的过程框图

点击"确认并返回"按钮，可返回到程序主界面。此时，可点击"高压过热器"按钮，将弹出"高压过热器热力计算"界面，如图 8-11 所示。对高压过热器换热单元进行热力计算，同时对其结构尺寸进行设计。

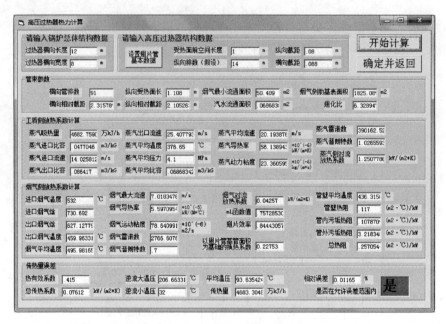

图 8-11　高压过热器热力计算界面

　　在进行高压过热器热力计算之前，需首先对高压过热器翅片管的结构数据进行设定。点击"设置翅片管基本数据"，将弹出图 8-12 所示的界面，在此可以设置翅片管结构数据。完成数据输入后，点击"设置高压过热器管型"即可确定高压过热器管型。按照类似的方法还可以设置其他换热单元的翅片管型号，还可查看所设置翅片管的相应数据。

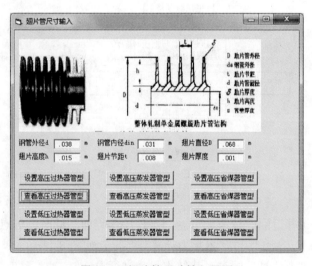

图 8-12　翅片管尺寸输入界面

　　设置好相应的数据后，点击"开始计算"按钮，程序便会按照设计人员所输入的数据对传热量进行计算。按照相关标准要求，由用户所设置的数据算得的传热量与热平衡传热量误差不能大于 2%。为方便用户判断，此处使用颜色对其进行区分。当传热量误差大于 2%时，文本框"是否在允许误差范围内"显示"否"，且其背景以红色显示。此时，用户需要根据传热误差对设计数据进行调整。当误差偏大时，应将"纵向排数"调小或者将"横向截距"调大，然后再进行计算，直到所设置的数据符合传热量的要求为止。当传热量在 2%范围内时，文本框"是否在允许误差范围内"显示"是"，且其背景以绿色显示。计算完成后，点击"确认并返回"按钮，将跳回到程序的主界面。

　　其程序计算过程框图如图 8-13 所示。

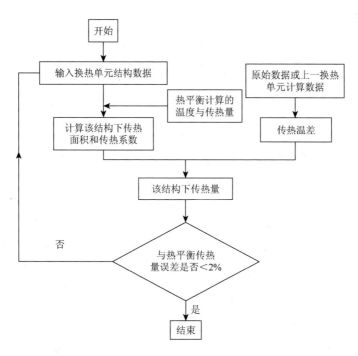

图 8-13　高压过热器热力计算过程框图

　　按照高压过热器的计算过程，可依次点击"高压蒸发器"、"低压过热器"、"高压省煤器"、"低压蒸发器"和"低压省煤器"按钮，在相应的界面中对换热单元的结构和换热量进行设计。其计算界面如图 8-14～图 8-19 所示。

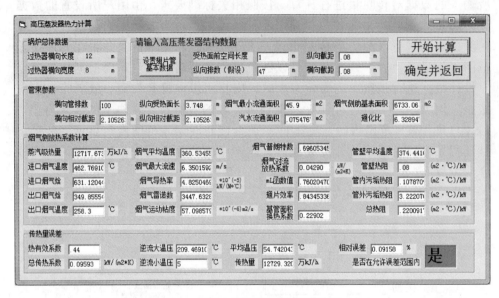

图 8-14 高压蒸发器热力计算界面

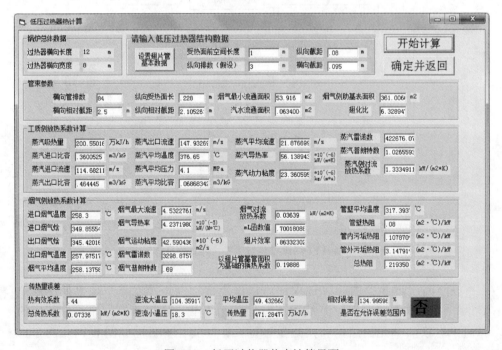

图 8-15 低压过热器热力计算界面

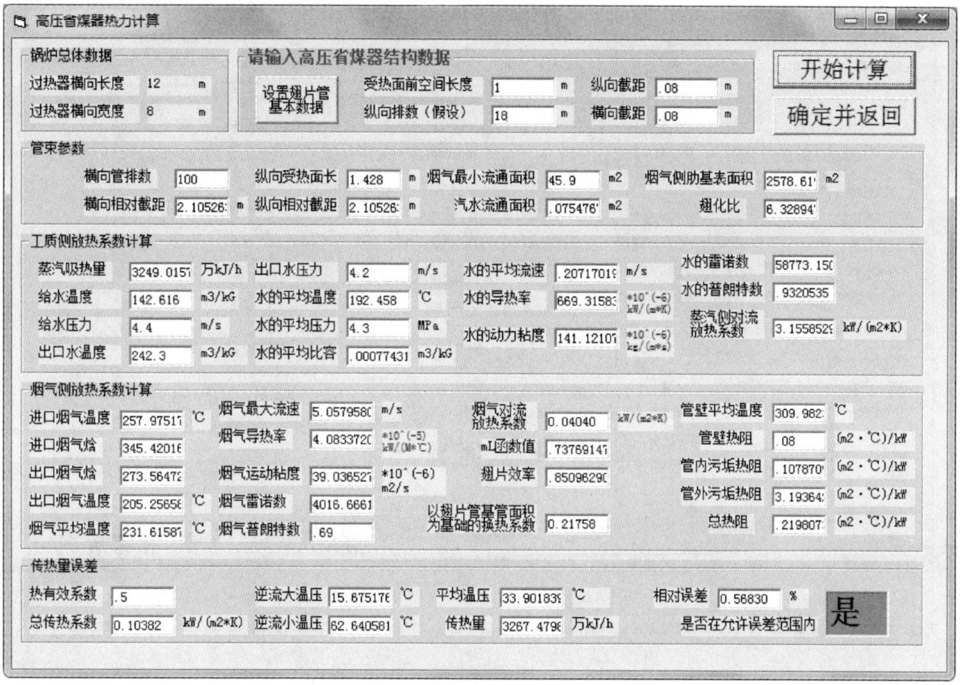

高压省煤器热力计算

请输入高压省煤器结构数据

开始计算

确定并返回

锅炉总体数据
过热器横向长度 12 m
过热器横向宽度 8 m

设置翅片管基本数据

受热面前空间长度 1 m　纵向截距 .08 m
纵向排数（假设）18 m　横向截距 .08 m

管束参数
横向管排数 100　纵向受热面长 1.428 m　烟气最小流通面积 45.9 m2　烟气侧肋基表面积 2578.61 m2
横向相对截距 2.10526 m　纵向相对截距 2.10526 m　汽水流通面积 .075476 m2　翅化比 6.32894

工质侧放热系数计算
蒸汽吸热量 3249.0157 万kJ/h　出口水压力 4.2 m/s　水的平均流速 .20717019 m/s　水的雷诺数 58773.150
给水温度 142.616 m3/kG　水的平均温度 192.458 ℃　水的导热率 669.31583 *10^(-6) kW/(m*K)　水的普朗特数 .9320535
给水压力 4.4 m/s　水的平均压力 4.3 MPa　水的动力粘度 141.1210 *10^(-6) kg/(m*s)　蒸汽侧对流放热系数 3.1558529 kW/(m2*K)
出口水温度 242.3 m3/kG　水的平均比容 .00077431 m3/s

烟气侧放热系数计算
进口烟气温度 257.97517 ℃　烟气最大流速 5.057958C m/s　烟气对流放热系数 0.04040 kW/(m2*K)　管壁平均温度 309.982 ℃
进口烟气焓 345.42018　烟气导热率 4.0833720 *10^(-5) kW/(M*℃)　mL函数值 .73769147　管壁热阻 08 (m2·℃)/kW
出口烟气焓 273.56472　烟气运动粘度 39.03652 *10^(-6) m2/s　翅片效率 .85096290　管内污垢热阻 .107870 (m2·℃)/kW
出口烟气温度 205.25656 ℃　烟气雷诺数 4016.6661　以翅片管基管面积为基础的换热系数 0.21758　管外污垢热阻 3.19364 (m2·℃)/kW
烟气平均温度 231.61587 ℃　烟气普朗特数 .69　　总热阻 .219807 (m2·℃)/kW

传热量误差
热有效系数 .5　逆流大温压 15.675176 ℃　平均温压 33.901839 ℃　相对误差 0.56830 %
总传热系数 0.10382 kW/(m2*K)　逆流小温压 62.640581 ℃　传热量 3267.4798 万kJ/h　是否在允许误差范围内 **是**

图 8-16　高压省煤器热力计算界面

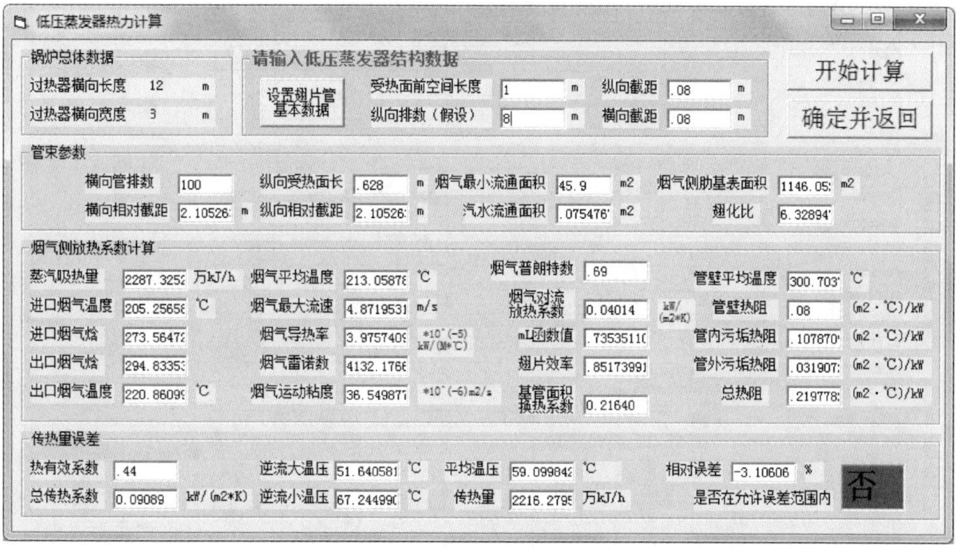

低压蒸发器热力计算

请输入低压蒸发器结构数据

开始计算

确定并返回

锅炉总体数据
过热器横向长度 12 m
过热器横向宽度 3 m

设置翅片管基本数据

受热面前空间长度 1 m　纵向截距 .08 m
纵向排数（假设）8 m　横向截距 .08 m

管束参数
横向管排数 100　纵向受热面长 .628 m　烟气最小流通面积 45.9 m2　烟气侧肋基表面积 1146.05 m2
横向相对截距 2.10526 m　纵向相对截距 2.10526 m　汽水流通面积 .075476 m2　翅化比 6.32894

烟气侧放热系数计算
蒸汽吸热量 2287.3252 万kJ/h　烟气平均温度 213.05878 ℃　烟气普朗特数 .69　管壁平均温度 300.703 ℃
进口烟气温度 205.25656 ℃　烟气最大流速 4.8719531 m/s　烟气对流放热系数 0.04014 kW/(m2*K)　管壁热阻 .08 (m2·℃)/kW
进口烟气焓 273.56472　烟气导热率 3.9757409 *10^(-5) kW/(M*℃)　mL函数值 .73535110　管内污垢热阻 .107870 (m2·℃)/kW
出口烟气焓 294.83353　烟气雷诺数 4132.1768　翅片效率 .85173991　管外污垢热阻 .031907 (m2·℃)/kW
出口烟气温度 220.86099 ℃　烟气运动粘度 36.549877 *10^(-6) m2/s　基管面积换热系数 0.21640　总热阻 .219778 (m2·℃)/kW

传热量误差
热有效系数 .44　逆流大温压 51.640581 ℃　平均温压 59.099842 ℃　相对误差 -3.10606 %
总传热系数 0.09089 kW/(m2*K)　逆流小温压 67.244990 ℃　传热量 2216.2799 万kJ/h　是否在允许误差范围内 **否**

图 8-17　低压蒸发器热力计算界面

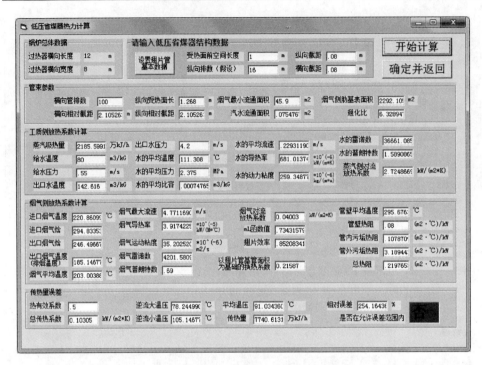

图 8-18　低压省煤器热力计算界面

图 8-19　热力计算汇总界面

8.4.2　热工参数优化

参照行业标准，选定的余热锅炉操作参数的变量初值如表 8-6 所示。

表 8-6　选定的变量初值和定值

项目	单位	数值	项目	单位	数值
高压蒸汽压强	MPa	5	高压蒸汽温度	℃	500
高压节点温差	℃	11	高压接近点温差	℃	11
低压蒸汽压强	MPa	0.6	低压蒸汽温度	℃	200
低压节点温差	℃	11	低压接近点温差	℃	11
高压锅筒排污率	%	2	低压锅筒排污率	%	3
给水温度	℃	80			

借助已编制好的余热锅炉热力计算程序，将余热锅炉操作参数的变量初值依次代入热力计算程序，按步骤分别进行热平衡计算和各换热器的结构计算，最终算得此时余热锅炉的关键参数，如表 8-7 所示。

表 8-7　初参数下余热锅炉性能表

项目	单位	数值	项目	单位	数值
高压蒸汽蒸发量	t/h	69.93	高压蒸发器横向排数	—	100
低压蒸汽蒸发量	t/h	12.35	高压蒸发器纵向排数	—	36
蒸汽携带总烟量	GJ/h	107.15	高压蒸发器传热面积	m^2	5157.23
余热锅炉排烟温度	℃	135	高压蒸发器传热误差	%	−1.87
余热锅炉热效率	%	75.27	高压省煤器横向截距	m	0.08
设计余热锅炉总长	m	12	高压省煤器纵向截距	m	0.08
设计余热锅炉总宽	m	8	高压省煤器横向排数	—	100
高压过热器横向截距	m	0.08	高压省煤器纵向排数	—	16
高压过热器纵向截距	m	0.08	高压省煤器传热面积	m^2	2292.10
高压过热器横向排数	—	100	高压省煤器传热误差	%	0.89
高压过热器纵向排数	—	12	低压过热器横向截距	m	0.22
高压过热器传热面积	m^2	1719.07	低压过热器纵向截距	m	0.08
高压过热器传热误差	%	−1.40	低压过热器横向排数	—	36
高压蒸发器横向截距	m	0.08	低压过热器纵向排数	—	1
高压蒸发器纵向截距	m	0.08	低压过热器传热面积	m^2	51.57

项目	单位	数值	项目	单位	数值
低压过热器传热误差	%	1.08	低压省煤器横向截距	m	0.082
低压蒸发器横向截距	m	0.083	低压省煤器纵向截距	m	0.08
低压蒸发器纵向截距	m	0.08	低压省煤器横向排数	—	98
低压蒸发器横向排数	—	96	低压省煤器纵向排数	—	5
低压蒸发器纵向排数	—	9	低压省煤器传热面积	m^2	701.96
低压蒸发器传热面积	m^2	1237.73	低压省煤器传热误差	%	0.77
低压蒸发器传热误差	%	−0.73	余热锅炉总传热面积	m^2	11159.69

按公式算得余热锅炉的经济性指标，如表 8-8 所示。

表 8-8　初参数下余热锅炉的经济性指标

项目	单位	数值
C_0	元	25319380
CRF	—	0.0802
F_Y	元	2044634.98
烟单价	元/GJ	2.409

将之前提到的热力计算过程及热经济学计算过程编写成 MATLAB 程序，由锅炉的出口蒸汽参数可以得出锅炉的各种年度化费用及锅炉的各种热力学参数，利用 MATLAB 遗传算法工具箱进行优化，优化的目标函数、约束条件、决策变量等在 8.3.2 节进行了详细说明，最终得出最优的出口蒸汽参数及锅炉的年度化综合收益。

最终得出的优化结果如表 8-9 所示。

表 8-9　优化结果

高压蒸汽压强/MPa	高压蒸汽温度/℃	低压蒸汽压强/MPa	低压蒸汽温度/℃	发电功率/MW	年度化收益/万元
4.49	450	0.33	235	21.02	7925.2

第9章 烧结余热回收系统热力学分析

热力学分析在余热回收与利用的发展中起着重要的指引作用。本章首先介绍能量分析理论，然后详细介绍了系统热力学分析的焓分析法、㶲分析法以及能级分析法，并对各种能量分析方法的特点进行阐述，重点讲述㶲分析和能级分析的具体应用方法。

9.1 余热回收的热力学分析方法

9.1.1 能量分析理论

能量分析，简言之，就是应用能量传递和转换理论分析系统用能过程的合理性和有效性。用能的合理性指的是用能方式是否符合科学原理；用能的有效性是指用能的效果，即能量被有效利用的程度。通过能量分析，可以找出系统用能过程的薄弱环节，寻找节能的方法和途径。

热力学第一定律和热力学第二定律是能量分析的两大定律。在工程力学范围内，主要考虑的是热能与机械能之间的相互转换与守恒，热力学第一定律可表述为：热可以变为功，功也可变为热。一定量的热消失时必产生相应量的功；消耗一定量的功时必出现与之对应的一定量的热。热力学第一定律说明了不同形式的能量在转换时数量上的守恒关系，但是它没有区分不同形式的能量在质上的差别。

热力学第二定律是阐述与热现象相关的各种过程进行的方向、条件及限度的定律。有两种最基本的、广为应用的表达形式：热不可能自发地、不付代价地从低温物体传至高温物体；不可能制造出从单一热源吸热，使之全部转化为功而不留下其他任何变化的热力发动机。热力学第二定律指出了能量转换的方向性。

能源应用科学史上，先后形成了分别以热力学第一定律和热力学第二定律为基础的两种能量分析方法。焓分析法是建立在热力学第一定律的基础上的。㶲分析法和能级分析法主要是从热力学第二定律的角度来考虑的。

9.1.2 焓分析

焓分析是人们最早应用的，也是工程上应用最广的能量分析方法。它以热力学第一定律为基础，以热效率为评价准则。

　　焓分析的实质是能量守恒。对任何能量转换系统来说，能量守恒定律可写成下列简单的文字表达式：

$$〔输入能量〕- 〔输出能量〕= 〔储存能量的变化〕 \tag{9-1}$$

　　对于封闭系统，热力学第一定律的表达式为

$$Q = \delta E + W \tag{9-2}$$

式中，Q 为输入的热量（热量输出时，取负值）；W 为输出的功量（功量输入时，取负值）；δE 为存储能量的变化，包括宏观运动的动能、位能以及热力学能的变化，存储能量增加时取正值。

　　焓分析的步骤为：

　　(1) 根据能量系统的热力学模型，建立系统的能量平衡；

　　(2) 根据能量平衡计算热效率，用以评价用能系统的优劣；

　　(3) 计算各项热损失，找出热损失最大的薄弱环节和部位，从而确定节能潜力所在。

　　在很长的一段时间里，尤其是工业发展的初期，焓分析一直指导人类的能源利用并对工业的发展起了巨大的促进作用。在近一百多年的工业史上，工程师们采用以热力学第一定律为基础的焓分析理论和方法来解决能量系统设计、改进中的种种问题，取得了一些成果。随着工业的发展，能源利用方面出现了效率大提高的时期，在这一时期内各种不同动力装置或用能设备的效率大约提高了 5～10 倍。在能源的储量和产量甚为丰富的时代，焓分析在发挥巨大作用的同时，也隐藏了其不足之处。它只反映了能量的数量守恒关系，并未考虑能量在质的方面的区别，也就是把不同质的能量视为"等价"的。显然，这是与能量的实际效用不符合的。众所周知，量相同而质不同的能量，其实际效用是不同的，甚至可以有极大的差别。例如，1kg 压强为 1MPa，温度为 400℃的过热水蒸气，使其膨胀到压强 0.1MPa，理论上可做功 755kJ。若使水蒸气的能量传给水，尽管水得到的能量还是那么多，却不再具有做功能力。这就是说，水蒸气和水的能量虽然在数量上相同，但在质上有显著的差别。焓分析法在许多问题的分析方面显示了其不足之处，遇到了许多解释不了的情况。

　　随着生产规模和产值的成倍增长，廉价能源日益接近枯竭，如今尖锐的能源供需对节能提出了更高的要求。随着节能工作的深入，仅用以热力学第一定律为基础的焓分析来指导评价能量的利用已显得越来越不够了。

9.1.3　㶲分析

1. 基本概念

㶲指物质或物流由于其所处的状态与某一基准状态不平衡而具有的做功能

力。㶲是系统与环境相互作用的产物,是以给定环境为基准的相对量。当系统与环境处于热力不平衡时,或者说,当系统的状态不是处于环境状态时,都有可能含有㶲。㶲一般分为物理㶲和化学㶲。

当研究的系统不涉及化学反应和扩散的简单可压缩系统时,常常选取不完全平衡环境状态作为基准状态,此时系统所具有的㶲称为能量的物理㶲;当研究的系统涉及化学反应及扩散时,常取完全平衡状态作为基准状态,此时系统所具有的㶲是物理㶲和化学㶲的和,系统的能量的化学㶲是系统在 p_0、T_0 条件下对于完全平衡环境状态因化学不平衡所具有的㶲。

物理㶲分为机械㶲和热㶲。机械㶲是由力不平衡引起的,又称压力㶲,热㶲是由热不平衡引起的。化学㶲分为扩散㶲和反应㶲。由于某种或某些种物质的浓度不平衡,系统通过可逆的扩散过程,变化到非约束性死态的浓度时,系统对外做的最大有用功称为扩散㶲。由于组成物质的不平衡,系统由给定物质通过可逆化学反应,变化为环境的组成物质时,系统对外做的最大有用功称为系统的反应㶲。

2. 㶲分析步骤

㶲分析法是建立在热力学第一定律及热力学第二定律的基础上的。它确认了不同能量之间所具有的质的差别,并在分析中同时体现能的量和质的作用,具有科学性和准确性。自二十世纪五六十年代㶲概念被提出并被引入中国后,㶲分析法越来越多地用于我国的能量分析领域。

能量中可用的部分被称为㶲,不可用部分被称为㶲。在实际的能量转换过程中,一部分可用能将转换为不可用能,即㶲,所以㶲的收支是不平衡的,㶲减少的量称为㶲损失。通常所说的㶲平衡是指㶲与㶲损失之和保持平衡,也就是能量守恒。根据热力学第一定律,在不同的能量转化过程中,总㶲和总㶲(即总能量)应保持不变;根据热力学第二定律,总㶲只可能减少,最多保持不变。

㶲分析体现了不同能量的可转换性不同和其可利用性不相等,也就是它们的质量不同。当能量已无法转变成其他形式时,它就失去了利用价值。能量根据可转换性的不同,可以分为三类:

第一类,可以不受限制的、完全转换的能量,如电能、机械能、位能(水力等)、动能(风力等),称为高级能。从本质上说,高级能是完全有序运动的能量。它们在数量上和质量上是完全统一的。

第二类,具有部分转换能力的能量,如热能、物质的热力学能、焓等。它只能一部分转换为第一类有序运动的能量。即根据热力学第二定律,热能不可能连续地、全部地转变为功,它的热效率总是小于 1。这类能属于中级能。它的数量与质量是不统一的。

第三类，受自然界环境所限，完全没有转换能力的能量，如处于环境状态的大气、海洋、岩石等所具有的热力学能和焓。虽然它具有相当数量的能量，但在技术上无法使它转变为功。所以，它们是只有数量而无质量的能量，称为低级能。

从物理意义上说，能量的品位高低取决于其有序性。第二、三类能量是组成物系的分子、原子的能量总和。这些粒子的运动是无规则的，因而不能全部转化为有序能量。

对环境状态而言，能量中没有可用能部分，即对于低级能，$E_x = 0$，$E = A_n$；

对高级能，能量中全部为可用能，即 $E = E_x$，$A_n = 0$；

对热能等中级能，$E > E_x$，$E = E_x + A_n$。

对能量的利用，不仅要从量的角度来考察，还要从质的方面来分析，这已是当务之急。从㶲的角度去考察节能工作，就会认识到节能实质上就是节㶲。

㶲损失主要由两部分组成，即外部㶲损失和内部㶲损失。外部㶲损失是由于㶲未被利用而造成的损失，相当于能量平衡中能量损失项所对应的㶲损失，如被高温烟气带走的㶲等，它通过适当的回收装置有可能被回收；内部㶲损失是由过程不可逆造成的㶲损失，它不改变能量的数量，只是降低能量的质量，使可用能转变为不可用能，该损失项在能量平衡中无法反映，要减少这类损失，只能设法减小过程的不可逆性。

㶲的概念及理论的重要意义，主要的不在于可以计算出物流或能流在某个状态的㶲，而在于从状态的㶲值入手，可以进一步研究各个实际过程特别是发生在各个热设备中过程的㶲变。

㶲分析的一般步骤：

（1）对分析对象进行全面调查，重点要弄清设备或系统中的能流状态。

（2）分析系统中的能量转化关系，特别是各设备之间的能量关系。

（3）拟定㶲分析模型。

（4）计算物流的㶲值或过程的㶲损。

（5）计算各项㶲分析指标，即㶲分析的评定准则。

（6）应用热力学理论分析所得结果，提出分析结论。

（7）根据分析结果及结论，提出设备或系统的节能改造方案或改进意见。

通过㶲分析理论来分析钢铁企业各种余热余能资源量及其潜力，可以从可用性的角度对回收价值作出评价，从而提出其回收方向。

3. 基本㶲量的计算

1）温度㶲

当只是工质的温度与环境温度不同，压力与环境相同时，它所具有的㶲值称为温度㶲。当工质无相变，并已知其比热容时，

$$\mathrm{d}h = c_p \mathrm{d}T \tag{9-3}$$

$$\mathrm{d}s = \frac{\delta q}{T} = \frac{c_p \mathrm{d}T}{T} \tag{9-4}$$

$$E_x = h - h_0 - T_0(s - s_0) = \int_{T_0}^{T} c_p \mathrm{d}T - T_0 \int_{T_0}^{T} \frac{c_p}{T} \mathrm{d}T$$
$$= c_p(T - T_0)\left[1 - \frac{T_0}{T - T_0}\ln\frac{T}{T_0}\right] \tag{9-5}$$

式中，h 为温度 T 下单位工质的焓值，kJ/kg；h_0 为环境温度 T_0 下单位工质的焓值，kJ/kg；s 为温度 T 下单位工质的熵值，kJ/kg；s_0 为环境温度 T_0 下单位工质的熵值，kJ/kg；T_0 为环境温度，K；T 为工质的温度，K；c_p 为工质的定压比热容，kJ/kg。

2）机械㶲

机械㶲又称压力㶲，是指温度与环境温度相同，压力与环境压力不同时所具有的㶲值。推导可得封闭体系的工质的压力㶲为

$$E_{xp} = -nRT_0\int_{p}^{p_0}\frac{\mathrm{d}p}{p} + nRT_0 p_0\int_{p}^{p_0}\frac{\mathrm{d}p}{p^2} = nRT_0\left[\ln\frac{p}{p_0} - \left(1 - \frac{p_0}{p}\right)\right] \tag{9-6}$$

式中，n 为气体的物质的量；R 为摩尔气体常量，8.314J/(mol·K)；p 为工质的压强，Pa；p_0 为环境压强，Pa。

3）物质的㶲

（1）水蒸气。

水蒸气是最常用的一种工质，它的热力性质已制成详细的图表，只需确定水蒸气的压力和温度，即可利用㶲焓图查得其㶲值和焓值。

（2）水。

只需确定水的压力和温度，即可利用㶲焓图查得其㶲值和焓值。水的㶲焓图中给出了环境温度分别为 0℃，10℃，25℃，40℃的 E_x-h 曲线。若环境温度为其他值时，可采用内插法求得㶲、焓值。

（3）空气。

物理㶲：

$$E_{xph} = h - h_0 - T_0(s - s_0) = c_p(T - T_0) - T_0\left(c_p\ln\frac{T}{T_0} - R\ln\frac{P}{P_0}\right) \tag{9-7}$$

化学㶲：

$$E_{xch} = -RT_0\left(\sum \varphi_i^0 \ln\varphi_i^n - \sum \varphi_i^0 \ln\varphi_i^0\right) \tag{9-8}$$

式中，φ_i^0 为空气中各组分的摩尔分数。

当空气温度大于 80℃时，化学㶲占总㶲的百分比将低于 5%，当空气温度大于 100℃时，化学㶲将忽略不计。

（4）燃料。

工业上用的燃料大部分是组分复杂的物质，通常情况下，它的化学㶲远大于物理㶲，因此一般所说的燃料㶲指的是化学㶲，可以用 Z-Rant 提出的近似计算式。

气体燃料：

$$E_{xf} = 0.95Q_h \tag{9-9}$$

液体燃料：

$$E_{xf} = 0.975Q_h \tag{9-10}$$

固体燃料：

$$E_{xf} = Q_l + rw \tag{9-11}$$

式中，E_{xf} 为单位燃料的㶲值，kJ/kg；Q_h 为单位燃料的高发热量值，kJ/kg；Q_l 为单位燃料的低发热量值，kJ/kg；r 为水的汽化潜热，kJ/kg；w 为燃料中水的质量分数，%。

（5）燃烧产物——烟气。

$$E_{xg} = E_{xph} + E_{xd} \tag{9-12}$$

$$E_{xph} = c_p \left[(T_g - T_0) - T_0 In\left(\frac{T_g}{T_0} \right) \right] \tag{9-13}$$

$$E_{xd} = RT_0 \sum \varphi_i^g In \frac{p_i^g}{p_i^0} \tag{9-14}$$

式中，E_{xph} 为单位烟气的物理㶲，kJ/kg；E_{xd} 为单位烟气的扩散㶲，kJ/kg；T_g 为单位烟气的温度㶲，kJ/kg；φ_i^g 为 i 组分在烟气中的摩尔分数。

9.1.4　能级分析

不少学者提出一种新的能量分析方法——能级分析。能级就是物质的㶲和能量的比值，它反映了物质中能量的质量。能级分析是建立在热力学第二定律的基础上的。它的评价指标能级降指的是用能过程中能量质量的损失程度。基于能级分析的理论，在能量利用过程中，我们应遵循两个原则：匹配用能和能量梯级利用，最大限度地减少用户和供能方的能级降。

1. 相关概念及计算

能级是反映能量品质的一个量，它可以定义为㶲值（E_x）与相应总能量（E）之比，即

$$\Omega = E_x / E \text{ [kJ(㶲)/kJ(能量)]} \tag{9-15}$$

不同形式能源相应能级计算式如下。

恒温热源：

$$\Omega = 1 - T_0 / T \tag{9-16}$$

变温热源：

$$\Omega = 1 - \frac{T_0}{T - T_0} \ln \frac{T}{T_0} \tag{9-17}$$

电能：

$$\Omega = 1 \tag{9-18}$$

机械能：

$$\Omega = 1 \tag{9-19}$$

化学能（近似）：气体燃料，0.95；液体燃料，0.975；固体燃料，1.0。

由热力学第二定律可知，能量在利用过程中会贬值，反映在能级上就是能级降低。在能级分析中，一般用供能方和用能方的能级降来表示能量利用的程度，即

$$\Delta \Omega = \Omega_{供} - \Omega_{用} \tag{9-20}$$

能级降越小，表示能量利用过程中能量质量损失越小。

2. 物理能的梯级利用

物理能主要有压力能、热能等，压力能的品位较高，因此直接转换为电能是其较好的利用方式。热能的品位多为中低品位。

燃气蒸汽联合循环发电是一种典型的烟气热能梯级利用的实例。如图 9-1 所示，1100℃的高温烟气先进入燃气轮机完成 Brayton 循环，降为 500℃左右，再进入蒸汽轮机进行 Rankine 循环。烟气的热能实现逐级释放、梯级利用。

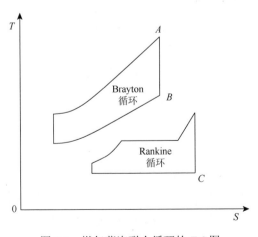

图 9-1　燃气蒸汽联合循环的 T-S 图

燃气蒸汽联合循环发电的㶲效率可达 50%以上，而纯蒸汽动力循环的㶲效率仅为 20%～40%。

能级降越小，能量品质降低越小。

3. 燃料化学能的释放和梯级利用

化学㶲是一种最基本的㶲的存在形式，人们需要的物理㶲多数是由化学㶲转换来的。在能源动力系统中，燃料化学能的转换是一种综合、复杂的过程，常发生着物质转化、热量传递、压力改变等化学与物理变化。燃料由于 P_0、T_0 下其物质化学结构、组成以及聚积状态同环境差异而具有对相关外界作出最大有用功的能力称为燃料的化学㶲，简称燃料㶲。

传统上，燃料㶲一般是以燃烧的方式来释放并利用的。对于热力循环而言，其所需的物理能的品位是一定的，即高温燃气的温度是一定的。由此可见，热力循环仅达到物理能的梯级利用，而未能实现化学能的梯级利用。

根据化学热力学可以得到燃料化学能和化学㶲的表达式：

$$\Delta H = \Delta G + T\Delta S \tag{9-21}$$

$$\Delta E = \Delta H - T_0\Delta S \tag{9-22}$$

式中，ΔH 为燃料氧化反应的标准反应焓，等于燃料的热值，即为燃料的化学能；ΔG 为理论上反应过程可转化为功的部分；$T\Delta S$ 为反应过程中未转变为功而以反应热形式出现的部分。

整理可得

$$\Delta E = \Delta G + T\Delta S(1 - T_0/T) \tag{9-23}$$

式中，$T\Delta S(1 - T_0/T)$ 为反应热以热的形式利用时，相对于环境的最大做功能力，即热㶲。热㶲是物理㶲的一种表现形式。

$(1 - T_0/T)$ 代表了工作在高温热源和冷源 T_0 之间的卡诺热机的循环效率 η_c。则上式可改写成

$$\Delta E = \Delta G + T\Delta S\eta_c \tag{9-24}$$

即

$$\Delta E_x = \Delta G(1 - \eta_c) + \Delta H\eta_c \tag{9-25}$$

经过直接燃烧后，燃料的化学㶲为

$$\Delta E' = (\Delta G + T\Delta S)\eta_c \tag{9-26}$$

由图 9-2 可清晰地看出，燃料㶲 ΔE 包含化学反应的做功能力 ΔG 和热㶲 $T\Delta S\eta_c$ 两个部分。直接燃烧使可以转化成功的部分 ΔG 转化成热 $\Delta G\eta_c$，从而造成了㶲损失 $\Delta G(1 - \eta_c)$，即燃烧㶲损失。

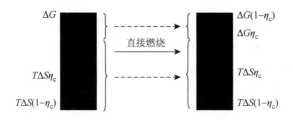

图 9-2 燃料能量转化示意图

9.2 热力学分析模型和余热回收利用原则的建立

利用 9.1 节的热力学分析方法，即焓分析、㶲分析和能级分析法分析烧结冷却余热回收利用系统的用能情况，然后根据热力学分析的方法和步骤，首先通过介绍工艺流程，并绘制物流图、能流图以及㶲流图建立烧结余热回收与利用的热力学分析模型，而后建立评价指标，并根据能级分析建立烧结余热回收与利用原则。

9.2.1 热力学分析模型建立的方法与步骤

1. 工艺流程分析

1）烧结—环冷—余热回收利用工艺

烧结—环冷—余热回收利用工艺的流程主要是：

（1）烧结过程。如图 9-3 所示，烧结过程在烧结台车上进行，台车下的抽风机抽出大量烧结过程的烟气，这些烟气是从台车上部进入经过燃烧之后排出的空气，这部分空气除了为烧结过程提供所需要的氧化气氛外，还可以同时与上部已反应过的烧结矿换热，达到冷却烧结矿的目的。

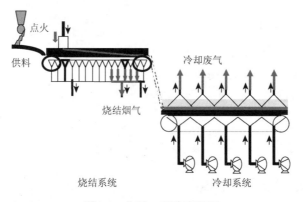

图 9-3 烧结、环冷流程图

（2）环冷过程。环冷过程是为了降低炽热的烧结矿的温度，将环状的台车分为五段，由 5 台鼓风机鼓入空气，与烧结矿进行换热。其中一、二段温度比较高，第一段热风可达 400℃，第二段可达 350℃，因此现有的环冷机冷却技术主要回收温度较高的一、二段烧结矿显热，而三～五段的热风温度较低，一般被直接放散掉。

（3）余热锅炉。对于环冷机一、二段产生的温度较高的热风，一般采用动力回收的方式，即通过换热将能量传递给余热锅炉中的水蒸气，用于后续的发电。

（4）汽轮机。高温高压的蒸汽通过汽轮机将内能转化为能级为 1 的电能。

通过以上几个主要步骤，烧结余热最终转换为高能级的电能，完成了余热余能的回收与利用。但在这个过程中，漏风、密闭以及传热等因素会导致能量损失，同时，从整体来看，由于传热过程中的不可逆性，能量在品质上势必有所降低，且这种传热不可逆性的热损失是不可避免的。

2）烧结矿余热竖罐式回收利用工艺

烧结矿余热竖罐式回收利用工艺主要由冷却罐体、余热锅炉、汽轮机-发电机系统等三部分组成。冷却风从罐体底部由循环风机鼓入，经均匀布风后向上运行与热烧结矿进行热量交换，而后从罐体环形风道出口排向一次除尘器，经除尘后进入余热锅炉与锅炉管簇内的介质进行热量交换；烧结矿自罐体顶部进入，与冷却风进行热交换，经冷却后由罐体底部排出；而纯水经除氧后进入余热锅炉，与锅炉内的热风进行热交换后变成过热蒸汽，然后进入汽轮机-发电机系统。烧结矿余热竖罐式回收系统图如图 9-4 所示。

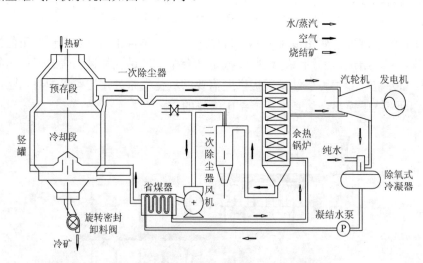

图 9-4　竖罐式烧结余热回收工艺流程图

竖罐式回收系统有如下优点：

（1）基本实现烧结余热全部回收，克服了传统冷却机漏风、烧结余热资源回收率低等弊端，改变了冷却机仅限于烧结矿冷却而不能高效回收烧结矿显热的局面。

（2）提高了携带烧结矿显热的热空气品质，克服了传统冷却机生产的蒸汽品质较低、流量不稳定的弊端，为提高余热蒸汽发电能力打下良好的基础。

（3）烧结矿品质得到明显提高。热烧结矿在预存段有保温作用，进行温度均匀化和残存挥发分析出过程。因而经过预存段，烧结矿成熟度得到进一步的提高，生矿基本消除。在冷却塔内向下流动过程中，烧结矿受机械力作用，脆弱部分及生矿部分得以筛除，成品率得到提高。

（4）降低粉尘的排放量，保护环境。由于冷却气体在密闭罐体内对烧结矿进行冷却，同时罐体采用定位接矿，粉尘得到控制。

（5）通过循环工作，资源的反复利用率提高，同时工作效率也得以提高，从而进一步提高热能利用率，实现工艺系统的节能减排。

2. 物流图的绘制

绘制物流图的目的是从整体上审视烧结冷却余热回收利用工艺的物质流动情况，进而为能量流的绘制奠定基础。

从图 9-5、图 9-6 可以看出，烧结系统的能量通过热烧结矿传递到下一个环节，即烧结矿冷却系统；在烧结矿冷却系统中，冷却空气带走热烧结矿携带的大量显热，而后进入余热锅炉中；在余热锅炉中，锅炉给水与冷却系统出来的热风进行热量交换，变为高温高压蒸汽，而后蒸汽进入汽轮发电机推动透平转动做功用于发电。

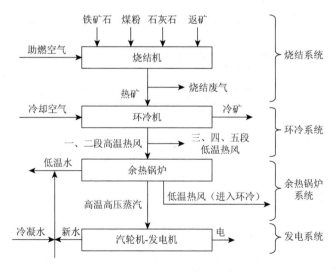

图 9-5　烧结—环冷—余热利用工艺物流图

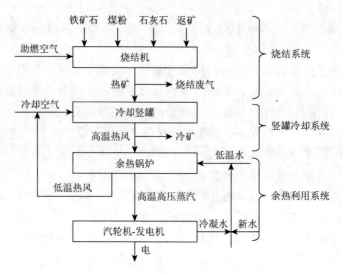

图 9-6　烧结矿余热竖罐式回收利用工艺物流图

在烧结冷却余热回收系统物质流分析的基础上，绘制系统能流图，合理全面地认识整个过程热量的流动过程，了解各个子系统热量输入与支出项情况，为后续的热力学分析奠定基础。

3. 能流图的绘制

烧结系统的能流图如图 9-7 所示。由图可知，烧结过程的能量输入项包括固体燃料（焦粉）燃烧所产生的热量、点火煤气燃烧产生的热量，烧结过程中复杂的化学反应也会产生一定的热量，此外，还包括煤气、物料等带入的物理热。烧结过程能量输出项以烧结矿和烧结烟气的物理热为主，以及其他一些方式的热量输出。

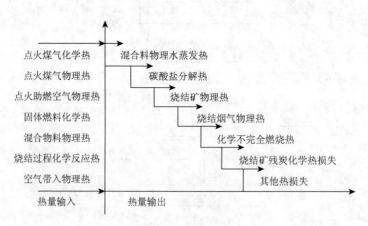

图 9-7　烧结系统能流图

冷却系统的能量输入可以分为两项，烧结矿携带的显热和冷却空气携带的少量物理热。环冷系统的热量输出主要是由环冷机的五段出口热风所携带的显热，被冷却后的烧结矿也会携带一定的热量；竖罐系统的热量输出主要是由环形风道出口热风所携带的显热，换热后的冷矿也会带走一部分热量。除此之外，还有由于密封性的不足导致的漏风所损失的热量。具体见图 9-8、图 9-9。

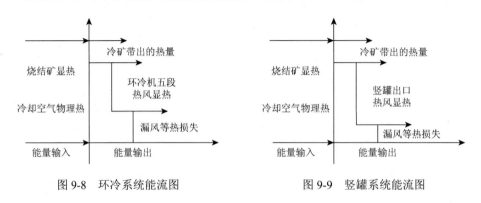

図 9-8　环冷系统能流图　　　　　　　図 9-9　竖罐系统能流图

余热锅炉是将冷却系统的出口热风进行动力回收的关键设备。在锅炉内，锅炉给水与从冷却系统出来的热风换热，锅炉给水被加热为高温高压的蒸汽，换热后的热风依然会带走一部分热量。余热锅炉能流图见图 9-10、图 9-11。

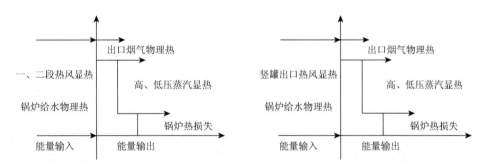

图 9-10　余热锅炉系统能流图（环冷式）　　　图 9-11　余热锅炉系统能流图（竖罐式）

汽轮发电机系统能量输入为高低压蒸汽所携带热量，通过透平将热量转化为机械能，最终通过发电机将机械能转化为电能并输出。汽轮机-发电机能流图见图 9-12。

4. 㶲流图的绘制

㶲是能量中可以被利用的部分，㶲作为能量的一部分，随着物质与能量的转移进行流动。绘制烧结冷却余热回收利用过程的㶲流图，可对整个系统能量损失与贬值的评价奠定基础。

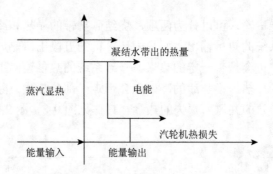

图 9-12　汽轮机-发电机能流图

　　根据图 9-7 绘制烧结系统的㶲流图，烧结系统㶲输入项包括点火煤气化学㶲、固体燃料化学㶲、混合物料温度㶲和混合物料化学㶲；烧结系统㶲输出项包括混合料物理水蒸发热㶲、碳酸盐分解热㶲、烧结矿温度㶲、烧结烟气温度㶲、㶲损。烧结系统的㶲流图见图 9-13。

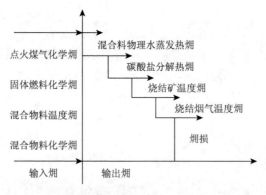

图 9-13　烧结系统㶲流图

　　冷却系统的㶲流动比较简单，㶲输入部分是烧结矿温度㶲和部分冷却空气携带的温度㶲。环冷系统的㶲输出项主要以五段热风携带的温度㶲为主（图 9-14）；竖罐系统的㶲输出项主要为出口热风温度㶲（图 9-15）。此外，被冷却后的烧结矿携带一小部分㶲值，由于冷却系统漏风等因素，造成部分㶲损失。

　　余热锅炉系统的㶲输入项主要为冷却系统出口热风所带有的温度㶲和锅炉给水温度㶲；㶲输出项主要为高低压蒸汽所携带㶲，除此之外，换完热后的低温烟气也携带部分㶲值。余热锅炉系统㶲流图见图 9-16、图 9-17。

　　高低压蒸汽推动汽轮机做功，然后动能转化为电能，在汽轮机中热量的损失比较小，但是由于能量的一系列传递，不可逆过程的㶲损会较大。最终在这个阶段能量以能级为 1 的电能输出（图 9-18）。

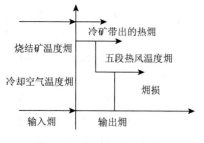

图 9-14　环冷系统㶲流图

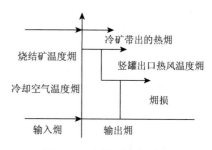

图 9-15　竖罐系统㶲流图

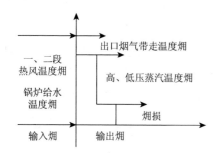

图 9-16　余热锅炉系统㶲流图（环冷式）

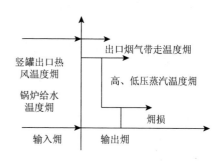

图 9-17　余热锅炉系统㶲流图（竖罐式）

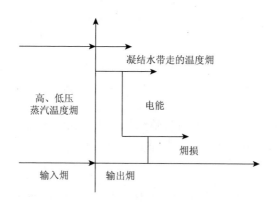

图 9-18　汽轮机-发电机系统㶲流图

5. 综合评价指标的建立

依据能量分析与㶲分析原理，以能级匹配和减少能量损失为指导来评价整个余热回收系统的合理性。在焓分析中，评价能量利用系统的指标是热效率；在㶲分析中，评价能量利用系统的指标是㶲效率；而能级分析提出以能量利用过程中的能级差或能级平衡系数作为评价指标。从前面的理论分析知道，焓分析只考虑能量的数量而忽略了能量的质量，因此热效率也只是能量数量的一个指标；而能级分析中的能级差只考虑能量的质量而忽略了能量的数量。结合能级分析、能量分析和㶲分析才能合理地评价系统的用能情况，为能量系统的设计优化提供一定的技术依据。

从每个余热回收的步骤来看，有输入的㶲，有输出的㶲，这些输出㶲有一部分会进入下一个阶段进一步利用，而有一部分则不会被利用。烧结矿在冷却系统中将其携带的显热传递给冷却风；出口热载体再将其携带的热量在余热锅炉内传递给过热蒸汽；过热蒸汽进入汽轮机-发电机系统发电。根据系统中能量输入、输出特点，采用系统灰箱串联能量分析模型评价系统用能状况，并建立热力学评价指标。

烧结冷却余热回收利用系统的串联模型如图 9-19 所示。图中，E_i^+ 表示供入子系统 i 的能量；E_i^- 表示子系统 i 输出的能量；E_{Li} 表示子系统 i 内部和外部能量损失之和；E_i^g 表示带入子系统 i 的能量；$E_{Li,j}$ 表示从系统 i 到系统 j 的能量损失。

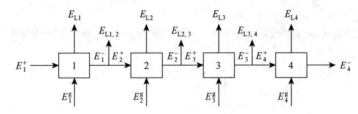

图 9-19　㶲流分析图

1-烧结系统；2-冷却系统；3-余热锅炉系统；4-汽轮机-发电机系统

灰箱串联模型中的能量，在进行焓分析时为子系统各环节热量，在㶲分析时，为子系统各环节的㶲量。各子系统的能量平衡方程为

$$E_i^+ + E_i^g = E_{Li} + E_i^- \tag{9-27}$$

局部能量损失 ΔE_i，即输入子系统 i 的能量与系统 i 有效输入子系统 $i+1$ 的能量之差：

$$\Delta E_i = E_{Li} + E_{Li,i+1} \tag{9-28}$$

局部能量损失系数 ζ_i，即局部能量损失 ΔE_i 占整个系统能量损失 $\Delta E_{总}$ 的百分比：

$$\zeta_i = \frac{\Delta E_i}{\sum_{i=1}^{n} \Delta E_i} \times 100\% \tag{9-29}$$

局部能量利用率 ε_i，即子系统 i 输出能量能够被继续利用的那部分能量所占比例：

$$\varepsilon_i = \frac{E_{i+1}^+}{E_i^-} \times 100\% \qquad (9\text{-}30)$$

局部能量转换效率 η_i，即子系统 i 的输出能量与输入能量之比：

$$\eta_i = \frac{E_i^-}{E_i^+ + E_i^g} \times 100\% \qquad (9\text{-}31)$$

局部能量效率 μ_i，即子系统输出能量中能够被继续利用的那部分能量占此系统输入能量的比例：

$$\mu_i = \frac{E_{i+1}^+}{E_i^+ + E_i^g} = \frac{E_i^-}{E_i^+ + E_i^g} \cdot \frac{E_{i+1}^+}{E_i^-} = \eta_i \cdot \varepsilon_i \qquad (9\text{-}32)$$

整个烧结冷却余热回收利用系统的总体效率 $\mu_\text{总}$ 为

$$\mu_\text{总} = \frac{\prod\limits_{i=1}^{4}\eta_i \cdot \prod\limits_{i=1}^{3}\varepsilon_i \cdot (E_1^+ + E_1^g) + \prod\limits_{i=2}^{4}\eta_i \cdot \prod\limits_{i=2}^{3}\varepsilon_i \cdot E_2^g + \prod\limits_{i=3}^{4}\eta_i \cdot \varepsilon_3 \cdot E_3^g + \eta_4 \cdot E_4^g}{E_1^+ + \sum\limits_{i=1}^{4} E_i^g} \qquad (9\text{-}33)$$

如果忽略 E_i^g，则上式可简化为

$$\mu_\text{总} = \prod\limits_{i=1}^{4}\eta_i \cdot \prod\limits_{i=1}^{3}\varepsilon_i \qquad (9\text{-}34)$$

9.2.2　余热回收与利用原则的确定

图 9-20 是余热回收利用某一个环节的热/㶲流量示意图。图中，输入给系统的余热资源量为 Q_1（能级为 Ω_1），输出的热量为 Q_2（能级为 Ω_2），输出的动力为 W（能级为 1.0），系统损失的热量为 Q_L（能级为 Ω_L）。

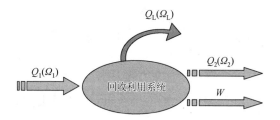

图 9-20　余热回收利用系统热量（㶲量）流图

则系统热效率、系统输出的热量和动力的总能级、系统㶲效率分别如式（9-35）、式（9-36）、式（9-37）所示：

$$\eta_1 = \frac{Q_2 + W}{Q_1} \tag{9-35}$$

$$\bar{\Omega}_2 = \frac{Q_2 \Omega_2 + W}{Q_2 + W} = \alpha \Omega_2 + 1 - \alpha \tag{9-36}$$

$$\eta_\Pi = \eta_1 \frac{\bar{\Omega}_2}{\Omega_1} = \eta_1 \left(1 - \frac{\Delta\Omega}{\Omega_1}\right) \tag{9-37}$$

式中，α 为输出热量占输出总能量的比例；$\Delta\Omega$ 为输入热量与输出能量的能级差。由式（9-37）可以看出，㶲效率取决于系统的热效率和输入输出间的能级差，前者与热力学第一定律有关，后者与热力学第二定律有关。设 T_0 为环境温度，T_1 为余热资源的温度，T_2 为输出热量的温度，$|\Delta\Omega|_r$ 为纯热利用时的能级差，$|\Delta\Omega|_d$ 为纯动力利用时的能级差，则输入输出的能级差可表示为温度的函数：

$$|\Delta\Omega| = \left|\frac{T_0}{T_1} - \alpha \frac{T_0}{T_2}\right| \tag{9-38}$$

由式（9-38）可知，

当 $T_1 = 2T_2$ 时，$|\Delta\Omega|_r = |\Delta\Omega|_d$，此时热利用和动力利用的效果是一样的；

当 $T_1 > 2T_2$ 时，$\Omega_1 > 1/2$、$|\Delta\Omega|_r > |\Delta\Omega|_d$，此时动力利用效果优于热利用；

当 $T_1 < 2T_2$ 时，$\Omega_1 < 1/2$、$|\Delta\Omega|_r < |\Delta\Omega|_d$，此时热利用效果优于动力利用。

由此得出回收利用余热资源的总原则：根据余热资源的数量、品质（温度）和用户需求，按照能级相匹配的原则，按质回收、温度对口、梯级利用。

（1）若有合适热用户，直接利用余热则最为经济。如产品显热不经转换直接供给下一道工序，用余热预热空气和煤气、预热或干燥物料、生产蒸汽和热水，在夏季热用户减少时用多余的热量制冷等。

（2）对于高温余热应采用动力回收，如发电或热电联产。

（3）对于低温余热应首选直接热利用，对不能直接利用的低温余热，先将它作为热泵系统的低温热源，提高其温度水平后再加以利用。

（4）对于中温余热资源或热回收或动力回收。

9.3　烧结余热回收系统热力学分析与评价

根据热工测试数据以及设计数据，运用热力学分析模型，以国内某企业为例，对目前的烧结余热回收系统进行分析与评价，找出其薄弱环节；然后提出改进方案，并对改进方案进行热力学分析。

9.3.1　烧结生产条件

作业区现有 360m² 烧结机一台，相应配套一台 415m² 环冷机；烧结机利用系数为 1.32t/(m²·h)，年生产烧结矿 391.3 万 t。

烧结机参数情况如表 9-1 所示。

表 9-1　烧结机参数

项目	数量	项目	数量
烧结矿年产量	3913000t	固体燃料低发热量	30031.0kJ/kg
作业率	0.9	混合料水分含量	6.71%
烧结矿产量（成品）	496.32t/h	混合物料温度	29℃
返矿＋成品＋铺底	774.18t/h	混合物料中 S 量	0.0570%
燃料	26.39t/h	混合物料中 FeO 量	8.35%
主抽风机风量（单个）	18000m³/min	总风箱风量	1400000m³/h
点火煤气	17842.25m³/h	蒸发水蒸气温度	123℃
煤气低发热量	3711kJ/m³	烧结矿温度	750℃
煤气温度	20℃	烧结废气量	1400000m³/h
点火助燃空气温度	20℃	烧结废气温度	110℃
空气过剩系数	1.30	残炭比例	0.14%

冷却机采用鼓风环冷式冷却烧结矿，配 5 台相同的风机，每台风机风量 484000Nm³/h，经环冷机冷却矿料后分别向大气排放 150~450℃左右的"低温废气"，各段冷却废气温度见表 9-2。

表 9-2　环冷热风温度范围

环冷阶段	温度范围
第一段	390~480℃
第二段	330~400℃
第三段	240~300℃
第四段	100~200℃
第五段	40~90℃

其中一、二段冷却废气用于蒸汽发电；三、四段冷却废气温度低于 300℃，目前处于放散状态，约 76 万 m³/h，废热量约 190GJ/h，相当于每吨烧结矿 12~

15kgce，是一个很大的热源。同时，烧结机第 21～24 对立管内的烧结烟气温度在 250～400℃，这部分烟气目前也处于放散状态。

环冷机参数如表 9-3 所示。

表 9-3　环冷机参数

项目	数值	单位
烧结矿进入温度	750	℃
冷却空气量	491340	kg/h
冷却空气温度	20	℃
一段热风温度	400	℃
二段热风温度	350	℃
三段热风温度	230	℃
四段热风温度	160	℃
五段热风温度	90	℃
冷矿温度	60	℃

余热锅炉设计参数见表 9-4。

表 9-4　余热锅炉参数

项目	数值	单位
高压额定蒸汽压强	2	MPa
高压额定蒸汽温度	380	℃
高压额定蒸发量	57	t/h
低压额定蒸汽压强	0.49	MPa
低压额定蒸汽温度	235	℃
低压额定蒸发量	20	t/h
凝结水进口介质温度	40	℃

9.3.2　烧结环冷余热回收系统热力学分析与评价

围绕余热的产生、转换、回收与利用环节对烧结机、冷却机和余热锅炉等子系统的各相关参数进行计算，然后绘制各系统的热平衡表和㶲流表，借此分析各子系统的能量利用情况。

1. 烧结环冷余热回收系统热平衡计算

1）烧结系统热量平衡

由烧结年产量 391.3 万 t 成品矿，90%作业率，可以算得烧结矿处理量：

$$处理量 = \frac{3913000}{24 \times 365 \times 0.9} = 496t/h$$

计算中，以 1t 成品烧结矿为计算基准。首先对烧结过程进行能量平衡计算，根据图 9-7，能量的输入部分主要包括原料和燃料开始带入的物理热以及烧结过程的反应热，而能量输出部分主要包括烧结矿的物理热以及烟气显热。但是由于烧结过程是在自然环境中进行，因此，散热也会成为其能量损失的一个主要部分。

计算烧结系统吨矿的能耗情况并记录在表 9-5 中。

表 9-5　烧结过程热量平衡表

热收入项	数值/(MJ/t)	比例/%	热支出项	数值/(MJ/t)	比例/%
点火煤气化学热	131.58	5.96	混合料物理水蒸发热	241.15	10.92
点火煤气物理热	0.97	0.04	碳酸盐分解热	203.86	9.23
点火助燃空气物理热	1.20	0.05	烧结矿物理热	1062.60	48.12
固体燃料化学热	1575.05	71.32	烧结烟气物理热	419.26	18.99
混合料物理热	3.87	0.18	化学不完全燃烧热损失	162.31	7.35
烧结过程化学反应热	455.54	20.63	烧结矿残炭化学热损失	36.72	1.66
空气带入的热量	40.14	1.82	其他热损失	82.44	3.73
总和	2208.35	100	总和	2208.35	100

注：单位 MJ/t 表示生产 1t 烧结矿热收入和热支出项所携带的能量。以点火煤气化学热为例，131.58MJ/t 表示生产 1t 成品烧结矿所需的点火煤气热量是 131.58MJ。

烧结过程中，1t 烧结矿燃料消耗 1706.63MJ，占烧结机热收入的 77.28%。其中，固体燃料消耗占 71.32%，点火燃料消耗占 5.96%。其余热收入项中烧结过程化学反应热占 20.63%。烧结机热支出中，烧结矿和烧结烟气所携带显热分别为 48.12%、18.99%，两者合计 67.11%。其余热支出项中，碳酸盐分解热和化学不完全燃烧热损失分别占 9.23%和 7.35%。烧结系统热效率为 48.12%，热量转换效率为 87.27%，热量利用效率为 55.14%。

2）环冷系统热量平衡

环冷过程为气固换热过程，根据图 9-8，能量输入主要包括烧结矿带入的显热，以及冷却空气带入的热量。环冷系统热收入项中，鼓入空气的物理热受到冷却废气再循环的影响，即将锅炉尾气约 140℃的冷却废气部分或全部引入到冷却一段和二段进口，以提高一、二段出口热风的温度。这里忽略了冷却废气再循环技术对冷却三～五段冷却废气的影响。环冷系统热支出项中，能量输出包括冷矿所携带的一部分热量，以及五段环冷所出来的热风。环冷机能量平衡表如表9-6所示。

表9-6 环冷机能量平衡表

热收入项	数值/(MJ/t)	比例/%	热支出项	数值/(MJ/t)	比例/%
烧结矿显热	1062.6	80.59	一段热风显热	417.23	31.64
一、二段冷却空气物理热	197.09	14.95	二段热风显热	359.94	27.30
三～五段冷却空气物理热	58.89	4.46	三段热风显热	231.82	17.58
			四段热风显热	158.92	12.05
			五段热风显热	88.69	6.73
			冷烧结矿物理热	45.26	3.43
			热损失	16.72	1.27
总和	1318.58	100	总和	1318.58	100

环冷系统热收入为1318.58MJ/t，占烧结机热收入的59.71%。其中烧结矿携带的显热为1062.6MJ/t，占环冷机热收入的80.59%。经过余热锅炉换热后的一、二段热风温度降低到140℃左右，再次进入环冷机一、二段循环利用，其携带的能量为197.09MJ/t，占热收入项的14.95%。热支出项主要为一～五段的热风和冷矿携带的显热，其中用于进一步回收的一、二段热风的显热占整个热量输出的58.94%。环冷系统热效率为58.94%，热量转换效率为98.73%，热量利用效率为59.70%。

3）余热锅炉系统热量平衡

余热锅炉输入端主要是环冷机一、二段冷却废气显热，输出端为锅炉蒸汽以及出口烟气所携带的物理热，而这些低温的锅炉出口烟气经除尘后，将再次进入环冷系统。余热锅炉能量平衡表如表9-7所示。

表9-7 余热锅炉系统的热平衡表

热收入项	数值/(MJ/t)	比例/%	热支出项	数值/(MJ/t)	比例/%
一段热风显热	417.23	53.61	高压蒸汽显热	415.43	53.38
二段热风显热	359.94	46.25	低压蒸汽显热	41.57	5.34
锅炉给水物理热	1.08	0.14	出口烟气物理热	307.72	39.54
			其他热损失	13.53	1.74
总和	778.25	100	总和	778.25	100

余热锅炉系统热收入为 778.25MJ/t，其中一段热风显热为 417.23MJ/t，占热收入项的 53.62%；二段热风显热为 359.94MJ/t，占热收入项的 46.25%。热支出项主要为高、低压蒸汽显热，占整个热支出项的 58.72%，出口烟气物理热占 39.54%。余热锅炉系统热效率为 58.72%，热量转换效率为 98.26%，热量利用效率为 59.76%。

2. 烧结环冷余热回收系统的㶲输入输出计算

表 9-5～表 9-7 是基于热力学第一定律来分析，较好地体现了烧结、冷却、余热回收等子系统的热收入和热支出，但其分析余热的产生、回收与利用过程却具有一定的局限性。这时，可采用基于热力学第二定律的㶲分析方法。

㶲分析是建立在能量平衡的基础上，进一步从能量"质量"的角度评价系统的用能情况。㶲输入与输出的计算，是对烧结余热回收系统开展㶲分析的第一步。

在非理想可逆情况下，系统反应过程㶲的输入输出是不平衡的，也就是说，在系统反应过程中一部分㶲会"消失"，这部分能量转变为烌，也就是以不可用能的形式存在，虽然从能量数量上，也就是前面分析的能量方面是守恒的，但实际上，这个系统能量的做功能力已经下降了，在进行㶲输入输出计算时将烌归到㶲损中。

1）烧结系统的㶲输入输出计算

环境温度为 20℃时，助燃空气和冷却空气虽然含有一定的热量，但是从能级角度上讲，这部分能量的㶲值为 0。在计算固体燃料与气体燃料化学㶲时，可以通过计算燃料中化学元素的化学㶲得到，但是这种太细微的计算方式往往与实际燃烧的效果相差很大，因此可以应用式（9-9）、式（9-11）的经验公式，根据它们的低发热量进行计算。

烧结系统㶲输入输出见表 9-8。从表 9-8 可以看出，烧结系统㶲输入项主要为烧结矿中的炭燃烧所产生的化学㶲。㶲主要的输出项为烧结矿温度㶲以及烧结废气温度㶲。

表 9-8　烧结系统㶲输入输出表

㶲输入项	数值/(MJ/t)	比例/%	㶲输出项	数值/(MJ/t)	比例/%
点火煤气化学㶲	122.61	7.02	混合物料水蒸发热㶲	71.54	4.09
固体燃料化学㶲	1575.05	90.13	碳酸盐分解热㶲	2.38	0.14
混合物料温度㶲	0.22	0.01	烧结矿温度㶲	520.65	29.79
混合物料化学反应㶲	49.68	2.84	烧结烟气温度㶲	178.85	10.23
			㶲损	974.14	55.75
总和	1747.56	100	总和	1747.56	100

从烧结系统的㶲输入输出表和㶲流图（图 9-21）可以看出整个系统的㶲流动情况，烧结输入的㶲中 90.13%来自固体燃料的燃烧化学㶲，每吨烧结矿需要燃料的化学㶲为 1575.05MJ，而烧结结束后，输出㶲以烧结矿和烧结烟气的物理㶲为主，两部分总和占㶲输出的 40.02%。每吨烧结矿总输入㶲为 1747.56MJ，但烧结结束只输出㶲773.42MJ。整个环节的㶲输出效率为 44.25%，㶲效率为 29.79%。其中每吨烧结矿产生的 178.85MJ 的烧结烟气直接被放散，造成巨大的能源浪费。设置合适的供风制度、热风点燃、回收利用烧结烟气能量、加强烧结环节的密封都有助于提高烧结系统的㶲效率。

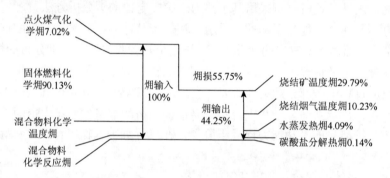

图 9-21　烧结系统㶲流图

2）环冷系统的㶲输入输出计算

环冷系统气固换热过程中，为了达到更好的换热效果以及使回收余热的能级达到最高，采用了五段分级换热的方法。环冷系统中热风以及热矿的㶲值主要是其温度㶲，空气在被鼓入到出口时压力有一定的变化，但变化比较小，因此忽略其压力㶲。环冷系统㶲输入输出如表 9-9 所示。

表 9-9　环冷系统㶲输入输出表

㶲输入项	数值/(MJ/t)	比例/%	㶲输出项	数值/(MJ/t)	比例/%
烧结矿温度㶲	459.05	100	一段热风温度㶲	140.70	30.65
			二段热风温度㶲	95.79	20.87
			三段热风温度㶲	52.07	11.34
			四段热风温度㶲	25.24	5.50
			五段热风温度㶲	6.96	1.52
			冷矿温度㶲	1.59	0.35
			㶲损	136.7	29.78
总和	459.05	100	总和	459.05	100

从表 9-9 和图 9-22 可以看出，环冷系统的㶲输入主要为烧结矿温度㶲，吨矿的温度㶲为 459.05MJ。环冷系统的㶲输出主要是五段热风温度㶲，其中通入余热锅炉的一、二段热风温度㶲为 236.49MJ，占㶲输出项的 51.52%。环冷三～五段的热风温度㶲为 84.27MJ，占㶲输出项的18.36%，目前处于直接放散状态。输出冷矿的㶲值不大，只占 0.35%。整个环冷系统的㶲输出效率为 70.22%，㶲效率为51.52%。回收利用环冷三～五段的热风温度㶲将显著提高该环节的㶲效率，如预热锅炉给水、预热锅炉点火煤气等。

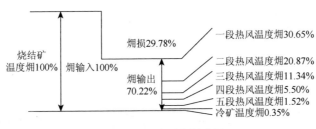

图 9-22　环冷系统㶲流图

3）余热锅炉系统㶲输入输出计算

设计锅炉为双压无补燃自然循环锅炉，锅炉的给水（凝结水）经各自的给水操纵台进入省煤器加热后，接近饱和温度的水进入锅筒，锅筒内的水经下降管进入蒸发器，在蒸发器内受热后成为汽水混合物又回到锅筒（分离器），在锅筒（分离器）内进行汽水分离，分离下来的水回到锅筒的水空间，饱和蒸汽则通过饱和蒸汽引出管被送到过热器，饱和蒸汽在过热器内被加热成过热蒸汽，然后经减温器调温，达到规定的蒸汽温度后，经主汽管送入汽轮机。

余热锅炉系统的㶲输入项主要是环冷一、二段热风以及 40℃锅炉给水所含有的㶲值，输出㶲为高、低压蒸汽温度㶲以及换热之后烟气所携带的部分㶲值，而这些低温的烟气将再次进入环冷部分。余热锅炉和汽轮机由于密封非常良好，其散热损失可以忽略（表 9-10）。

表 9-10　余热锅炉㶲输入输出表

㶲输入项	数值/(MJ/t)	比例/%	㶲输出项	数值/(MJ/t)	比例/%
一段热风温度㶲	140.70	59.39	高压蒸汽温度㶲	135.93	57.38
二段热风温度㶲	95.78	40.43	低压蒸汽温度㶲	31.80	13.42
锅炉给水温度㶲	0.42	0.18	烟气温度㶲	38.35	16.19
			㶲损	30.83	13.01
总和	236.90	100	总和	236.90	100

余热锅炉的㶲输入几乎完全来自于环冷一、二段热风温度㶲，为 236.48MJ，占余热锅炉㶲输入项的 98%以上，而输出㶲中高压蒸汽温度㶲为 135.93MJ/t，占 57.38%；低压蒸汽温度㶲为 31.8MJ/t，占 13.42%（图 9-23）。换热后的烟气还携带 38.35MJ/t 的㶲值，将其回收利用有利于减少能源损失。整个环节的㶲输出效率为 86.99%，㶲效率为 70.8%。余热锅炉工序的输入输出能级差较小，保温设备齐全，故综合㶲效率较高。回收低温热风用于预热煤气、锅炉给水等，合理匹配余热锅炉参数，选取合适型号锅炉等有助于该环节的能量利用。

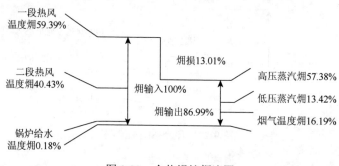

图 9-23　余热锅炉㶲流图

3. 评价与分析

根据 9.2 节中介绍的评价体系，结合以上能量以及㶲分析的具体计算数据，对烧结余热回收工艺进行评价与分析。

对整个烧结环冷余热回收系统而言，通过热评价体系相关公式，通过计算可得烧结系统、环冷系统、余热锅炉系统的局部热转换效率 $\eta_{热,i}$、局部热利用率 $\varepsilon_{热,i}$、局部热效率 $\mu_{热,i}$、局部热损系数 $\zeta_{热,i}$，详见表 9-11。

表 9-11　烧结环冷余热回收系统热效率表

项目	$\eta_{热,i}$/%	$\varepsilon_{热,i}$/%	$\mu_{热,i}$/%
烧结系统	87.27	55.14	48.12
环冷系统	98.73	59.70	58.94
余热锅炉	98.26	59.76	58.72

基于环冷机模式的烧结余热回收系统的热效率为

$$\mu_{热,总} = 48.12\% \times 58.94\% \times 58.72\% = 16.65\%$$

由表可知，余热锅炉的热转换效率高达 98.26%，即余热锅炉输入热量中有 98.73%的比例转化为蒸汽和低温热风等形式输出，由锅炉散热等因素引起的热损失仅占锅炉输入热量的 1.74%；而烧结机的热转换效率最低，仅为 87.27%，分析原因为烧结机散热损失严重，如碳酸盐分解热、混合料物理水蒸发热等散热损失没有得到充分利用。整个系统热效率为 16.65%，意味着整个烧结环冷余热回收系统中的输入热量有 16.65%转化为高低压蒸汽继续输入到汽轮机系统。

烧结系统、环冷系统、余热锅炉系统和汽轮机发电系统中的局部㶲转换效率 $\eta_{㶲,i}$、局部㶲利用效率 $\varepsilon_{㶲,i}$ 和局部㶲效率 $\mu_{㶲,i}$ 见表 9-12。

表 9-12　烧结环冷余热回收系统㶲效率表

项目	$\eta_{㶲,i}$	$\varepsilon_{㶲,i}$	$\mu_{㶲,i}$
烧结系统	0.44	0.68	0.30
环冷系统	0.70	0.74	0.52
余热锅炉	0.87	0.82	0.71

基于环冷机模式的烧结余热回收系统㶲效率为

$$\mu_0 = \mu_1 \mu_2 \mu_3 = \frac{\sum_{i=1}^{3} E_{ni}}{E_1} = 0.30 \times 0.52 \times 0.71 \times 100\% = 11.08\%$$

从表 9-12 可以看出，烧结机的㶲效率最低仅有 30%，即烧结系统输入㶲量中有 70%未能进入下一系统继续进行㶲输入，烧结机生产每吨烧结矿大约有 974.14MJ 的㶲损失。相比而言，锅炉系统最高为 71%。整个系统的㶲效率为 11.08%，意味着整个烧结环冷余热回收系统中的输入㶲量有 11.08%转化为高低压蒸汽的㶲值继续输入到汽轮机系统。

9.3.3　现有余热利用不足及技术的改进方案及分析

基于现有烧结余热利用过程存在的不足，根据 9.2.2 小节余热回收与利用原则，针对其不足提出以下改进方案：

1. 烧结机改进建议

（1）针对烧结机尾端的高温废气，采取除尘之后再鼓入烧结系统的方法，可以比空气更有效地干燥和预热混合料，从而节省了焦粉的使用量，达降低工序能耗从而节能的目的。

（2）提高烧结机密封性能，尽可能降低烧结过程热量损失及㶲量损失，如将机头机尾密封板改为摇摆涡流式柔性密封装置，定期检修风箱等。

（3）取消现有的高温风机，充分利用系统路端存在的工艺压差，即带冷机的鼓风正压和台车的抽风负压压差，合理设计系统管路，最大限度降低沿程和局部阻损，形成管路虹吸后靠自身压差自然循环，以实现无动力消耗的热风烧结，从根本上消除热风外溢的技术缺陷，达到节约能源的目的。

2. 环冷机改进建议

（1）环冷一、二段热风依然采用原有动力回收的方式，将温度依然较高的三段热风除尘之后作为点火助燃空气使用，这样可以使点火的温度更高，从而节约煤气的使用量。

（2）优化环冷机参数，借助数值仿真对环冷机热工参数，即料层高度、冷却风量、进口风温等参数进行优化设计。

（3）提高环冷机密封性，减少冷却空气与热烧结矿换热过程的热损失。

3. 余热锅炉改进建议

（1）在保证燃烧的情况下，尽量降低过剩空气系数，降低烟风道和燃烧器的阻力，以降低风机的电耗；同时尽量降低给水泵耗电量和耗汽量，努力提高风机和给水泵的效率。

（2）尽量燃用含硫量低的优质煤，降低空气预热器入口空气温度，现代大容量发电锅炉均装有空气预热器，防止空气预热器冷前端受热面上结露，导致空气预热器低温腐蚀。采用提高空气预热器入口空气温度，增大锅炉排烟温度（排烟热损失增加）的方法，延长空气预热器使用寿命。

（3）根据锅炉负荷及时间调整燃烧工况，合理配风，尽可能降低炉膛火焰中心位置，让煤在炉膛内充分燃烧。降低空气预热器的漏风率，特别是回转式空气预热器的漏风率。

（4）根据原煤挥发分及时间调整给煤量，使煤量维持最佳值。加强锅炉管道及本体保温层的维护和检修。严格控制锅炉锅水水质指标，当水冷壁管内含垢量达到400mg/m时，应及时酸洗。

改进后烧结环冷余热回收系统示意图和改进后的烧结环冷余热回收系统工艺流程图如图9-24、图9-25所示。

从表9-13可以看出，烧结系统的㶲利用效率从0.68增长到0.82，㶲效率从0.30增长到0.40；环冷系统的㶲利用效率从0.74增长到0.97，㶲效率从0.52增长到0.68，系统的各项指标得到明显提高。

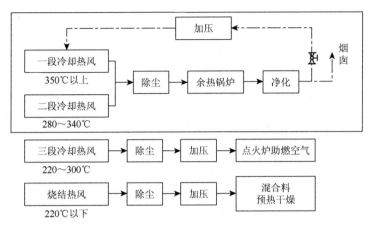

图 9-24　改进后烧结环冷余热回收系统示意图

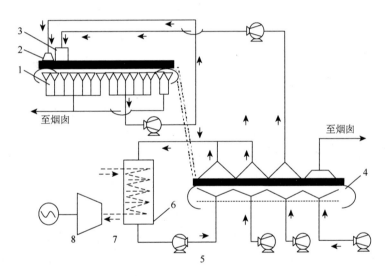

图 9-25　改进后的烧结环冷余热回收系统工艺流程图

1-烧结机；2-热风罩；3-点火炉；4-环冷机；5-风机；6-余热锅炉；7-透平机；8-发电机

表 9-13　改进后的烧结环冷余热回收系统㶲效率表

项目	$\eta_{㶲, i}/\%$	$\varepsilon_{㶲, i}/\%$	$\mu_{㶲, i}/\%$
烧结系统	0.49	0.82	0.40
环冷系统	0.70	0.97	0.68
余热锅炉	0.87	0.81	0.71

　　烧结矿余热竖罐式回收是高效回收烧结余热的变革性工艺技术之一。同传统的基于鼓风式环冷机或带式冷却机形式的余热回收系统相比，竖罐式回收系统具

有漏风率几乎为零，气固热交换充分，出口热载体能级较高等优点。烧结矿余热竖罐式回收与利用的本质是能量转换与利用，采用热力学分析的方法揭示系统中用能设备和能量的有效利用状况，找出用能薄弱环节，完善余热回收系统，对指导改进该工艺技术具有十分重要的意义。

9.3.4　烧结矿余热竖罐式回收系统热力学分析

选取国内某 360m² 大型烧结机进行实例分析。烧结机采用带式抽风烧结，烧结机利用系数为 1.32t/(m²·h)，年生产烧结矿 390 万 t。利用竖罐（单罐）冷却，回收烧结矿余热，竖罐进口风温 60℃，出口风温 540℃；进口矿温 700℃，出口矿温 103℃；冷却空气流量为 62.5 万 m³/h；此时对应余热锅炉系统高压蒸汽参数为 4.2MPa、80.87t/h、480℃，低压蒸汽参数为 0.4MPa、17.64t/h、206℃，锅炉给水量 98.51t/h，凝结水进口介质温度 60℃。结合如前建立的热力学分析模型，做如下热平衡分析和㶲流分析。

1. 烧结—竖罐冷却—余热回收系统热平衡计算

基于能量平衡，首先对烧结系统进行热力学计算（表 9-14）。能量输入端有混合物料及燃料带入的物理热及烧结过程的反应热；能量的输出端主要有烧结矿的物理热及烧结烟气显热。在自然环境中进行的烧结过程存在热量散失，因此，由散热引起的热量损失也不可忽略。

表 9-14　烧结系统热平衡表

热收入项	数值/(MJ/t)	比例/%	热支出项	数值/(MJ/t)	比例/%
点火煤气化学热	133.97	5.96	烧结矿物理热	939.25	41.77
点火煤气物理热	0.99	0.04	烧结烟气物理热	426.91	18.99
固体燃料化学热	1603.76	71.32	其他热损失	882.43	39.24
混合料物理热	3.94	0.18			
烧结化学反应热	463.84	20.63			
空气物理热	42.09	1.87			
总和	2248.59	100	总和	2248.59	100

竖罐系统的整个过程可简单描述为一个气固传热过程，即将烧结矿所含的物理热通过气固传热转变为热风显热（表 9-15）。能量输入端主要为烧结矿带入的显热以及冷却空气带入的一部分热量，而冷却空气又可分为两部分，一部分为常温空气，另一部分为余热锅炉输出端的低温热风。而竖罐工艺参数处所注的 70℃ 进

口风温即为常温空气和余热锅炉输出端低温热风的综合平均值。能量输出端为冷烧结矿所含热量与竖罐出口热风显热及其他热损失之和。

表 9-15　竖罐系统热平衡表

热收入项	数值/(MJ/t)	比例/%	热支出项	数值/(MJ/t)	比例/%
烧结矿物理热	939.25	91.7	冷烧结矿物理热	161.84	15.80
冷却空气物理热	84.98	8.3	出口热风显热	655.58	64.01
			其他热损失	206.81	20.19
总和	1024.23	100	总和	1024.23	100

设计锅炉为双压无补燃自然循环锅炉，锅炉给水（凝结水）经各自的给水操纵台进入省煤器加热后，接近饱和温度的水进入锅筒；锅筒内的水经下降管进入蒸发器，在蒸发器内受热后成为汽水混合物又回到锅筒；在锅筒内进行汽水分离，分离下来的水回到锅筒的水空间，饱和蒸汽则通过饱和蒸汽引出管被送到过热器，饱和蒸汽在过热器内被加热成过热蒸汽，然后经减温器调温，达到规定的蒸汽温度后，经主汽管送入汽轮机。

余热锅炉的输入与输出相对比较简单，输入端主要是竖罐出口热风以及 60℃水所含有的焓值，输出端为高温蒸汽以及热风换热之后所携带的焓值，而这些低温的热风将再次进入竖罐系统（表 9-16）。由于余热锅炉的密闭性非常良好，因此其散热损失可以忽略，它只存在能量上的贬值。

表 9-16　余热锅炉系统的热平衡表

热收入项	数值/(MJ/t)	比例/%	热支出项	数值/(MJ/t)	比例/%
高温热风物理热	655.58	92.92	高压蒸汽热量	455.43	64.55
锅炉给水物理热	49.96	7.08	低压蒸汽热量	102.57	14.54
			低温热风热量	105.68	14.98
			其他热损失	41.86	5.93
总和	705.54	100	总和	705.54	100

对整个烧结矿余热竖罐式回收系统而言，通过热评价体系相关公式，计算可得烧结系统、竖罐系统、余热锅炉系统的局部热转换效率 $\eta_{热,i}$、局部热利用率 $\varepsilon_{热,i}$、局部热效率 $\mu_{热,i}$、局部热损系数 $\zeta_{热,i}$，详见表 9-17。

表 9-17　罐式余热回收系统热效率表

项目	$\eta_{热,i}$/%	$\varepsilon_{热,i}$/%	$\mu_{热,i}$/%	$\zeta_{热,i}$/%
烧结系统	60.76	68.75	41.77	78.02
竖罐系统	79.81	80.20	64.01	18.28
余热锅炉	94.07	84.08	79.09	3.70

整个系统的热效率：

$$\mu_{热,总} = 41.77\% \times 64.01\% \times 79.09\% = 21.15\%$$

由表可知，余热锅炉的热转换效率最大，高达 94.07%，即余热锅炉输入热量中有 94.07%的比例转化为蒸汽和低温热风等形式输出，由锅炉散热等因素引起的热损失仅占锅炉输入热量的 5.93%；其次为竖罐系统，热转换效率为 79.81%，烧结矿输入热量仅浪费掉大约 1/5；而烧结机的热转换效率最低，仅为 60.76%，分析原因为烧结机散热损失严重，如碳酸盐分解热、混合料物理水蒸发热等散热损失没有得到充分利用。

整个系统热效率为 21.15%，意味着整个罐式回收系统中的输入热量有 21.15%转化为高低压蒸汽继续输入到汽轮机系统。因为余热锅炉属于设计值，因此可以反过来说，如果整个系统要达到 21.15%的热效率，那么余热锅炉系统的热效率至少要达到 79.09%。

2. 烧结—竖罐冷却—余热回收系统㶲分析

烧结系统的㶲输入项主要为固体燃料和点火煤气燃烧所产生的化学㶲，其余还有混合物料含有的一部分㶲值。而助燃以及冷却所通入的常温常压空气，虽然含有一定的热量，但是从能级角度上讲，它们的能量并没有产生价值，因此这部分的㶲量近似为零。烧结系统的㶲输出项主要为烧结矿及烧结烟气的温度㶲，混合物料的物理蒸发热㶲及其他一部分㶲损失。

烧结系统具体㶲输入输出平衡表详见表 9-18。

表 9-18　烧结系统的㶲平衡表

㶲收入项	数值/(MJ/t)	比例/%	㶲支出项	数值/(MJ/t)	比例/%
点火煤气化学㶲	124.73	7.02	烧结矿温度㶲	809.74	45.55
固体燃料化学㶲	1602.25	90.13	烧结烟气温度㶲	181.93	10.23
混合物料温度㶲	0.22	0.01	其他㶲损失	786.07	44.22
混合料化学反应㶲	50.54	2.84			
总和	1777.74	100	总和	1777.74	100

竖罐系统的㶲输入项主要为烧结矿所带来的物理热㶲，以及 70℃冷却空气所带来的一部分㶲值；竖罐系统的㶲输出项主要为出口热风温度㶲以及冷矿所含有的一部分㶲值。这里计算的出口热风以及热矿的㶲值主要是其温度㶲，空气在被鼓入到出口时虽然压力有一定的变化，但变化比较小，因此压力㶲可以忽略。竖罐系统具体㶲输入输出平衡表详见表 9-19。

表 9-19　竖罐系统的㶲平衡表

㶲收入项	数值/(MJ/t)	比例/%	㶲支出项	数值/(MJ/t)	比例/%
热烧结矿温度㶲	809.74	96.4	冷烧结矿温度㶲	83.15	9.90
冷却空气温度㶲	30.28	3.6	出口热风温度㶲	551.28	65.62
			其他㶲损失	205.60	24.48
总和	840.02	100	总和	840.02	100

余热锅炉系统的㶲输入项主要为竖罐系统端的出口热风所含有的温度㶲，以及锅炉所给 60℃低温水所含的部分㶲量；余热锅炉系统的㶲输出项主要为高压蒸汽所携带㶲值及低压蒸汽所携带的㶲值，除此之外，低温热风也携带部分㶲量，余热锅炉系统㶲平衡表如表 9-20 所示。

表 9-20　余热锅炉系统的㶲平衡表

㶲收入项	数值/(MJ/t)	比例/%	㶲支出项	数值/(MJ/t)	比例/%
高温热风㶲值	551.28	97.34	高压蒸汽㶲值	295.79	52.23
低温水㶲值	15.08	2.66	低压蒸汽㶲值	32.38	5.72
			低温热风㶲值	77.90	13.75
			其他㶲损失	160.29	28.30
总和	566.36	100	总和	566.36	100

对整个罐式余热回收系统而言，通过㶲评价体系相关公式，计算烧结系统、竖罐系统、余热锅炉系统中的局部㶲损系数 $\zeta_{㶲,i}$、局部㶲转换效率 $\eta_{㶲,i}$、局部㶲利用效率 $\varepsilon_{㶲,i}$、局部㶲效率 $\mu_{㶲,i}$ 和罐式回收系统总㶲效率 $\mu_{㶲,总}$，详见表 9-21。

表 9-21　罐式余热回收系统㶲效率表

项目	$\eta_{㶲,i}$/%	$\varepsilon_{㶲,i}$/%	$\mu_{㶲,i}$/%	$\zeta_{㶲,i}$/%
烧结系统	55.78	81.65	45.55	68.24
竖罐系统	75.53	86.89	65.63	17.85
锅炉系统	71.70	80.82	57.94	13.91

整个系统的㶲效率：$\mu_{热,总} = 45.55\% \times 65.63\% \times 57.94\% = 17.32\%$。

㶲效率最大项为竖罐系统，高达 65.63%，即竖罐系统输入㶲量中有 65.63%能够进入下一系统继续进行㶲输入；其次为锅炉系统，㶲效率为 57.94%，输入㶲量的 42.06%不能进入下一系统继续进行㶲输入；而烧结机的㶲效率最低，仅有

45.55%。整个系统的㶲效率为 17.32%，意味着整个罐式回收系统中的输入㶲量有 17.32%转化为高低压蒸汽的㶲值继续输入到汽轮机系统。纵向对比各个系统㶲损系数可以发现，㶲量损失随着系统流程的进行而逐渐减小，烧结机的㶲量损失最大，每吨烧结矿大约有 786.07MJ 的㶲损失，㶲损系数达 68.24%。

3. 两种烧结余热回收系统的对比

将表 9-21 中数据与表 9-12 中数据横向对比，相比环冷系统 52%的㶲效率，在余热回收方面竖罐系统 65.63%的㶲效率有明显优势；罐式余热回收系统的整体㶲效率为 17.32%，也要高于环冷式余热回收系统 11.08%的整体㶲效率。同时，在整体系统输入㶲量相差不大的情况下，罐式余热回收系统每吨烧结矿输出蒸汽㶲量为 328.17MJ/t，远大于环冷式余热回收系统 167.73MJ/t（烧结矿）的输出蒸汽㶲量。通过这几组数据的对比，进一步证明了罐式余热回收系统的可行性和高效性。

国内某 $360m^2$ 烧结机对应的烧结矿余热竖罐式回收系统中，烧结机、竖罐、余热锅炉的㶲效率分别为 45.55%，65.63%，57.94%，系统总的㶲效率为 17.32%，烧结机的㶲量损失最大，每吨烧结矿大约有 786.07MJ 的㶲损失，㶲损系数达 68.24%。罐式余热回收系统每吨烧结矿输出蒸汽㶲量为 328.17MJ/t，大于环冷式余热回收系统每吨烧结矿输出蒸汽㶲量。该工艺是从根本上解决传统基于环冷机模式存在的冷却系统漏风率高、烧结余热仅部分回收、热载体回收能级低等难以克服弊端的变革性措施。

参 考 文 献

蔡九菊. 2009. 中国钢铁工业能源资源节约技术及其发展趋势[J]. 世界钢铁,（4）：1.

蔡九菊,董辉. 2011-01-05. 烧结过程余热资源的竖罐式回收装置与利用方法[P]：200910187381.8.
　　[2017-12-31].

蔡九菊,董辉,杜涛,等. 2011. 烧结过程余热资源分级回收与梯级利用研究[J]. 钢铁, 46（4）：
　　88-92.

蔡九菊,饶荣水,于庆波,等. 1998. 填充球蓄热室阻力特性实验研究[J]. 钢铁, 33（6）：57-60.

蔡九菊,王建军,陈春霞,等. 2007. 钢铁工业余热资源的回收与利用[J]. 钢铁, 42（6）：1.

常弘. 2016. 环冷机内气固传热过程数值计算及其应用[D]. 沈阳：东北大学.

陈刚. 2014. 环冷机余热回收系统分析与数值模拟[D]. 北京：中国船舶研究院.

陈学俊,陈听宽. 1990. 锅炉原理[M]. 北京：机械工业出版社.

陈学俊,陈听宽. 1991. 锅炉原理[M]. 2 版. 北京：机械工业出版社.

崔月. 2014. 烧结矿余热罐式回收双压锅炉结构和热工参数研究[D]. 沈阳：东北大学.

丁祖荣. 2003. 流体力学（上册）[M]. 北京：高等教育出版社：164-169.

东北工学院冶金炉教研室. 1962. 冶金炉理论基础[M]. 北京：中国工业出版社.

董洪达. 2015. 烧结余热回收竖罐内若干工况气固传热系数的实验研究[D]. 沈阳：东北大学.

董辉,蔡九菊,于红魁,等. 2011-05-25. 烧结中余热回收、烟气治理与多孔烧结一体化方法及
　　装置[P]：200910220141.3. [2017-12-31].

董辉,蔡九菊,赵勇,等. 2011-08-31. 烧结过程余热资源高效回收与利用装置及方法[P]：
　　201110058524.2. [2017-12-31].

董辉,冯军胜,李磊,等. 2014. 冷却风量影响烧结余热竖罐回收中火用传递系数实验研究[J]. 东
　　北大学学报（自然科学版）, 35（5）：708-711.

董辉,郭宁,杨柳青,等. 2010. 结余热利用中烧结混合料干燥过程实验研究[J]. 东北大学学报
　　（自然科学版）, 31（4）：546-549.

董辉,黎志明,蔡九菊,等. 2012-01-04. 一种烧结环冷余热高效发电系统及其利用方法[P]：
　　201110189945.9. [2017-12-31].

董辉,李磊,蔡九菊,等. 2012. 烧结余热回收竖罐内料层传热过程数值计算[J]. 东北大学学报
　　（自然科学版）, 33（9）：1299-1302.

董辉,李磊,刘文军,等. 2012. 烧结矿余热竖罐式回收利用工艺流程[J]. 中国冶金, 22（1）：6-11.

董辉,力杰,罗远秋,等. 2010. 烧结矿冷却过程的实验研究[J]. 东北大学学报（自然科学版）,
　　31（5）：689-692.

董辉,林贺勇,张浩浩,等. 2011. 烧结热工测试与分析[J]. 钢铁, 46（11）：93-98.

董辉,刘文军,王博,等. 2012-02-08. 一种烧结余热资源高效回收装置[P]：201120219670.4.
　　[2017-12-31].

董辉, 王爱华, 冯军胜, 等.2014. 烧结过程余热资源回收利用技术进步与展望[J]. 钢铁, 49（9）: 1-9.

董辉, 王萌, 杨猛, 等.2010. 钢铁企业中低温烟气余热用于制冷的研究[J]. 暖通空调, 40（12）: 67-70.

董辉, 杨益伟, 赵勇, 等. 2012-03-21. 烧结冷却一体的余热资源高效回收与利用的方法及装置[P]: 201110363434.4. [2017-12-31].

董辉, 赵勇, 蔡九菊, 等.2012. 烧结-冷却系统的漏风问题[J]. 钢铁, 47（1）: 95-99.

冯军胜.2014. 烧结矿余热罐式回收利用关键技术问题[A]//中国金属学会.2014 年全国炼铁生产技术会暨炼铁学术年会文集（下）[C]. 北京: 中国金属学会.

冯军胜.2014. 烧结矿余热回收竖罐内气固传热模型研究[D]. 沈阳: 东北大学.

冯军胜.2015. 烧结矿余热罐式回收工艺及热工参数研究[A]//中国金属学会能源与热工分会. 第八届全国能源与热工学术年会论文集[C]. 北京: 中国金属学会能源与热工分会.

冯军胜.2015. 烧结矿余热罐式回收若干关键技术问题探讨[A]//中国金属学会, 宝钢集团有限公司. "第十届中国钢铁年会"暨"第六届宝钢学术年会"论文集Ⅲ[C]. 北京: 中国金属学会, 宝钢集团有限公司.

冯军胜.2017. 烧结矿余热回收竖罐内气固传热过程及其应用研究[D]. 沈阳: 东北大学.

冯军胜, 董辉.2015. 烧结矿余热回收竖罐内气体流动数值计算[J]. 东北大学学报, 36（5）: 660-664.

冯军胜, 董辉.2017. 烧结矿余热回收竖罐内关键问题研究[J]. 冶金能源, 36（S2）: 34-39.

冯军胜, 董辉, 曹峥, 等.2016. 烧结竖罐床层内的空隙率分布特性[J]. 中南大学学报（自然科学版）, 47（1）: 8-13.

冯军胜, 董辉, 高建业, 等.2016. 烧结矿竖罐内气固传热过程数值模拟与优化[J]. 东北大学学报（自然科学版）, 37（11）: 1559-1563.

冯军胜, 董辉, 高建业, 等.2017. 烧结矿余热回收竖罐内气固传热过程数值分析[J]. 中南大学学报（自然科学版）, 48（11）: 3100-3107.

冯军胜, 董辉, 李明明, 等.2014. 烧结余热回收竖罐内固定床层的阻力特性[J]. 中南大学学报（自然科学版）, 45（8）: 2566-2571.

冯军胜, 董辉, 刘靖宇, 等.2015. 烧结矿余热回收竖罐内气固传热特性[J]. 化工学报, 66（11）: 4418-4423.

冯军胜, 董辉, 王爱华, 等.2015. 烧结余热罐式回收系统及其关键问题[J]. 钢铁研究学报, 27（6）: 7-11.

冯俊凯, 沈幼庭, 杨瑞昌.2003. 锅炉原理及计算[M]. 3 版. 北京: 科学出版社.

傅秦生.2005. 能量系统的热力学分析方法[M]. 西安: 西安交通大学出版社: 98-107.

高建业.2017. 260 万 t/a 烧结矿余热竖罐式回收系统热工参数研究及热力学分析[D]. 沈阳: 东北大学.

高建业, 冯军胜, 董辉.2017. 烧结矿余热回收竖罐热工参数优化评价指标的研究[J]. 冶金能源, 36（S2）: 46-49.

高建业, 冯军胜, 董辉.2017. 烧结矿余热竖罐式回收利用工艺热力学分析[J]. 冶金能源, 36（2）: 8-13.

高建业, 冯军胜, 刘靖宇, 等.2016. 烧结余热回收竖罐内冷却段高度与冷却风流量解析研究[J]. 工业炉, 38（5）: 58-62.

高建业，刘一伟，冯军胜，等. 2017. 烧结矿余热回收中试竖罐结构和操作参数解析[J]. 钢铁研究学报，29（1）：13-18.

工业和信息化部. 2009. 钢铁企业烧结余热发电技术推广实施方案[R].

古尔维奇，库兹涅佐夫. 1976. 锅炉机组热力计算标准方法[M]. 北京锅炉厂设计科，译. 北京：机械工业出版社.

桂智勇. 2017. 烧结余热环冷回收模式下余热锅炉热工参数研究[D]. 沈阳：东北大学.

胡翰. 2010. 烧结余热动力回收系统关键参数研究[D]. 沈阳：东北大学.

黄冬梅，王爱继，陈庆海. 2008. Visual Basic 6.0 程序设计案例教程[M]. 北京：清华大学出版社.

黄锦涛，彭岩，郝景周，等. 2009. 纯低温双压余热发电系统性能分析及参数优化[J]. 锅炉技术，40（2）：1-4.

贾冯睿. 2008. 烧结料干燥过程的实验与解析研究[D]. 沈阳：东北大学.

贾冯睿，柳璐，王春华，等. 2012. 烧结混合料干燥过程的解析研究[J]. 石油化工高等学校学报，25（1）：76-80.

贾庚. 2015. 烧结余热罐式回收余热锅炉适宜操作参数研究[D]. 沈阳：东北大学.

贾庚，崔月，苏丰舟，等. 2015. 烧结双压余热锅炉关键操作参数研究[J]. 工业炉，37（1）：1-5.

金红光. 2005. 化石燃料化学能释放的新认识[J]. 自然科学进展，15（1）：84-89.

黎志明. 2012. 烧结余热回收利用与烟气脱硫一体化工艺研究[D]. 沈阳：东北大学.

李慧梅，桂智勇，苏丰舟，等. 2017. 基于热经济学优化模型的烧结余热双压锅炉操作参数研究[J]. 冶金能源，36（S1）：74-77.

李菊香，涂善东. 2010. 考虑局部非热平衡的流体层流横掠多孔介质中恒热流平板的传热分析[J]. 化工学报，61（1）：10-14.

李俊. 2007. Visual Basic 6 程序设计与应用教程[M]. 北京：清华大学出版社.

李磊. 2013. 烧结余热竖罐式回收料层烟传递系数实验研究[D]. 沈阳：东北大学.

李茂，母玉同，张家元，等. 2013. 烧结环冷机分层布料的数值模拟与优化[J]. 中南大学学报（自然科学版），44（3）：1228-1234.

李明明. 2014. 烧结矿余热回收竖罐结构及热工参数研究[D]. 沈阳：东北大学.

李明明，董辉，张琦，等. 2014. 烧结余热回收竖罐结构研究[J]. 工业炉，36（4）：1-3.

力杰. 2011. 烧结余热竖罐式回收过程传热数值计算[D]. 沈阳：东北大学.

林瑞泰. 1995. 多孔介质传热传质引论[M]. 北京：科学出版社.

刘纪福. 2013. 翅片管换热器的原理与设计[M]. 哈尔滨：哈尔滨工业大学出版社.

刘靖宇. 2015. 非流态化颗粒填充床内气固传热研究综述[A]//中国金属学会能源与热工分会. 第八届全国能源与热工学术年会论文集[C]. 北京：中国金属学会能源与热工分会.

刘靖宇. 2016. 烧结矿竖式移动床层气固传热系数及烟传递系数的实验研究[D]. 沈阳：东北大学.

刘伟，范爱武，黄晓明. 2006. 多孔介质传热传质理论与应用[M]. 北京：科学出版社.

刘文超，蔡九菊，董辉，等. 2013. 烧结过程余热资源高效回收与利用的热力学分析[J]. 中国冶金，23（2）：15-20.

罗远秋. 2009. 烧结矿冷却过程实验与数值模拟研究[D]. 沈阳：东北大学.

孟建忠，党荣富. 1998. 烧结热平衡与节能降耗[J]. 烧结球团，（1）：18.

莫乃榕. 2003. 工程流体力学[M]. 武汉：华中科技大学出版社：64-70.

任贵义. 1996. 炼铁学（上册）[M]. 北京：中国林业出版社：64.

邵颖聪，董辉，孙用军，等. 2014. 有机朗肯循环回收低温烧结余热发电的可行性分析[J]. 烧结球团，39（4）：50-54.

沈维道. 蒋智敏，童钧耕. 2001. 工程热力学[M]. 北京：高等教育出版社：121-122.

宋贵良. 1995. 锅炉计算手册（上册）[M]. 沈阳：辽宁科学技术出版社.

苏丰舟. 2015. 烧结余热锅炉发展综述[A]//中国金属学会能源与热工分会. 第八届全国能源与热工学术年会论文集[C]. 北京：中国金属学会能源与热工分会：6.

苏丰舟. 2016. 烧结余热竖罐式回收余热锅炉热工参数优化[D]. 沈阳：东北大学.

孙用军，董辉，冯军胜，等. 2015. 烧结-冷却-余热回收系统热力学分析[J]. 钢铁研究学报，27（1）：16-21.

汤学忠. 2002. 热能转换与利用[M]. 北京：冶金工业出版社：18-22.

汤学忠. 2002. 热能转换与利用[M]. 北京：冶金工业出版社：8-30.

陶斌斌，杨历，刘春元. 2005. 多孔介质干燥的非平衡热力学模型[J]. 河北工业大学学报，34（1）：109-112.

王加璇，张恒良. 1995. 动力工程热经济学[M]. 北京：水利电力出版社.

王家生，王志远，罗文. 2013. 提高烧结余热回收的生产实践[J]. 浙江冶金，（2）：54-55.

王萌. 2012. 烧结余热竖罐式回收料层换热系数的实验研究[D]. 沈阳：东北大学.

吴仲华. 1980. 从能源科学技术看能源危机的出路. 科学技术知识讲座（二）[M]. 北京：知识出版社.

夏建芳，喻向阳，赵先琼. 2016. 基于环冷机冷却能耗最小目标的工艺参数优化[J]. 钢铁研究学报，28（1）：13-19.

项新耀. 1990. 工程㶲分析方法[M]. 北京：石油工业出版社：96-99.

谢泽民. 2003. 宝钢1、3号烧结机设置余热回收装置[J]. 钢铁，38（11）：62.

徐树伟，彭益成，刘志斌，等. 2010. 钢铁企业烧结余热发电技术发展探讨[J]. 工业锅炉，5：45.

杨东华. 1986. 㶲分析和能级分析[M]. 北京：科学出版社：2-15.

杨东华. 1986. 㶲分析和能级分析[M].北京：科学出版社：11-15.

杨东华. 1990. 热经济学[M]. 上海：华东化工学院出版社.

杨益伟. 2013. 烧结余热回收竖罐内床层阻力特性实验研究[D]. 沈阳：东北大学.

于红魁. 2010. 烧结过程余热资源直接热回收利用研究[D]. 沈阳：东北大学.

张浩浩. 2011. 烧结余热竖罐式回收工艺流程及阻力特性研究[D]. 沈阳：东北大学.

张家元，田万一，戴传德，等. 2012. 环冷机分层布料仿真与优化[J]. 化工学报，63（5）：1385-1390.

张晟，冯军胜，董辉. 2017. 基于热载体焓㶲为判据的环冷机热工参数仿真优化[J]. 化工学报，68（11）：4129-4136.

张晟，高建业，冯军胜，等. 2017. 基于热载体焓㶲的环冷机余热回收段仿真优化[J]. 中南大学学报（自然科学版），2017收录.

张小辉，张家元，戴传德，等.2011. 烧结矿冷却过程数值仿真与优化[J]. 化工学报，62（11）：3081-3087.

张欣，温治，楼国锋，等.2011. 高温烧结矿气-固换热过程数值模拟及参数分析[J]. 北京科技大学学报，33（3）：339-345.

张兴华，欧俭平，马爱纯，等. 2010. 联合循环余热锅炉热力参数优化运行研究[J]. 金属材料与冶金工程，38（1）：21-25.

赵斌，路晓雯，张尉然，等. 2009. 烧结余热回收装置强化传热研究进展[J]. 冶金能源，（3）：55-64.

赵斌，徐鸿，路晓雯，等. 2010. 烧结矿余热发电系统的热力学分析和系统优化[J]. 华北电力大学学报，37（3）：43-48.

赵斌，赵利杰，屈婷婷，等. 2013. 环冷机内烧结矿通道气固传热实验关联式[J]. 热科学与技术，12（4）：302-306.

赵冠春，钱立伦. 1982. 㶲分析及其应用[M]. 北京：高等教育出版社：18-19.

赵明泉. 1991. 锅炉结构与设计[M]. 哈尔滨：哈尔滨工业大学出版社.

赵钦新，周屈兰，谭厚章，等. 2010. 余热锅炉研究与设计[M]. 北京：中国标准出版社.

赵勇. 2012. 烧结余热回收竖罐内气体流动数值计算[D]. 沈阳：东北大学.

周翔. 2012. 我国烧结余热发电现状及有关发展建议[J]. 烧结球团，37（1）：57.

Alazmi B，Vafai K. 2001. Analysis of fluid flow and heat transfer interfacial conditions between a porous medium and a fluid layer[J]. International Journal of Heat and Mass Transfer，44（9）：1734-1749.

Beer H，Beiev W，Buckel M，et al. 1991. Process-integrated and Metallurgical measures to reduce energy consumption of sinter plants[J]. Stahl und Eisen，11：25-37.

Bear J，Compcioglu V. 1984. In Fundamentals of Transport Phenomena in Porous Media[M]. The Netherlands：Martinus Nijhoff：199-254.

Bird R B，Stewart W E，Lightfoot E N. 1999. Transport Phenomena[M]. New York：Wiley.

Bisio G. 1996. First-and second-law analyses of energy recoveries in blast-furnace regenerators[J]. Energy，21（2）：147-155.

Bu S S，Yang J，Dong Q T，et al. 2014. Experimental study of transition flow in packed beds of spheres with different particle sizes based on electrochemical microelectrodes measurement[J]. Applied Thermal Engineering，73（2）：1525-1532.

Bu S S，Yang J，Dong Q T，et al. 2015. Experimental study of flow transitions in structured packed beds of spheres with electrochemical technique[J]. Experimental Thermal and Fluid Science，60：106-114.

Bujak J. 2009. Optimal control of energy losses in multi-boiler steam systems[J]. Energy，34（9）：1260-1270.

Caputo A C，Cardarelli G，Pelagagge P M. 1996. Analysis of heat recovery in gas-solid moving beds using a simulation approach[J]. Applied Thermal Engineering，16（16）：89-99.

Comiti J，Renaud M. 1989. A new model for determining mean structure parameters of fixed beds from pressure drop measurements：application to beds packed with parallelepipedal particles[J]. Chemical Engineering Science，44（7）：1539-1545.

Demirel Y，Sandler S I. 2001. Linear-nonequilibrium thermodynamics theory for coupled heat and mass transport[J]. International Journal of Heat and Mass Transfer，44（13）：2439-2451.

Dong H，Jia F R，Zhao Y，et al. 2012. Experimental investigation on the drying process of the sinter mixture[J]. Powder Technology，218（2）：1-4.

Dong H，Li J，Guo N，et al. 2010. Grade recovery and cascade utilization of residual heat in sinter cogeneration system. Asia-Pacific Power and Energy Engineering Conference（APPEEC）.

Dong H，Li J，Guo N，et al. 2010. Study on gas-solid heat transfer process of cogeneration system. Asia-Pacific Power and Energy Engineering Conference（APPEEC）.

Dong H，Li J，Li Z M，et al. 2010. Cogeneration system utilizing waste heat from sinter-cooling process. 2nd IEEE International Symposium on Power Electronics for Distributed Generation Systems（PEDG）.

Dong H，Yang Y W，Jia F R，et al. 2013. Thermodynamic analysis of efficient recovery and utilization of waste heat resources during sintering process[J]. International Journal of Exergy，12（4）：552-569.

Dong H，Li J，Cai J J，et al. 2010. Grade recovery and cascade utilization of residual heat in sinter cogeneration system. Proc. of the 2nd Asia-Pacific Power and Energy Engineering Conference（APPEEC 2010）.

Emrah O，Mehmet Y G，Melda Ö，et al. 2008. A modification on Ergun's correlation for use in cylindrical packed beds with non-spherical particles[J]. Advanced Powder Technology，19（4）：369-381.

Eurofer. 2007. Update technique partial waste gas recycling[R]. Eurofer：10.

Fand R M，Kim B Y K，Lam A C C，et al. 1987. Resistance to the flow of fluids through simple and complex porous media whose matrices are composed of randomly packed spheres[J]. Journal of Fluids Engineering，109（3）：274-287.

Feng J，Dong H，Dong H. 2015. Modification of Ergun's correlation in vertical tank for sinter waste heat recovery[J]. Powder Technology，280（1）：89-93.

Feng J S，Dong H，Gao J Y，et al. 2016. Exergy transfer characteristics of gas-solid heat transfer through sinter bed layer in vertical tank[J]. Energy，111：154-164.

Feng J S，Dong H，Gao J Y，et al. 2016. Experimental study of gas-solid overall heat transfer coefficient in vertical tank for sinter waste heat recovery[J]. Applied Thermal Engineering，95：136-142.

Feng J S，Dong H，Gao J Y，et al. 2016. Numerical investigation of gas-solid heat transfer process in vertical tank for sinter waste heat recovery[J]. Applied Thermal Engineering，107：135-143.

Feng J S，Dong H，Gao J Y，et al. 2016. Recovery and utilization process of a vertical tank for sinter waste heat[J]. International Conference on Energy Science and Applied Technology（ESAT 2016）：39-43.

Feng J S，Dong H，Gao J Y，et al. 2017. Theoretical and experimental investigation on vertical tank technology for sinter waste heat recovery[J]. Journal of Central South University，24（10）：2281-2287.

Gharian A，Thomas W R，Robertson J L. 1987. Heat Exchanger Networks：Economical Minimum Approach temperature[M]. New York：Second Law Analysis of Thermal System.

Gupta A S，Thodos G. 1962. Mass and heat transfer in the flow of fluids through fixed and fluidized beds of spherical particles[J]. AIChE Journal，8（5）：608-610.

Gupta N S，Chaube R B，Upadhyay S N. 1974. Fluid-particle heat transfer in fixed and fluidized beds[J]. Chemical Engineering Science，29（3）：839-843.

Hajipour M，Dehkordi A M. 2012. Transient behavior of fluid flow and heat transfer in vertical channels partially filled with porous medium: Effects of inertial term and viscous dissipation[J]. Energy Conversion & Management, 61 (5): 1-7.

Harti W, Stedem K H, Lin R. 2006. Sinter plant waste gas cleaning-State of the art. Revue De Metallurgie, 103 (6): 257-265.

Hicks R E. 2002. Pressure drop in packed beds of spheres[J]. Industrial & Engineering Chemistry Fundamentals, 9 (3): 114-115.

Hinkley J, Waters A G, Litster J D. 1994. An investigation of pre-ignition[J]. International Journal of Mineral Processing, 42 (1/2): 37-52.

Horton N A, Pokrajac D. 2009. Onset of turbulence in a regular porous medium: An experimental study[J]. Physics of Fluids, 21 (4): 104-113.

Huang K, Wan J W, Chen C X, et al. 2013. Experimental investigation on water flow in cubic arrays of spheres[J]. Journal of Hydrology, 492 (144): 61-68.

Irmay S. 1964. Theoretical models of flow through porous media[C]. International Symposium on Transport of Water in Porous Media, Paris.

Jang J Y, Chiu Y W. 2009. 3-D Transient conjugated heat transfer and fluid flow analysis for the cooling process of sintered bed[J]. Applied Thermal Engineering, 29 (14-15): 2895-2903.

Jeffreson C P. 1972. Prediction of breakthrough curves in packed beds[J]. AIChE Journal, 18: 409-416.

Jia F R, Wang E G, He J C, et al. 2015. Integrated design for SO_2 reduction with waste heat recycling during the iron ore sintering process[J]. Ironmaking and Steelmaking, 42 (8): 561-569.

Johns M L, Sederman A J, Bramley A S, et al. 2000. Local transitions in flow phenomena through packed beds identified by MRI[J]. AIChE Journal, 46 (11): 2151-2161.

Kececioglu I, Jiang Y X. 1994. Flow through porous media of packed spheres saturated with water[J]. Journal of Fluids Engineering, 116 (1): 164-170.

Kersting K, Josis C. 1997. Countermeasures for organic emissions from sinter plants, ENCOSTEEL-Steel for sustainable development[R]. 1997, Stockholm.

Kürten H, Raasch J, Rumpf H. 1966. Beschleunigung eines kugelförmigen Feststoffteilchens im Strömungsfall konstanter Geschwindigkeit[J]. Chemie Ingenieur Technik, 38 (9): 941-948.

Kye S H, Jae H J, Won K L. 1995. Fixed-bed adsorption for bulk component system: Non-equilibrium non-isothermal and non-adiabatic model[J]. Chemical Engineering Science, 50 (5): 813-825.

Lee J S, Ogawa K. 1974. Pressure drop through packed beds[J]. Journal of Chemical Engineering of Japan, 27 (5): 691-693.

Lemos M J S D. 2014. Analysis of turbulent double-diffusive free convection in porous media using the two-energy equation model[J]. International Communications in Heat & Mass Transfer, 52 (2): 132-139.

Leong J C, Jin K W, Shiau J S, et al. 2009. Effect of sinter layer porosity distribution on flow and temperature fields in a sinter cooler[J]. International Journal of Minerals, Metallurgy and Materials, 16 (3): 265-272.

Liu Y, Yang J, Wang J, et al. 2014. Energy and exergy analysis for waste heat cascade utilization in sinter cooling bed[J]. Energy, 67 (4): 370-380.

Macdonald I F, El-Sayed M S, Mow K, et al. 1979. Flow through porous media—the Ergun equation revisited[J]. Industrial and Engineering Chemistry Fundamentals, 18 (3): 199-208.

Naemi S, Saffar-Avval M, Kalhori S B, et al. 2013. Optimum design of dual pressure heat recovery steam generator using non-dimensional parameters based on thermodynamic and thermoeconomic approaches[J]. Applied Thermal Engineering, 52: 371-384.

Neuschütz D, Spencer P, Weiss W, et al. 1996. Comparison on thermo-chemically calculated and measured dioxin contents in the off-gas of a sinter plant-part 1[C]. Proceedings of the 9th Japan-Germany Seminar on Fundamentals of Iron and Steelmaking, Tokyo.

Pelagagge P M, Caputo A C, Cardarelli G. 1997. Comparing heat recovery schemes in solid bed cooling[J]. Applied Thermal Engineering, 17 (11): 1045-1054.

Pelagagge P M, Caputo A C, Cardarelli G. 1997. Optimization criteria of heat recovery from solid beds[J]. Applied Thermal Engineering, 17 (1): 57-64.

Prat M. 2002. Recent advances in pore-scale models for drying of porous media[J]. Chemical Engineering Journal, 86 (1/2): 153-164.

Prommas R, Keangin P, Rattanadecho P. 2010. Energy and exergy analyses in convective drying process of multi-layered porous packed bed[J]. International Communications in Heat & Mass Transfer, 37 (8): 1106-1114.

Rainer R, Miguel A, Aguado M, et al. 2013. Best Available Techniques (BAT) Reference Document for Iron and Steel Production[R]. European Commission Joint Research Centre Institute for Prospective Technological Studies.

Rose H E, Rizk A M A. 1949. Further researches in fluid flow through beds of granular material[J]. Proceedings of the Institution of Mechanical Engineers, 160: 494-511.

Seguin D, Montillet A, Comiti J. 1998. Experimental characterization of flow regimes in various porous media—I: Limit of laminar flow regime[J]. Chemical Engineering Science, 53 (21): 3751-3761.

Stecco S S, Manfrida G. 1987. The Exergy and Captial Cost Factors: A New Approach to Energy Conversion Economics[M]. New York: Second Law Analysis of Thermal System.

Steven J, 牛力. 2005. Visual Basic 编程宝典[M]. 北京: 电子工业出版社.

Tallmadge J A. 1970. Packed bed pressure drop—an extension to higher Reynolds numbers[J]. AIChE Journal, 16 (6): 1092-1093.

Tan K K, Sam T, Jamaludin H. 2003. The onset of transient convection in bottom heated porous media[J]. International Journal of Heatand Mass Transfer, 46 (15): 2857-2873.

Tian F Y, Huang L F, Fan L W, et al. 2015. A comprehensive characterization on the structural and thermophysical properties of sintered ore particles toward waste heat recovery applications[J]. Applied Thermal Engineering, 90: 1007-1014.

Vicente P G, Garcia A, Viedma A. 2004. Mixed convection heat transfer and isothermal pressure drop in corrugated tubes for laminar and transition flow[J]. International Communications in Heatand MassTransfer, 31 (5): 651-662.

Wakao N, Kaguei S, Funazkri T. 1979. Effect of fluid dispersion coefficients on particle-to-fluid heat transfer coefficients in packed beds[J]. Chemical Engineering Science, 34: 323-336.

Wiesenberger. 2007. Review of the BREF iron and steel production-Austrian comments[R]. UBA: 35.

Wu S Y, Chen Y, Li Y R, et al. 2007. Exergy transfer characteristics of forced convective heat transfer through a duct with constant wall heat flux[J]. Energy, 32 (5): 684-696.

Yang J, Bu S S, Dong Q T, et al. 2015. Experimental study of flow transitions in random packed beds with low tube to particle diameter ratios[J]. Experimental Thermal and Fluid Science, 66: 117-126.

Zhang X H, Chen Z, Zhang J Y, et al. 2013. Simulation and optimization of waste heat recovery in sinter cooling process[J]. Applied Thermal Engineering, 54 (1): 7-15.